光盘界面

光盘界面

案例欣赏

素材下载

视频文件

U0351259

制作首饰宣传广告

绘制护花使者

绘制风车

制作动画Logo

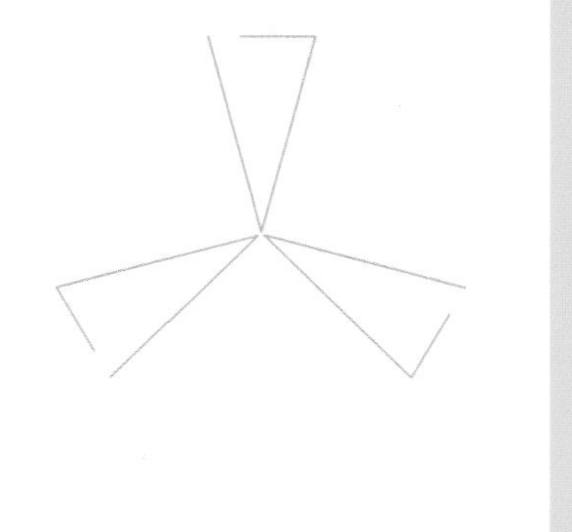

制作圣诞卡

制作3D旋转相册

制作网站进入动画

慧美
家居
【进入网站】

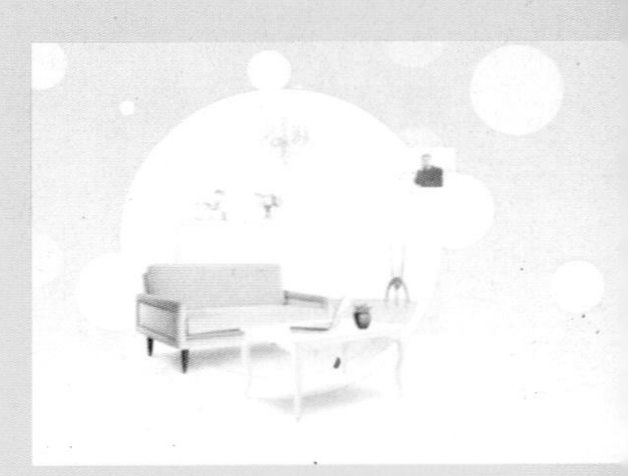

制作金龙戏珠动画

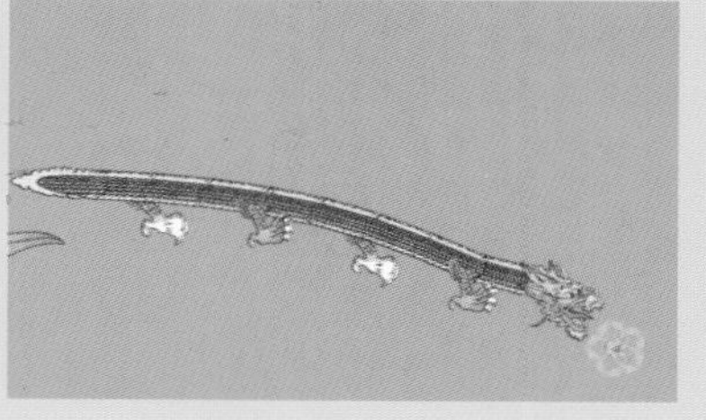

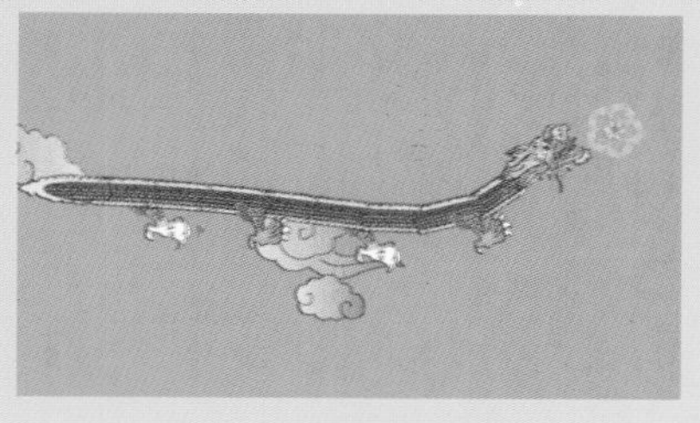

制作图片展示

制作汽车广告

绘制卡通动物

制作光芒字

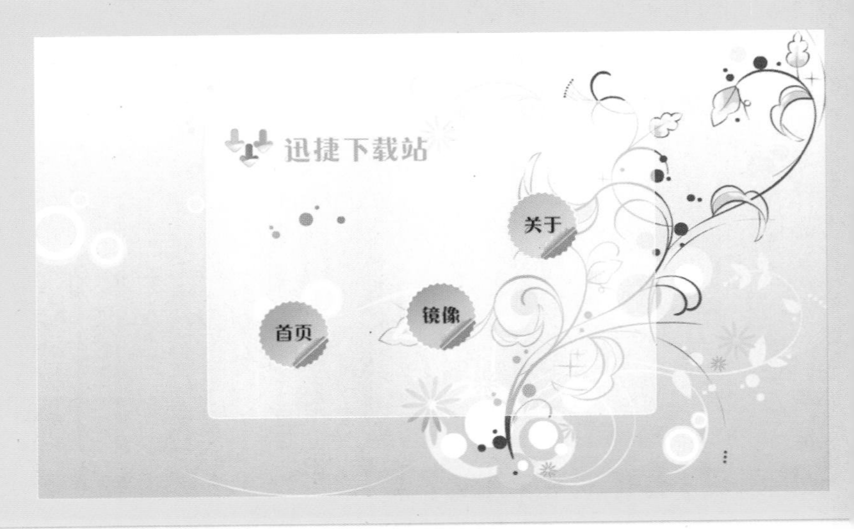

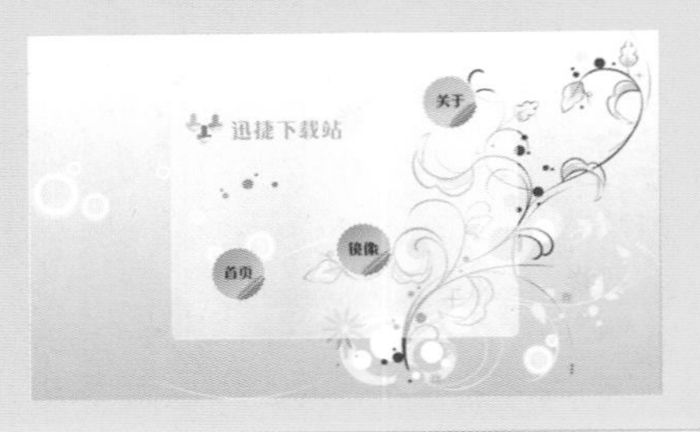

制作新年贺卡

制作心理测试程序

制作男孩步行动画

制作会员注册页面

从新手到高手

Flash CS6 中文版从新手到高手

■ 张豪　祝文庆　倪宝童 编著

清华大学出版社
北　京

内容简介

本书由浅入深地介绍使用Flash CS6制作各种动画和简单应用程序的方法，以及实质性的经验。全书内容共分13章，在第1章至第7章详细介绍Flash CS6的一些基本功能，包括绘制图形、编辑图形、修改图形、逐帧动画、创建文本、使用元件等功能；在第8章至第11章介绍了使用Flash制作应用图层、补间动画、特效动画、3D动画和骨骼动画的方法；第12章至第13章介绍Flash CS6的一些进阶知识，包括应用组件、处理音频和视频等功能，以及将Flash影片发布为各种格式的方法。

本书图文并茂，根据用户需求编著而成。本书不仅适应Flash动画初学者、网站动画开发人员，还可以作为大中专院校相关专业师生的专业教材，也可以适应于Flash动画制作培训班学员等。

本书封面贴有清华大学出版社防伪标签，无标签者不得销售。
版权所有，侵权必究。侵权举报电话：010-62782989 13701121933。

图书在版编目（CIP）数据

Flash CS6中文版从新手到高手/ 张豪等编著.—北京：清华大学出版社，2015（2018.1 重印）
（从新手到高手）
ISBN 978-7-302-37936-2

Ⅰ.①F… Ⅱ.①张… Ⅲ.①动画制作软件 Ⅳ.①TP391.41

中国版本图书馆CIP数据核字（2014）第207772号

责任编辑：夏兆彦
封面设计：张　阳
责任校对：胡伟民
责任印制：宋　林

出版发行：清华大学出版社
网　　址：http://www.tup.com.cn，http://www.wqbook.com
地　　址：北京清华大学学研大厦A座　　**邮　　编**：100084
社 总 机：010-62770175　　**邮　　购**：010-62786544
投稿与读者服务：010-62776969，c-service@tup.tsinghua.edu.cn
质 量 反 馈：010-62772015，zhiliang@tup.tsinghua.edu.cn
印 装 者：清华大学印刷厂
经　　销：全国新华书店
开　　本：190mm×260mm　**印　张**：19.5　**插　页**：4　**字　数**：565千字
附光盘1张
版　　次：2015年1月第1版　　**印　　次**：2018年1月第4次印刷
印　　数：4551～5350
定　　价：49.00元

产品编号：049481-01

前　言

在各种设计计算机动画的软件中，最常用的设计软件包括二维动画设计软件Flash以及三维动画设计软件3dsMax和Maya等。其中，尤以二维动画设计软件Flash最引人瞩目，其使用方法简单、功能强大、用途广泛。Flash的CS6版本支持3D功能，在国内外都拥有为数众多的用户。

本书以Flash CS6中文版为基础，详细介绍如何使用Flash绘制各种矢量图形、导入素材制作补间动画、遮罩动画、引导动画、逐帧动画和骨骼动画。除此之外，本书还介绍了处理音频、视频的方法，以及如何将制作完成的Flash影片导出为各种格式等知识。本书是一本典型的案例实例教程，立足于动画设计以及富网络开发行业，详细介绍了普通动画、编程动画的设计方法和开发方式。

本书内容

本书共分为13章，通过大量的实例全面介绍动画设计与制作过程中使用的各种专业技术，以及用户可能遇到的各种问题。各章的主要内容如下：

第1章介绍Flash CS6的工作界面、基本功能、新增功能、应用领域等基础知识，以及创建Flash影片和导入外部各种素材文档的方法，帮助用户打下一个良好的基础。

第2章以线条工具、铅笔工具、矩形工具、基本矩形工具、椭圆工具、基本椭圆工具、多角星形工具为基础，介绍绘制各种几何图形的方法。同时，以墨水瓶工具、颜料桶工具、刷子工具和喷涂刷工具等为基础，介绍为几何图形填充颜色的方法。

第3章以选择工具为基础，介绍对绘制对象进行复制、删除、移动、锁定、编组、分离、排列、对齐等功能，帮助用户了解如何提高绘制图形的效率。

第4章介绍修改图形的方法，包括优化线条、擦除图形、修改形状、合并对象，以及对图形进行任意变形和精确变形的方法。

第5章着重介绍钢笔工具、添加锚点工具、删除锚点工具、转换锚点工具等矢量线条绘制工具，以及创建和编辑文本、设置文本属性的方法。

第6章介绍Flash CS6中的图层概念，包括创建遮罩层、引导层、图层文件夹的方法，以及如何查看和编辑图层和图层文件夹。

第7章着重介绍按钮元件、影片剪辑元件、图形元件等的创建、编辑方法，以及库面板的使用方法。

第8章介绍Flash CS6中帧的各种类型、创建和编辑帧的方法，以及逐帧动画的制作方法。

第9章介绍补间动画、传统补间动画、补间形状动画、运动引导动画和遮罩动画的创建方法。

第10章介绍Flash中的各种动画特效的制作方法，包括色彩效果、滤镜、动画编辑器、动画预设的使用等。

第11章介绍IK骨骼的使用技术，包括添加IK骨骼、选择骨骼、设置骨骼运动速度、联接与约束、绑定IK形状和制作IK骨骼动画等内容。

第12章介绍Flash组件的使用方法，包括选择类组件、文本类组件、列表类组件、控制类组件和容器类组件。

第13章主要介绍处理声音的方法，包括导入声音、为影片添加声音、编辑声音、控制声音、设置声音属性以及使用脚本语言加载外部声音等内容。

本书特色

本书是一本专门介绍Flash动画设计与制作基础知识的教程，在编写过程中精心设计了内容丰富的实例，以帮助读者顺利学习本书的内容。

- ❑ **系统全面，超值实用** 本书针对各个章节不同的知识内容，提供了多个不同内容的实例，除了详细介绍实例应用知识之外，还在侧栏中同步介绍相关知识要点。每章穿插大量的提示、注意和技巧，构筑了面向实际的知识体系。另外，本书采用了紧凑的体例和版式，相同内容下，篇幅缩减了30%以上，实例数量增加了50%。
- ❑ **串珠逻辑，收放自如** 统一采用了二级标题灵活安排全书内容。每章最后都对本章重点、难点知识进行分析总结，达到内容安排收放自如，方便读者学习的目的。
- ❑ **全程图解，快速上手** 各章内容分为基础知识、实例演示、高手答疑和高手训练营4个部分，全部采用图解方式，图像均做了大量的裁切、拼合、加工，信息丰富、效果精美，使读者翻开图书的第一感觉就获得强烈的视觉冲击。
- ❑ **书盘结合，相得益彰** 多媒体光盘中提供了本书实例完整的素材文件和全程配音教学视频文件，便于读者自学和跟踪联系本书内容。

读者对象

本书内容详尽，讲解清晰，全书包含众多知识点，采用与实际范例相结合的方式进行讲解，并配以清晰、简洁的图文排版方式，使学习过程变得更加轻松和易于上手，能够有效吸引读者进行学习。

本书适合作为高等院校和高职高专院校学生学习使用，也可以作为Flash动画初学者、网站动画开发人员，Flash动画制作培训班学员等进修使用。

参与本书编写的除了封面署名人员外，还有王敏、马海军、祁凯、孙江玮、田成军、刘俊杰、赵俊昌、王泽波、张银鹤、刘治国、何方、李海庆、王树兴、朱俊成、崔群法、孙岩、倪宝童、王立新、王咏梅、康显丽、辛爱军、牛小平、贾栓稳、赵元庆、郭磊、杨宁宁、郭晓俊、方宁、王黎、安征、亢凤林、李海峰等人。由于时间仓促，水平有限，疏漏之处在所难免，欢迎读者朋友登录清华大学出版社的网站www.tup.com.cn与我们联系，帮助我们改进提高。

目　录

01 初识Flash CS6

在科技迅速发展的今天，静止的图像已经无法满足人们的视觉需求，动画已经逐渐成为人们生活、娱乐、商业宣传的主要途径。Flash以其强大的交互功能和人性化风格，吸引了越来越多的受众，并且其应用领域越来越广泛。

本章将通过介绍Flash软件的基本功能、Flash CS6的新增功能、应用领域、工作界面等，帮助用户了解如何使用Flash软件，管理Flash文件以及使用辅助工具、设置场景、导入素材等相关知识。

1.1 Flash动画概述

版本：Flash CS6

Flash是一种基于可视化界面、带有强大编程功能的矢量动画设计、多媒体处理与程序开发软件。

1．什么是动画

动画是由若干静态画面快速交替显示而成的。人的眼睛会产生视觉残留，对上一个画面的感知还未消失，下一张画面又出现，因此产生动的感觉。可以说动画是将静止的画面变为动态的一种艺术手段，利用这种特性可以制作出具有高度想象力和表现力的动画影片。

传统动画是由美术动画电影传统的制作方法移植而来。它利用了电影原理，即人眼的视觉暂留现象，将一张张逐渐变化的并能清楚地反映一个连续动态过程的静止画面，经过摄像机逐张逐帧地拍摄编辑，再通过电视的播放系统，使之在屏幕上活动起来。下图为动画片中人物奔跑的动画效果。

传统动画有着一系列的制作工序，它首先要将动画镜头中每一个动作的关键及转折部分设计出来，也就是要先画出原画，根据原画再画出中间画，即动画，然后还需要经过一张张地描线、上色，逐张逐帧地拍摄录制等过程。

计算机动画是采用连续播放静止图像的方法产生景物运动的效果，即使用计算机产生图形、图像运动的技术。计算机动画的原理与传统动画基本相同，只是在传统动画的基础上将

计算机技术用于动画的处理和应用，并可以达到传统动画无法实现的效果。由于采用数字处理方式，动画的运动效果、画面色调、纹理、光影效果等可以不断改变，输出方式也多种多样。下图是动画片中的两个交替帧，当连续播放时，产生眨眼的视觉效果。

Flash是一种交互式动画设计工具，用它可以将音乐、声效、动画以及富有新意的界面融合在一起，制作出高品质的动画效果。

2．Flash动画原理与特点

Flash的动画就像一个运动的画片一样，它包括许多独立的帧，每一帧都与前一帧略有不同。关键帧定义了动画在哪儿发生改变，例如何时移动或旋转对象、改变对象大小、增加对象、减少对象等。

当移动时间轴上的帧或放映电影时，用户在场景上所看到的就是每帧的图形内容。当帧以足够快的速度放映时就会产生运动的错觉。

之所以使用Flash制作动画，是因为Flash动画具有崭新的视觉效果，比传统的动画更加简单与灵巧。不可否认，它已经成为一种新时代的艺术表现形式，并且还具有其独有的特点。

首先是Flash动画受网络资源的制约比较小，利用Flash制作的动画是矢量的，无论把它放大多少倍都不会失真。

其次，Flash动画具有交互性优势，可以更好地满足所有用户的需要。它可以让欣赏者的动作成为动画的一部分。用户可以通过单击、选择等动作，决定动画的运行过程和结果，这一点是传统动画无法比拟的。

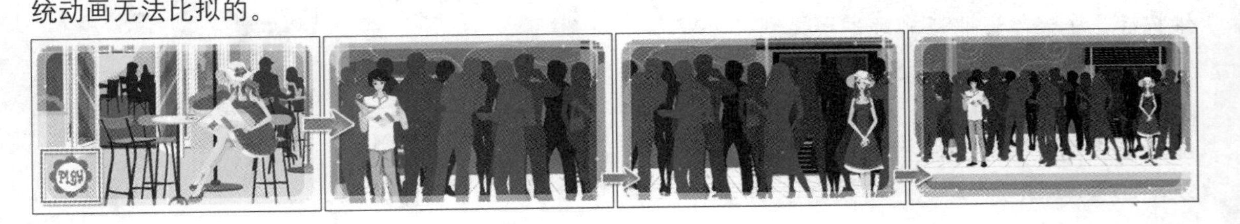

提示

Flash动画可以放在网上供人欣赏和下载，由于使用的是矢量图技术，具有文件小、传输速度快、播放采用流式技术的特点，因此动画是边下载边播放的，如果速度控制得好，则根本感觉不到文件的下载过程。所以Flash动画在网上被广泛传播。

Flash动画的特点还包括，Flash动画制作的成本非常低，使用Flash制作的动画能够大大地减少人力、物力资源的消耗。同时，在制作时间上也会大大减少。并且制作完成后，可以把生成的文件设置成带保护的格式，维护设计者的版权利益。

1.2 Flash窗口界面

版本：Flash CS6

Flash CS6是Flash系列软件中最新的版本，是Adobe Creative Suite系列软件的第6版中最重要的组成部分之一。打开Flash CS6后，即可查看其软件的工作界面。

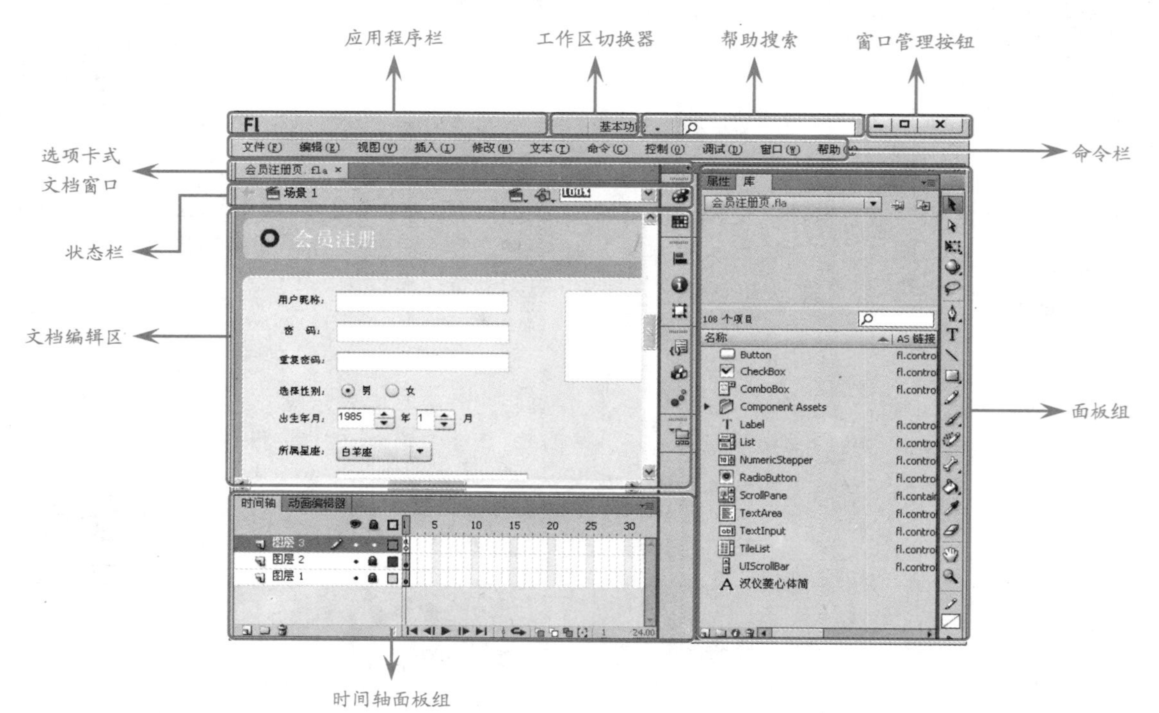

在使用Flash CS6制作矢量动画时，可以通过窗口中的各种命令和工具，实现对矢量图形的修改操作。

1．应用程序栏

与Photoshop类似，应用程序栏显示当前软件的名称。除此之外，右击带有“Fl”字样的图标，可以打开【快捷菜单】，对Flash窗口进行操作。

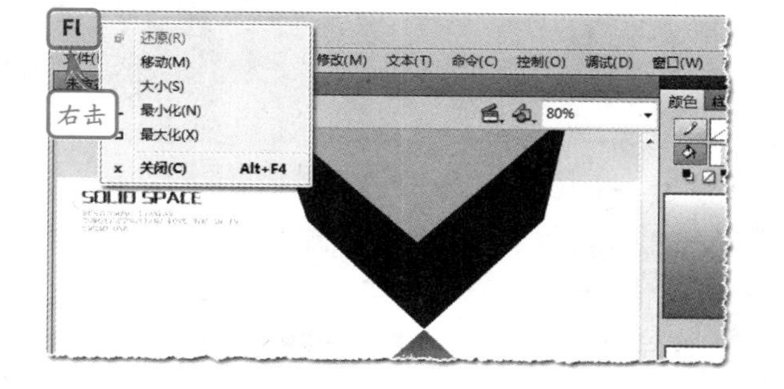

2．工作区切换器

在【工作区切换器】中，提供了多种工作区模式供用户选择，以更改Flash中各种面板的位置、显示或隐藏方式。

Flash提供了7种预置的工作区模式供用户进行选择，包括动画、传统、调试、设计人员、开发人员、基本功能和小屏幕等，适用于不同的需求。

3．帮助搜索

在【工作区切换器】右侧，是Flash的【帮助搜索】文本框。用户可以在该文本框中输入文本，然后单击左侧的【搜索】按钮，在Adobe的在线帮助或本地帮助中搜索包含这些文本的页面。

4．命令栏

Flash CS6的【命令栏】与绝大多数软件类似，都提供了分类的菜单项目，并在菜单中提供了各种命令供用户执行。

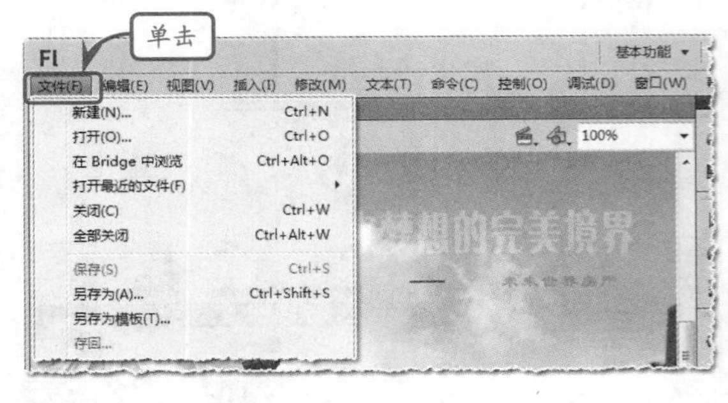

5．状态栏

【状态栏】用于显示当前打开的内容从属于哪一个场景、元件和组等，反映内容与整个文档的目录关系。单击【上行】按钮，用户可以方便地跳转到上一个级别。

【状态栏】右侧提供了【编辑场景】按钮和【编辑元件】按钮。单击这两个按钮，可以分别查看当前Flash文档所包含的场景和元件列表。选择其中某一个项目，可以对其进行编辑。

除此之外，在【状态栏】最右侧，还提供了查看当前文档缩放比例的下拉列表菜单，用户可在此设置文档的缩放比例以供查看。

6．文档编辑区

【文档编辑区】的作用是显示Flash打开的各种文档，并提供各种辅助工具，帮助用户编辑和浏览文档。

● **标尺**

在 Flash文档的上方和左侧提供两个辅助工具栏，并在其中显示尺寸。执行【视图】|【标尺】命令，用户可以更改标尺的显示方式。

● **辅助线**

辅助线用于对齐文档中的各种元素。将鼠标光标置于标尺栏上方，然后按住鼠标左键，向文档编辑区拖曳以添加辅助线。

执行【视图】|【辅助线】|【编辑辅助线】命令，可以设置辅助线的基本属性，包括颜色、贴紧方式和贴紧精确度等。

用户不需要再更改Flash影片的辅助线，则可选择【锁定辅助线】的复选按钮。此时，所有辅助线都将无法被移动。

● 网格

网格是一种用于图像内容对齐的辅助线工具。在Flash CS6中，执行【视图】|【网格】|【编辑网格】命令，即可设置网格的属性。

7. 面板组

面板组中，包括【属性】面板、【库】面板和【工具箱】面板。其中【属性】面板又被称作【属性】检查器，是Flash中最常用的面板之一。用户在选择Flash影片中的各种元素后，即可在【属性】面板中修改这些元素的属性。

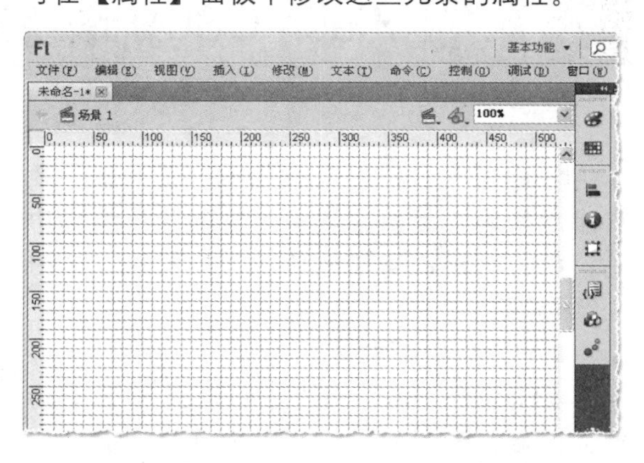

【库】面板的作用类似一个仓库，其中存放着当前打开的影片中所有的元件。用户可以直接将【库】面板中的元件拖曳到舞台场景中，或对【库】面板中的元件进行复制、编辑和删除等操作。

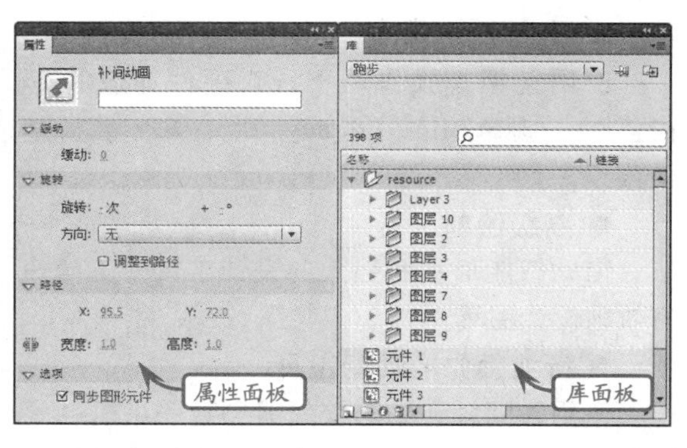

【工具箱】面板也是Flash CS6中最常用的面板之一。在【工具箱】面板中，列出了Flash CS6中常用的30种工具，用户可以单击相应的工具按钮，或按下这些工具所对应的快捷键，来调用这些工具。

一些工具是以工具组的方式存在的。此时，用户可以右击工具组，或者按住工具组的按钮3秒钟，均可打开该工具组的列表，在列表中选择相应的工具。

1.3 Flash CS6新增功能

版本：Flash CS6

Flash CS6软件内含有强大的工具集，具有排版精确、版面保真和丰富的动画编辑功能，能帮助用户清晰地传达创作构思。详细介绍如下：

● **HTML的新支持**

以Flash Professional的核心动画和绘图功能为基础，利用新的扩展功能（单独提供）创建交互式HTML内容。导出Javascript来针对CreateJS开源架构进行开发。

● **生成Sprite表单**

导出元件和动画序列，快速生成Sprite表单，协助改善游戏体验、工作流程和性能。

● **锁定3D场景**

使用直接模式作用于针对硬件加速的2D内容的开源Starling Framework，从而增强渲染效果。

● **高级绘制工具**

借助智能形状和强大的设计工具，更精确有效地设计图稿。

● **行业领先的动画工具**

使用时间轴和动画编辑器创建和编辑补间动画，使用反向运动为人物动画创建自然的动画。

● **高级文本引擎**

通过“文本版面框架”获得全球双向语言支持和先进的印刷质量排版规则API。从其他Adobe应用程序中导入内容时仍可保持较高的保真度。

● **Creative Suite集成**

使用Adobe Photoshop CS6软件对位图图像进行往返编辑，然后 Adobe Flash Builder 4.6软件紧密集成。

● **专业视频工具**

借助随附的Adobe Media Encoder应用程序，将视频轻松并入项目中并高效转换视频剪辑。

● **滤镜和混合效果**

为文本、按钮和影片剪辑添加有趣的视觉效果，创建出具有表现力的内容。

● **基于对象的动画**

控制个别动画属性，将补间直接应用于对象而不是关键帧。使用贝赛尔手柄轻松更改动画。

● **3D转换**

借助激动人心的3D转换和旋转工具，让2D对象在3D空间中转换为动画，让对象沿x、y和z轴运动。将本地或全局转换应用于任何对象。

● **骨骼工具的弹起属性**

借助骨骼工具的动画属性，创建出具有表现力、逼真的弹起和跳跃等动画属性。强大的反向运动引擎可制作出真实的物理运动效果。

● **装饰绘图画笔**

借助装饰工具的一整套画笔添加高级动画效果。制作颗粒现象的移动（如云彩或雨水），并且绘出特殊样式的线条或多种对象图案。

● **轻松实现视频集成**

用户可在舞台上拖动视频并使用提示点属性检查器，简化视频嵌入和编码流程。在舞台上直接观赏和回放FLV组件。

● **反向运动锁定支持**

将反向运动骨骼锁定到舞台，为选定骨骼设置舞台级移动限制。为每个图层创建多个范围，定义行走循环等更复杂的骨架移动。

● **统一的Creative Suite界面**

借助直观的面板停放和弹起加载行为简化用户与Adobe Creative Suite版本中所有工具的互动，大幅提升用户的工作效率。

● **精确的图层控制**

在多个文件和项目间复制图层时，保留重要的文档结构。

● **特定平台和设备访问**

使用预置的本地扩展功能访问特定平台与设备的功能，例如电池电量和振动。

● **Adobe AIR移动设备模拟**

模拟屏幕方向、触控手势和加速计等常用的移动设备应用互动来加速测试流程。

● **ActionScript编辑器**

借助内置ActionScript编辑器提供的自定义类代码提示和代码完成功能，简化开发作业，有效地参考用户本地或外部的代码库。

● **基于XML的FLA源文件**

借助XML格式的FLA文件实施，更轻松地实现项目协作。解压缩项目的操作方式类似于文件夹，可使用户快速管理和修改各种资源。

● **代码片段面板**

借助为常见操作、动画和多点触控手势等预设的便捷代码片段，加快项目完成速度。这也是一种学习ActionScript的更简单的方法。

● **顺畅的移动测试**

在支持Adobe AIR运行时并使用USB连接的设备上执行源码级调试，直接在设备上运行内容。

● **有效地处理代码片段**

使用pick whip预览并以可视方式添加20多个代码片段，其中包括用于创建移动和AIR应用程序、用于加速计以及多点触控手势的代码片段。

● **Flash Builder集成**

与开发人员密切合作，让用户使用Adobe Flash Builder软件对用户的FLA项目文件内容进行测试、调试和发布，能够提高工作效率。

● **返回顶部创建一次，即可随处部署**

使用预先封装的Adobe AIR captive运行时创建应用程序，在台式计算机、智能手机、平板电脑和电视上呈现一致的效果。

● **广泛的平台和设备支持**

锁定最新的Adobe Flash Player和AIR运行时，使用户能针对Android和iOS平台进行设计。

● **高效的移动设备开发流程**

管理针对多个设备的FLA项目文件。跨文档和设备目标共享代码和资源，为各种屏幕和设备有效地创建、测试、封装和部署内容。

● **创建预先封装的Adobe AIR应用程序**

使用预先封装的Adobe AIR captive运行时创建和发布应用程序。简化应用程序的测试流程，使终端用户无需额外下载即可运行用户的内容。

● **在调整舞台大小时缩放内容**

元件和移动路径已针对不同屏幕大小进行优化设计，因此在进行跨文档分享时可节省时间。

● **简化的“发布设置”对话框**

使用直观的“发布设置”对话框，更快、更高效地发布内容。

● **跨平台支持**

在用户选择的操作系统上工作：Mac OS或Windows。

● **元件性能选项**

借助新的工具选项、舞台元件栅格化和属性检查器提高移动设备上的 CPU、电池和渲染性能。

● **增量编译**

使用资源缓存缩短使用嵌入字体和声音文件的文档编译时间，提高丰富内容的部署速度。

● **自动保存和文件恢复**

即使在计算机崩溃或停电后，也可以确保文件的一致性和完整性。

● **多个AIR SDK支持**

使用可帮用户轻松创建新出版目标的菜单命令添加多个Adobe AIR软件开发工具包(SDK)。

● **返回顶部快速编写代码和轻松执行测试**

使用预制的本地扩展功能可访问平台和设备的特定功能，以及模拟常用的移动设备应用互动。

1.4 Flash CS6基本功能

版本：Flash CS6

Flash是目前影响最广泛的动画设计与制作软件，其具备了从动画的绘制、动作的实现到最后的编程控制以及最后动画的输出一整套功能。可以完全满足用户的动画创意、动画设计、动画制作以及动画发布所有的要求。Flash软件包含如下几种基本功能。

1. 原画绘制

原画是动画制作领域的术语，是指在动作场景中，某个动作的起始和结束的画面，也就是动画绘制的关键动作，绘制原画是绘制动画动作的基础。

在传统的动画制作行业中，原画往往是绘制在纸张上的，绘制这样的原画费时费力，绘制时的修改也很麻烦，人力成本和物力成本都相当高昂。

对于一些长达几十分钟甚至几个小时的动画而言，绘画师往往需要花费数月时间来绘制这些原画，进行大量的重复性工作。

在Flash中，原画被称作“关键帧”，其地位同样十分重要。Flash软件提供了非常强大的矢量图形绘制工具，包括线条工具、矩形工具、椭圆工具、铅笔工具、钢笔工具等，用户无需美术基础，只需使用鼠标即可以所见即所得的方式，绘制图形和图像。

同时，Flash还可识别外接的绘图板，可将绘图板中绘制的笔触转换为矢量的线条。因此，无论“鼠绘流”用户还是“板绘流”用户，都可以方便地使用Flash绘制原画。

> **提示**
>
> “鼠绘流”和“板绘流”是指计算机绘画的两个主要流派。“鼠绘流”主要使用鼠标进行绘制，借助绘画软件实现笔触的力度，而“板绘流”则主要使用各种绘画板进行绘制。

使用Flash最大的优点在于，Flash是一种基于元件的动画设计软件。在绘制动画中相同的物体时，绘画师无需像在纸张上绘制一样重复地进行绘制，只需要将已画好的物体复制过来即可。

2. 编写脚本

大多数计算机动画只能按照一个时间轴逐帧地显示动画。这样的动画被称作线性动画。线性动画可以方便地展示一个动画片的情节发生、发展、高潮和终结，但无法实现与观众的交互。

Flash自5.0版本以后就开始支持动作脚本语言和JavaScript脚本语言，允许设计者使用脚本代码控制影片的播放、暂停、重复和返回等。Flash8.5版本更是对动作脚本语言进行了非常大的改进，使其功能日趋完善。

动作脚本的出现，使Flash动画具备极强的交互能力，摆脱了传统动画的束缚。如今，Flash动画已被应用到诸多领域，成为最灵活的前台。

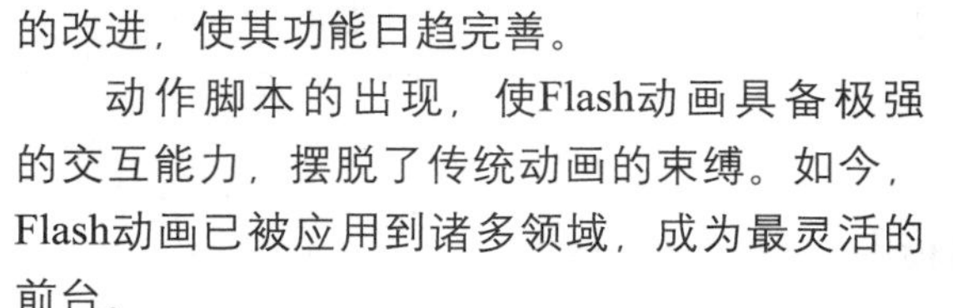

3. 应用特效

Flash CS6提供了特效功能，允许用户为各种元件添加滤镜、混合模式等。

对于一些特殊的元件（例如各种补间元件等），Flash还允许用户为其定义加速度、减速度等，使元件的运动效果更加丰富。

4. 导出动画

Flash允许将用户设计和制作的动画导出为多种格式，包括SWF动画（Flash动画的标准格式）、包含动画的网页、GIF图像、JPEG图像、PNG图像、Windows可执行程序和Macintosh可执行程序等，几乎可以在所有的计算机平台中播放。

5. 制作动画

与传统的动画相比，使用Flash制作动画更加便捷。它允许用户将制作的原画转换为元件，然后创建基于元件的补间动作动画、补间形状动画、引导动画以及遮罩动画等。

另外，Flash CS6还提供了一些预置的动画，供用户进行选择并应用到元件中，以快速制作各种精确控制的动画。

1.5 Flash CS6应用领域

版本：Flash CS6

Flash以其强大的矢量动画编辑功能和动画设计功能、灵活的操作界面和开放式的结构，早已渗透到了图像设计的多个领域，比如影视、动漫、演示和广告宣传等领域。而Flash与ActionScitp语言结合，能够控制动画对象和流程，使得课件、游戏、网页等领域也得到更好地发挥。

1．教学课件

通过图形、图像表现教学内容是教学活动中一种重要的教学手段，在中小学课程中，化学分子、化学实验装置、几何图形、教学函数图形、物理电路元件符号等教学内容都需要通过Flash制作的图形、动画来形象、直观地表现。下图为数学教学课件的动画效果。在该动画中可以通过下方的播放、暂停与停止按钮控制课件动画的播放进程。

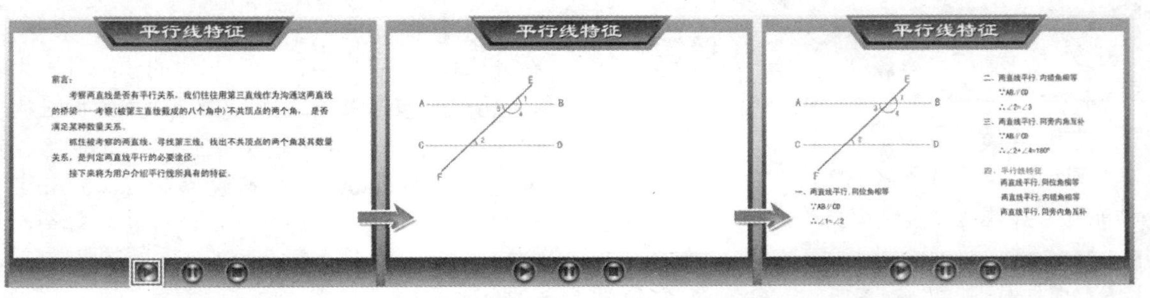

如果是语文方面的教学课件，则可以根据教学的内容来准备素材图片。然后依据教学内容出现的顺序，同步制作动画，使其成为图文并茂的教学课件。下图为某古诗的教学课件动画展示。

2．动画短片

动画短片是Flash适合制作的一类动画，此动画短小精悍，有鲜明的主题。通过Flash制作动画短片能很快地将作者的意图传达给大家。其中动画短片的范围较广，首先是纯粹具有故事情节的影视短片，如下图所示。

然后MTV也可以称作动画短片，特别是根据歌词制作的动画。如下图所示，为根据某歌曲制作的动画MTV。其中，动画效果是作者依据自己的理解制作的。

在影视短片中，动画片头也是其中一种类型。片头是引导观众对以后故事的兴趣，所以片头动画时间短，并且动画过程紧凑。如下图为动画片头效果的展示。

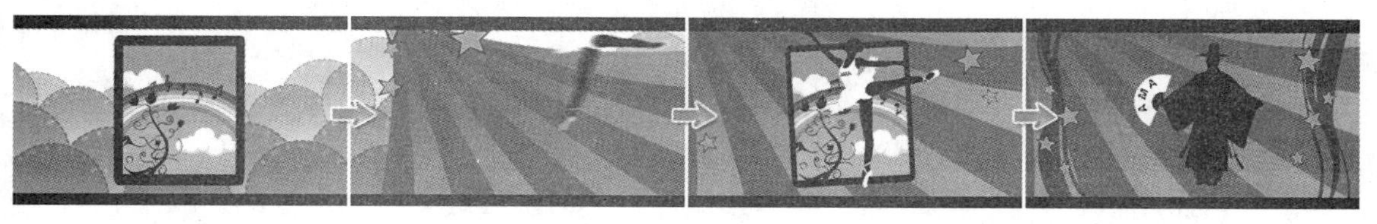

3．网络广告

网络广告是在互联网中宣传网站、企业、商品的主要途径。在广告动画中，整体色调要鲜明、文字要简洁，这样才突出广告主题。而广告动画的播放过程则是紧凑而短暂的，这样才会在最短的时间内达到要想的效果。

网页中的广告尺寸并没有严格的标准，只要符合所在网页中的效果即可。而在形式上主要分为全屏广告、横幅广告与弹出式广告等。如下图所示，为全屏广告动画的展示效果。

横幅广告的展示区域狭小，为了配合这一特点，广告中的背景颜色与文字颜色要对比强烈，整体颜色不易过多。所以即使背景中带有图像，其颜色也尽量与背景保持统一色调，这样才能够突出广告主题文字，如下图所示。

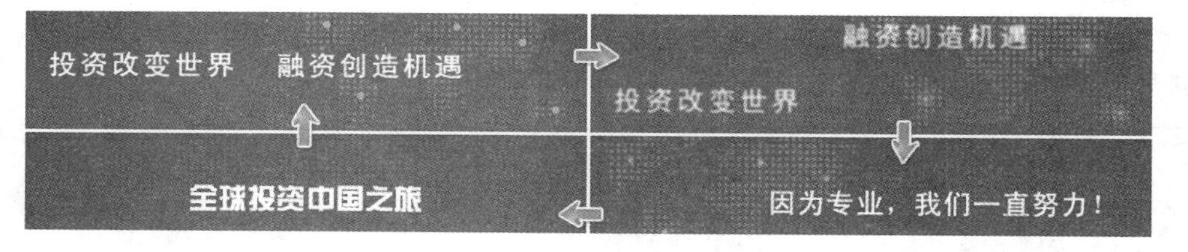

4．交互游戏

网络中的Flash游戏各种各样，其中包括棋牌类、射击类、休闲类和益智类等多种类型。无论是哪一种类型的游戏，其主要特色就是互动性，Flash游戏的互动性主要体现在鼠标或者是键盘。

通过鼠标制作游戏的互动性，主要是通过鼠标事件中的各种鼠标操作来实现的。如下图所示的动画游戏中，就是通过鼠标替换操作、鼠标单击操作来完成砸锤过程的。

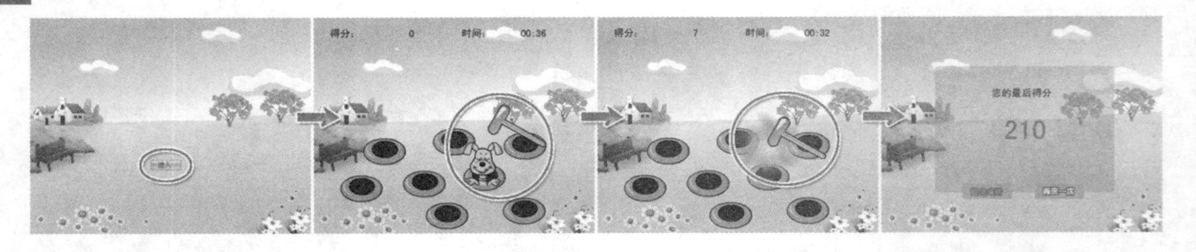

通过键盘制作的互动性游戏，可以设置键盘中的任意键来操作游戏。如下图所示的游戏中，就是通过方向键来控制小猪的移动方向；通过空格键来控制小猪的大跳跃。

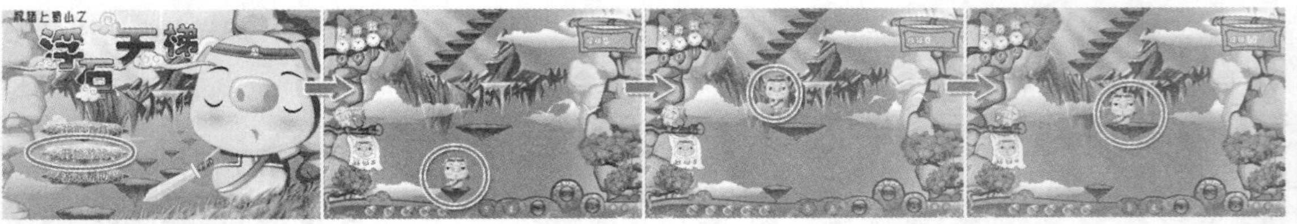

5．网站建设

Flash网站带来的好处也异常明显，全面的控制、无缝的导向跳转、更丰富的媒体内容、更体贴用户的流畅交互、跨平台和客户端的支持以及与其他Flash应用方案无缝连接集成等。但是只有极少数人掌握了使用Flash建立全Flash站点的技术，因为它意味着更高的界面维护能力和开发者整站架构能力。下图为某动画网站的展示效果。

提示

Flash网站的动画效果复杂，并且层次较多。图中所示的只是某个链接组中的动画效果。画面中的每个链接，均可以打开一个页面。

网站中的各个元素还可以单独制作成Flash，从而减低制作难度，例如网站LOGO、网站导航菜单、产品展示等。网站中的导航菜单也分为多种形式，这是根据网站栏目来决定的。网站栏目较少时，可以采用简单的导航菜单；网站栏目过多时，则可以采用二级甚至三级导航菜单。下图为二级导航菜单动画。

1.6 创建Flash文件

版本：Flash CS6

在Flash CS6中，可以通过两种方式创建动画文档：一种是通过欢迎屏幕创建预设的各种动画文档，另一种则是通过执行命令，根据弹出的对话框创建动画文档。

1. 快速创建动画文档

打开Flash CS6后，在默认显示的欢迎屏幕中，单击【新建】列表中相应的项目，即可创建相关的文档。

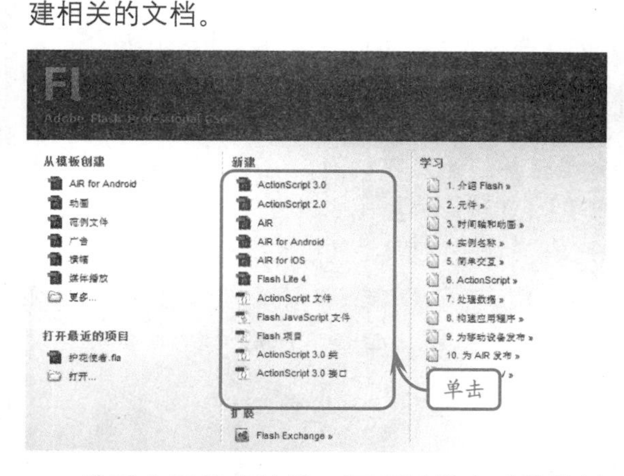

除了上面的方法外，还可以单击【从模板创建】列表中的各种项目，在打开的【从模板新建】对话框中选择相关的类型。

例如，在【从模板创建】对话框中单击【动画】项目，在弹出的对话框中可以选择Flash提供的多种模板。

2. 执行新建命令

在Flash CS6中，执行【文件】|【新建】命令，即可打开【新建文档】对话框。在该对话框中，用户可以方便地创建各种类型的Flash文档。

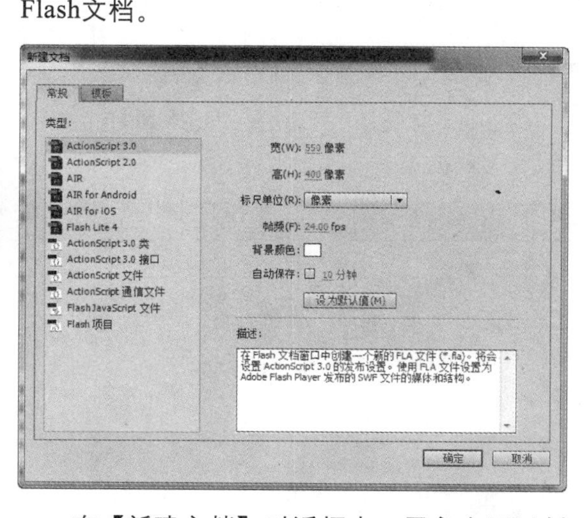

在【新建文档】对话框中，用户也可以创建基于模板的Flash文档。单击【模板】的选项卡之后，即可切换到【从模板创建】对话框，创建基于模板的文档。

3. 设置文档属性

在创建动画文档后，用户可以设置与其相关的各种基本属性，这样使动画文档更加符合实际设计的需求。

在Flash文档中，右击执行【文档属性】命令后，打开【文档设置】对话框。在该对话框中，可以设置Flash影片的基本属性，如标尺、3D透视角度和标尺单位等。

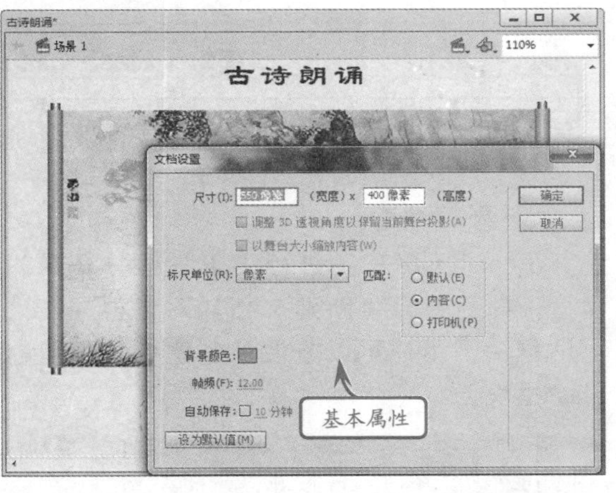

在Flash文档中，可设置的基本属性主要包括以下几种。

属性		作用
尺寸	宽度	定义Flash文档的水平尺寸
	高度	定义Flash文档的垂直尺寸
调整3D透视角度		选中后，可为3D透视角度保留当前投影
标尺单位		定义Flash文档的标尺单位，包括英寸、点、厘米、毫米和像素等
匹配		为Flash影片设置显示方式，以匹配打印机或屏幕
背景颜色		设置Flash影片的背景颜色
帧频		设置Flash影片的刷新频率
设为默认值		将已为Flash影片进行的设置项目保存为新建文档的默认值

4．保存文档

创建并且编辑Flash文件后，要想永久性地以后再次使用或者编辑该文件，首先需要将该文件加以保存。方法是执行【文件】|【保存】命令（快捷键Ctrl+S），将Flash文件保存为FLA格式文件。

提示

在Flash【文件】菜单中还可以包括【另存为】和【保存并压缩】命令，执行前者可以将保存过的文件再以其他名称保存一次。

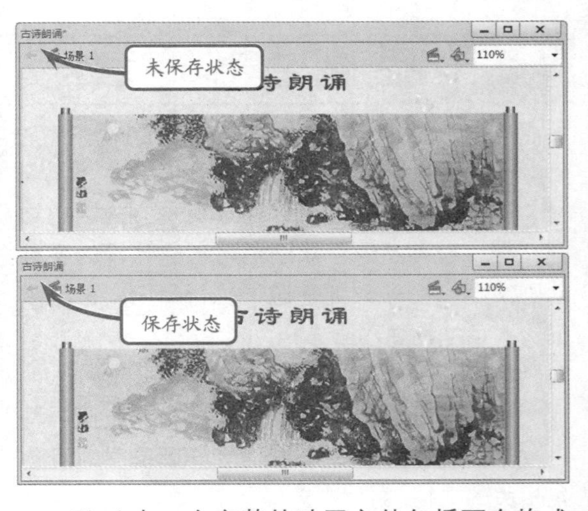

Flash中一个完整的动画文件包括两个格式的文件，一个是源文件，格式为FLA；另外一个是浏览文件，格式为SWF。后者只作为浏览动画使用，不能够编辑。生成方法是执行【控制】|【测试影片】命令（快捷键Ctrl+Enter），在浏览的同时即可将其自动保存。

在Flash中还可以将创建的Flash文件保存为模板，这样就可以在以后重复使用该文档创建Flash文件。方法是执行【文件】|【另存为模板】命令，然后设置对话框中的【名称】、【类别】与【描述】选项，最后单击【保存】按钮即可。这时再次打开【从模板新建】对话框后，就可以选择保存后的模板创建Flash文件。

1.7 导入Flash素材

版本：Flash CS6

Flash CS6作为Adobe创作套件的重要组件之一，可以与Adobe创作套件中的其他软件完美地结合。使用Flash CS6，可以方便地导入各种Adobe创作套件创建的素材文档。

1．Flash支持的普通位图

虽然Flash是一种矢量动画制作软件，但可以方便地导入位图图像，并将位图图像应用到动画和应用程序中。这些位图图像如下。

● **BMP/DIB图像**

BMP（Bitmap，位图）和DIB（Device Independent Bitmap，设备无关联位图）是Windows操作系统中普遍应用的无压缩位图图像。

由于BMP/DIB格式图像属于无压缩位图图像，因此表现相同内容要比大多数图像体积大得多。为了避免大体积的图像影响动画播放效率，Flash将自动把BMP/DIB格式的图像压缩。

● **GIF图像**

GIF（Graphics Interchange Format，图形交换格式）是一种支持256色、多帧动画以及Alpha通道（透明）的压缩图像格式。

在表现图像方面，GIF格式所占磁盘空间最小，但效果也几乎是最差的。Flash可以方便地导入GIF格式图像。如果导入的GIF图像包含动画，则Flash还可以编辑动画的各帧。

● **JPEG/JPE/JPG图像**

JPEG（Joint Photographic Experts Group，联合图像专家组）格式是目前互联网中应用最广泛的位图有损压缩图像格式，其扩展名主要包括JPEG、JPE和JPG三种。

JPEG格式的图像支持按照图像的保真品质进行压缩，共分11个等级。通常可保证图像较好，清晰度和磁盘占用空间平衡的级别为第8级（即Flash中的品质80）。

● **PNG图像**

PNG（Portable Network Graphics，便携式网络图形）是一种无损压缩的位图格式，也是目前Adobe推荐使用的一种位图图像格式。

其支持最低8位到最高48位彩色、16位灰度图像和Alpha Alpha通道（透明通道），压缩比往往要比GIF还大。基于这些原因，PNG图像的使用越来越广泛。

2．导入普通位图

在Flash CS6中，可以方便地导入各种普通位图。使用Flash CS6创建影片源文件，然后即可执行【文件】|【导入】|【导入到库】命令或【导入到舞台】命令，在弹出的对话框中将普通位图或其他素材导入到Flash影片中。

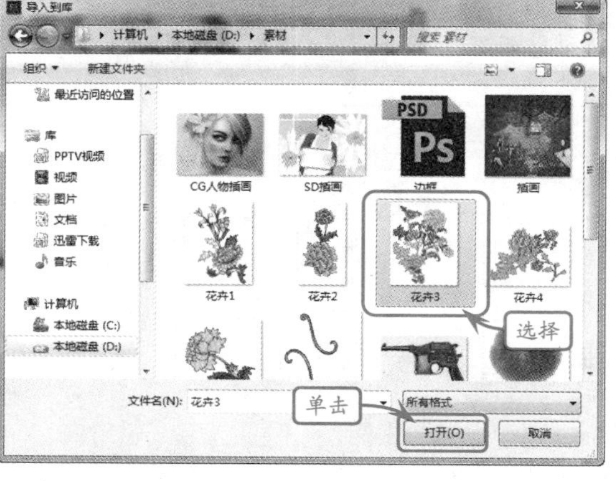

3．导入PSD位图素材文档

PSD文档是Adobe Photoshop（Adobe开发的图像处理软件）所创建的位图文档，支持内嵌矢量的智能对象，支持图层和各种滤镜。

Flash CS6允许用户直接导入已制作完成的PSD文档，作为Flash应用程序的皮肤或Flash影片的元件。

在Flash CS6中创建新的Flash源文件，然后即可执行【文件】|【导入】|【导入到库】命令，

在弹出的【导入】对话框中选择相应的文件，并单击【打开】按钮 打开(O) 。

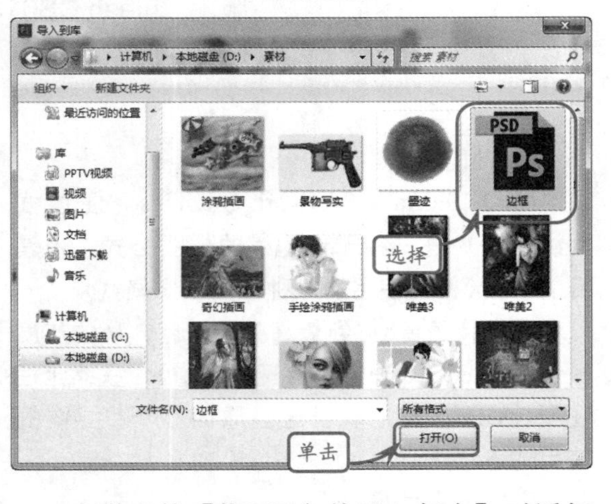

在弹出的【将PSD文件导入舞台】对话框中，用户可以浏览PSD文件中的所有图层、图层编组等内容。除此之外，用户还可以将PSD文件中的各种图层或图层编组合并，以及将其转换为元件等。

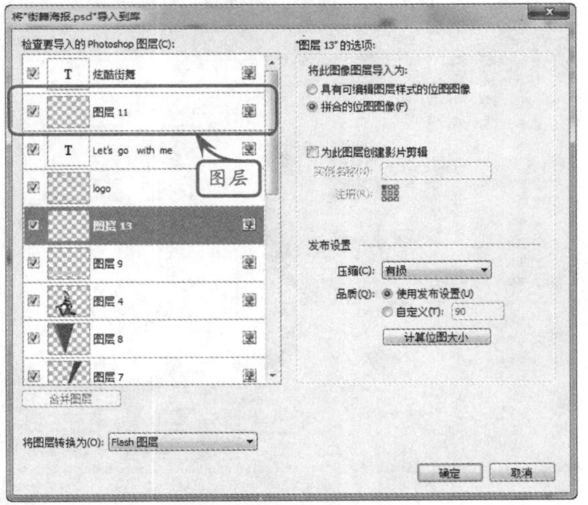

【将PSD文件导入舞台】对话框中的各种设置项目如下。

● 将此图像图层导入为

设置选中的图层形式。选中【具有可编辑图层样式的位图图像】后，将把图层的Photoshop样式转换为Flash样式。而选中【拼合的位图图像】后，则会把图层与图层样式合并为位图。

● 为此图层创建影片剪辑

选中该选项后，可以将图层转换为影片剪辑元件，并设置影片剪辑元件的名称和注册点坐标。

● 发布设置

在该下拉列表菜单中，用户可设置导入的图层图像的格式，包括无损（PNG格式）和有损（JPEG格式）两种。在选择“有损”格式后，还可以设置导入JPEG格式的发布【品质】。

● 合并图层

当选中多个图层或图层编组后，可以单击【合并图层】按钮，将这些图层或图层编组转换为同一个位图。

● 将图层转换为

在该下拉列表中，可以设置将选中的图层转换为Flash图层或关键帧。

4. 导入AI素材文档

在Flash CS6中，新建文档之后，执行【文件】|【导入】|【导入到库】命令，即可选择AI格式的矢量素材，将其导入到Flash文档中。

【将AI素材导入到库】对话框中的内容与【将PSD文件导入舞台】对话框类似，其区别是AI素材是矢量的，所以不需要设置位图的发布设置。

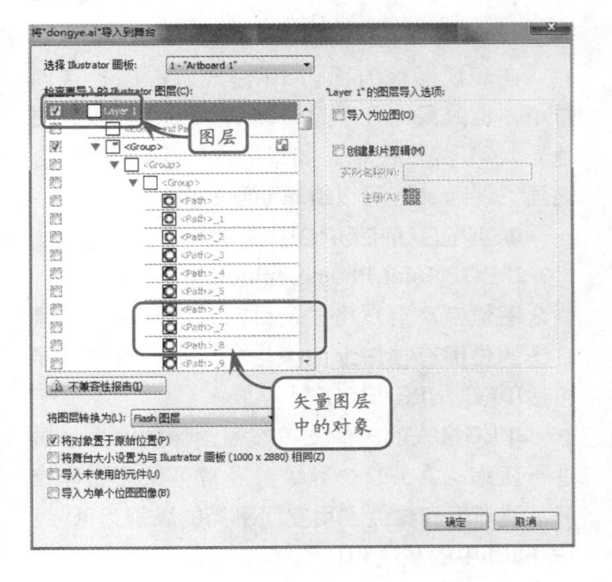

1.8 练习：制作手饰广告 版本：Flash CS6 downloads/第1章/01

对于不了解Flash的用户来说，当开始设计Flash动画时，会感觉无从下手、非常茫然。其实，制作Flash动画非常简单，关键在于明白自己设计动画的目的，如一张图片导入到Flash中，并将图像拖至舞台，即可实现最简单的动画（虽然没有实质的动画元素，但也算是静止的Flash动画文件）。

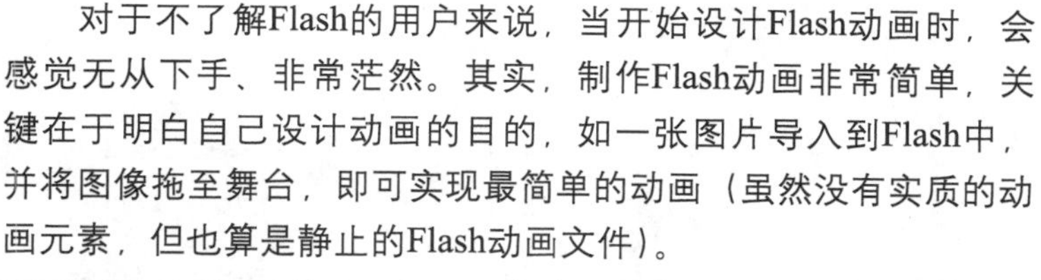

练习要点

- 创建Flash文件
- 设置Flash文件属性
- 导入素材图片
- 保存Flash文件
- 导出影片

操作步骤

STEP|01 执行【文件】|【新建】命令（Ctrl+N），打开【新建文档】对话框，选择其中的【Flash文件（ActionScript3.0）】选项，新建一个空白文档。

STEP|02 执行【文件】|【导入】|【导入到舞台】命令（快捷键Ctrl+R），导入手饰广告素材图像。

提示

执行【修改】|【文档】命令（Ctrl+J快捷键），也可以打开【文档设置】对话框，设置文档的尺寸。

STEP|03 执行【文件】|【保存】命令（快捷键Ctrl+S），在【另存为】对话框中输入文件名称。

STEP|04 设置完成后单击【保存】按钮，即可将文档保存为FLA格式的文件。这时文档标题栏中的名称已发生变化。

STEP|05 至此，Flash文档编辑完成。要想查看效果，执行【控制】|【测试影片】命令（Ctrl+Enter组合键）即可。Flash CS6会自动生成SWF格式的文件。

提示

Flash文档还可以导出其他格式文件。这就需要执行【文件】|【发布设置】命令，并设置【发布设置】对话框中的参数。

1.9 高手答疑

版本：Flash CS6

Q&A

问题1：如何使用Flash CS6的标尺和辅助线？

解答：Flash CS6的标尺栏与Photoshop CS6的标尺栏类似，可以为用户绘制各种图形和处理图像提供坐标的指示。在Flash CS6中执行【视图】|【标尺】命令，即可打开Flash CS6的标尺栏。

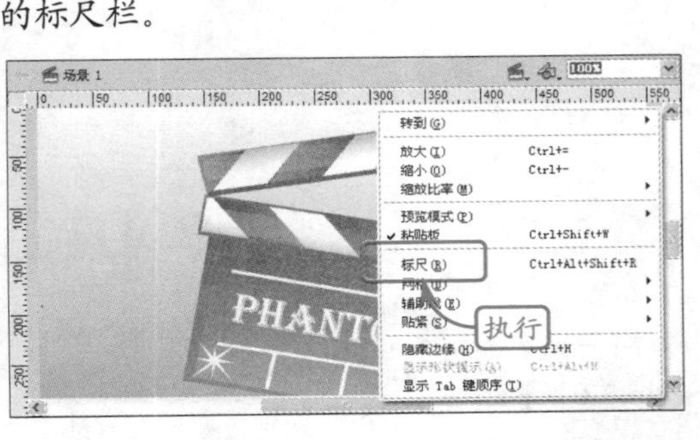

Flash CS6的标尺栏主要包括两部分，即水平标尺栏和垂直标尺栏。在默认状态下，标尺的单位为像素。如需要改变标尺的单位，可在影片场景的空白处右击，执行【文档属性】命令，在弹出的【文档属性】对话框中修改【标尺单位】。

Flash CS6除了提供标尺外，还提供了辅助线功能，帮助用户对齐各种对象的位置。辅助线与Photoshop中的参考线十分类似，分为水平辅助线和垂直辅助线两种，且都可以由用户在标尺栏中创建，方法如下。

将鼠标悬停到水平标尺栏上方，然后按住鼠标左键，将鼠标向下拖曳至场景中心方向，即可为场景添加水平辅助线。用同样的方式也可以从垂直标尺栏中拖曳出垂直辅助线。

Flash CS6允许用户执行【视图】|【辅助线】|【锁定辅助线】命令，将已添加到场景中的辅助线锁定，防止拖曳各种显示对象时将辅助线一并拖动。

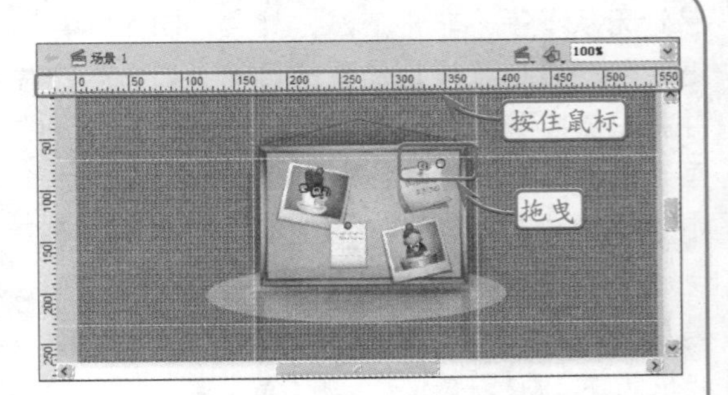

同时，Flash CS6还允许用户自定义辅助线的颜色，以与Flash影片的背景相适应。执行【视图】|【辅助线】|【编辑辅助线】命令，即可打开【辅助线】对话框，然后在对话框中设置辅助线的属性。

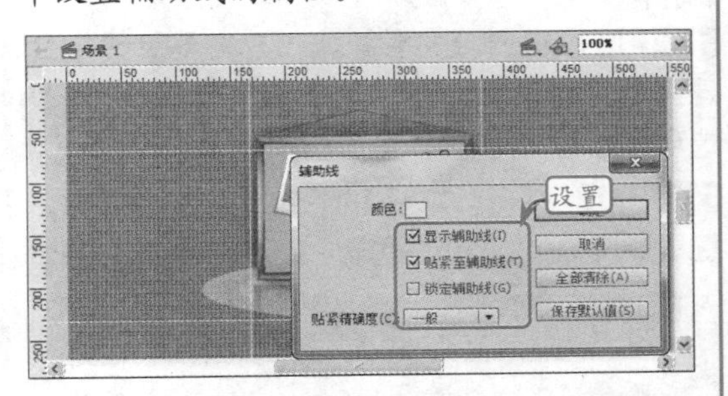

在【辅助线】对话框中，包括多种辅助线设置如下。

设置项目	作　用
颜色	自定义辅助线的颜色
显示辅助线	选中该项则场景中将显示辅助线。否则不显示
贴紧至辅助线	选中该项则绘制或拖曳的对象会自动向辅助线所在坐标位置靠拢
锁定辅助线	选中该项则将辅助线锁定，防止用户拖曳辅助线
贴紧精确度	包括“必须接近”、“一般”和“可以远离”三个项目，定义用户贴紧至辅助线的贴紧程度

Q&A

问题2：什么是位图？什么是矢量图？这两种图有什么区别？

解答：位图和矢量图是计算机图形图像中的两种最重要的分类，分别代表了计算机图形图像的表述方式以及处理方式。

● **位图**

位图是以单位点作为描述和显示的基础，将这些点平铺在显示器中显示的图像。在位图中，每个单位点的色彩信息由红色、绿色和蓝色组成的RGB颜色或灰度值、Alpha通道值（透明度）标识。这样表述颜色的单位点被称作像素。

位图的优点在于，显示和获取方便，各种扫描仪、数码相机、摄像头等均可以从计算机外部获取位图。同时，大多数图形图像处理软件都可以编辑和读取位图，适应性非常广泛。

然而，位图是以像素组成的，因此，在放大和缩小位图时，往往会改变这些像素之间的相对位置，造成图像质量的损失。例如，出现各种锯齿或马赛克等。

● **矢量图**

矢量图也是一种计算机图像，与位图有着本质的不同，矢量图并非由像素点阵构成，而是由点、直线和多边形等基于数学方程的图形表示。

矢量图的优点是允许放大或缩小任意倍数而不会发生图像失真的情况。除此之外，存储相同的内容，矢量图所占用的磁盘空间通常要比位图小一些。

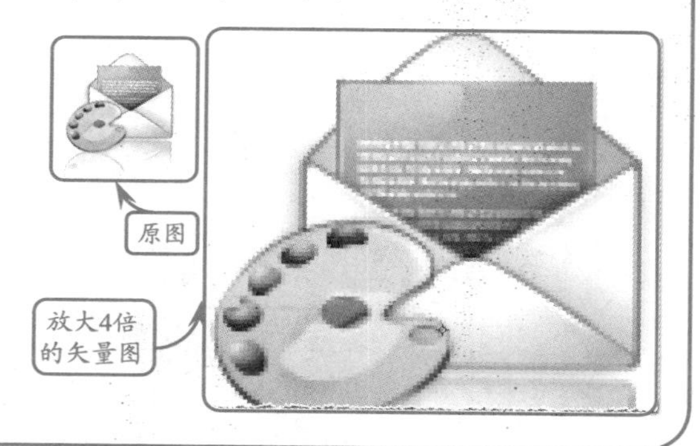

矢量图的缺点在于，其无法通过各种外部的扫描仪、数码相机、摄像头获取，只能通过计算机进行绘制（一些软件可以从绘图板上获取矢量线条）。同时，支持编辑和浏览矢量图形的软件较少，这些软件的文档格式往往也互不通用。

在大多数计算机书籍中，将位图称作图像，矢量图称作图形。研究矢量图的技术，被称作计算机图形学，而研究位图处理技术的则称作计算机图像学。

1.10 高手训练营

版本：Flash CS6

1. 网格功能

网格也是Flash软件中的一种参考线工具，其作用是帮助用户把各种Flash图形对齐。在Flash CS6中，可以执行【视图】|【网格】|【显示网格】命令，方便地开启网格。

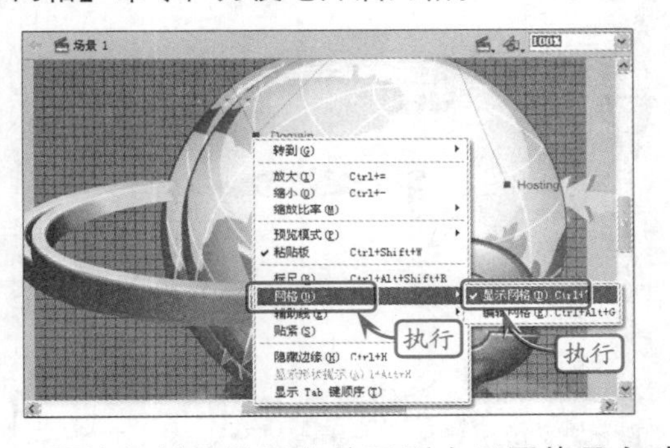

网格与辅助线最大的区别在于网格是自动生成的参考线，不需要锁定，用户也无法拖曳网格。执行【视图】|【网格】|【编辑网格】命令，可以方便地编辑网格的颜色、显示方式及大小等。

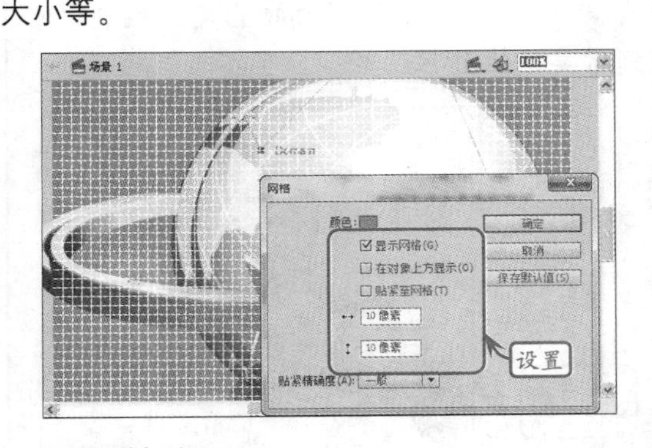

2. 场景缩放

在【场景】工具栏中，单击【缩放比率】下拉列表，在弹出的菜单中选择缩放场景的百分比，即可使场景按照指定的比率放大或缩小，默认为100%。

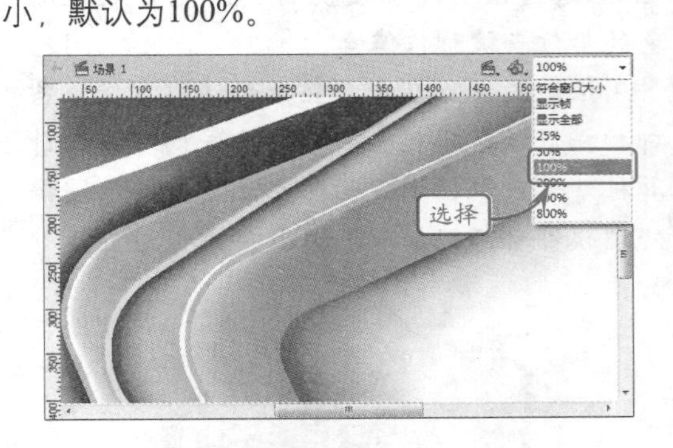

3. 改变图形的前后顺序

需要更改图形的前后顺序时，可以执行【修改】|【排列】命令，在关联菜单里选择相应的操作即可。

①原图
②上移一层
③置于底层
④置于顶层

02 动画元素的图形

在Flash中可以绘制各种动画角色和图像。Flash提供了不仅使绘制图形的线条流畅、颜色真实的相应工具，而且复制、修改、变形图形等操作也方便。这也使得绘制动画速度快捷，保存耐久以及画面效果奇特。这些优点在绘制矢量图形、动画场景时尤其重要。

因此，在Flash中要创建出生动有趣，具有活力和个性的作品，除了要求设计者掌握一定的绘制要素与技巧，还需要熟练掌握Flash提供的多种绘图工具的使用方法。

2.1 动画造型的基本要素

版本：Flash CS6

动画造型要在每个环节中接受检验，由于受到背景的配合、色法限定等因素的制约，规定了动画造型设计不可能是设计者随心所欲的创作，因此在进行造型设计时，应对整部动画制作的每个环节的要求加以考虑，无论是写生或收集素材都应有明确的目标和针对性，并能根据不同的动画风格进行相关的造型训练。其中，人物造型可以分为以下四个层次。

1. 全身造型

动画片中的人物角色或动物角色是依据体态语言、脸部表情和对白等来传情达意的，除了行走、跑跳等常规动态造型之外，细微的体型、动作变化同样能反映出性格、职业和年龄等的特征。

2. 局部造型

局部是指手和足的动态造型，通过手和足所传达的信息是其语言的延伸，手和足的动作不仅能够表现其本身的基本功能，它还可以成为表情“语言”的补充。

在刻画动物或其他造型时，必要时可以将手与足做拟人化处理，如为鲨鱼添加足，直立的熊、牛等等。

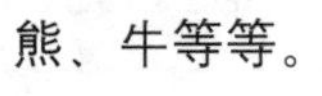

3．角度与体面

在动画中会运用各种视角的镜头表现主题，以丰富视觉变化的效果。不单要表现一个视角的体面关系，而且正、侧、背、俯、仰各个视角的形态变化都应注意观察。

4．各种表现形式

形式是风格的外化，也是内容的一部分。造型艺术中所有形式与手段都可以在动画中运用，只是加工时其简繁程度不一而已。例如：可以采用写实表现法、符号表现法和对比表现法等。

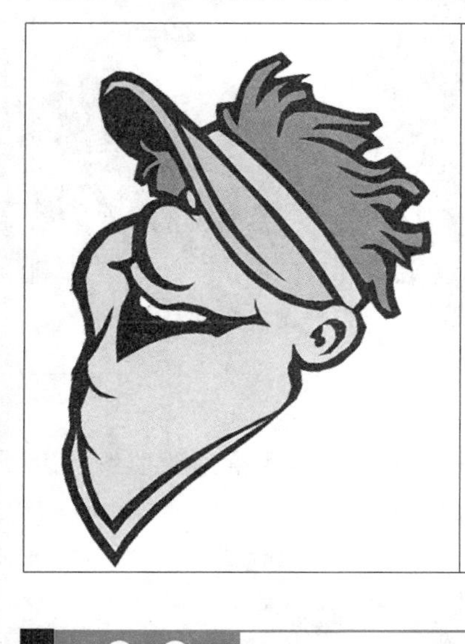

2.2 线条和铅笔工具

版本：Flash CS6

使用Flash提供的【线条工具】和【铅笔工具】，用户可以在舞台中快速绘制各种样式的线条，包括直线、曲线、点划线等，以满足矢量图形中的线条绘制。

1．线条工具

使用【线条工具】可以方便地绘制各种矢量直线笔触。在【工具】面板中单击【线条工具】按钮，然后在舞台中拖动鼠标，即可绘制简单直线笔触。

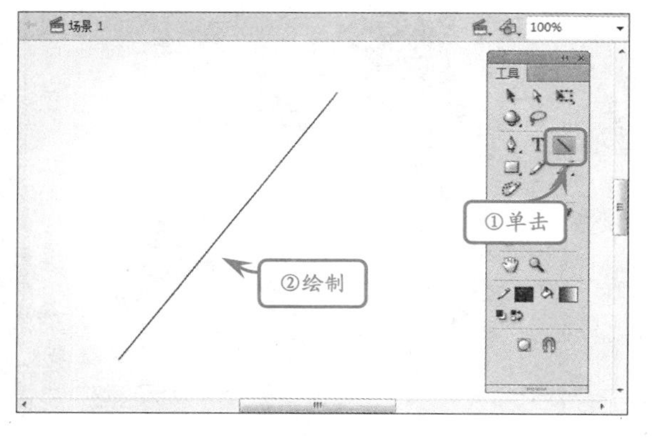

在绘制矢量笔触后，单击【选择工具】，将鼠标置于矢量直线笔触上方，当光标转换为带有弧线的箭头后，拖动鼠标，即可将绘制的直线笔触转换为曲线笔触。

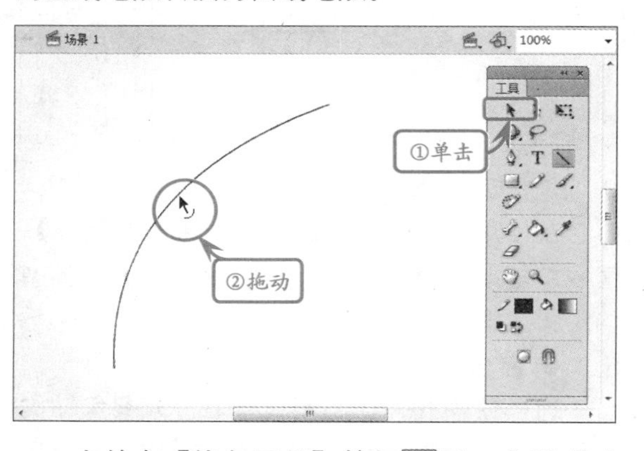

在单击【线条工具】按钮后，启用【对象绘制】按钮，以对象的方式绘制矢量直线笔触。此时，Flash会自动以组的方式绘制矢量图形。

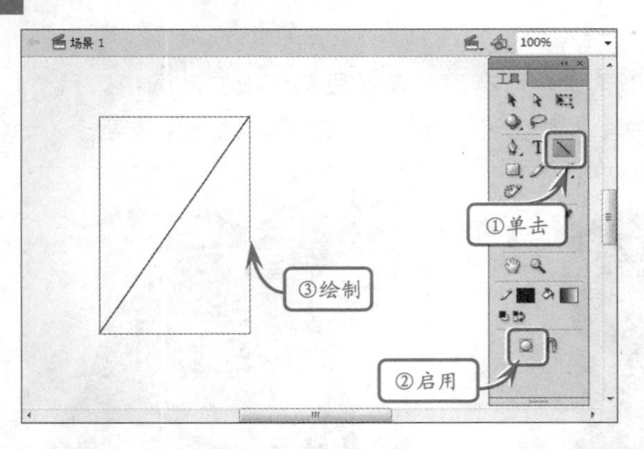

在绘制矢量直线笔触之前，用户也可启用【贴紧至对象】按钮，此时，绘制的矢量直线将自动与各种辅助线贴紧。

2. 铅笔工具

【铅笔工具】用于绘制一些随鼠标运动轨迹而延伸的线条。单击【铅笔工具】按钮，在舞台中拖动鼠标，即可绘制鼠标轨迹经过的矢量笔触。

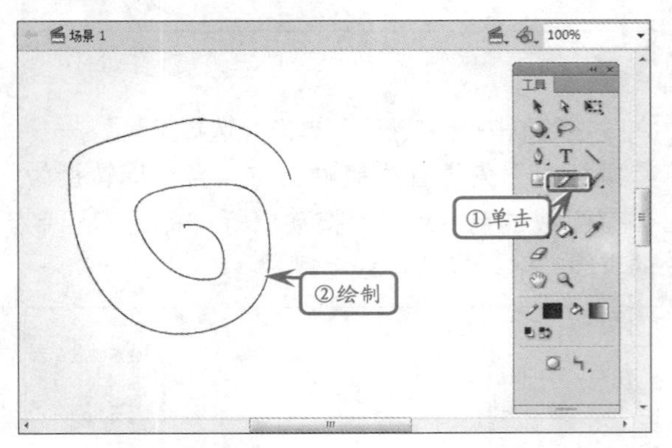

3. 设置铅笔模式

在使用【铅笔工具】时，单击【选项】区域中辅助选项按钮，系统提供了三种类型的绘图模式。

● **伸直**

选择该模式，在绘制线条时，只要勾勒出图形的大致轮廓，Flash会自动将图形转化成接近的规则图形。

● **平滑**

选择该模式，系统可以平滑所绘曲线，达到圆弧效果，使线条更加光滑。

● **墨水**

选择该模式，绘制图形时系统完全保留徒手绘制的曲线模式，不加任何更改，使绘制的线条更加接近于手写的感觉。

4．设置笔触样式

在绘制线条之前或之后，用户可以通过【属性】检查器设置该线条的样式。如线条颜色、粗细和样式等。

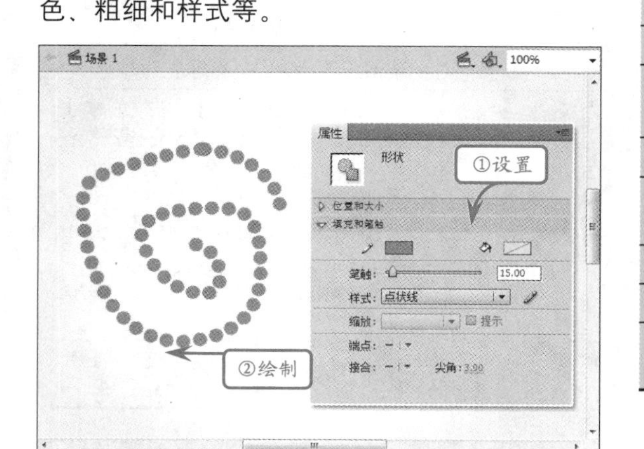

在【线条工具】或【铅笔工具】的【属性】检查器设置中，主要包括以下几种属性。

属　性	作　用
笔触颜色	单击该颜色拾取器，可定义笔触的颜色
笔触	定义笔触的宽度
样式	单击右侧下拉列表选择笔触样式类型
编辑笔触样式	单击该按钮，可对笔触样式进行详细设置
缩放	定义播放 Flash 时笔触缩放的属性
提示	将笔触锚点保存为全像素以防止播放时缩放产生的锯齿
端点	定义笔触的两个端点形状
接合	定义笔触的节点形状
尖角	如定义笔触的节点为尖角，则可在此设置尖角的像素大小

在设置笔触的样式时，可以单击【编辑笔触样式】按钮，在弹出的【笔触样式】对话框中对笔触进行详细地设置。

2.3 椭圆工具和矩形工具　　版本：Flash CS6

在绘制舞台场景时，经常需要使用矩形和椭圆，而Flash提供的【矩形工具】和【基本矩形工具】可以帮助用户快速绘制这两种图形。

1．矩形工具

单击【矩形工具】按钮，在舞台中将鼠标沿着要绘制的矩形对角线拖动，即可绘制出矩形。

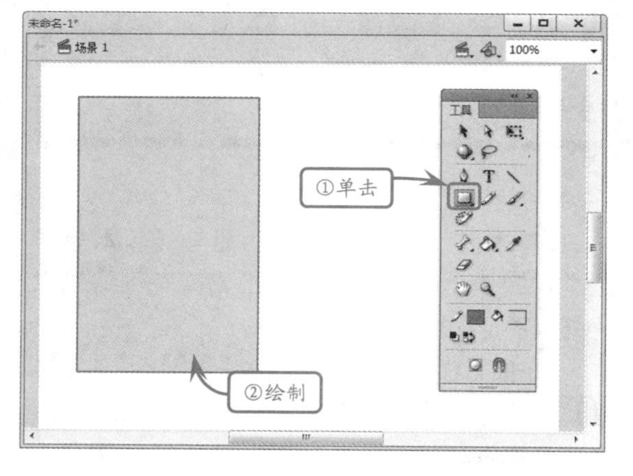

在绘制矢量矩形之前，用户还可以在【属性】检查器中设置【矩形工具】的属性，包括笔触样式、填充颜色等。

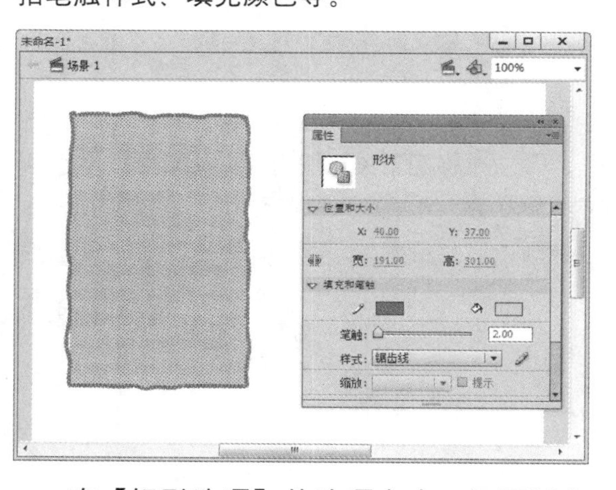

在【矩形选项】的选项卡中，还可以分别调整矩形4个角的圆滑度，以绘制出圆角矩形。

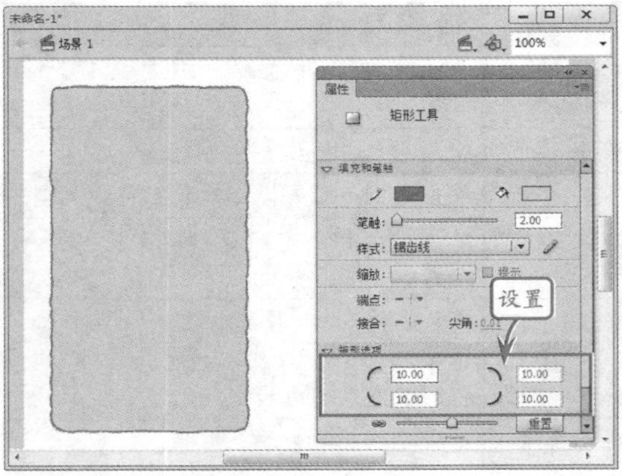

2. 基本矩形工具

与【矩形工具】相比，【基本矩形工具】绘制的矩形更易于修改。单击【基本矩形工具】按钮，在舞台中沿着要绘制的矩形对角线拖动，即可绘制一个矢量基本矩形。

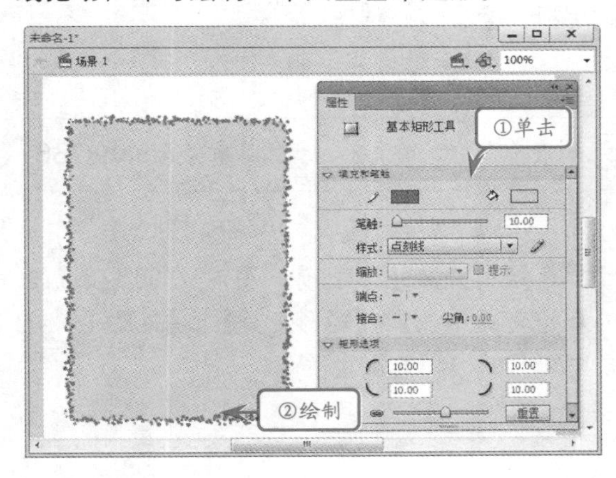

3. 椭圆工具

单击【椭圆工具】按钮，在【属性】检查器中设置参数，然后在舞台拖动鼠标绘制椭圆形。

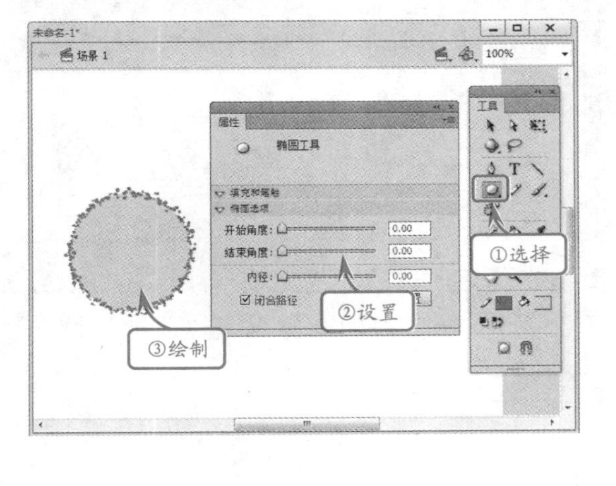

在【椭圆选项】选项卡中，用户可以将椭圆转换为扇形、圆环和扇环等复合图形。

属性名	作　用
开始角度	定义扇形和扇环的起始角度
结束角度	定义扇形和扇环的结束角度
内径	可以在框中输入内径的数值，或单击滑块相应地调整内径的大小。或者直接可以输入介于 0 和 99 之间的值，以表示删除的填充的百分比
闭合路径	确定椭圆的路径是否闭合。如果指定了一条开放路径，但未对生成的形状应用任何填充，则仅绘制笔触。默认情况下选择闭合路径
重置	选中该选项，则 Flash 将清除以上几种属性，将图形转换为普通椭圆形

例如，椭圆工具绘制一个扇形。首先在【属性】检查器中设置【开始角度】为210，【结束角度】为330，即可在舞台中绘制扇形。

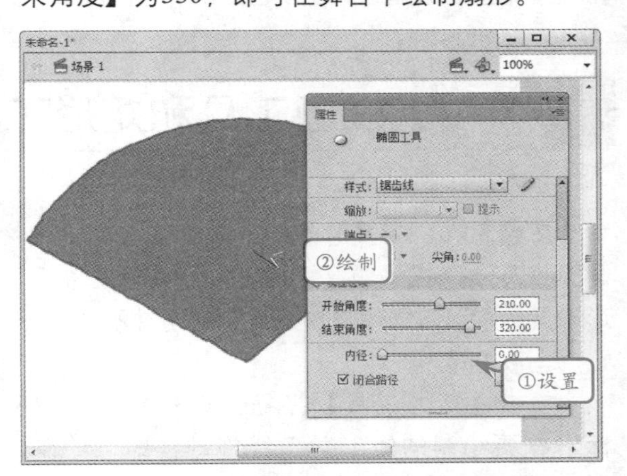

提示

在绘制椭圆形时，用户可按住Shift组合键 Shift ，然后绘制正圆形。

4. 基本椭圆工具

【基本椭圆工具】的功能与【基本矩形工具】类似，都可以绘制出更富有可编辑性的矢量图形。

单击【基本椭圆工具】按钮，在【属性】检查器中设置基本椭圆的各种属性，然后在舞台中拖动鼠标即可绘制基本椭圆。

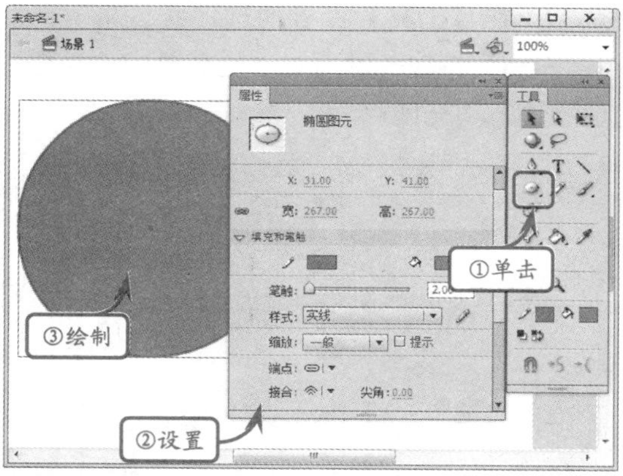

【基本椭圆工具】与【椭圆工具】的区别在于，在绘制椭圆后，还允许用户在【属性】检查器中修改其属性。

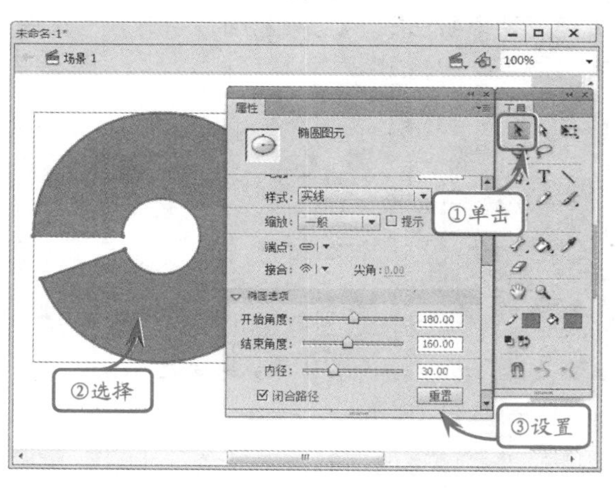

2.4 颜色的选取与填充

版本：Flash CS6

在绘制矢量图形后，为了使图形不仅仅只是一种单一的颜色，Flash允许用户为图形选择和填充颜色。

1．选取颜色

在Flash中，选取颜色主要可以通过以下三种方式：在【调色板】面板中选择、在【颜色】面板中选择和在【样本】面板中选择。通过这三种方式，用户可以应用、创建和修改颜色。

● **调色板**

每个Flash文件都包含自己的调色板，该调色板存储在Flash文档中，但不影响文件的大小。Flash将文件的调色板显示为【填充颜色】控件和【笔触颜色】控件。

要打开【调色板】选择颜色，可以在【工具】面板中单击【填充颜色】控件或【笔触颜色】控件，然后从显示的颜色选择器中选择颜色。

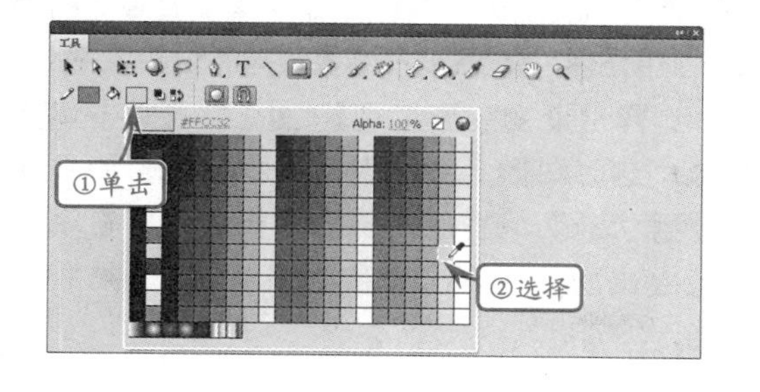

在【调色板】中单击右上角的【颜色选择器】按钮，打开【颜色】对话框，可以自定义颜色。

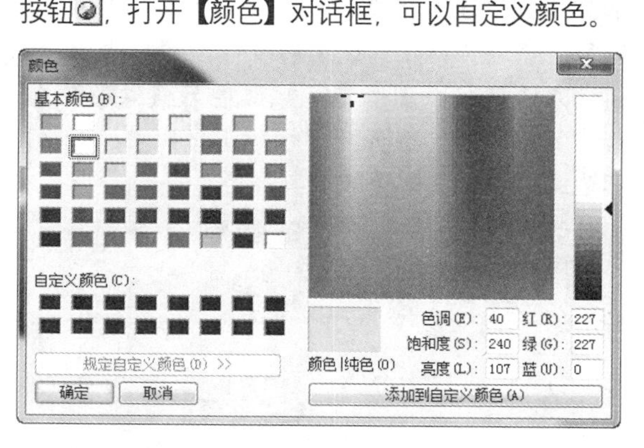

确定颜色后，通过调色板中的不透明度选项，还可以控制颜色的不透明度效果。

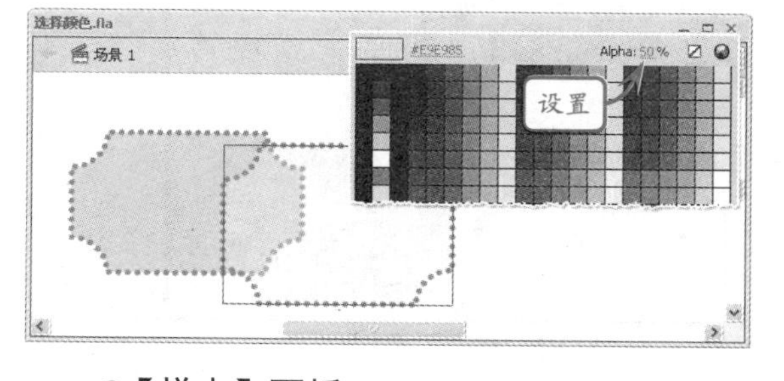

● **【样本】面板**

在Flash CS6中，【样本】面板中显示的颜色，同调色板中显示的颜色相同。在前者面板中选中某个颜色后，【工具】面板中的颜色控件就会被更改。

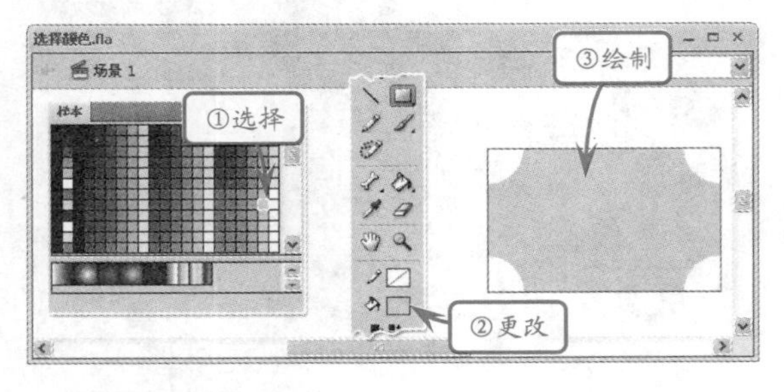

2．填充颜色

当选中图形的同时选取颜色，即可更改图形中的笔触颜色或者填充颜色。如果在没有选中图形，而又想将设置好的颜色应用于图形的边缘或者内部时，就可以使用相应的工具进行填充。

● 墨水瓶工具

【墨水瓶工具】可以给选定的矢量图形增加边线，还可以修改线条或形状轮廓的笔触颜色、宽度和样式，该工具没有辅助选项。

方法是，当图形中笔触颜色与【颜色】面板中的不同时，选择【墨水瓶工具】，在图形边缘处单击，即可改变其颜色。

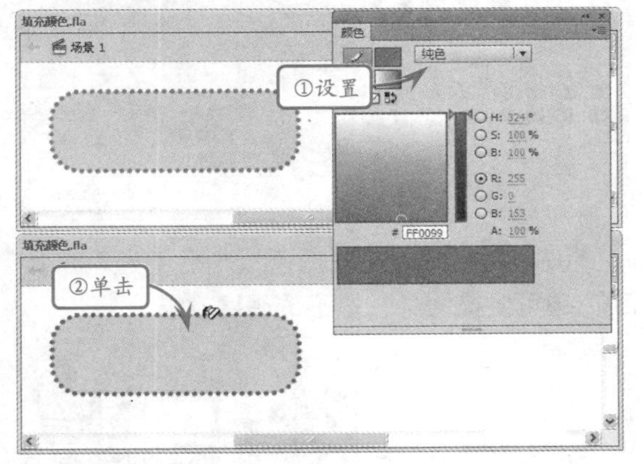

● 颜料桶工具

【颜料桶工具】用于填充或者改变现有色块的颜色，并且选择该工具后，【工具】面板选项显示【空隙大小】选项。

当图形中有缺口，没有形成闭合，可以使用【空隙大小】选项，针对缺口的大小进行选择填充。在【工具】面板的选项区域中，单击【空隙大小】按钮，然后在下拉菜单中选择合适的选项进行填充即可。

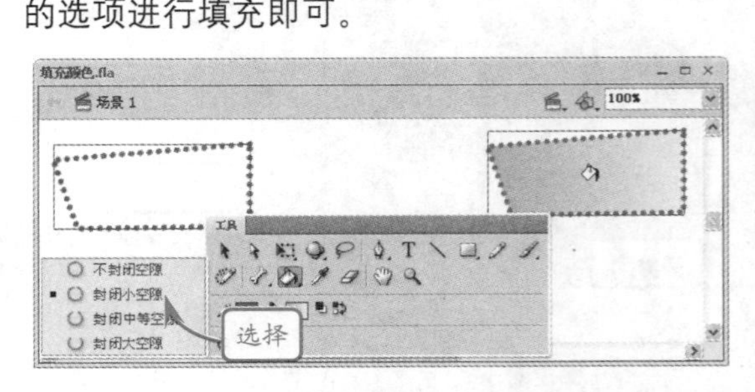

【空隙大小】选项卡中，各选项内容详细介绍如下：

属性名	作　用
不封闭空隙	定义扇形和扇环的起始角度
封闭小空隙	定义扇形和扇环的结束角度
封闭中等空隙	可以在框中输入内径的数值，或单击滑块相应地调整内径的大小。或者直接可以输入介于 0 和 99 之间的值，以表示删除的填充的百分比
封闭大空隙	确定椭圆的路径是否闭合。如果指定了一条开放路径，但未对生成的形状应用任何填充，则仅绘制笔触。默认情况下选择闭合路径

● 渐变变形工具

渐变颜色不仅能够应用到内容填充，还可以应用于笔触填充。使用相应工具填充渐变颜色后，均是默认的方向。

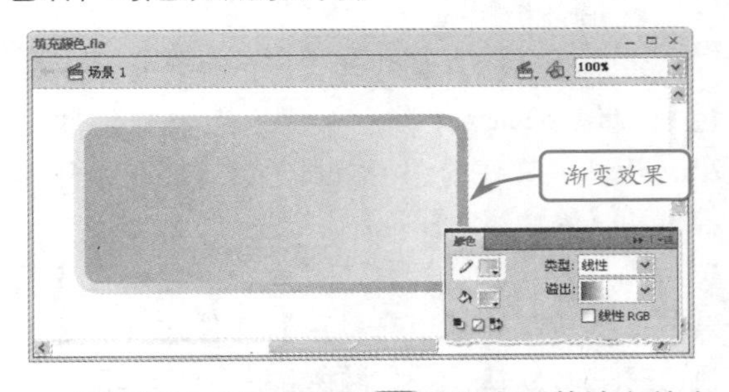

而【渐变变形工具】是用来调整填充的大小、方向、中心以及变形渐变填充和位图填充。

选择【渐变变形工具】，并且单击填充区域，这时图形上会出现两条水平线。如果使用放射状渐变填充色对图形进行填充，在填充区域会出现一个渐变圆圈以及4个圆形或方形手柄。

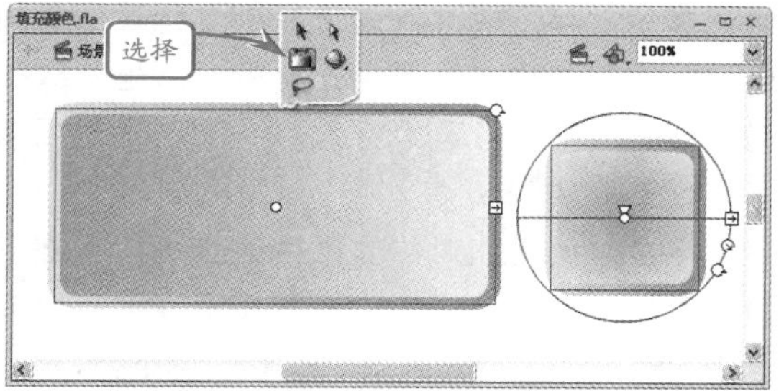

使用渐变线的方向手柄、距离手柄和中心手柄，可以移动渐变线的中心、调整渐变线的距离以及改变渐变线的倾斜方向。

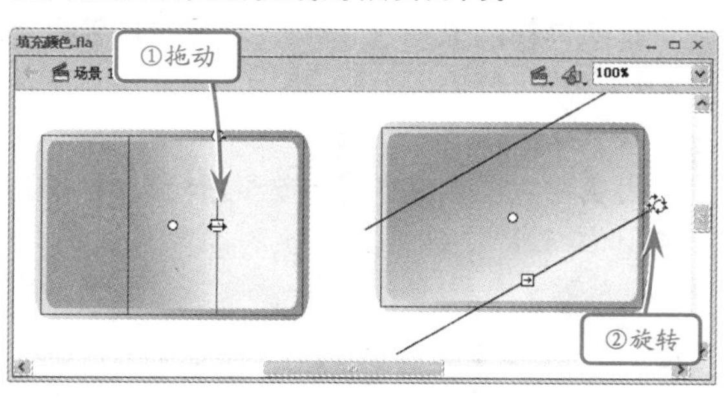

2.5 Deco工具

版本：Flash CS6

【Deco工具】是装饰性绘画工具，使用该工具可以将创建的图形形状转变为复杂的几何图案。

1. 应用藤蔓式填充效果

当选择【Deco工具】后，【属性】面板中默认的填充效果为“藤蔓式填充”，只要在舞台中单击，即可看到藤蔓图案以动画形式填充到整个画布。

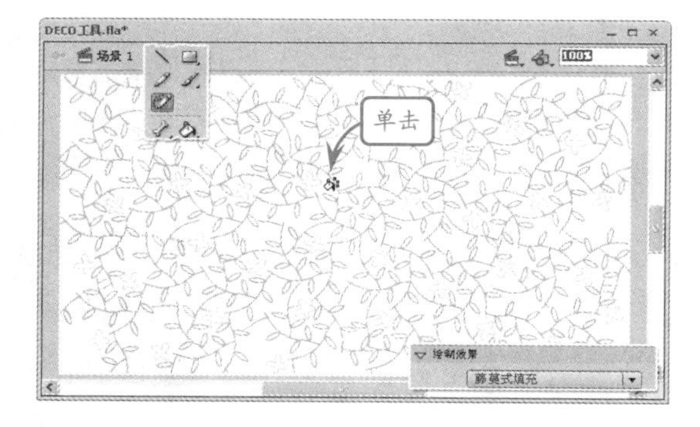

如果选择该工具，在【属性】面板中，更改【叶】和【花】的颜色值后，单击即可得到不同色调的藤蔓图案。

而【高级选项】组中的选项如下:

● **图案缩放**

缩放操作会使对象同时沿水平方向（沿x轴）和垂直方向（沿y轴）放大或缩小。

● **段长度**

指定叶子节点和花朵节点之间的段的长度。

● **动画图案**

指定效果的每次迭代都绘制到时间轴中的新帧。在绘制花朵图案时，此选项将创建花朵图案的逐帧动画序列。

● **帧步骤**

指定绘制效果时每秒要横跨的帧数。

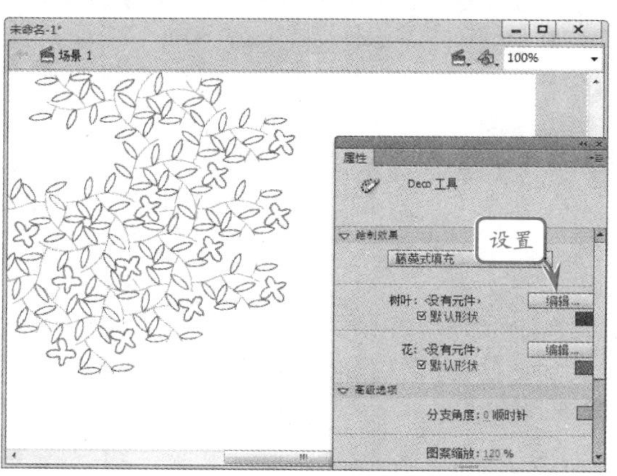

2. 应用网格填充效果

选择【Deco工具】后，在【属性】面板中选择“网格填充”样式，在舞台中单击即可填充网格图案。

“网格填充”样式中的各个选项如下。设置这些参数，能够得到不同效果的网格图案。

● **水平间距**

指定网格填充中所用形状之间的水平距离（以像素为单位）。

● 垂直间距

指定网格填充中所用形状之间的垂直距离（以像素为单位）。

● 图案缩放

可使对象同时沿水平方向（沿x轴）和垂直方向（沿y轴）放大或缩小。

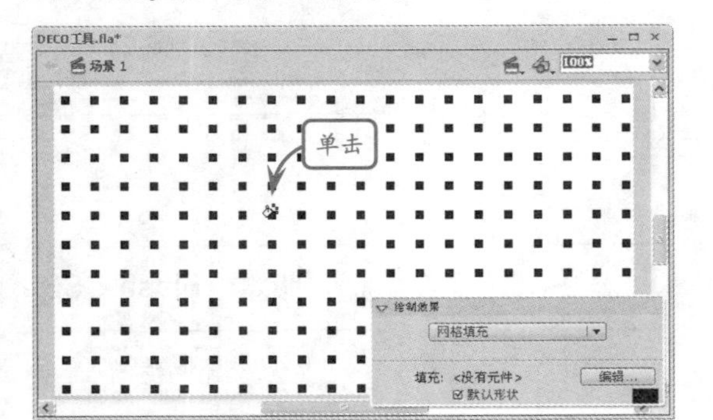

3. 应用对称效果

选择“对称刷子”样式，将显示一组手柄。可以使用手柄，通过增加元件数、添加对称内容的方式来控制对称效果。

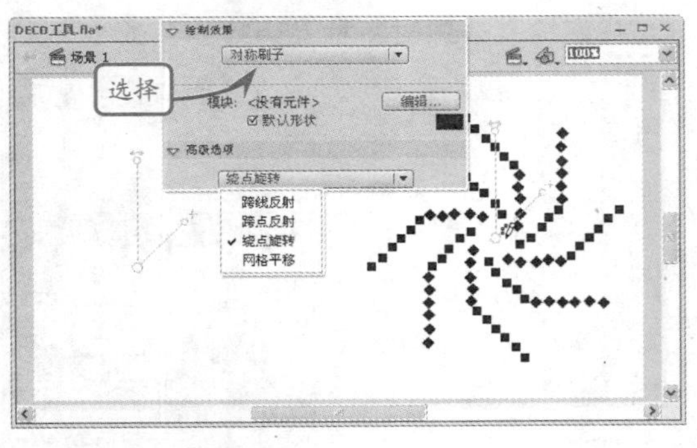

而【高级选项】组中的各个选项是用来设置不同的填充方式的。

● 绕点旋转

围绕指定的固定点旋转对称中的形状。默认参考点是对称的中心点。若要围绕对象的中心点旋转对象，按圆形运动进行拖动。

● 跨线反射

跨指定的不可见线条等距离翻转形状。

● 跨点反射

围绕指定的固定点等距离放置两个形状。

● 网格平移

使用按对称效果绘制的形状创建网格。每次在舞台上单击Deco绘画工具都会创建形状网格。使用由对称刷子手柄定义的x和y坐标调整这些形状的高度和宽度。

● 测试冲突

不管如何增加对称效果内的实例数，都可防止绘制的对称效果中的形状相互冲突。取消选择此选项后，对称效果中的形状会重叠。

4. 应用树刷子效果

选择【Deco工具】后，在【属性】面板中选择“树刷子”样式，在舞台中单击即可填充树图案。

“树刷子”样式中的各个选项如下。设置这些参数，能够得到不同效果的颜色图案。

● 树比例

缩放操作会使对象同时沿水平方向（沿x轴）和垂直方向（沿y轴）放大或缩小。

● 分支颜色

指定树填充中所用形状的枝干颜色（以十六进制单位）。

● 树叶颜色

指定树填充中所用形状的树叶颜色（以十六进制单位）。

● 花/果实颜色

指定树填充中所用形状的花/果实颜色（以十六进制单位）。

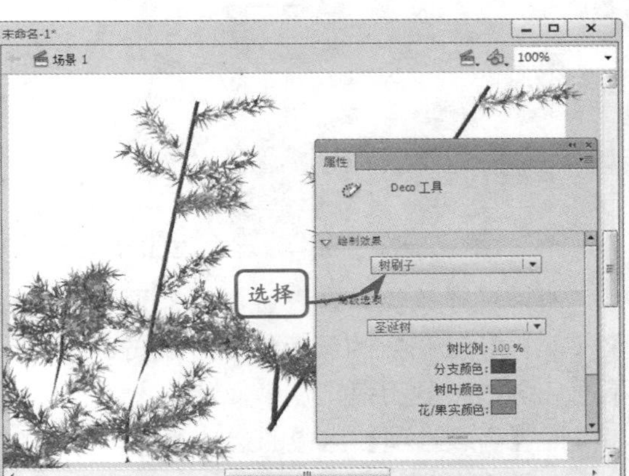

5. 应用闪电效果

选择【Deco工具】后，在【属性】面板中选择“闪电刷子”样式，在舞台中单击即可填充闪电图案。

“闪电刷子”样式中的各个选项如下。设置这些参数，能够得到不同效果的闪电图案。

● **闪电大小**

指定闪电填充中所用形状的大小（以像素为单位）。

● **图案颜色**

指定闪电填充中所用形状的颜色（以十六进制单位）。

2.6 练习：绘制护花使者 版本：Flash CS6 downloads/第2章/01

使用Flash CS6中的图形绘制工具，不仅可以绘制各种简单的图形，而且还可以绘制复杂的图像，例如人物、动物、植物和昆虫等，但在大多绘制过程中，需要结合多种工具。下面主要使用铅笔工具绘制护花使者。

练习要点

- 使用铅笔工具
- 设置笔触属性
- 填充颜色

操作步骤

STEP|01 新建文档，选择【铅笔工具】，在【属性】检查器中设置【笔触颜色】为“紫色”（#9933CC）；【笔触高度】为0.5。然后，在舞台中绘制男孩头部和部分身体的轮廓线。

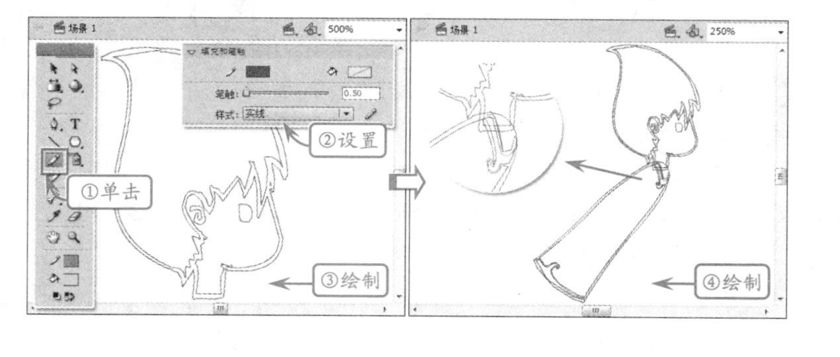

提示

在【工具】面板中选择【铅笔工具】后，【属性】检查器将自动禁用【填充颜色】。

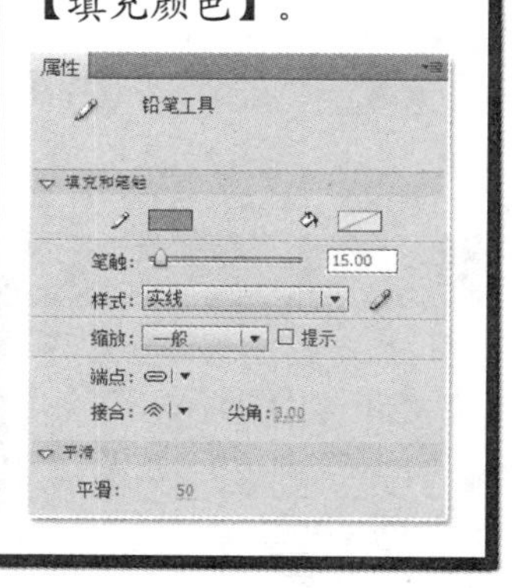

STEP|02 使用相同的方法，使用【铅笔工具】继续绘制身体的右侧部分，包括胳膊、翅膀、裤子和腿等。

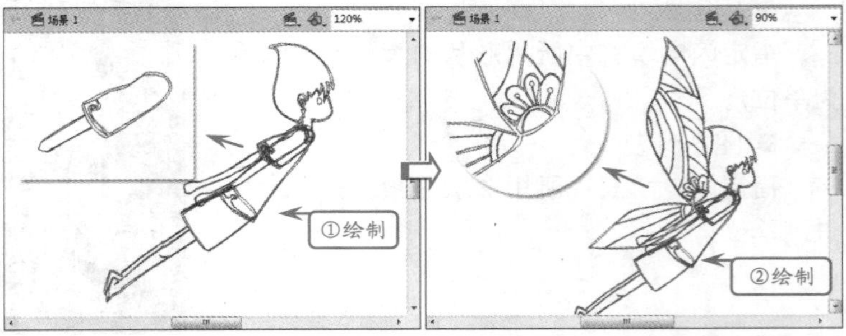

提示

在绘制“护花使者”时，可以将身体的各个部分放置在不同的图层中，这样方便以后的编辑和修改。

STEP|03 选择并复制右侧的翅膀，新建图层，执行【编辑】|【粘贴到当前位置】命令，将其粘贴到舞台中。然后，使用【任意变形工具】调整其位置和旋转角度。

技巧

在【时间轴】面板中，单击关键帧，即可快速选中舞台中的所有内容。

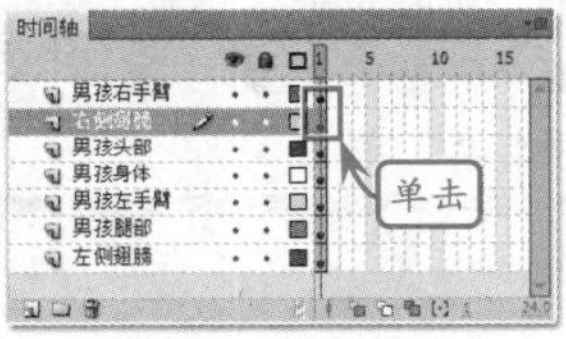

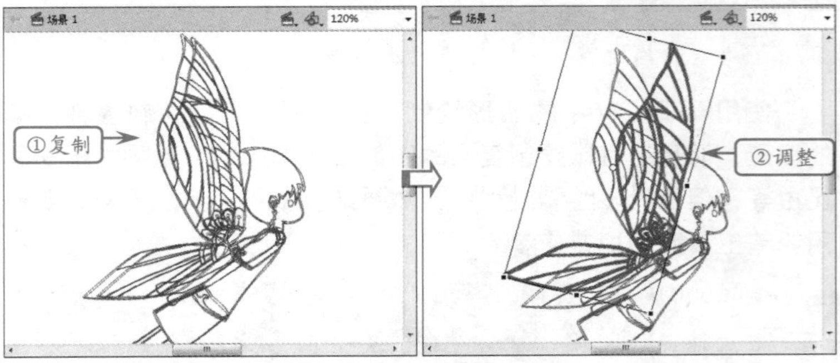

STEP|04 选择【颜料桶工具】，在【属性】检查器中设置【填充颜色】为“黑色”（#000000），然后在头部轮廓内单击填充颜色。使用相同的方法，对头部的其他部分进行填充。

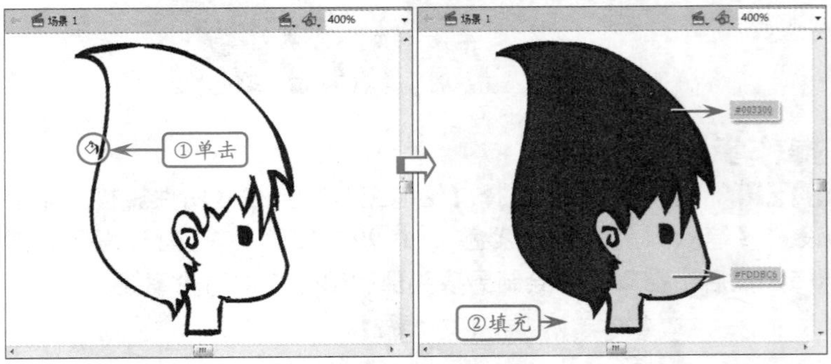

提示

在对轮廓填充完颜色之后，及时将紫色的轮廓线删除。

STEP|05 使用【颜料桶工具】填充男孩“上衣”的轮廓线为黑色（#000000），“领边”和“底边”为“深棕色”（#7F3536），“衣服”为“浅绿色”（#A6D5D9）。然后，填充“裤子”和“腿”的颜色分别为“浅绿色”（#A6D5D9）和“浅黄色”（#FDDBC6）。

提示

男孩的脸部颜色为浅黄色（#FDDBC6），其他部位均为黑色（#000000）。

STEP|06 选择男孩的“右手臂”，使用【颜料桶工具】为其轮廓填充黑色（#000000），填充“袖子”和“手臂”的颜色分别为“浅绿色”（#A6D5D9）和“浅黄色”（#FDDBC6）。使用相同的方法，为男孩的“左手臂”填充颜色。

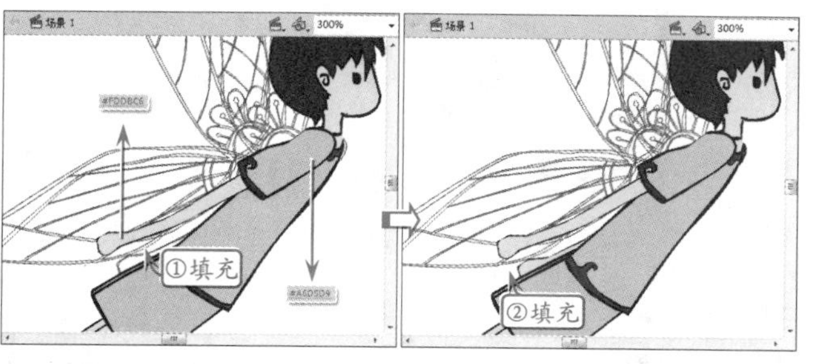

STEP|07 选择其中一只翅膀，为翅膀的上半部分分别填充桔红色（#FF6600）、桔黄色（#FFAC39）和深褐色（#BA4A01）。然后，为翅膀的下半部分填充桔红色（#FF6600）。

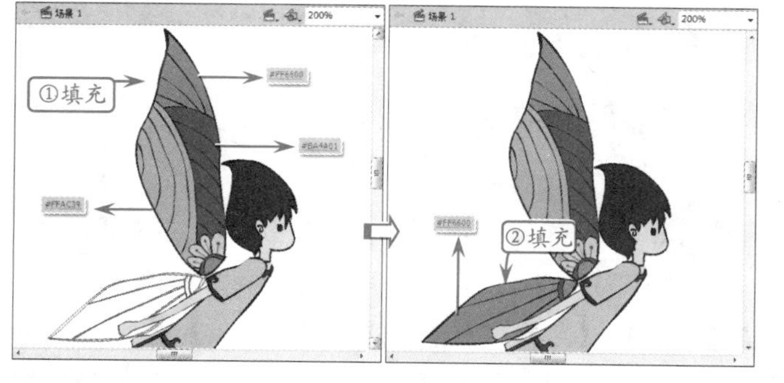

STEP|08 根据上述步骤，为另外一只翅膀填充相同的颜色。然后新建图层，将“bg.jpg”素材图像导入到舞台。

提示

在填充男孩“左手臂”之前，可以将一些图层设置为不可见，如身体、右手臂和腿等，以方便填充颜色。

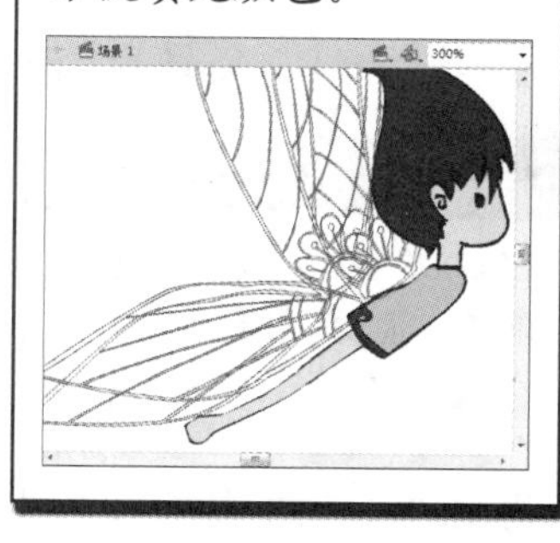

提示

翅膀的轮廓线仍然填充为黑色（#000000）。

提示

因为背景图像需要显示在舞台中所有内容的最下面，所以必须在【时间轴】面板的最底层新建图层。

2.7 练习：绘制商业标志 版本：Flash CS6 downloads/第2章/02

练习要点

- 椭圆工具
- 基本椭圆工具
- 工具属性设置

标志主要是通过文字变形或者图像变形设计而成的，在网站动画中，标志动画尤为常见。在Flash中，运用不同的几何绘制工具，并且搭配工具属性，即可绘制简单的标志图像，为后期动画做准备。

提示

创建文档后，执行【文件】|【保存】命令，在【另存为】对话框中保存文件名为“商业标志.fla”。这时【属性】面板中的文档名称就会随之改变。

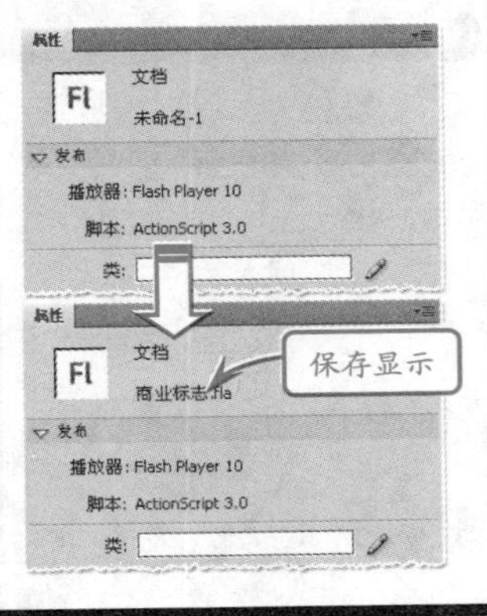

操作步骤

STEP|01 新建Flash空白文档，选择【椭圆工具】。在面板中，分别设置【填充颜色】和【笔触颜色】，按住Shift键在舞台中绘制正圆图形。

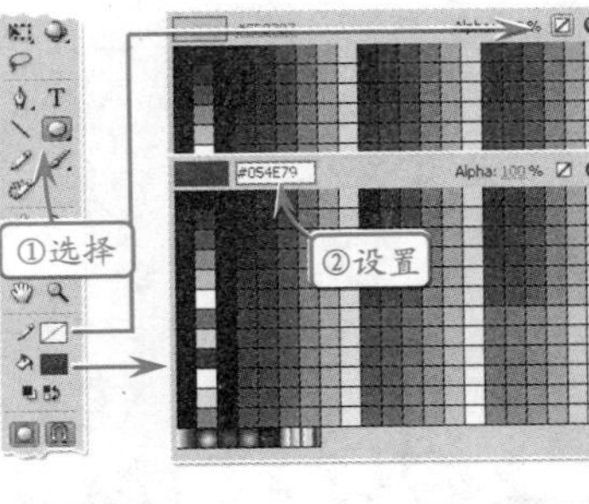

STEP|02 选择【工具】面板中的【选择工具】，单击舞台中的圆形图形，打开【属性】面板。在【位置和大小】选项组中单击【将宽度值和高度值锁定在一起】按钮，单击【宽度】参数值，在文本框中输入50。

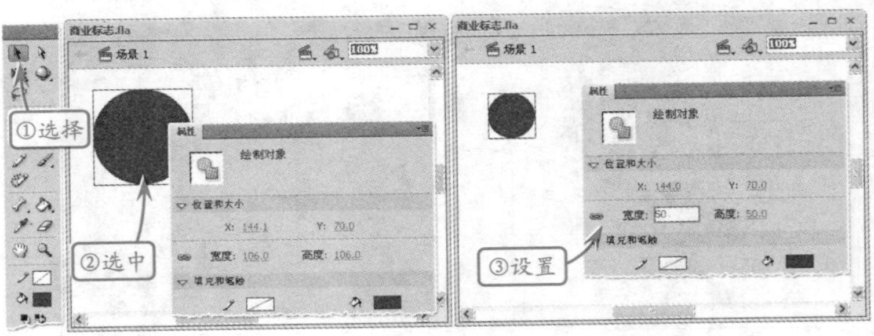

技巧

选择【椭圆工具】后，同样能够在【属性】面板中设置图形的笔触并填充颜色参数值。

STEP|03 选择【基本椭圆工具】，设置填充颜色为#96C5D9。按住 Shift 键在舞台中单击并拖动鼠标，绘制无笔触的正圆图形。使用【选择工具】选中该图形后，在【属性】面板中设置其尺寸为160 × 160。

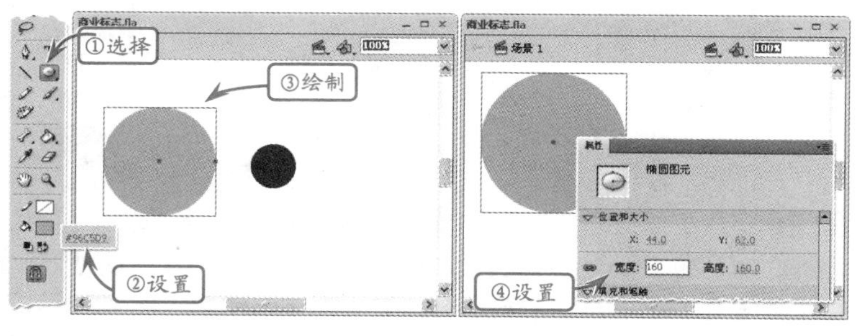

STEP|04 继续在【属性】面板的【椭圆选项】组中，设置【结束角度】参数值为90后，单击并拖动该图形至深蓝色正圆，确定两个圆形的中心点对齐。

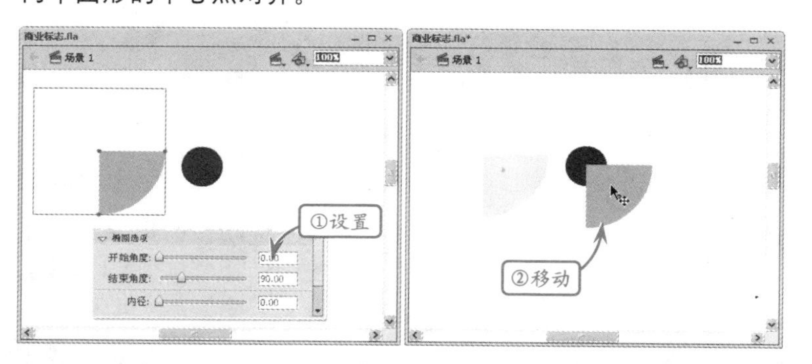

STEP|05 选中四分之一圆形，按 Ctrl+D 快捷键直接复制该图形。选择【任意变形工具】，顺时针旋转该图形180度后，移动该图形使之与深蓝色圆形的中心点对齐。

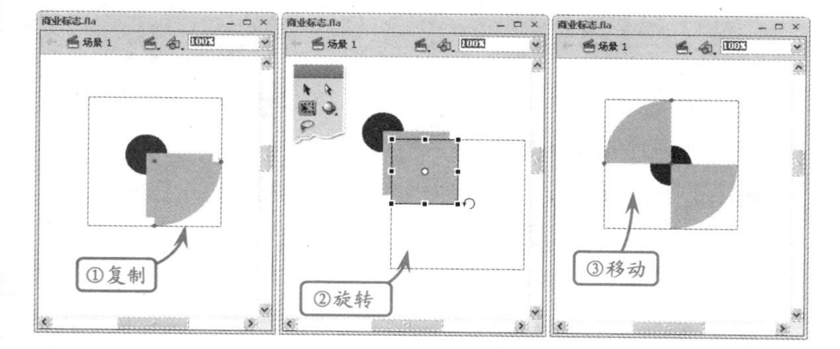

STEP|06 选择【基本椭圆工具】，在【属性】面板中，设置椭圆的填充颜色值后，分别设置【结束角度】和【内径】参数值。在舞台中单击并拖动鼠标绘制半圆环图形，并且设置其尺寸为130 × 130。然后，将其放置在四分之一圆的右上角区域。

提示

图形也可以在绘制之后，再次对其进行尺寸、填充颜色和笔触颜色等属性进行的重新设置。

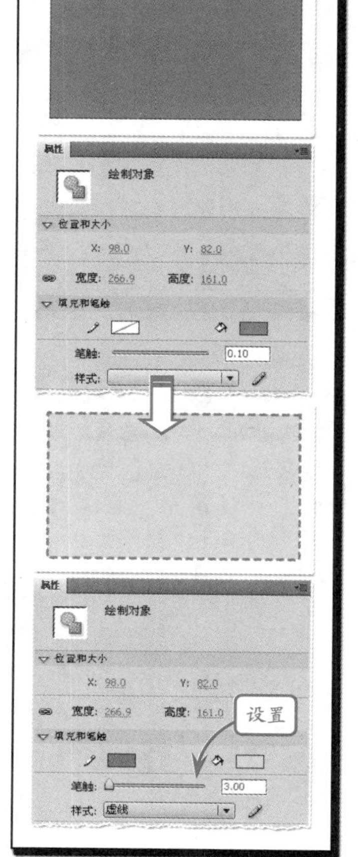

提示

在设置图形尺寸时，要想成比例缩小或者放大图形，必须启用【将宽度值和高度值锁定在一起】按钮，使【宽度】和【高度】锁定在一起。

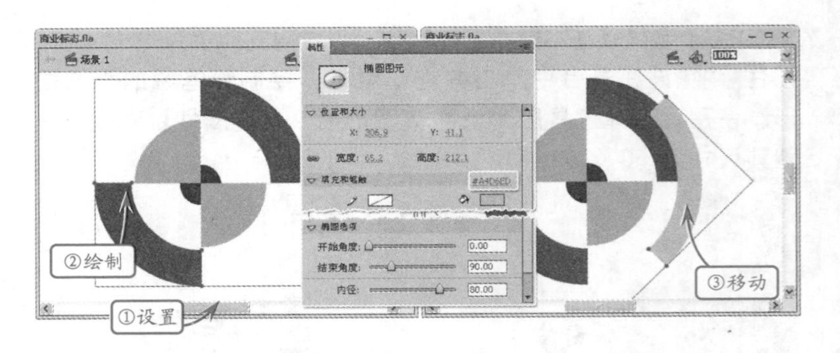

STEP|07 按照上述方法，制作半圆环图形后，180度旋转并且放置在对角位置。接着再次绘制半圆环图形，并且在【属性】面板中设置其各个选项。然后将其放置在右侧区域。

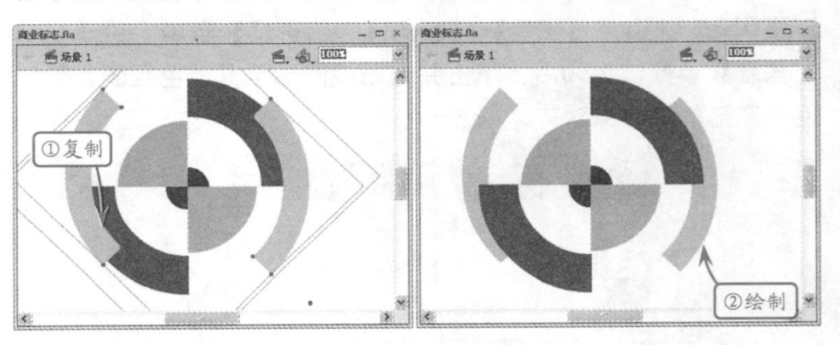

STEP|08 使用上述方法，复制、旋转并移动该图形后，按住Shift键同时选中这两个半圆环图形右击，选择【排列】|【移至底层】命令，改变图形的上下顺序。

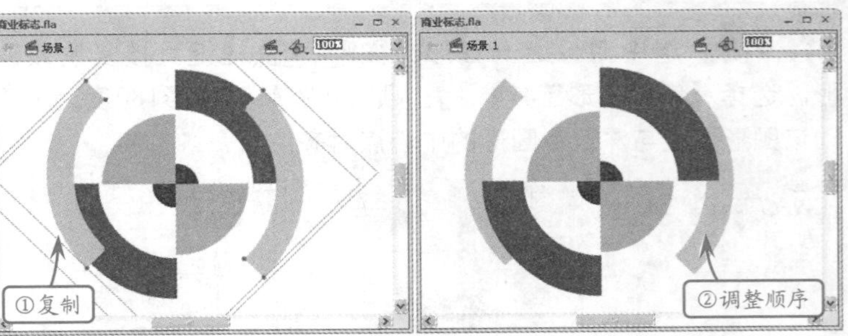

STEP|09 选择【工具】面板中的【文本工具】T，在图形下方分别单击并且输入字母SPEED GEAR和文字“变速齿轮有限责任公司”。然后在【属性】面板中，分别设置文本的【系列】和【大小】选项。

提示

在手动排列图形时，Flash提供了对象辅助线功能，方便对象的对齐。

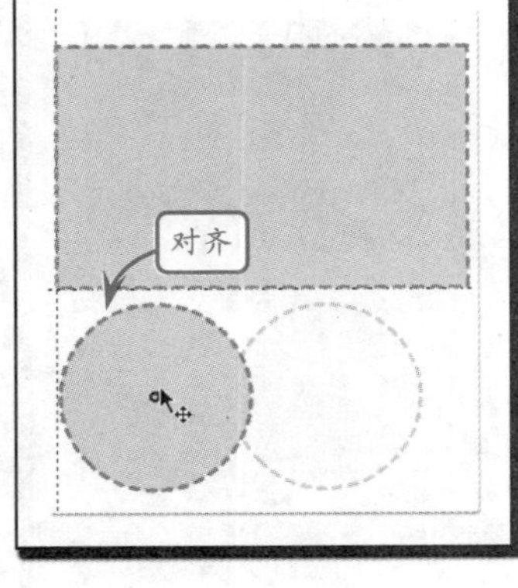

技巧

椭圆选项中的【开始角度】和【结束角度】选项是用来控制椭圆的形状的。只是缺口的方向有所不同。

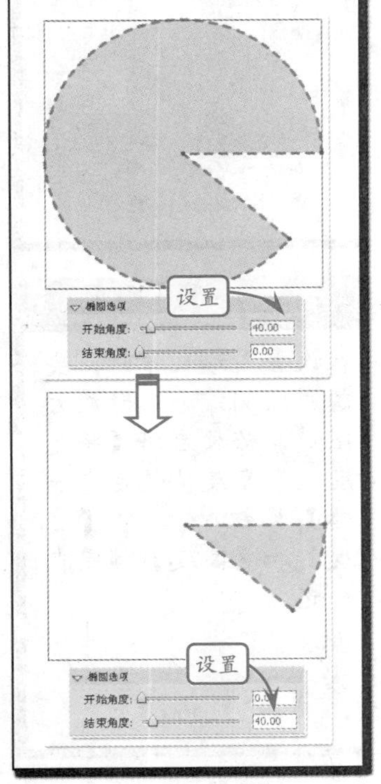

2.8 高手答疑

版本：Flash CS6

Q&A

问题1：如何使用装饰性刷子绘制各种花纹？

解答：装饰性刷子是Flash Professional CS6新增的一种Deco工具。在装饰性刷子中，用户可以选择20种花纹，并设置其尺寸和颜色，将其绘制到舞台中。

花纹名	样式
梯波形	
波形	
虚线	
点线	
锯齿形	
玛雅图案	
圆形	
绳形	
三角形	
双波形	
乐符	
粗箭头	
溪流形	
方块	
心形	
发光的星星	
卡通星形	
凹凸	
小箭头	
茂密的树叶	

Q&A

问题2：如何避免新绘制的矢量图形清除其下方覆盖的矢量图形？

解答：在Flash中，默认状况下的矢量图形所占据的位置，在同一图层中是唯一的。因此，新绘制的图形会自动清除其下方的其他图形。

多个图形相互重叠且共存，用户可通过两种方法实现。其一是将这些图形分别存放在不同的图层中，这样，即可通过调整图层的层叠顺序，修改矢量图形的显示顺序。

另一种方法是在绘制矢量图形时，在【工具】面板中选择【对象绘制】按钮，然后再进行矢量图形的绘制。此时，绘制的矢量图形将自动被转换为Flash对象，从而避免在图形重叠时的自动清除的发生。

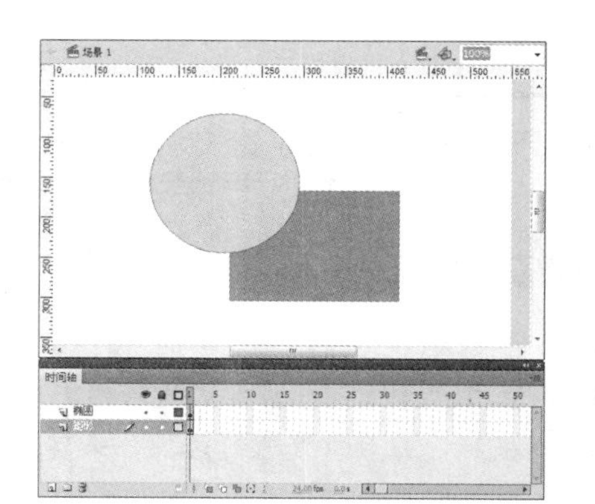

提示

基本矩形和基本椭圆本身就是基于对象的矢量图形，因此在绘制这两种图形时，不需要选择【对象绘制】按钮。

Q&A

问题3：在使用Deco工具绘制闪电时，为何绘制后无法显示效果？

解答：闪电是Flash CS6新增的一种Deco工具，在默认状态下，新建的Flash文档背景颜色为白色“#FFFFFF”，而闪电的Deco工具默认颜色则为浅黄色“#FFFFD8”，因此，在白色的背景下，很难将闪电的颜色显示出来。

如果用户需要在舞台中绘制闪电的图形，可先为舞台绘制夜空的背景，然后再使用【Deco工具】绘制闪电。

例如，使用【Deco工具】为渐变色背景绘制闪电的图形，如下。

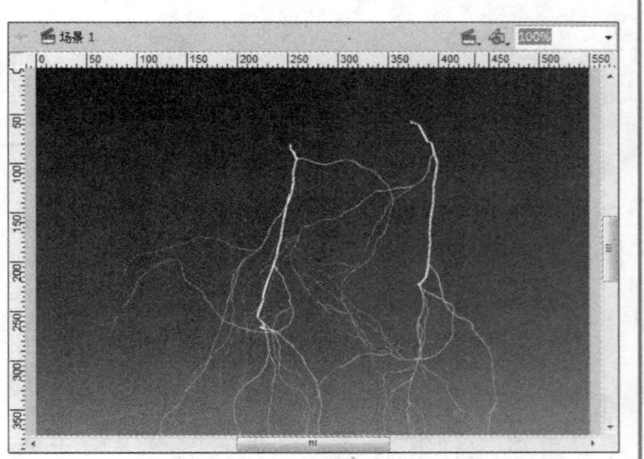

Q&A

问题4：为什么绘制多个图形后，只要移动图形后，就会删除其他图形啊？

解答：这是因为在绘制图形时，没有启用【对象绘制】功能。当选择某个绘制工具后，启用【工具】面板底部的【对象绘制】功能。这样绘制出来的图形，可以任意的移动与重叠。

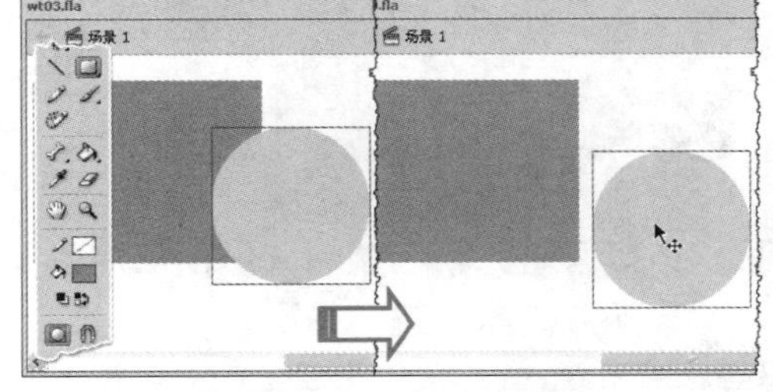
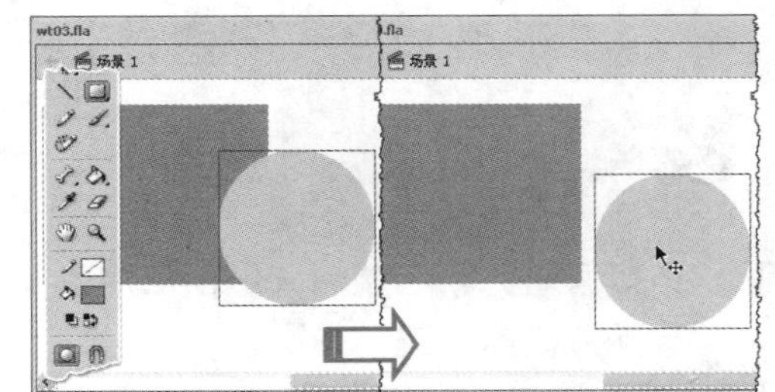

Q&A

问题5：【Deco工具】中的“对称刷子”样式如何进行填充？

解答：使用“对称刷子”样式进行填充时，并不是简单地在舞台中单击实现的。而是通过单击并拖动鼠标，并且重复进行该操作来实现的。

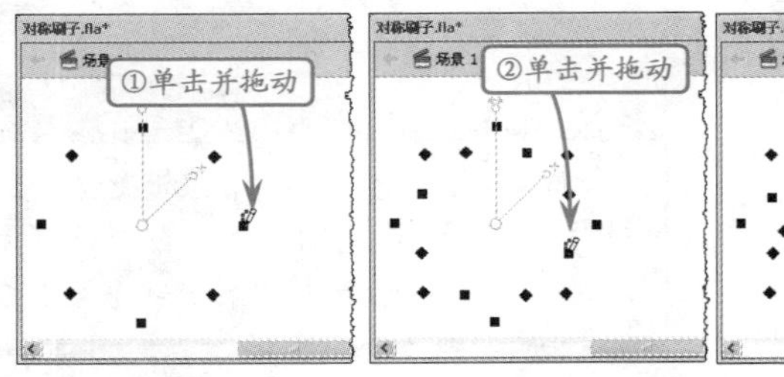

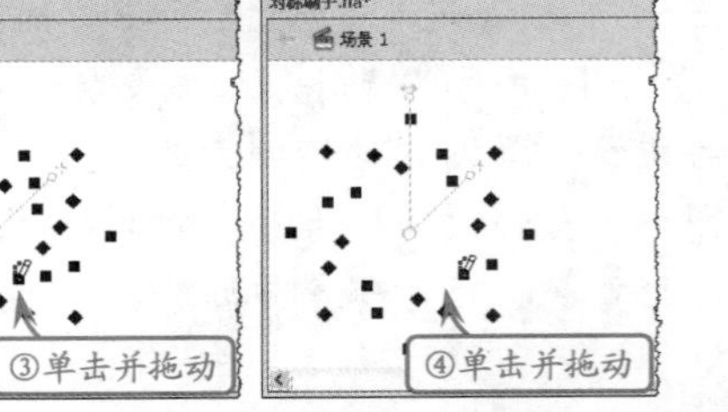

如果在下拉列表中选择“跨线反射”选项，即可填充两点对称图案。

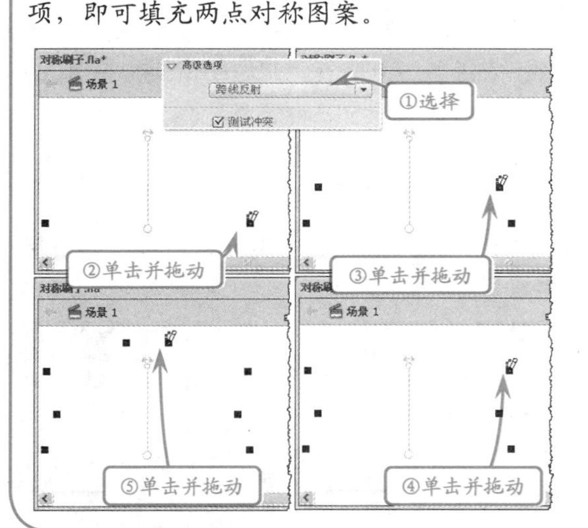

在下拉列表中，还包括“跨点反射”和“网格平移”两个子选项。选择不同的子选项，可以得到不同的网格填充效果。

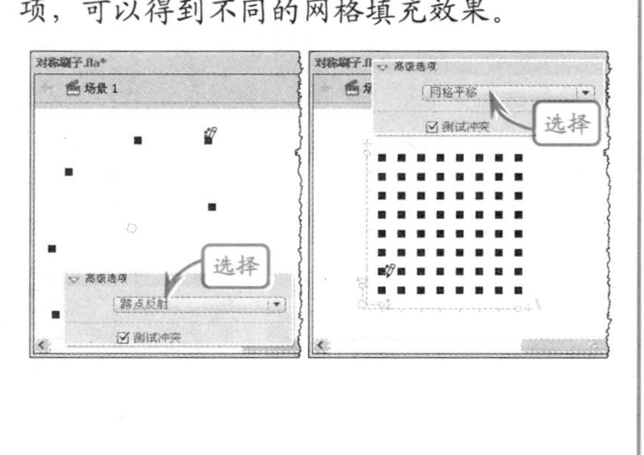

2.9 高手训练营

版本：Flash CS6

1. 【颜色】面板

无论是在【样本】面板中，还是在调色板中，均只能选取单色，或者固定的渐变颜色。而在【颜色】面板中，还能够选取不同方向、不同颜色的渐变颜色以及位图图案进行填充。该面板中，各选项的含义如下所示。

● **笔触颜色**

启用该控件，可以更改图形对象的笔触或边框的颜色。

● **填充颜色**

启用该控件，可以更改填充颜色，即填充形状的颜色区域。

● **【类型】下拉列表**

通过此列表，可以选择填充样式，主要包括5种填充样式。

选　项	作　用
无	选择该选项，将会删除填充
纯色	选择该选项，可以指定一种单一的填充颜色
线性	选择该选项，填充的颜色将产生一种沿线性轨道混合的渐变
径向渐变	选择该选项，填充的颜色将产生从一个中心焦点出发沿环形轨道向外混合的渐变
位图填充	选择该选项，可以利用所选的位图图像平铺所选的填充区域。选择位图时，系统会显示一个对话框，通过该对话框选择本地计算机上的位图图像，并将其添加到库中。用户可以将此位图用作填充，其外观类似于形状内填充了重复图像的马赛克图案

在上表中，线性、径向渐变和位图填充的效果如下图所示。

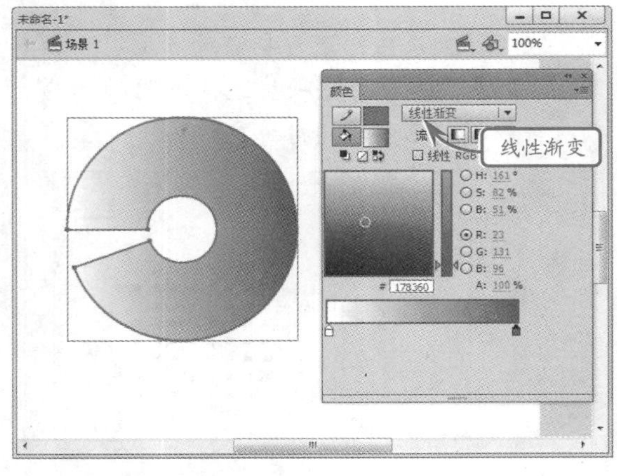

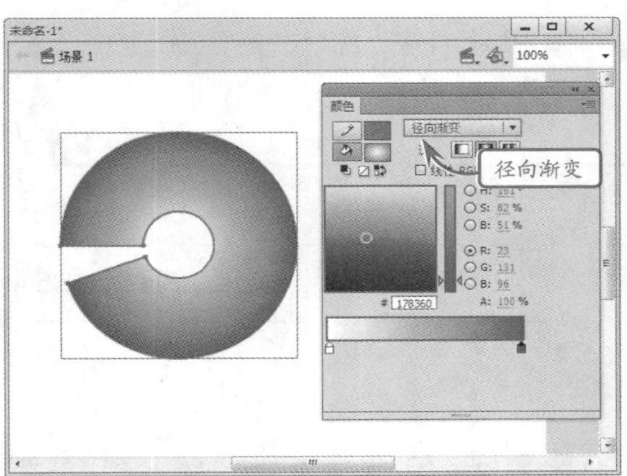

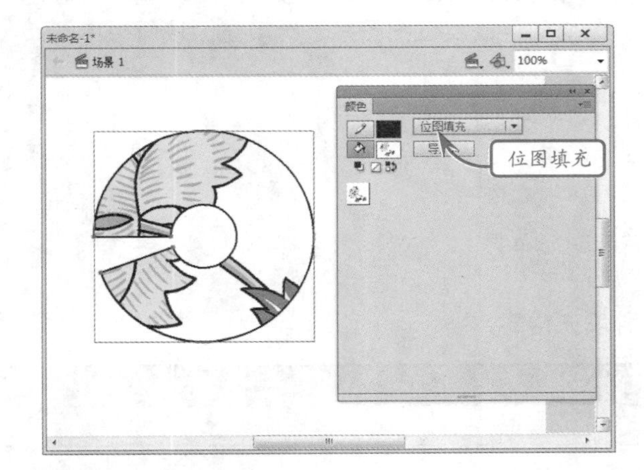

● Alpha值

通过该参数值，可设置实心填充的不透明度，或者设置渐变填充的当前所选滑块的不透明度。如果Alpha值为0%，则创建的填充不可见（即透明），如果Alpha值为100%，则创建的填充不透明。

●【十六进制值】文本框

显示当前颜色的十六进制值。若要使用十六进制值更改颜色，可以直接输入一个新值。十六进制颜色值（也叫做HEX值）是6位的字母数字组合，代表一种颜色。

●【溢出】下拉列表

通过该列表框，能够控制超出线性或放射状渐变限制进行应用的颜色，在该下拉列表框中主要包括3种溢出样式。

选　项	作　　用
扩展	默认情况下，系统选择该选项。该选项可以将指定的颜色应用于渐变末端之外
镜像	选择该选项，可以利用反射镜像效果使渐变颜色填充形状。指定的渐变色以下面的模式重复：从渐变的开始到结束，再以相反的顺序从渐变的结束到开始，再从渐变的开始到结束，直到所选形状填充完毕
重复	该选项可以是填充从渐变的开始到结束重复渐变，直到所选形状填充完毕

2. 修改“网格填充”样式填充效果

“网格填充”是【Deco工具】中一种填充图案，该图案还可以通过【高级选项】组中的子选项，来更改网格图案的填充效果。

比如，更改填充控件中的颜色值，可以改变网格填充的颜色；更改【水平间距】或者【垂直间距】参数值，可以改变网格图案中的间距效果；更改【图案缩放】参数值，则可以改变图案中网格的大小。

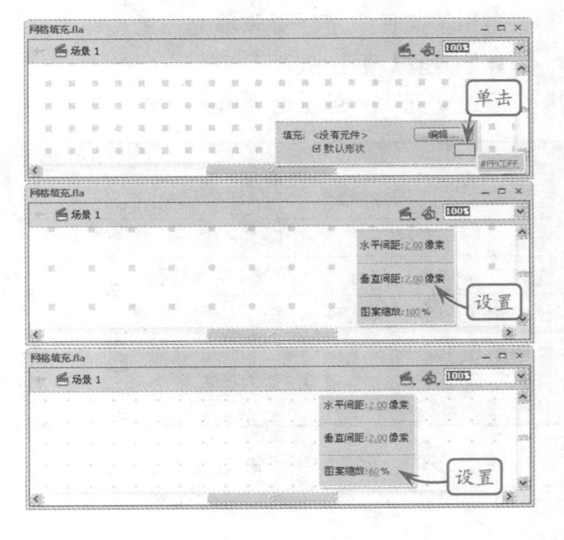

3．滴管工具

【滴管工具】的作用是拾取工作区中已经存在的颜色及样式属性并将其应用于别的对象中。该工具没有辅助选项，使用也非常简单，只要将滴管移动到需要取色的线条或图形中单击提取颜色，然后在其他图形单击即可填充相同的颜色。

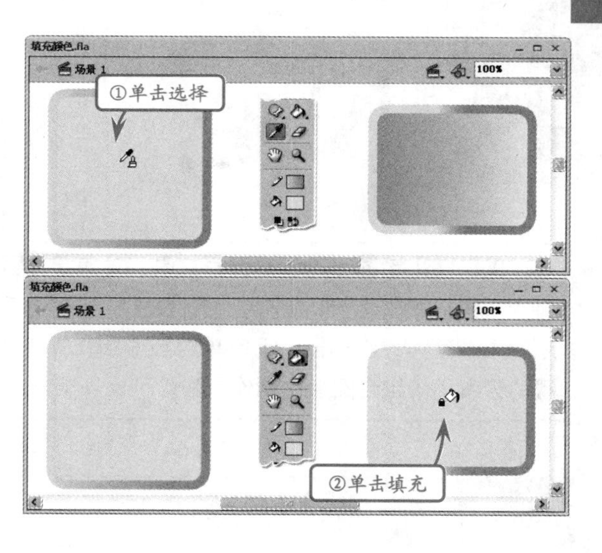

03 编辑动画图形

仅仅使用绘图工具创建图形，是无法满足动画的需求的，这时就需要对图形进行简单地编辑。而在对图形编辑之前，首先要选择图形。不同图形的编辑效果，需要使用不同的选择工具来选择相应的图形整体或者局部。而简单的图形编辑，比如复制、移动、对齐、排列和编组等操作，则能够帮助读者了解组合图形的制作方法。

3.1 选择工具

版本：Flash CS6

在Flash中，编辑任何一个对象，都需要先选择它。也就是说，选取对象是编辑对象的基本操作。

在Flash CS6中，可以使用不同的选取工具来选择对象，主要包含3种：【选择工具】、【部分选取工具】及【套索工具】。

1. 选择工具

该工具主要用来选取或者调整场景中的图形对象，并能够对各种动画对象进行选择、拖动和改变尺寸等操作。利用该工具选择对象，主要包括以下几种操作方法。

- 单击可以选取某个色块或者某条曲线。
- 双击可以选取整个色块以及与其相连的其他色块和曲线等。
- 如果在选取过程中按下Shift键，则可以同时选中多个动画对象，也就是选中多个不同的色块和曲线。

在舞台上单击鼠标并拖动区域，可以选取区域中的所有对象。

在Flash中，当选择了某个对象时，在【属性】面板中会显示与其相关的信息，如下所示。

- 对象的笔触和填充、像素尺寸以及对象的变形点的x和y坐标。
- 如果选择了多个项目，所选项目组的像素尺寸以及x和y坐标。

通过【属性】面板显示的内容，可以改变所选形状的笔触和填充。

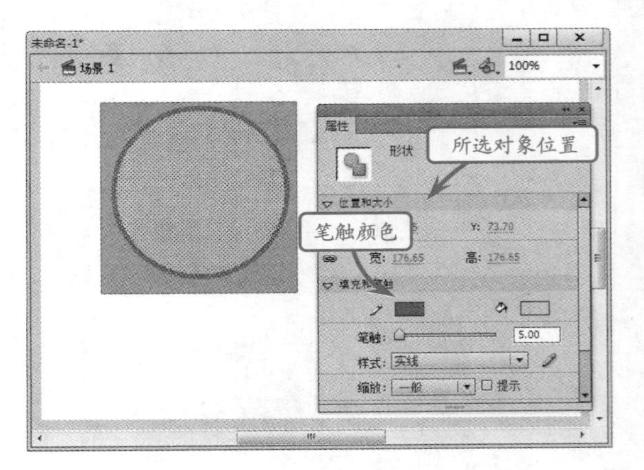

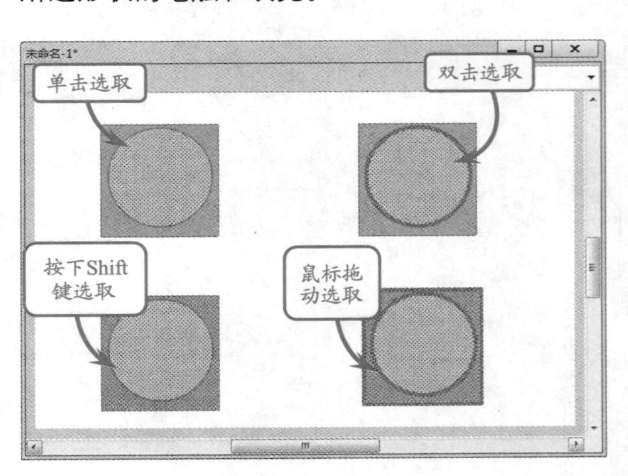

使用选择工具，可以对动画对象完成的操作，主要包括两种，如下所示。

- 一种是选择对象后，直接使用鼠标拖放到舞台的其他位置；
- 另一种是不选中对象，而是直接使用鼠标拖放对象，此时可以改变对象的形状。

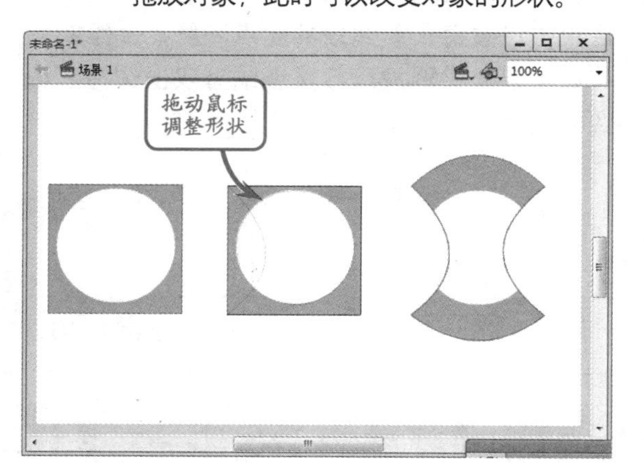

2．部分选择工具

此工具是一个与【选择工具】完全不同的选取工具，它没有辅助选项，它具有智能化的矢量特性，在选择矢量图形时，单击对象的轮廓线，即可将其选中，并且会在该对象的四周出现许多节点。

如果要改变某条线条的形状，可以将光标移到该节点上，当指针下方出现空白矩形点时，进行拖动即可；还可以调整节点两侧的滑杆改变线条的形状，当指针下方出现实心矩形点时，单击可以移动该对象。

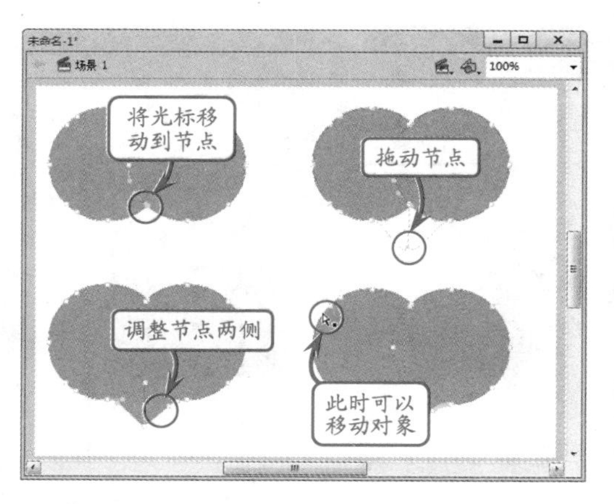

3．套索工具

该工具适合于选取对象的局部或者选取场景中不规则的区域。通常，在工具箱中选择该工具后，通过在选项区域中单击【多边形模式】按钮，可以在不规则和直边选择模式之间切换。

在Flash中，启用【套索工具】可以创建3种形状的选择区域，如下所示。

- **不规则选择区域**

使用【套索工具】在舞台上单击后拖动鼠标，轨迹会沿鼠标轨迹形成一条任意曲线。拖放鼠标后，系统会自动连接起始点，在起始点之间的区域将被选中，该方法适合绘制不规则的平滑区域。

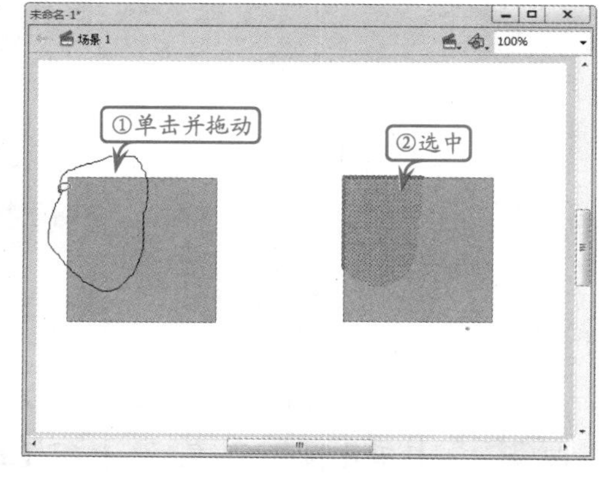

- **直边选择区域**

在工具栏的选项区域中，单击【多边形模式】按钮，然后在对象的顶点上单击即可。结束选择时，在终点位置双击鼠标，这时，将各顶点之间用直线连接起来，该方法适合绘制直边选择区域。

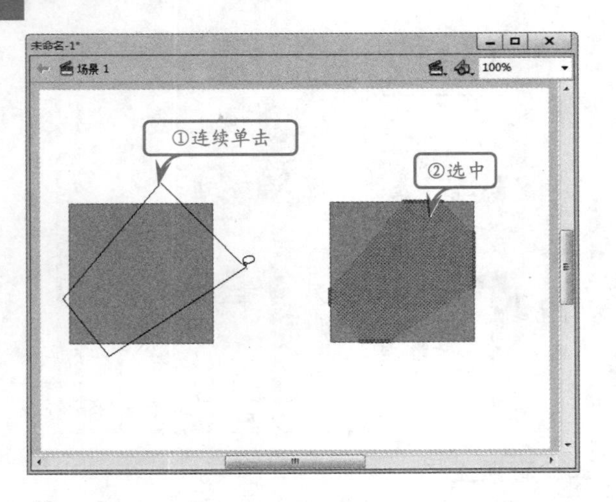

● 不规则和直边都有的选择区域

可以使用【套索工具】与【多边形模式】功能的结合。首先取消选择的【套索工具】及【多边形模式】功能键，如果要绘制一条不规则线段，则在舞台上拖动【套索工具】，若要绘制直线段，则按住 Alt 键，然后单击设置每条新线段的起点和终点；绘制完毕后可以通过释放鼠标按键或者双击选择区域线的起始端，闭合选择区域。

3.2 复制与删除对象

版本：Flash CS6

在Flash中，图形对象的复制包括多种方式，而图形对象的删除也分为不同区域的删除。

1．复制对象

只要选中某个图形对象后，【编辑】|【复制】（快捷键 Ctrl+C）与【剪切】命令（快捷键 Ctrl+X）即可执行。

按 Ctrl+C 快捷键复制图形对象后，执行【编辑】|【粘贴至中心位置】命令（快捷键 Ctrl+V），即可将图形粘贴至舞台的中心位置。

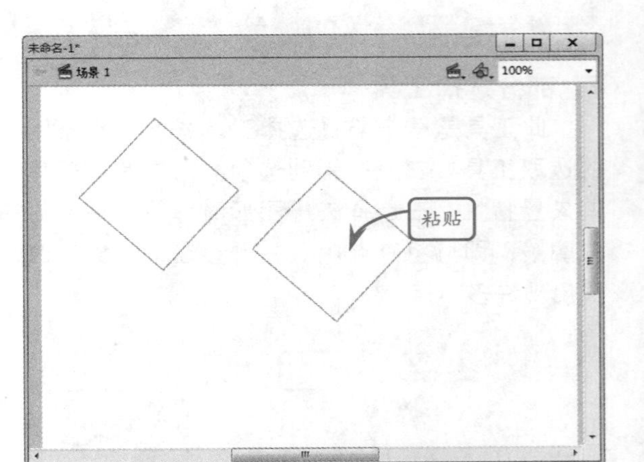

如果执行【编辑】|【粘贴至当前位置】命令（快捷键 Ctrl+Shift+V），粘贴后的图形对象与原对象重合。

提示

当在当前位置复制图形对象后，可以通过移动对象来查看粘贴后的图形对象。

在复制图形对象中，还可以通过【直接复制】命令（快捷键 Ctrl+D），对图形对象进行有规律地复制。方法是选中图形对象后，连续按 Ctrl+D 快捷键，进行图形对象的重复复制。

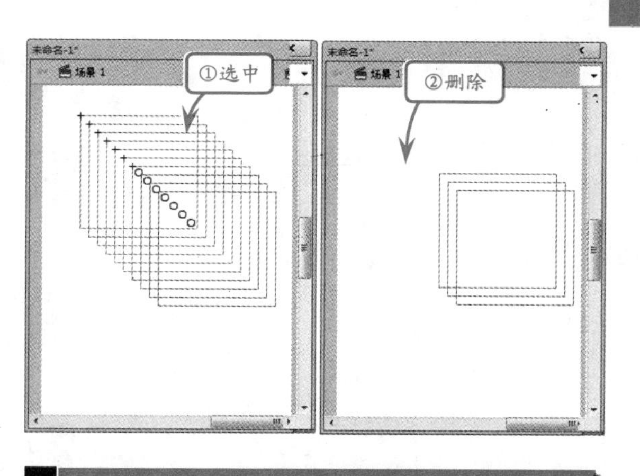

2．删除对象

当不需要舞台中的某个图形时，使用【选择工具】选中该图形对象后，按 Delete 键即可删除该对象。

提示

当选中图形对象后，执行【编辑】|【清除】命令（快捷键 Backspace），同样能够删除对象。

3.3 移动对象

版本：Flash CS6

移动对象可以调整图形的位置，能够在绘制图形过程中，使其不相互影响。移动对象包括多种情况，不同的方式得到的效果也不尽相同，详细介绍如下：

- 使用【选择工具】选中对象，通过拖动将对象移动到新位置。

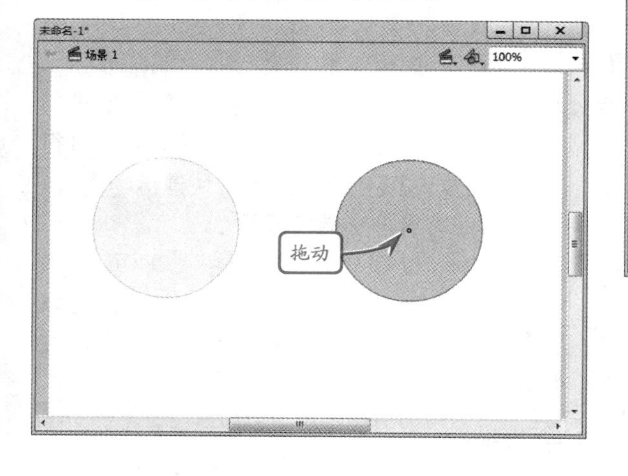

- 在移动对象的同时按住 Alt 键，可以复制对象并拖动其副本。

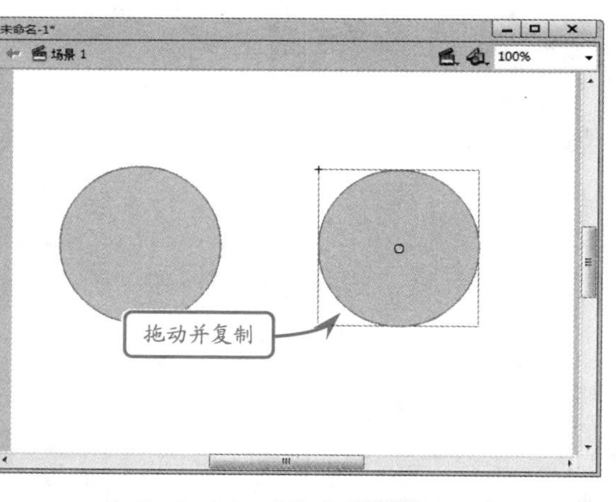

- 在移动对象时按住 Shift 键拖动，可以将对象的移动方向限制为45度的倍数。

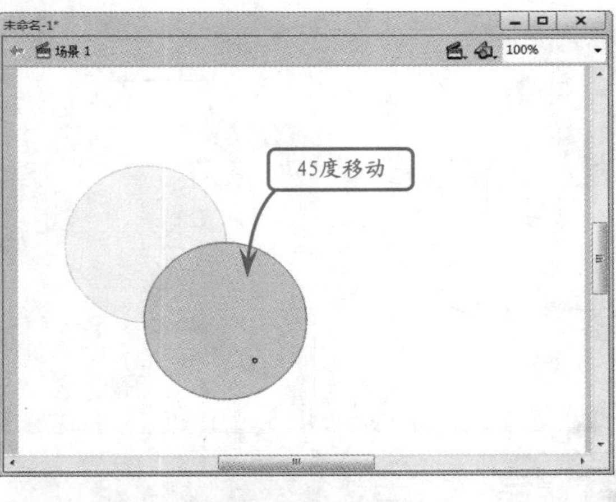

- 在选择所需移动对象之后，通过按下一次方向键则可以将所选对象移动1个像素，若按下 Shift 键和方向键，则使所选对象一次移动10个像素。

在【属性】面板的【X】和【Y】文本框中输入所需移动数值，按下 Enter 键即可移动对象。

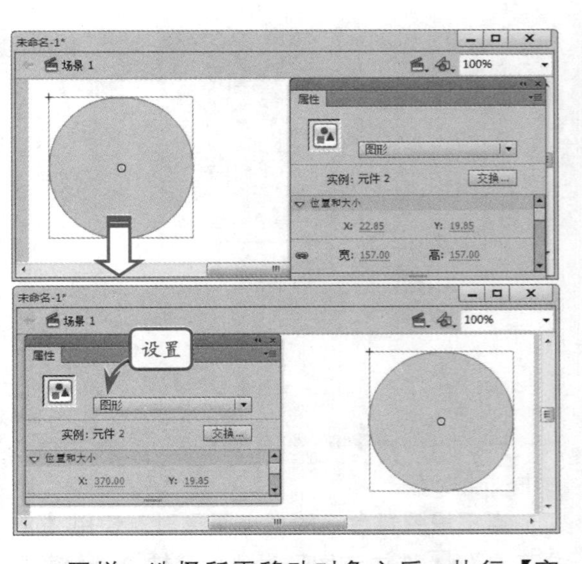

同样，选择所需移动对象之后，执行【窗口】|【信息】命令，通过在右上角【X】和【Y】文本框中输入所需数值，按下 Enter 键即可移动对象。

3.4 编组与分离

版本：Flash CS6

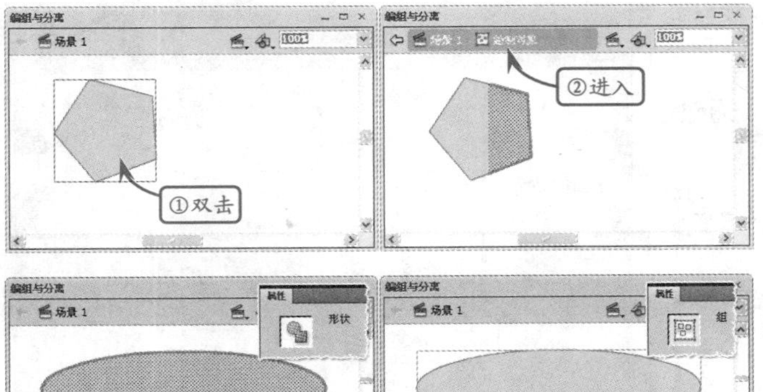

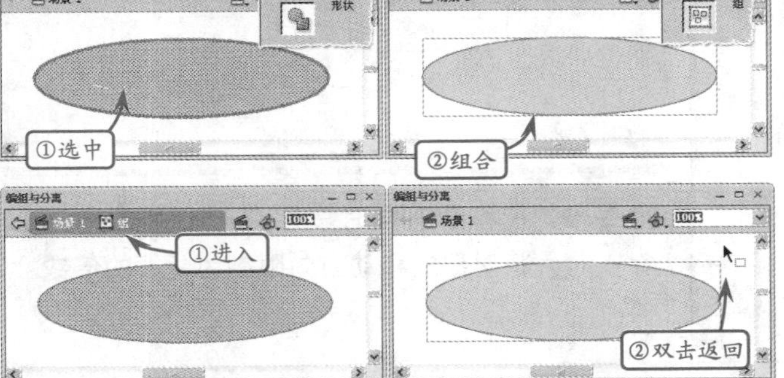

无论是绘制合并绘制图形，还是对象绘制图形，均属于单个图形对象。只是后者包括前者，而前者无法转换成后者。比如，绘制对象绘制图形后，双击该图形对象，即可进入【绘制对象】编辑模式。要想返回【场景1】编辑模式，只要单击【场景1】或者【返回】按钮即可。

如果绘制的是合并绘制图形，要想将其组合成一个整体，则需要进行编组。方法是选中基本图形后，执行【修改】|【组合】命令（快捷键 Ctrl+G），即可将形状转换成组。

这时双击组对象，即可进入【组】编辑模式。而要想返回【场景】编辑模式，可以在舞台空白区域双击即可。

对象的编组也可以针对多个对象绘制图形，方法是选中多个对象绘制图形后，按 Ctrl+G 快捷键即可组合成一个组。此时，双击组对象进入【组】编辑模式，

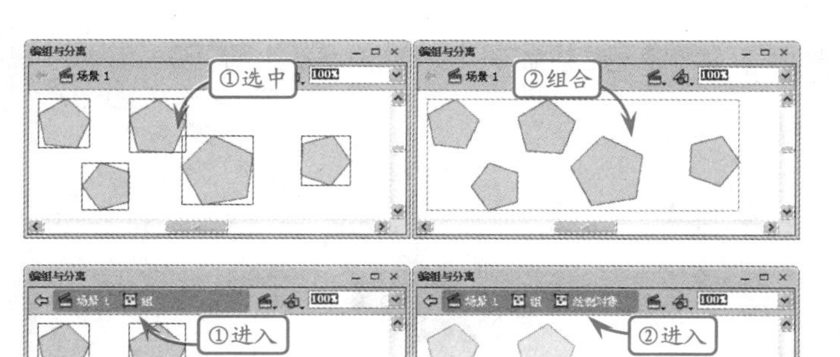

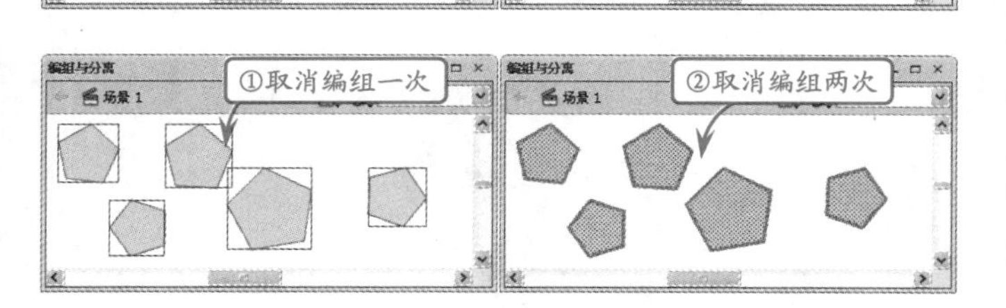

显示对象绘制图形同时选中的状态。继续双击某个对象绘制图形，可以进入【绘制对象】编辑模式，显示形状对象。

对于编组而成的组对象来说，执行【修改】|【分离】命令（快捷键 Ctrl+B），与执行【修改】|【取消编组】命令（快捷键 Ctrl+Shift+G）得到的效果相同，均能够将组对象分解成形状对象。方法是，选中组对象后，按 Ctrl+Shift+G 快捷键即可将其分解成对象绘制图形。继续按 Ctrl+Shift+G 快捷键，即可将对象绘制图形分解成形状对象。

3.5 排列和对齐

版本：Flash CS6

通过排列与对齐对象功能，可以让舞台中的对象按照指定的层叠顺序或布局样式排列，以完善动画内容，提高制作效率。

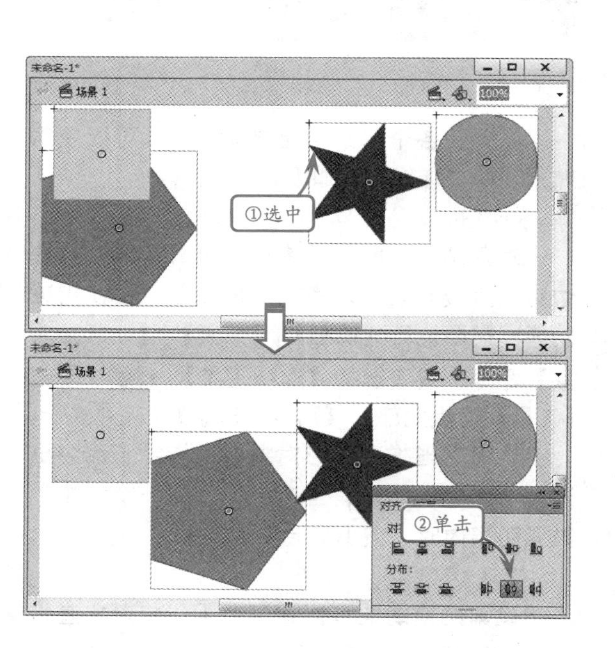

1. 平均分布对象

在横向排列图形对象过程中，可以根据图形对象排列的不同方向，进行相应的平均分布。比如图形对象以水平方向放置时，选中所要进行分布的对象后，在【对齐】面板中单击【水平居中分布】按钮，即可将图形对象平均分布在同一个水平面上。

2. 上下排列对象

当在舞台中绘制多个图形对象时，Flash会以堆叠的方式显示各个图形对象。这时，想要将下方的图形对象放置在最上方，只要选中该图形对象，执行【修改】|【排列】|【移至顶层】命令（快捷键 Ctrl+Shift+↑）即可。

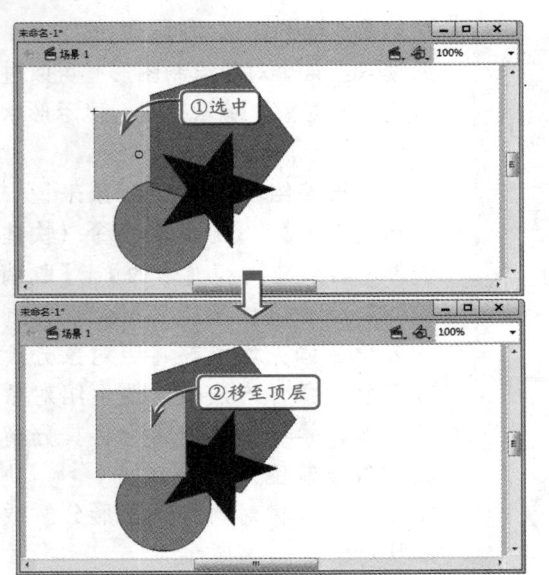

如果想要将图形对象向上移动一层，那么选中该图形对象后，执行【修改】|【排列】|【上移一层】命令（快捷键 Ctrl+↑）即可。

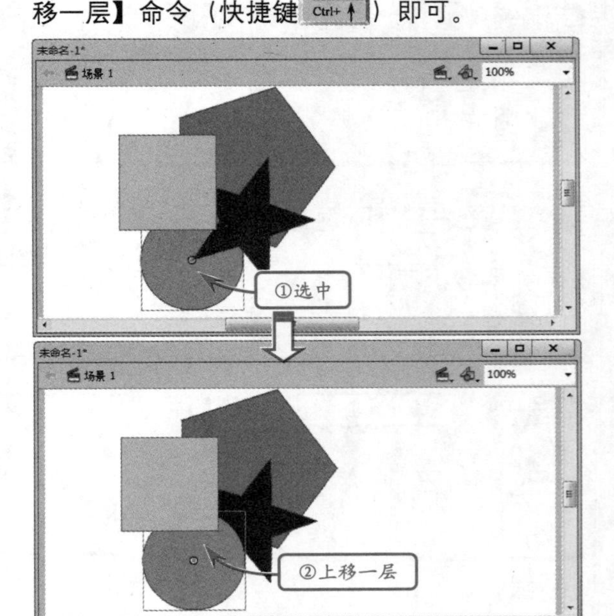

3.6 使用贴紧功能

版本：Flash CS6

若要使各个元素彼此自动对齐，可以使用贴紧功能，详细介绍如下。

1．使用对象贴紧功能

对象贴紧功能可以将对象沿着其他对象的边缘，直接与它们对齐的对象贴紧。要使用该功能，需要执行【视图】|【贴紧】|【贴紧至对象】命令，或者选择【选择工具】后，单击【工具】面板底部的【贴紧至对象】按钮。

这时，当拖动图形对象时，指针下面会出现一个黑色的小环，当对象处于另一个对象的贴紧距离内时，该小环会变大。

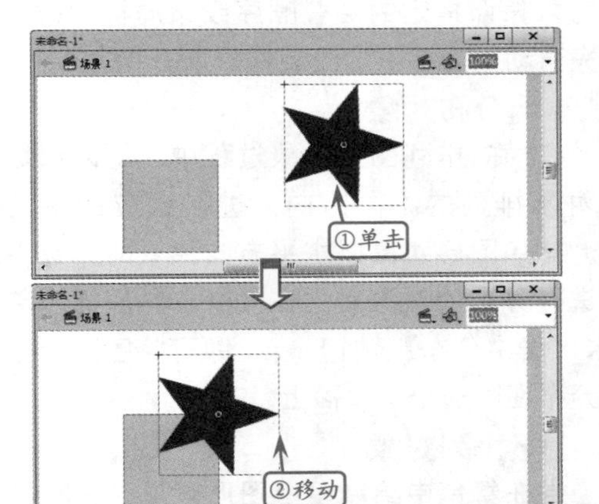

2．使用像素贴紧功能

像素贴紧功能可以在舞台上，将对象直接与单独的像素或像素的线条贴紧。

首先执行【视图】|【网格】|【显示网格】命令，使舞台显示网格。然后执行【视图】|【网格】|【编辑网格】命令，在【网格】对话框中设置网格的尺寸为1×1像素。

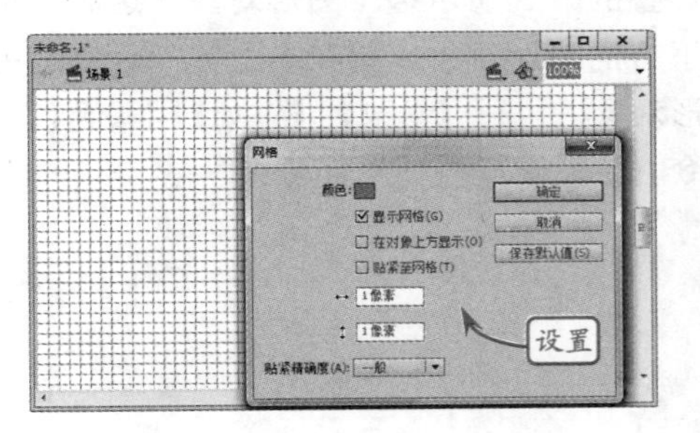

这时再执行【视图】|【贴紧】|【贴紧至像素】命令，选择【矩形工具】，在舞台中随意绘制矩形图形时，发现矩形边缘紧贴至网格线。

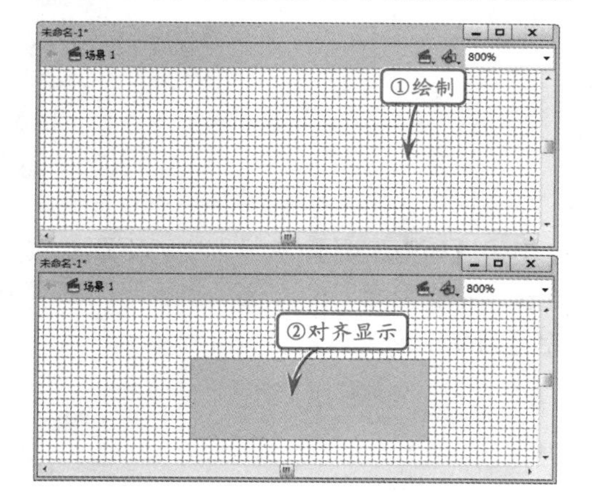

如果创建的形状边缘处于像素边界内，例如，使用的【笔触宽度】是小数形式（1.5像素），则贴紧至像素是贴紧至像素边界，而不是贴紧至形状边缘。

提示

如果使网格以默认的尺寸显示，那么可以执行【视图】|【贴紧】|【贴紧至网格】命令，同样能够使图形对象边缘与网格边缘对齐。

3.7 练习：绘制海边风景 版本：Flash CS6 downloads/第3章/01

动画场景是影视动画中不可缺少的重要组成部分，用于展示故事发展的历史背景、文化风貌、地理环境和时代特征等。从设计上来讲，要明确地表达故事发生的时间、地点，并结合影视动画的总体风格，给动画角色的表演提供合适的场合。本节将绘制一个大海的场景，其中包含有海岛、椰树和海鸥等卡通元素。

练习要点

- 钢笔工具
- 填充工具
- 渐变渐形工具
- 任意变形工具
- 选择工具

操作步骤

STEP|01 新建1020×520像素的文档。使用【矩形工具】在舞台中绘制一个1020×300像素的矩形。选择【颜料桶工具】，打开【颜色】面板，选择【颜色类型】为“线性渐变”，在颜色条中设置蓝色渐变。然后，从下至上为矩形填充渐变色。

提示

默认绘制的渐变矩形如果不满意，可以使用【渐变变形工具】调整渐变色的位置和角度等参数。

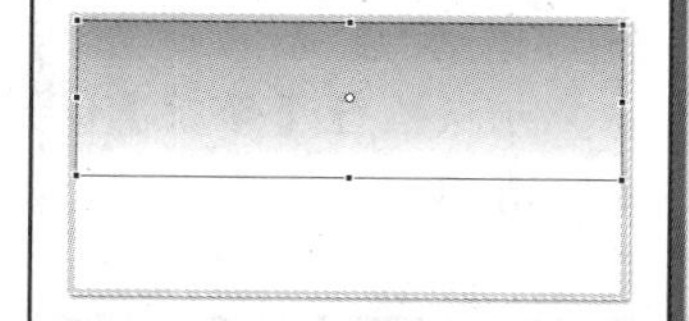

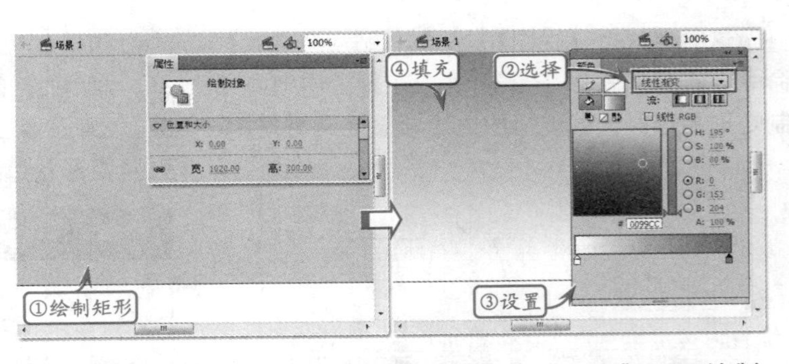

STEP|02 新建图层，使用【矩形工具】在“天空”下面绘制一个1020×225像素的矩形，并使用相同的方法从上至下为其填充蓝色渐变。然后，使用【渐变变形工具】调整渐变色的位置。

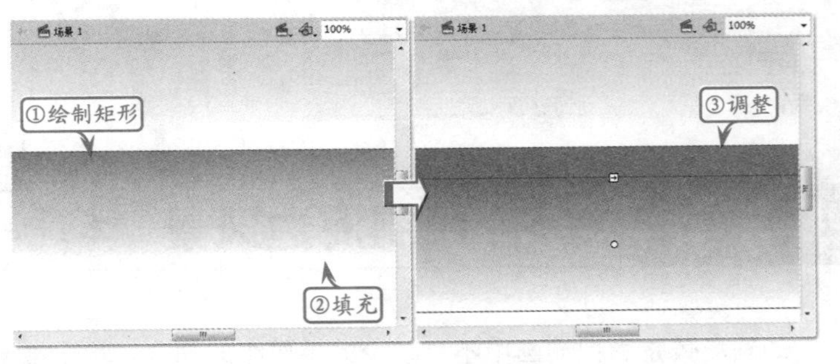

STEP|03 新建图层，使用【椭圆工具】在“天空”上面绘制一个白色（#FFFFFF）的椭圆形，并通过【选择工具】调整其形状，使其成为“白云”。然后，在“白云”的四周绘制一些淡蓝色（#DEF2FF）的不规则形状，用于表示“白云”的阴影。

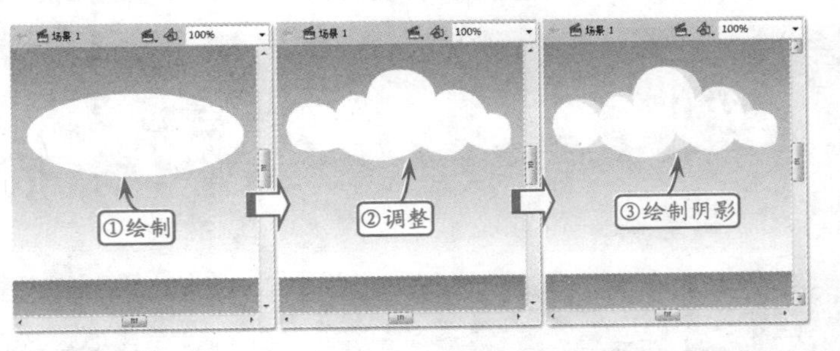

STEP|04 同时选择“白云”和“阴影”形状，执行【修改】|【组合】命令，将它们合并为一个组。然后复制该组，通过【任意变形工具】更改各个副本的大小，并移动至“天空”的不同位置。

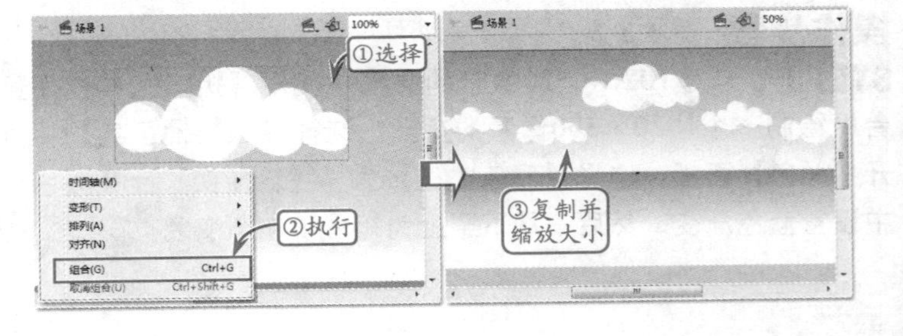

提示

绘制完矩形后，选择该矩形，在【属性】检查器中设置【宽】为1020，【高】为300。

提示

绘制完矩形后，选择该矩形，在【属性】检查器中设置【宽】为1020，【高】为300。

提示

在绘制椭圆形之前，在【工具】面板中启用【对象绘制】按钮。

提示

选择多个对象后，按Ctrl+G组合键，也可以将这些对象合并为一个组。

提示

如果想要分离一个组合，可以执行【修改】|【取消组合】命令，或者按Ctrl+Shift+G组合键。

STEP|05 新建图层，使用【钢笔工具】绘制“海鸥”的轮廓，并为其填充白色（#FFFFFF）。然后，在“翅膀”的末端和“尾巴”处绘制不规则的棕色（#87604E）形状。

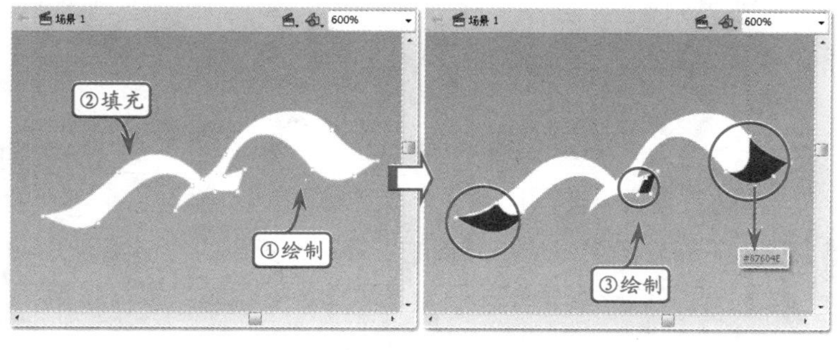

STEP|06 选择该图层中的所有对象，执行【修改】|【组合】命令，将它们合并为一个组。然后复制该组，移动副本至相应的位置，并通过【任意变形工具】缩放各个组的大小。

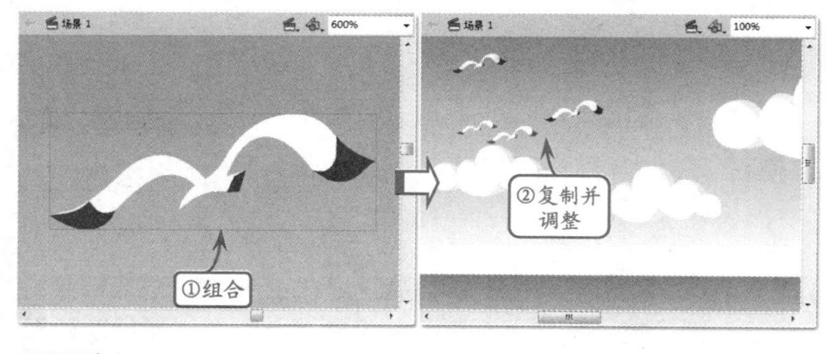

STEP|07 新建图层，使用【钢笔工具】绘制“小岛”的轮廓。然后，从上至下为其填充黄色（#EDCF6B）渐变，并通过【渐变变形工具】调整渐变色的角度和位置。

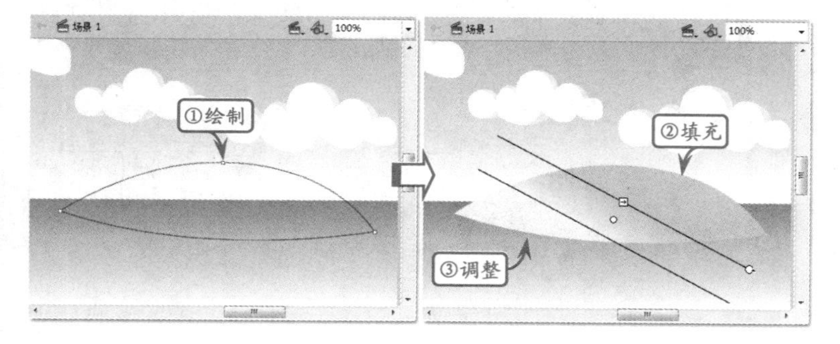

STEP|08 新建图层，使用【钢笔工具】、【选择工具】等在“小岛”的左侧绘制一棵“椰树”，并分别为“树叶”、“椰子”和“树杆”填充绿色渐变、黄色渐变和棕色渐变。然后，在“岛屿”图层的下面新建图层，使用相同的方法绘制另外两棵椰树。

提示

使用【矩形工具】绘制矩形，然后再通过【选择工具】调整矩形的各个边，也可以创建不规则的棕色形状。

提示

可以使用【任意变形工具】调整各个组的倾斜角度，这样表现得更加真实。

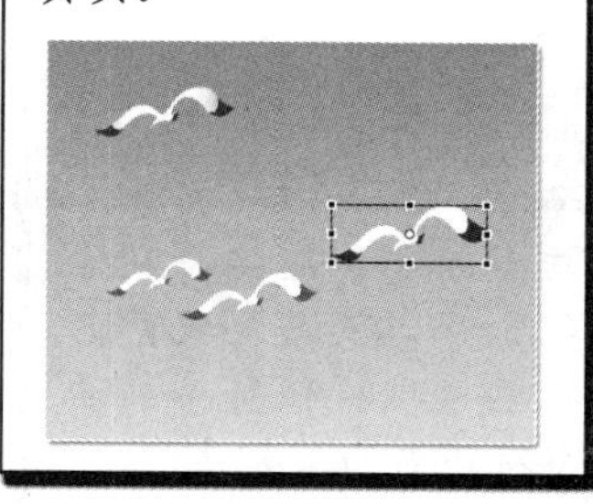

提示

在绘制完“小岛”的轮廓后，还可以结合【选择工具】和【部分选择工具】调整轮廓路径。

提示

绘制完“椰树”后，将其各个组成部分合并为一个组，这样方便管理和操作。

STEP|09 新建图层，使用【钢笔工具】在舞台的左侧绘制另外一个“小岛”的轮廓。然后打开【颜色】面板，设置线性渐变色，并为该“小岛”从上至下填充渐变颜色。

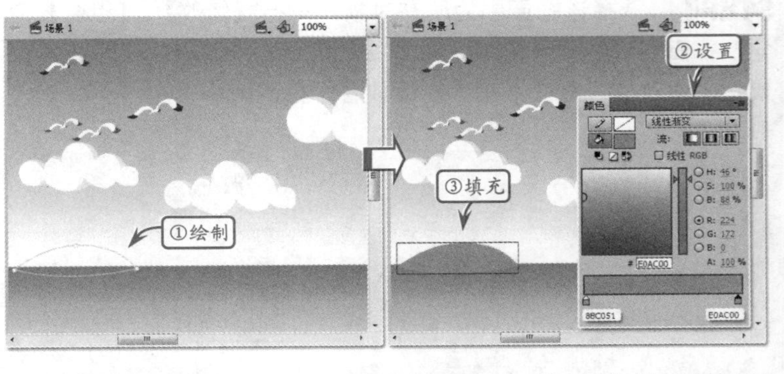

STEP|10 新建图层，使用【钢笔工具】在“椰树”的底部绘制“沙堆”的轮廓，并从上至下为其填充黄色渐变。然后新建图层，在“大海”上面绘制“海浪”，并填充蓝色。

> **提示**
>
> 在【颜色】面板中，设置“树叶”由深绿色（#006F00）渐变至浅绿色（#42B800），“椰子”由浅黄色（#EFC560）渐变至深黄色（#E6A200），“树杆”由浅棕色（#B99A8D）渐变至深棕色（#6D5853）。

> **提示**
>
> 该“小岛”绘制得尺寸较小，说明其离观察者很远，这样使整个画面具有距离的层次感。

> **提示**
>
> 为了使“海浪”更加真实，需要为其填充不同深浅的颜色。

3.8 练习：绘制风车

版本：Flash CS6 downloads/第3章/01

Flash作为优秀的动画处理软件，其矢量图的绘制、处理能力也是十分优秀的。本实例将要制作一副矢量的风车，主要运用了复制、变形和排列等操作技巧，完成风车的制作。

练习要点

- 矩形工具
- 【复制】命令
- 【变形】面板
- 【排列】命令

提示

在Flash中绘制图像时，由于很少使用图层，为了方便修改和操作，所以多数情况下需要启用【对象绘制】功能。

操作步骤

STEP|01 新建空白文档，使用【工具】面板中的【钢笔工具】，并启用【对象绘制】功能，设置【笔触颜色】为无，【填充颜色】可任选一种，在舞台中绘制风车的叶片。然后打开【颜色】面板，将其填充颜色更改为线性渐变。

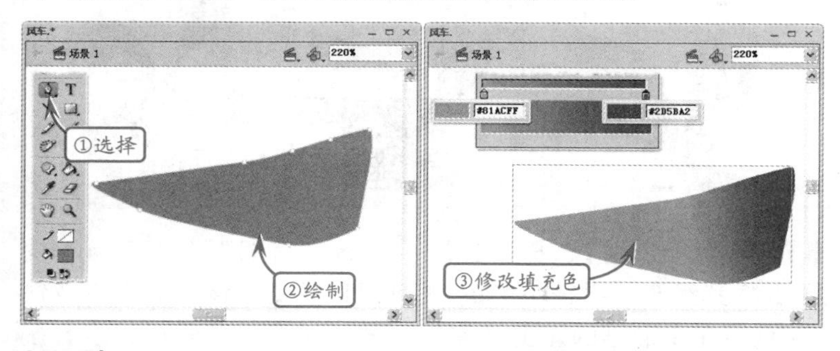

STEP|02 使用【任意变形工具】单击图形，将其中心点移动至变形框的右上角，然后打开【变形】面板，启用【旋转】选项，在【角度】选项内输入90，发现图形已经发生变化，此时单击该面板下方的【重制选区和变形】按钮，图形即被复制。

提示

当某个对象被选中后，在工具箱的选项区域中，会列出【选择工具】的辅助选项按钮。其中，【紧贴至对象】按钮用于在绘制和移动对象时，自动和最近的网格交叉点或者对象的中心重合，在绘制图形时非常有用。

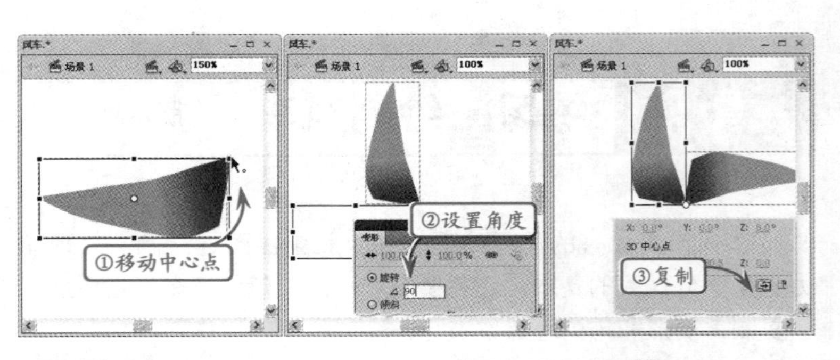

STEP|03 再单击两次【重制选区和变形】按钮，风车的另外两个叶片就被复制出来。然后使用【钢笔工具】，分别设置【填充颜色】控件和【笔触颜色】控件参数，绘制出叶片的暗部。运用复制叶片的方法，复制出其他叶片的暗部。

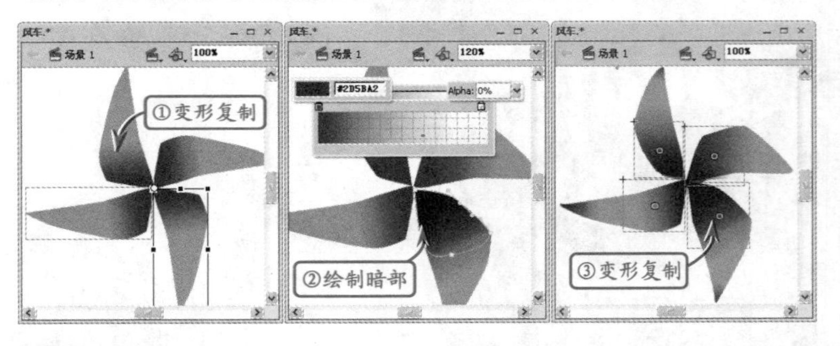

STEP|04 使用【钢笔工具】，分别设置【填充颜色】控件和【笔触颜色】控件参数，在舞台中绘制折起的叶片。然后使用【任意变形工具】单击该图形，将其中心点移动至变形框右下角偏上一些的位置，打开【变形】面板，运用上述变形复制的方法，添加其他3个折起的叶片。

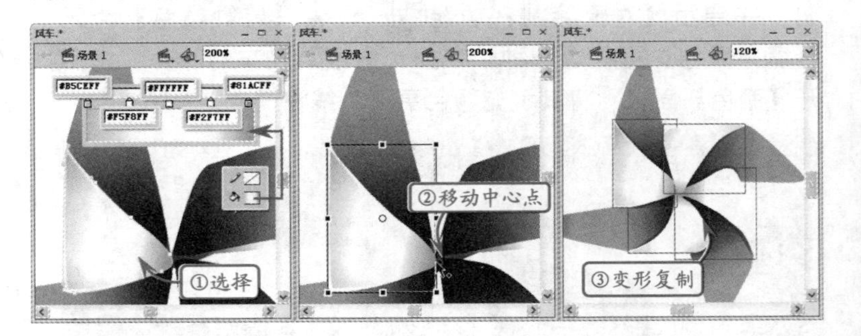

STEP|05 使用【选择工具】框选所有图形，按下 Ctrl+G 快捷键将其组合，再按下 Ctrl+D 快捷键直接复制该图形，并按住 Shift 键在变形框的左上角拖动，同比例缩小该图形。接着按 Ctrl+Shift+G 快捷键，将复制的图形取消组合。选择4个折起的叶片，更改其颜色。

技巧

复制图形时，首先要使用【任意变形工具】选择图形，然后利用【变形】命令进行复制。

当中心点位于图形中心时，以图形的中心点为中心进行复制。

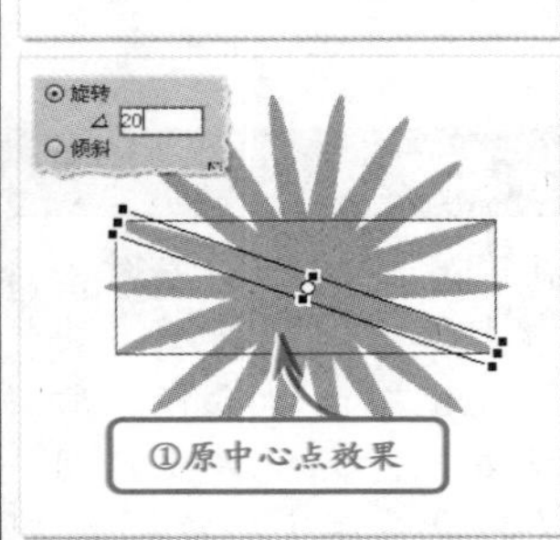

当中心点移至图形右侧时，以图形右侧为中心进行复制。

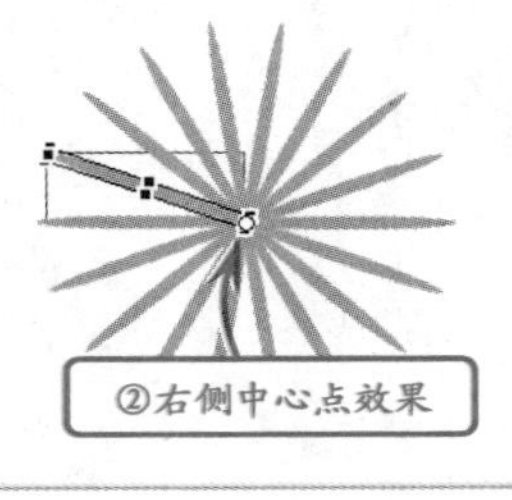

当中心点移至图形外下方时，以移动后的中心点为中心进行复制。

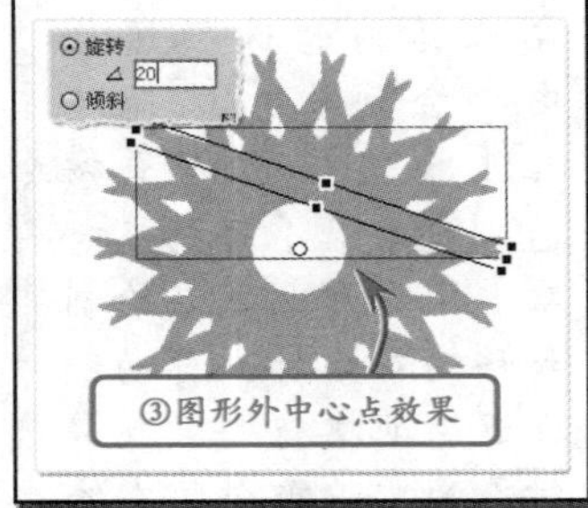

STEP|06 接着更改其他4个叶片的颜色，然后使用【钢笔工具】，分别设置【填充颜色】控件和【笔触颜色】控件参数，为风车添加支撑。按 Ctrl+D 快捷键直接复制该图形，按住 Shift 键将该图形同比例缩小后移动至较小风车的下方。

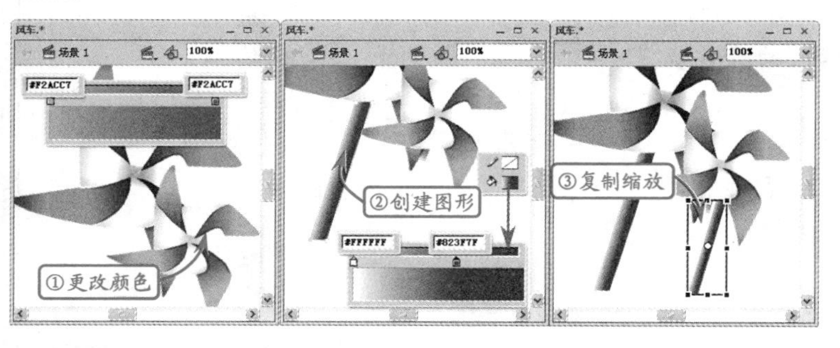

STEP|07 使用【钢笔工具】，分别设置【填充颜色】控件和【笔触颜色】控件参数，沿着风车周围绘制图形，为风车添加边框。执行【修改】|【排列】|【移至底层】命令，使其置于画面最底层。最后为风车添加装饰图钉及背景，完成最终效果。

技巧

需要将两个或多个图形对齐时，可以执行【窗口】|【对齐】命令，打开【对齐】面板。然后选中需要对齐的图形，在【对齐】面板中，单击所需要的对齐方式即可。

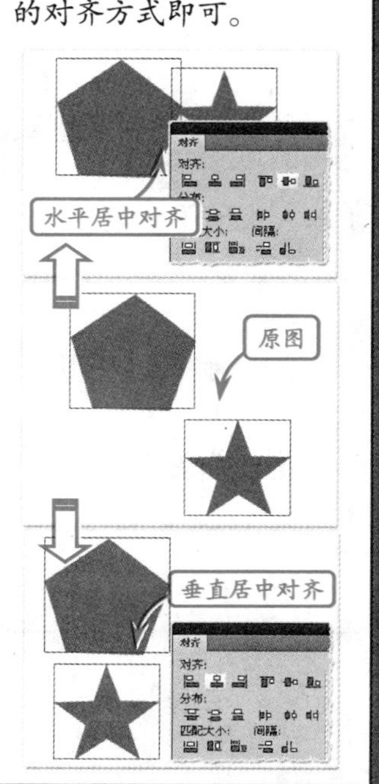

技巧

将图形进行等距离平均分布的方法是选择需要进行平均分布的图形，然后在【对齐】面板中，选择平均分布即可。

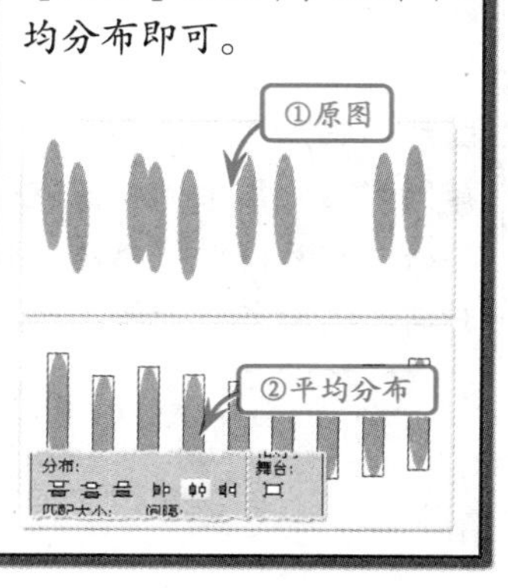

3.9 高手答疑

版本：Flash CS6

Q&A

问题1：如果舞台中两个图形位置重合在一起，使用【选择工具】将很难选中需要的图形，应该怎么办？

解答：当两个图形重合在一起，可以利用【锁定】命令，将不需要选择修改的图形锁定后再进行选择。

锁定对象的操作方法是首先选择对象，然后执行【修改】|【排列】|【锁定】命令即可将图形锁定，锁定后的图形将不能被编辑。

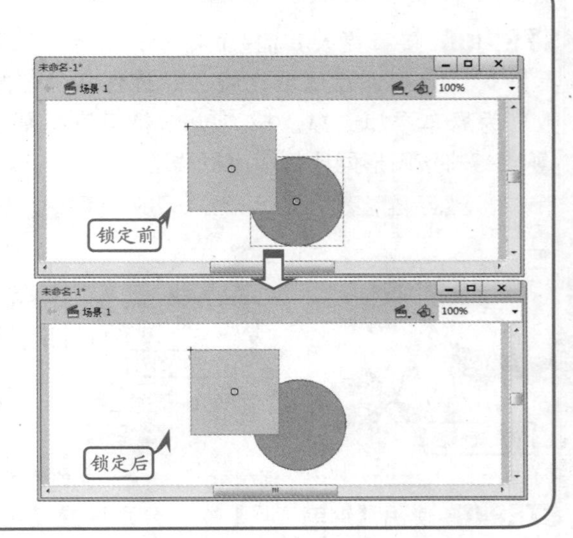

Q&A

问题2：【选择工具】和【部分选择工具】之间有什么区别？

解答：【选择工具】用来选择整个图形或者图形组的，选择后可以对整个图形进行修改操作。

而【部分选取工具】主要是用来修改图形的锚点改变图形的形状。使用该工具选择图形后，图形的锚点就会出现，在锚点上单击，就可以对锚点进行修改和移动，从而对图形的局部进行修改。

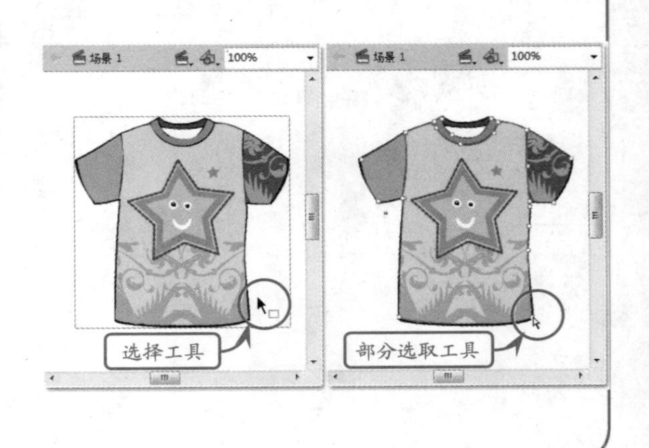

Q&A

问题3：在Flash中，【套索工具】有什么作用？

解答：【套索工具】在选择对象方面和【选择工具】相似，使用时在舞台中单击并拖动圈选需要选择的对象，松开鼠标后，被圈选的对象即被选中。

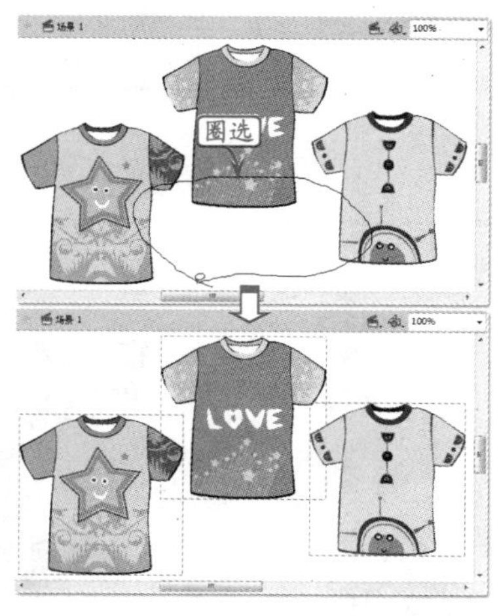

【套索工具】还具有创建不规则选区的功能，双击绘制的对象，进入对象的编辑模式。使用【套索工具】在需要选择的部分绘制选区，松开鼠标时，被圈选的部分即被选择，可以对其进行相关操作。

Q&A

问题4：对齐贴紧有什么作用？

解答：对齐贴紧功能可以按照指定的贴紧对齐容差，即对象与其他对象之间或对象与舞台边缘之间的预设边界对齐对象。

方法是执行【视图】|【贴紧】|【贴紧对齐】命令，这时，当拖动一个图形对象至另外一个图形对象边缘时，会暂时显示对齐线。

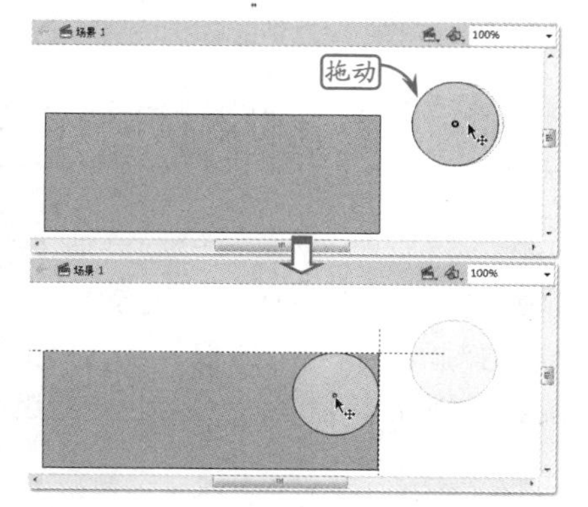

提示

要想设置对齐参数值，或者增加对齐方式，可以执行【视图】|【贴紧】|【编辑贴紧方式】命令。

Q&A

问题5：如何将多个图形合并编成一组，同时进行移动操作呢？

解答：将多个图形编组，首先要使用【选择工具】，依次单击需要组合的图形，然后执行【修改】|【组合】命令，或者按下Ctrl+G快捷键即可将选中的图形组合在一起，移动时便会整体移动。

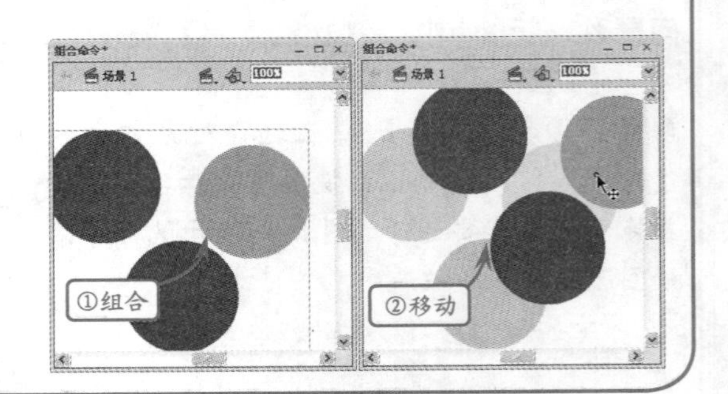

Q&A

问题6：怎样才能改变图形的前后顺序？

解答：需要更改图形的前后顺序时，可以执行【修改】|【排列】命令，在关联菜单里选择相应的操作即可。

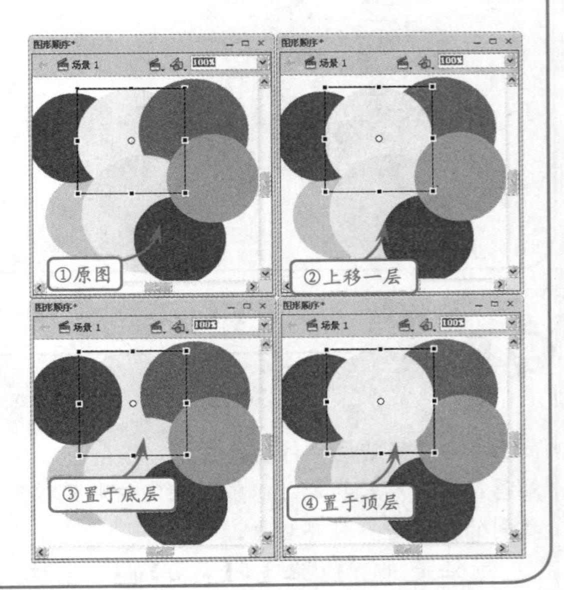

3.10 高手训练营

版本：Flash CS6

1. 锁定对象

在编辑动画对象时，为了避免当前编辑的对象影响到其他对象内容，可以先将不需要编辑的对象暂时锁定起来。

选择要锁定的对象，执行【修改】|【排列】|【锁定】命令（Ctrl+Alt+L组合键）。如果要取消锁定的对象，执行【修改】|【排列】|【解除全部锁定】命令（Ctrl+Alt+Shift+L组合键）即可。

> **提示**
>
> 检查图像是否锁定，可以使用鼠标拖动该对象。如果单击该对象发现被选中，而且可以移动，则说明图像未被锁定，反之，说明该图像处于锁定状态。

2. 对齐对象

在【对齐】面板中，除了能够进行平均分布外，还能够对两个或者两个以上的图形对象进行各种方式的对齐。比如选中多个图形对象后，单击【对齐】面板中的【顶对齐】按钮，即可以所选对象中的最高点为基点，进行顶部对齐操作。

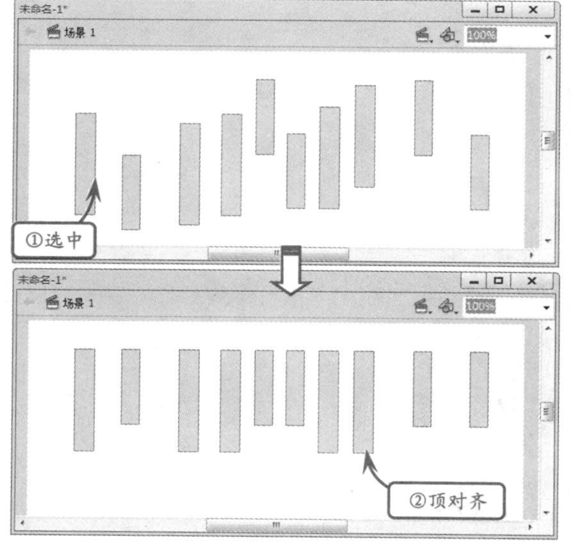

如果分别单击面板中的【垂直居中】按钮和【底对齐】按钮，即可得到不同的对齐效果。

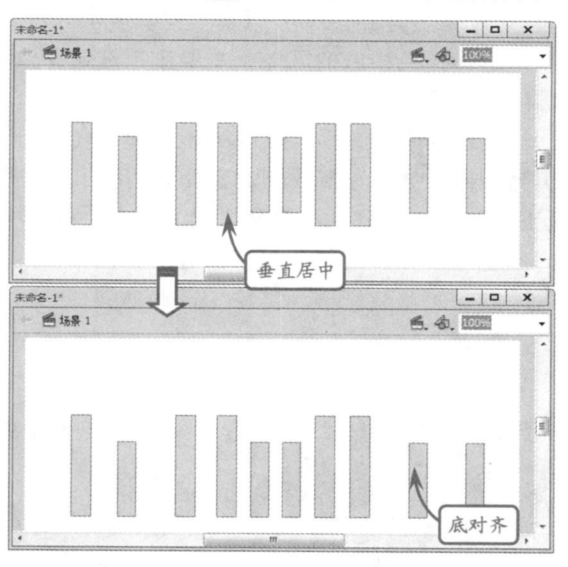

如果舞台中只有一个图形对象，那么也可以进行对齐操作。方法是，选中图形对象后，在【对齐】面板中单击【对齐/相对舞台分布】按钮。然后分别单击【底对齐】按钮和【右对齐】按钮后，该图形对象即可相对于舞台底对齐或右对齐。

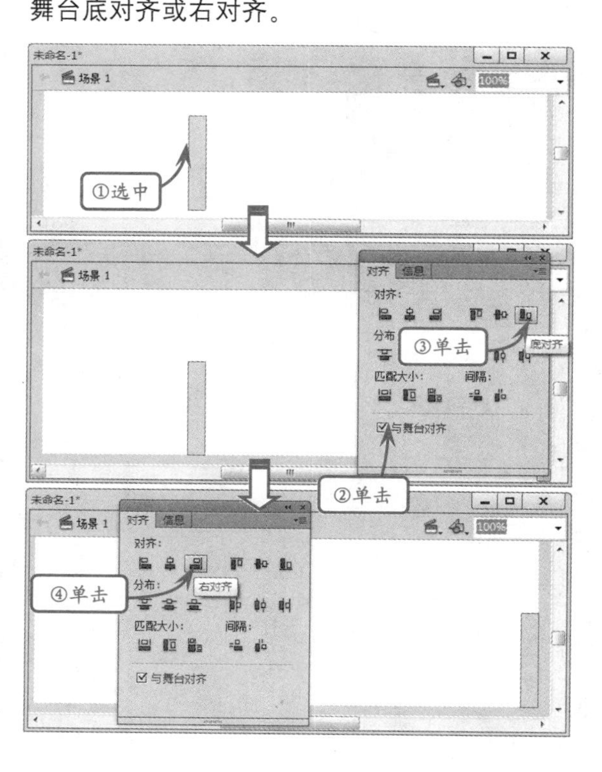

3．魔棒工具

【魔棒工具】位于【套索工具】中，用来选择颜色相似的区域，主要应用在选择位图的局部区域。

导入位图图像后，按Ctrl+B组合键将位图分离为图形。然后选择【套索工具】后，单击【工具】面板底部的【魔棒工具】按钮。这时，就可以在舞台中通过单击选择颜色相似的区域。

单击【魔术棒设置】按钮，会弹出【魔术棒设置】对话框。在该对话框中，【阈值】选项代表颜色范围的大小，【平滑】选项中的子选项分别代表选择区域边缘的平滑度。设置不同的选项参数，能够得到不同效果的选区范围。

提示

要想设置对齐容差参数值，或者增加对齐方式，可以执行【视图】|【贴紧】|【编辑贴紧方式】命令。

4．多个图形对齐

将两个或多个图形准确地对齐，首先要同时选中需要对齐的图形，然后打开【对齐】面板，从中选择需要对齐的方式即可。

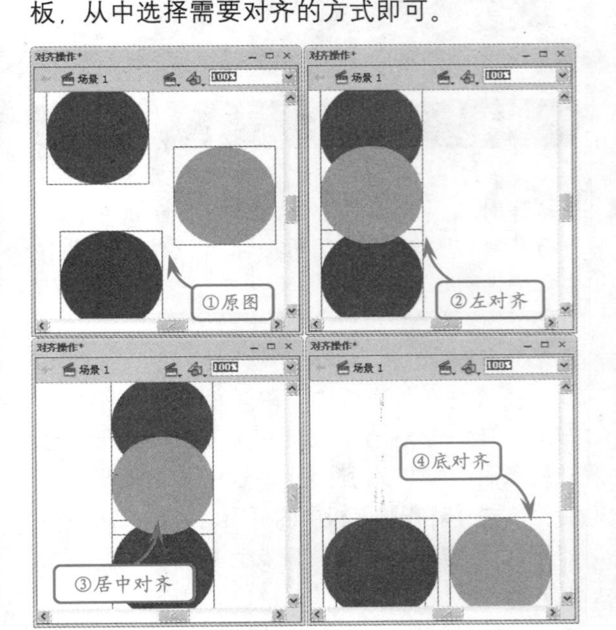

04 修改动画图形

简单的编辑，比如复制、移动、排列和对齐等操作，只是起到组合图形对象的作用，并没有改变图形对象本身的形状。图形对象本身形状的改变，需要依据图形对象形状的最终效果，来决定相应的修改方法。

在本章节中，主要介绍线条变化与优化功能、图形的擦除功能、线条与图形的转换功能、不同图形合并功能以及各种形式的图形变形功能，使读者通过本章的学习，能够绘制出更加细腻的矢量图形。

4.1 优化线条

版本：Flash CS6

越是复杂的图形线条，在绘制过程中，都会有不尽人意的地方。这时可以通过线条的平滑、伸直与优化等操作，使图形线条更加合理。

1．平滑线条

【平滑】操作可以使曲线在变柔和的基础上，减少曲线整体方向上的突起或其他变化，同时还会减少曲线中的线段数。

使用【选择工具】选择绘制后的线条，连续单击【工具】面板底部的【平滑】按钮，即可使线条更加柔和。

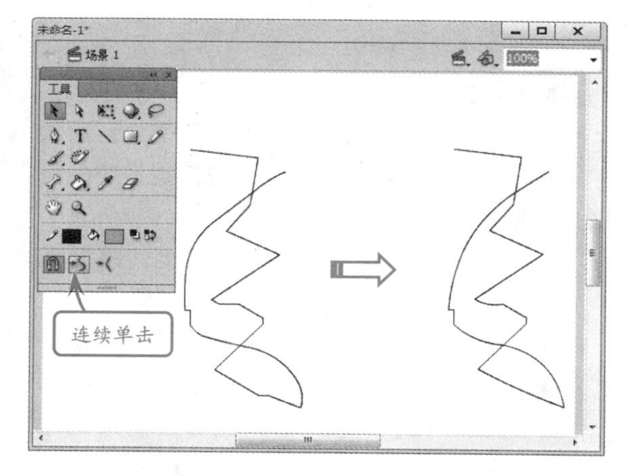

提示

执行【修改】|【形状】|【高级平滑】命令，同样能够平滑线条曲线。但是平滑只是相对的，它并不影响直线段。

2．伸直线条

【伸直】命令能够调整所绘制的任意图形的线条，该命令在不影响已有的直线段情况下，将已经绘制的线条和曲线调整得更为直些，使形状的外观更完美。

使用【选择工具】选择绘制后的线条，连续单击【工具】面板底部的【伸直】按钮，即可将小弧度的曲线转换为直线。

提示

执行【修改】|【形状】|【高级伸直】命令，同样能够伸直小弧度的线条。

3．优化线条

【优化】功能通过减少用于定义这些元素的

曲线数量来改进曲线和填充轮廓，并且能够减小Flash文档和导出Flash影片的大小，同时该功能可以对相同元素进行多次优化。

选择需要优化的对象，执行【修改】|【形状】|【优化】命令，通过拖动【最优化曲线】对话框中的【平滑】滑块，可以指定平滑程度。

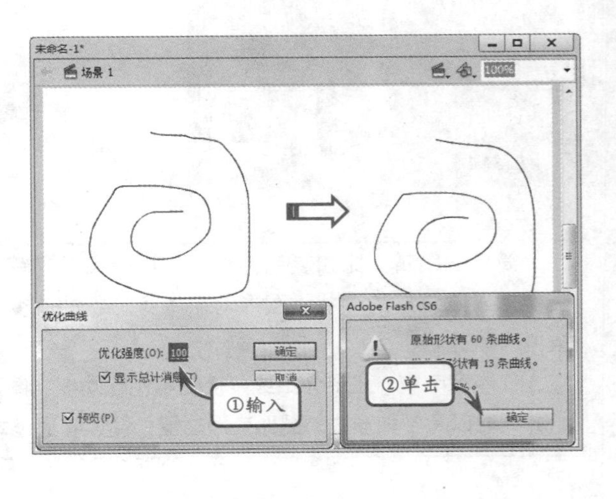

4.2 擦除图形

版本：Flash CS6

使用【橡皮擦工具】可以快速擦除舞台上的内容，也可以擦除个别笔触或填充区域。

选择【工具】面板中的【橡皮擦工具】后，使用默认的参数，在舞台中单击并拖动鼠标，即可擦除光标所经过区域内的图形。

1. 橡皮擦形状

选择【橡皮擦工具】后，【工具】面板底部的【橡皮擦形状】选项用于设置橡皮擦的大小和形状。通过调整橡皮擦的大小和形状，可以提高擦除对象的精确度和控制擦除效果。

2. 擦除模式

在【橡皮擦工具】的【擦除模式】选项中，提供了5种类型。不同的类型模式，擦除范围会有所不同。

- 标准擦除　擦除同一层上的笔触和填充。
- 擦除填色　只擦除填充；不影响笔触。
- 擦除线条　只擦除笔触；不影响填充。
- 擦除所选填充　只擦除当前选定的填充，不影响笔触（不论笔触是否被选中）。（以这种模式使用橡皮擦工具之前，请选择要擦除的填充。）
- 内部擦除　只擦除橡皮擦笔触开始

处的填充。如果从空白点开始擦除，则不会擦除任何内容。以这种模式使用橡皮擦并不影响笔触。

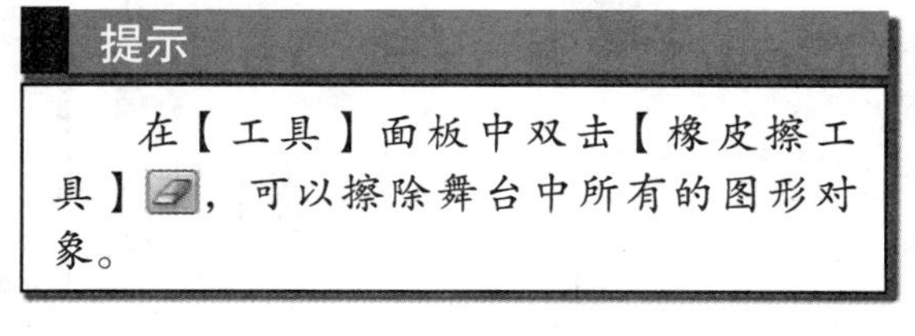

提示

在【工具】面板中双击【橡皮擦工具】，可以擦除舞台中所有的图形对象。

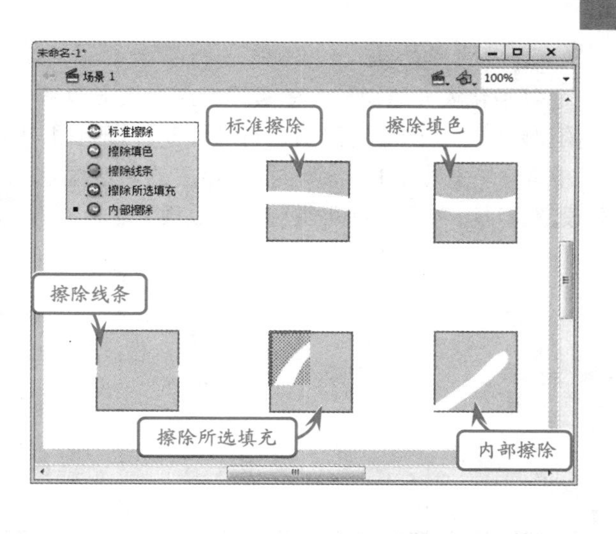

4.3 修改形状

版本：Flash CS6

图形对象形状的改变，不仅包括线条，还包含填充形状。前者能够转变为后者，按照后者的基本属性来进行形状改变；而后者则可以通过多种形式来改变外观形状，比如填充形状的扩展与柔化等。通过这些形状的改变，可以加快一些动画的绘制。

1．将线条转换为填充

在Flash CS6中，虽然线条颜色不仅能够以单色显示，还能够以渐变颜色显示，但是需要将线条转换为填充形状后，才能够进行更加复杂的编辑。

方法是，选中绘制好的线条，执行【修改】|【形状】|【将线条转换为填充】命令，这时线条转换为填充形状，即可进行边缘形状的编辑。

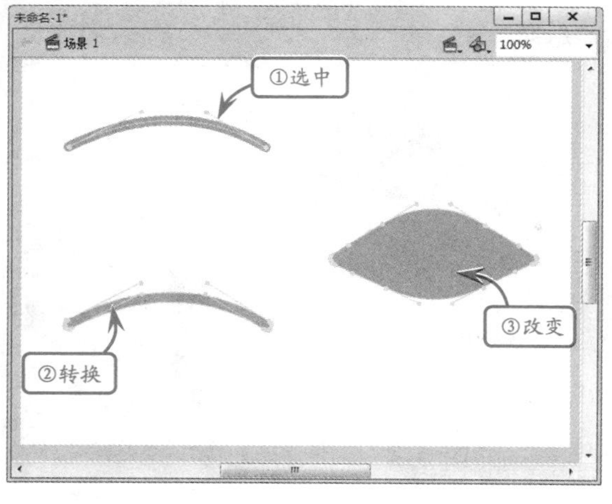

2．扩展填充

【扩展填充】命令是用来扩展填充对象的形状。方法是，选择一个填充形状，执行【修改】|【形状】|【扩展填充】命令，弹出【扩展填充】对话框。在该对话框中，设置【距离】参数值为10像素，单击【确定】按钮，改变其形状。

在该对话框中，【方向】选项组中【扩展】选项可以放大形状，而【插入】选项，则会缩小形状。当启用不同选项时，会得到不同的效果。

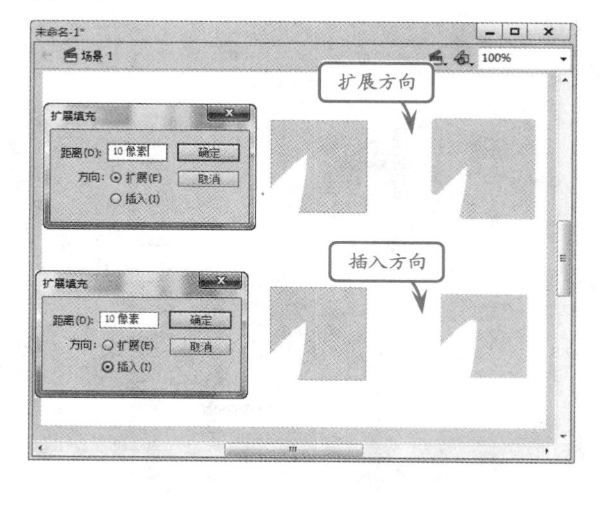

3．柔化填充边缘

【柔化填充边缘】命令是用来改变图形边缘的显示效果。选中图形后执行【修改】|【形状】|【柔化填充边缘】命令，打开相应的对话框，设置选项参数后，即可得到羽化效果。

4.4 合并对象

版本：Flash CS6

动画中的图形除了通过绘制得到外，还可以通过不同图形之间的合并或改变现有对象来创建新形状。而在操作过程中，所选对象的堆叠顺序决定了操作的工作方式。

1．联合

【联合】命令可以将两个或多个形状合成单个形状，并生成一个“对象绘制”的模型形状，它由联合前形状上所有可见的部分组成，能够删除形状上不可见的重叠部分。方法是，选中多个图形对象后，执行【修改】|【合并对象】|【联合】命令，即可生产一个图形对象。

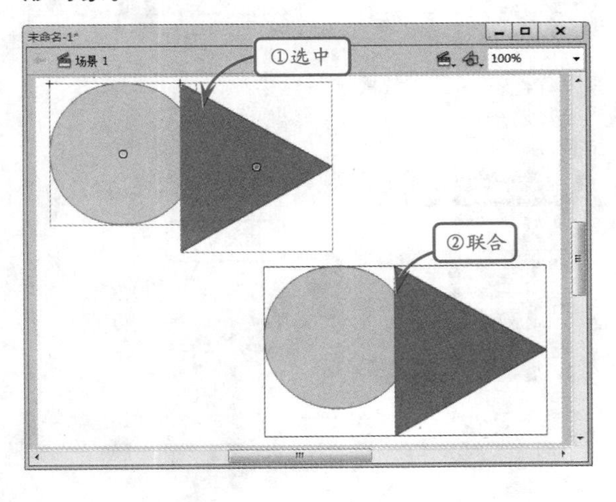

提示

与使用【修改】|【组】不同，无法使用【分离】命令，分离使用【联合】命令合成的形状。

2．交集

【交集】命令能够创建两个或多个对象的交集对象。生成的“对象绘制”形状由合并形状的重叠部分组成。将删除形状上任何不重叠的部分，而生成的形状使用堆叠中最上面的形状的填充和笔触。方法是选中两个图形对象后，执行【修改】|【合并对象】|【交集】命令，即可生产一个交集图形对象。

3．打孔与裁切

【打孔】命令将删除所选对象的某些部分，这些部分由所选对象与排在所选对象前面的另一个所选对象的重叠部分定义。而且将删除由最上面形状覆盖的形状的任何部分，并完全删除最上面的形状。

而【裁切】命令可以使用一个对象的形状裁切另一个对象。前面或最上面的对象定义裁切区域的形状，并且将保留与最上面的形状重叠的任何下层形状部分，而删除下层形状的所有其他部分，并完全删除最上面的形状。

4.5 任意变形对象

版本：Flash CS6

【工具】面板中的【任意变形工具】，与【修改】|【变形】命令功能相同，并且两者相通。均是用来对图形对象的变形，比如缩放、旋转、倾斜和扭曲等。

选中图形对象后，选择【任意变形工具】，这时图形四周显示变形框。在所选内容的周围移动光标，光标会发生变化，指明哪种变形功能可用。

如果将光标指向变形框四角的某个控制点时，可以缩小或者放大图形对象；

如果将光标指向变形框四角的某个控制点，并且与该控制点具有一定距离，即可对图形对象进行旋转。

当选择【任意变形工具】后，如果单击该面板底部的某个功能按钮，即可针对相应的

变形功能进行变形操作。例如，单击面板底部的【旋转与倾斜】按钮，就只能对图形对象进行旋转和倾斜的变形。

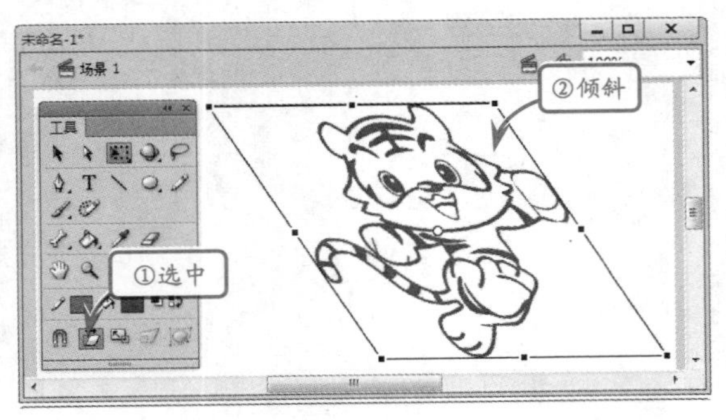

4.6 精确变形对象

版本：Flash CS6

使用【任意变形工具】可以方便快捷地操作对象，但是却不能控制其精确度。而利用【变形】面板可以通过设置各项参数，精确地进行缩放对象、旋转对象、倾斜对象和翻转对象等操作。

1．精确缩放对象

选中舞台中的图形对象后，执行【窗口】|【变形】命令（快捷键Ctrl+T），打开【变形】面板。

在该面板中，可以沿水平方向、垂直方向缩放图形对象。比如单击水平方向的文本框，在其中输入70，即可以图形原宽度尺寸的70%缩小。

要想成比例缩放图形对象，可以在设置之前单击【约束】按钮。然后在任一个文本框中输入数值，即可得到成比例的缩放效果。

2．精确旋转与倾斜对象

在【变形】面板中，当启用【旋转】单选框时，可以在文本框中输入数值，进行360度的旋转；当启用【倾斜】单选框时，则可以进行水平或者垂直方向的倾斜变形。

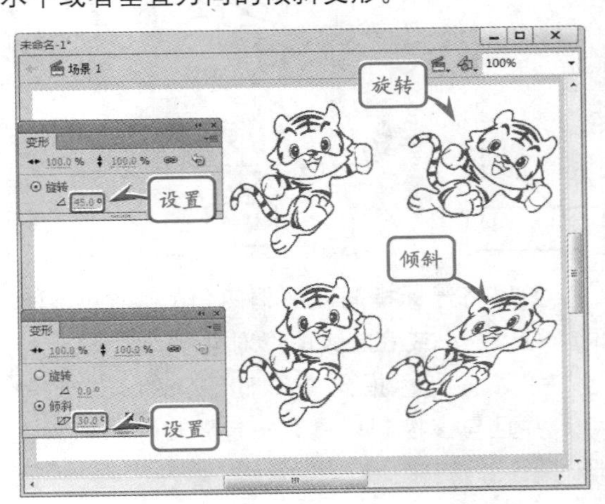

3．重制选区和变形

当启用【旋转】单选框进行图形旋转时，设置旋转角度后，还可以连续单击【重制选区和变形】按钮，得到复制的旋转图形。

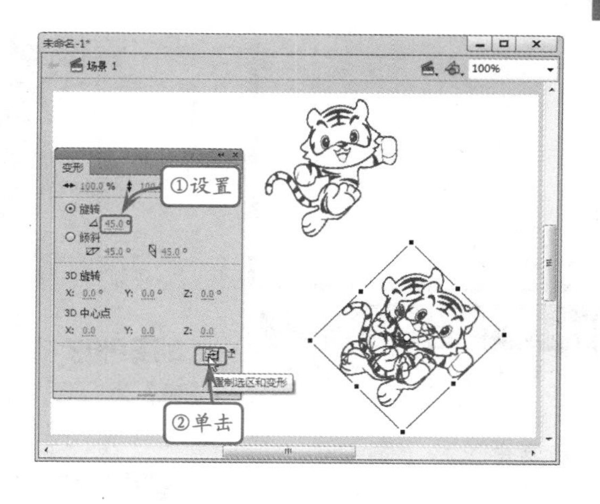

4.7 练习：制作邮票

版本：Flash CS6 downloads/第4章/01

本练习绘制的是邮票效果，主要通过外部位图文件与线条之间的组合而完成。其中，线条笔触样式的设置尤为重要，因为笔触样式决定了邮票边缘锯齿形状的形式。

练习要点

- 导入图片
- 设置笔触样式
- 分离对象
- 将线条转换为填充
- 删除对象

提示

单击舞台后，【属性】检查器中的选项为舞台基本选项。其中，舞台背景颜色可以是任何颜色，只要单击【舞台】色块选择颜色即可。

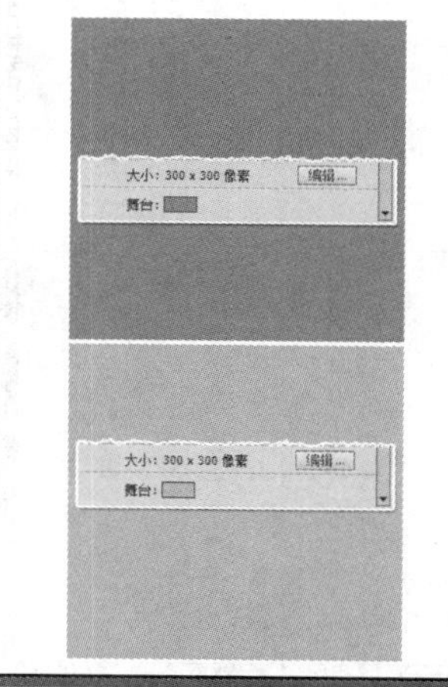

操作步骤

STEP|01 按Ctrl+N快捷键新建文档，设置【尺寸】为470×400像素，【背景颜色】为"黑色"（#000000）。

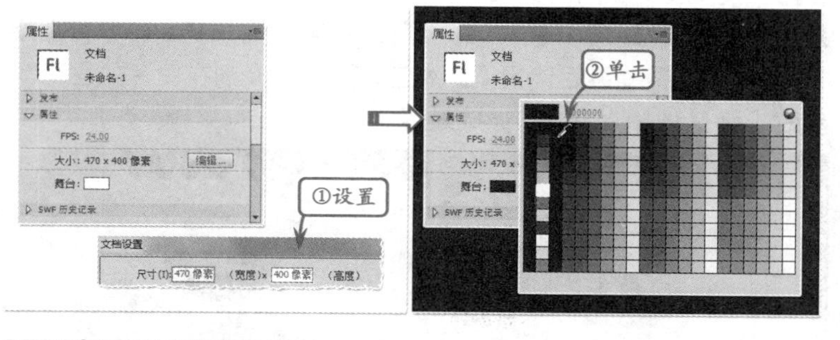

STEP|02 按Ctrl+R快捷键，选择素材文件cnpaint.jpg，并导入舞台中。在【属性】检查器中设置【宽】为440像素，【高】参数随比例缩小。

STEP|03 选择【工具】面板中的【矩形工具】，设置【填充颜色】为“无”，【笔触颜色】为“红色”(#FF0000)。绘制矩形，其尺寸与素材图片相同。在【属性】检查器中，设置【笔触】为10。

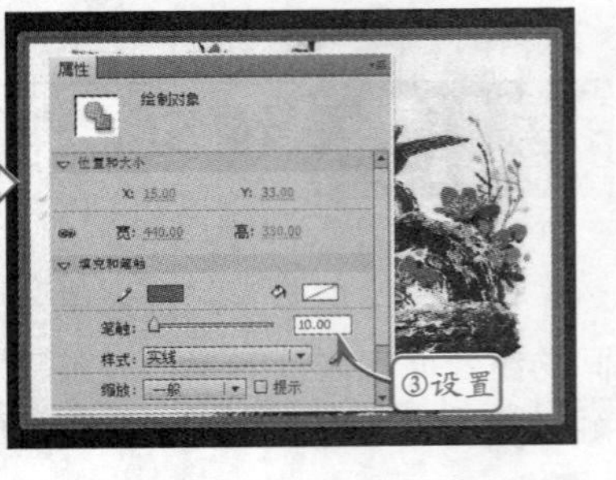

STEP|04 单击【属性】检查器中的【编辑笔触样式】按钮，在弹出的【笔触样式】对话框中，选择【类型】为“点状线”，设置【点距】为“9点”，【粗细】为“24点”。

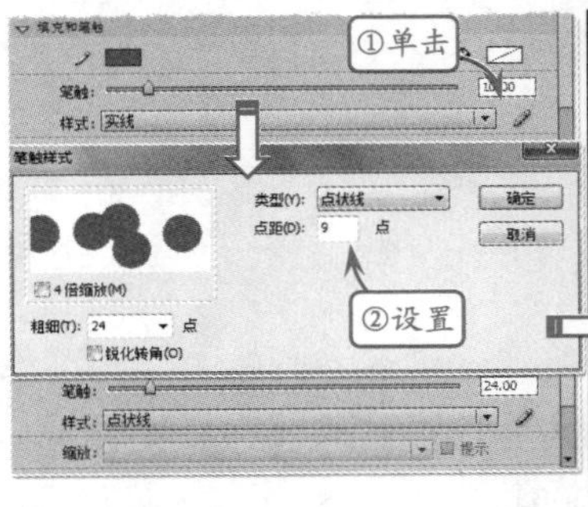

STEP|05 选中位图对象后，按Ctrl+B快捷键进行分离。选中线条对象，执行【修改】|【形状】|【将线条转换为填充】命令，直接按Delete键删除。最后使用【文本工具】，分别在图片的左下角和右上角区域输入文本，完成最后制作。

提示

笔触样式包括多种选项，只要在【属性】检查器中选择【类型】下拉列表中的选项即可。

样式: 实线

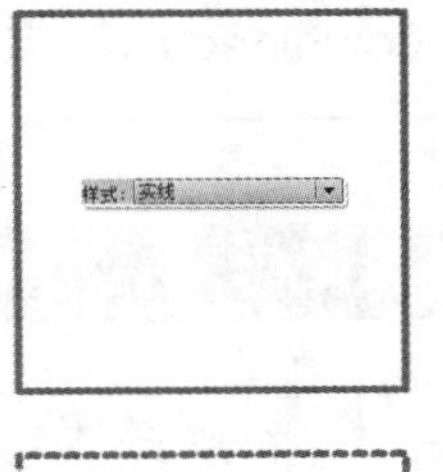

4.8 练习：绘制插画花朵 版本：Flash CS6 downloads/第4章/02

大自然中各种各样的花朵千姿百态，结合使用合并对象命令与变形命令，可以轻松地在几何图形的基础上制作出变化各异的花朵。本实例制作了一幅插画类型的花朵，主要利用封套命令和变形面板来实现。

操作步骤

STEP|01 新建空白文档，将素材“插画花朵背景”导入到舞台中，并将其缩放至页面大小。使用【椭圆工具】，并启用【对象绘制】功能，分别设置【填充颜色】和【笔触颜色】控件参数，在舞台中绘制正圆。

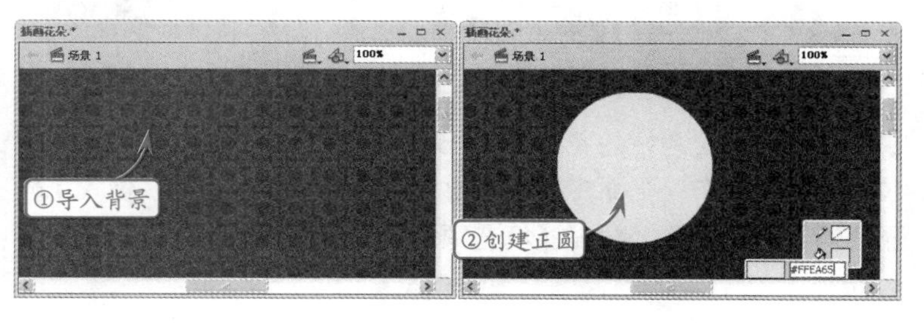

STEP|02 执行【修改】|【变形】|【封套】命令，调整其形状。使用【任意变形工具】，将其中心点移动至图形外右下角，打开【变形】面板，设置旋转角度为72，连续单击4次面板右下方的【重制选区和变形】按钮，使花瓣环绕中心点一周。

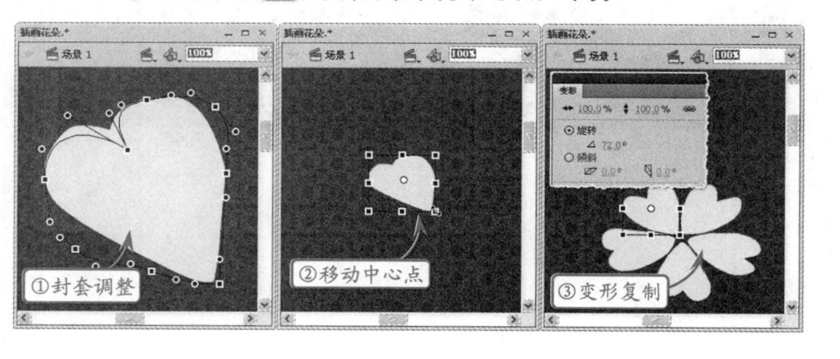

练习要点

- 铅笔工具
- 刷子工具
- 【封套】命令
- 【变形】面板

提示

在执行完【交集】命令后，两图形相交的部分被保存下来，留下来的图形自动采取前面图形的颜色。例如当红色图形在前面时，留下来的图形是红色。

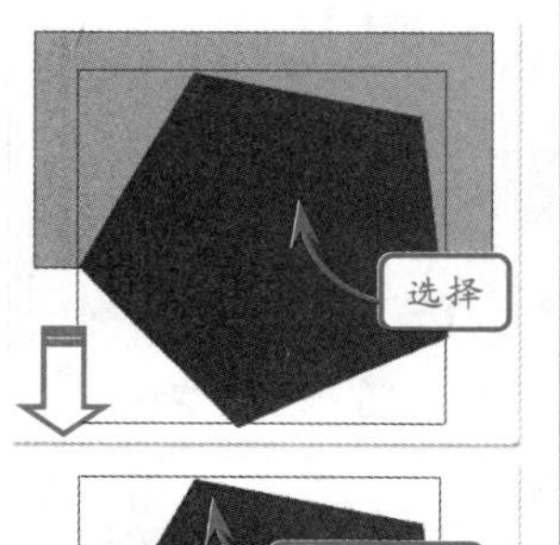

当橙色图形在前面时，留下来的图形是橙色。

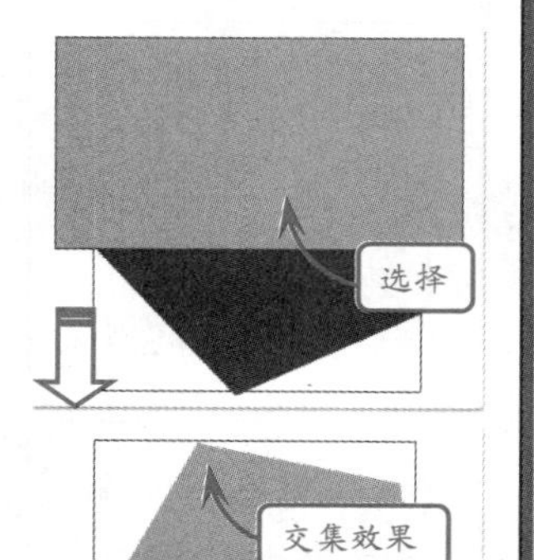

STEP|03 为使花朵有所变化，选中其中两个花瓣，更改其【填充颜色】为浅黄色。选中所有花瓣复制一组，分别设置【笔触颜色】和【填充颜色】，并将其向左移动一段距离。然后使用【刷子工具】，在花朵中心绘制花蕊。

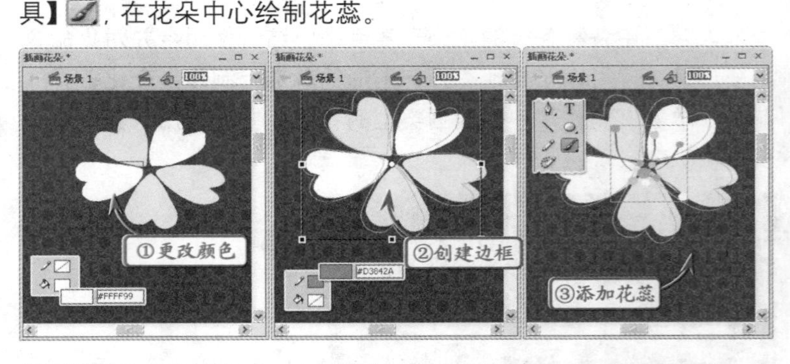

STEP|04 选择【铅笔工具】，并启用【对象绘制】功能，分别设置【笔触颜色】和【填充颜色】控件参数，绘制花朵的枝叶。然后运用上述同样方法，继续绘制花朵和枝叶，注意花朵和枝叶的形状变化。

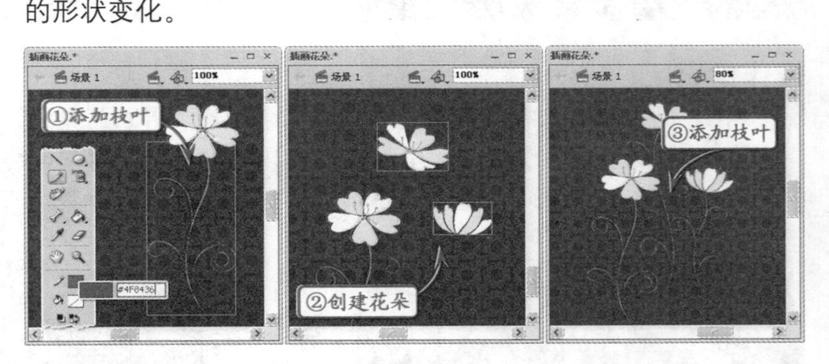

STEP|05 将绘制好的花朵复制出多个，并分别调整它们的大小位置，使其分布在画面中有层次感。为使画面更加生动，使用【刷子工具】，更改不同的【填充颜色】，在花朵周围绘制小点，作为装饰。

提示

在使用【铅笔工具】绘制曲线时，线条会有棱角不平滑，可以使用【高级平滑】命令对其修改。

方法是在选中线条的情况下，执行【修改】|【形状】|【高级平滑】命令，在打开的对话框中，设置参数改变线条的平滑度。

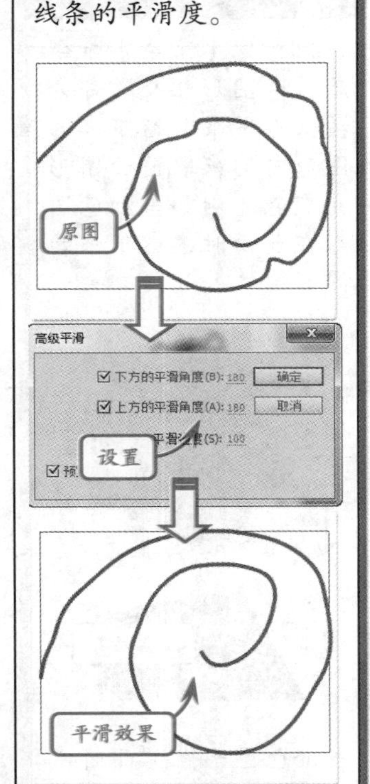

4.9 练习：绘制插画花朵 版本：Flash CS6 downloads/第4章/03

结合使用Flash中的打孔、裁切以及联合等命令，能准确地修改图形和更改图形的形状，使绘图更加准确。本实例充分利用了这3个命令的组合，制作了一幅变形汽车的效果。

练习要点

- 【打孔】命令
- 【联合】命令
- 【裁切】命令
- 【变形】面板

操作步骤

STEP|01 新建空白文档，使用【椭圆工具】和【矩形工具】，绘制车的主体。

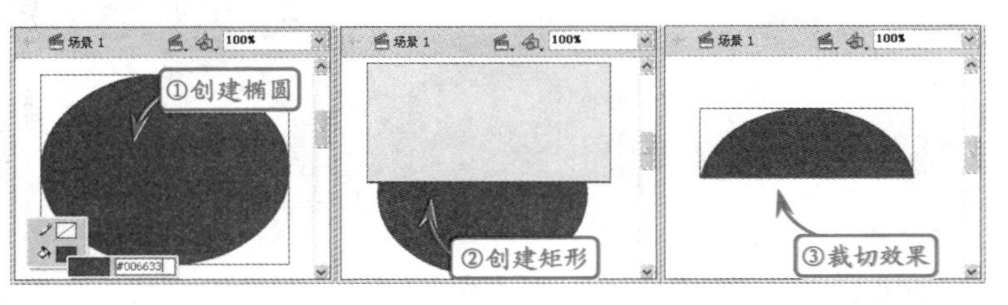

STEP|02 使用【钢笔工具】和【打孔】命令，将绘制的图形从椭圆中剪切掉。接着使用【钢笔工具】，在车体的左下角绘制图形。

STEP|03 复制该图形并进行水平翻转放置在车体的右侧，同时选择图形与车体，执行【修改】|【合并对象】|【打孔】命令，剪去该图形与车体重合的部分。接着选中左侧图形和车体，再次执行该命令剪去左侧图形。

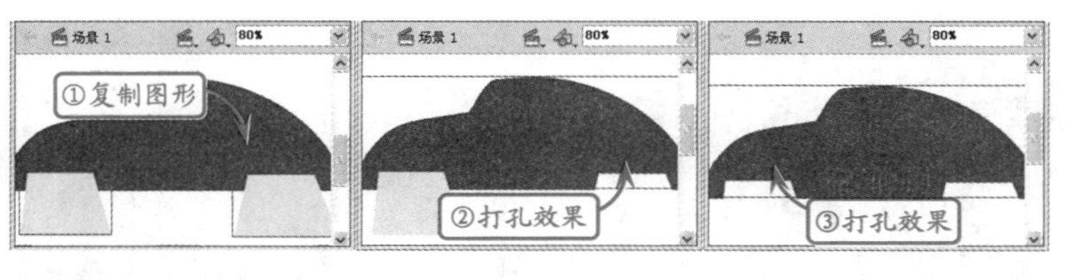

STEP|04 使用【椭圆工具】，将【填充颜色】设置为和车体同样的绿色，分别在车体左右两个凹槽处绘制正圆作为车轮。然后同时选中两个正圆和车体，执行【修改】|【合并对象】|【联合】命令，使三个图形合并为一个图形。接着使用【椭圆工具】，更改【填充颜色】，在右侧车轮处绘制正圆。

技巧

选择【橡皮擦工具】时，在【工具】面板下方有个【水龙头】工具，当选择该工具后，对图形进行擦除时，只需单击图形内的色块，即可将该色块擦除。

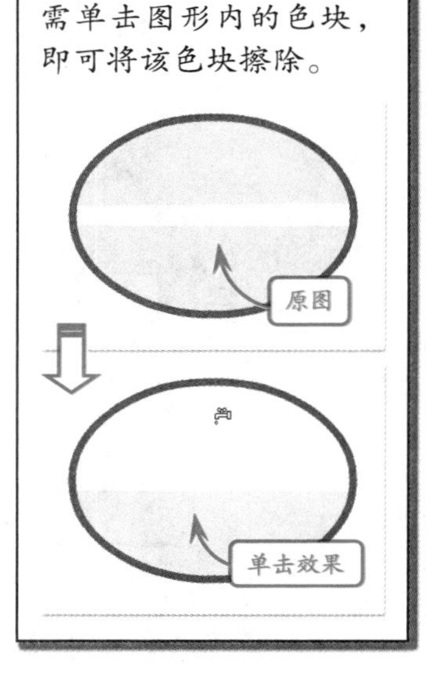

提示

使用【联合】命令，可以将两个图形合并为一个图形，方法是同时选中两个图形，然后执行【修改】|【合并对象】|【联合】命令即可。

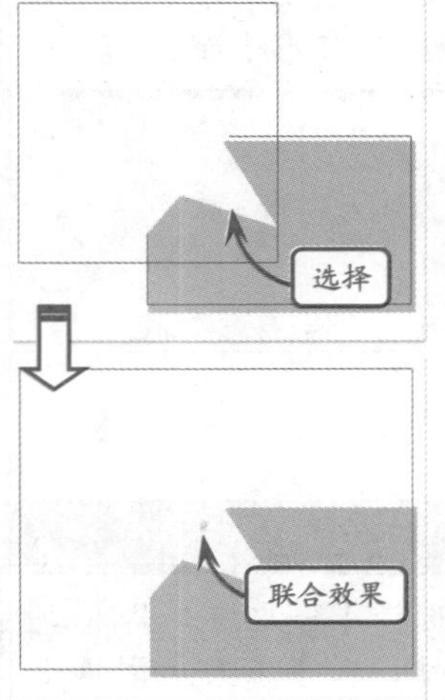

也可以使用该命令将多个图形合并为一个图形。

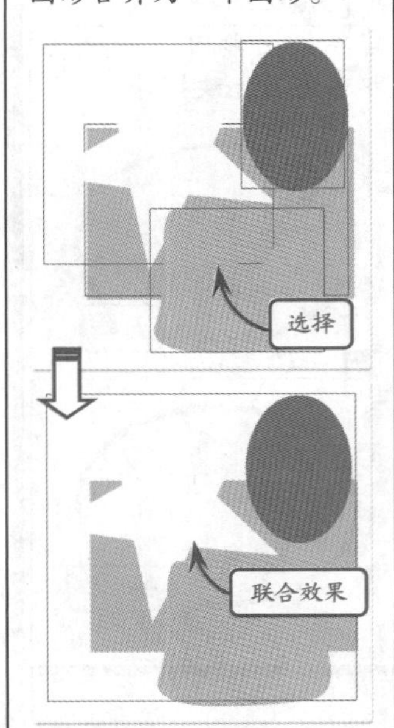

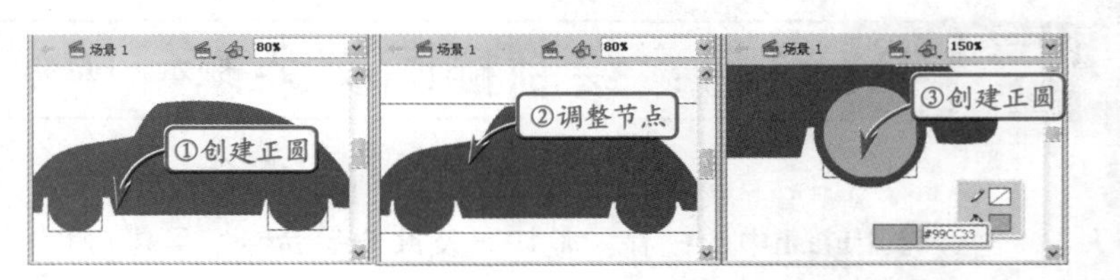

STEP|05 打开【变形】面板，将该图形同比例缩小并复制，为了区分更改其【填充颜色】。选中这两个同心圆，执行【修改】|【合并对象】|【打孔】命令，剪去两图形重合的部分。接着使用【矩形工具】绘制两个矩形。

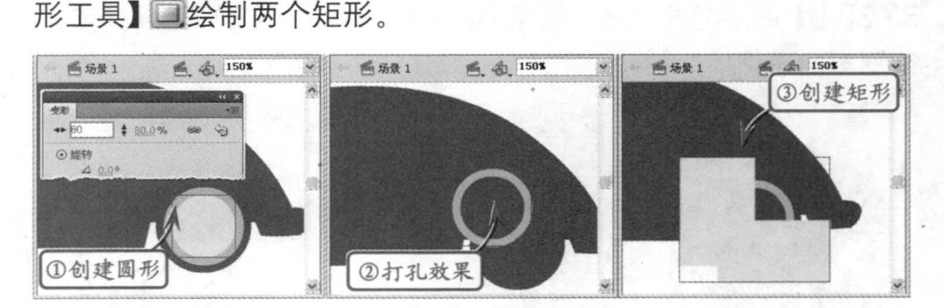

STEP|06 执行【修改】|【合并对象】|【打孔】命令，留下圆环的四分之一。使用【钢笔工具】绘制一个箭头，同时选中该箭头和余下的环形，执行【修改】|【合并对象】|【联合】命令，使两个图形合并为一个图形。

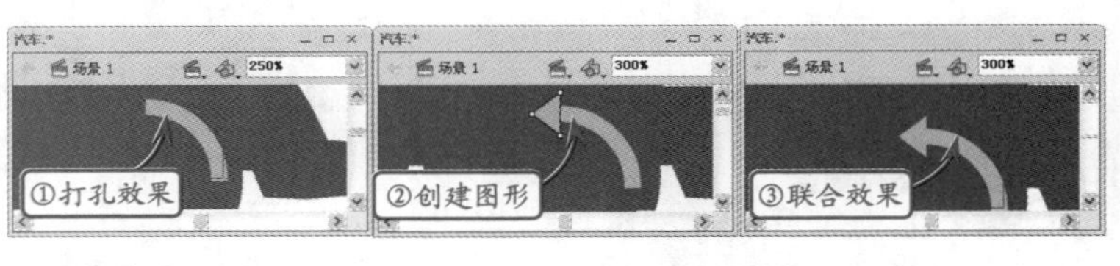

STEP|07 选择【任意变形工具】单击该图形，将其中心点移至左下角处，在【变形】面板中，设置旋转角度为90，并连续单击【重制选区和变形】按钮三次，使其环绕成为圆形，并将该图形复制一个放置在左侧车轮上。

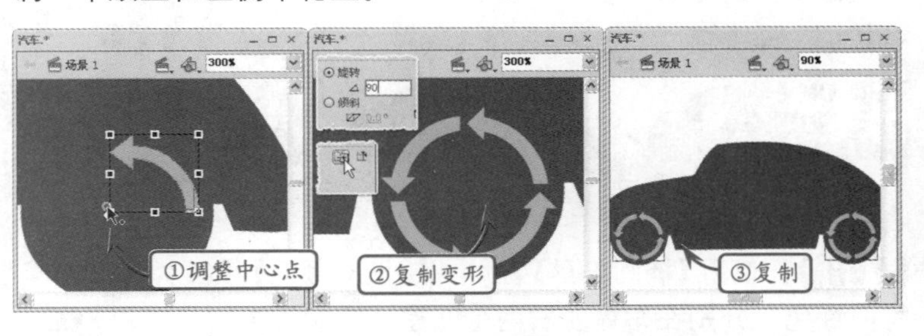

STEP|08 运用上述同样方法，为汽车添加绿色尾气图形，并将其复制出多个，并更改它们的大小和位置，使它们成为一组。最后使用【文本工具】，选择车体同样的绿色，为画面添加文字。

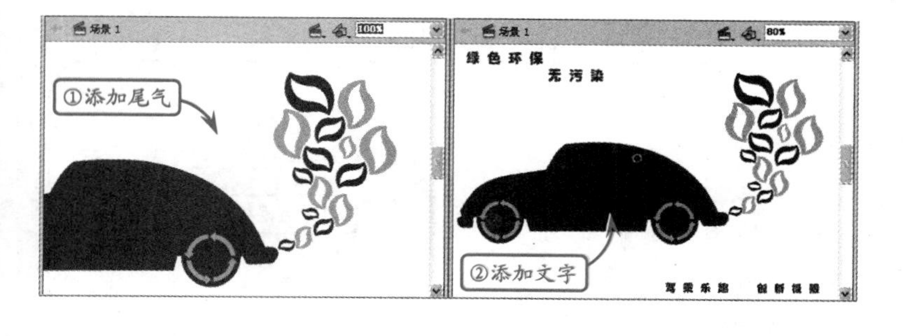

4.10 高手答疑

版本：Flash CS6

Q&A

问题1：能否利用【任意变形】命令，对图形同一个方向的两端进行同比例缩放？

解答：在Flash中可以利用【任意变形】命令对图形的同一个方向进行两端同比例缩放。方法是在按住Ctrl+Shift键的同时，拖动角点即可。

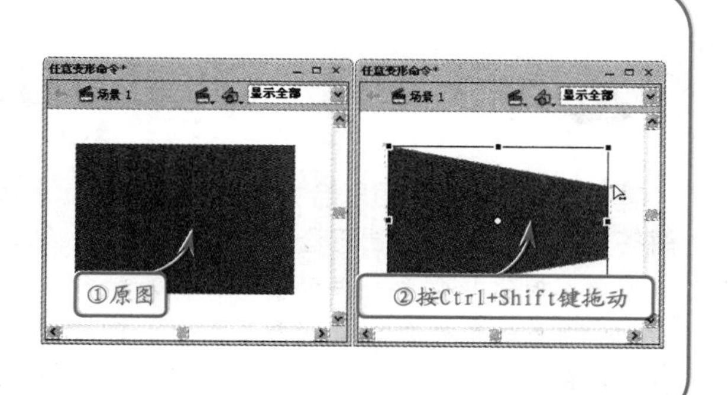

Q&A

问题2：使用【封套】命令对图形进行修改后，如何才能去掉封套，使图形恢复原形？

解答：对于使用【封套】命令修改过的图形，如果不需要使用【封套】变形时，可以执行【修改】|【合并对象】|【删除封套】命令，即可使图形恢复原形。

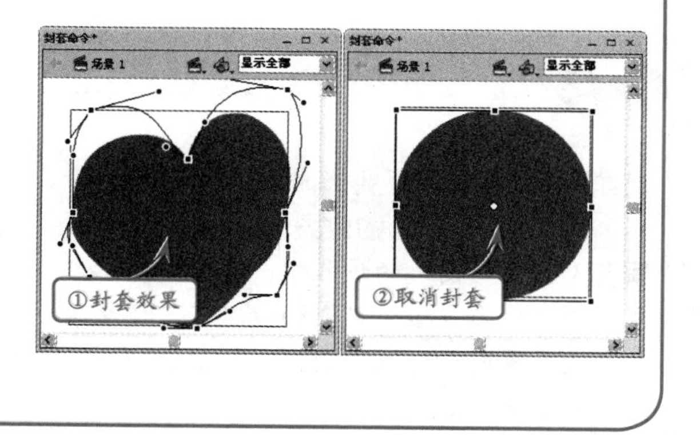

问题3：Flash中能否将线条图形转换为填充图形呢？

解答：在Flash中是可以将线条图形转换为填充图形的，方法是选中需要更改的图形边框，然后执行【修改】|【形状】|【将线条转换为填充】命令，即可将线条转换为形状。此时如果修改该图形的【笔触颜色】，图形将在该线条的周围添加边框，修改【填充颜色】，方可看到该线条的改变。

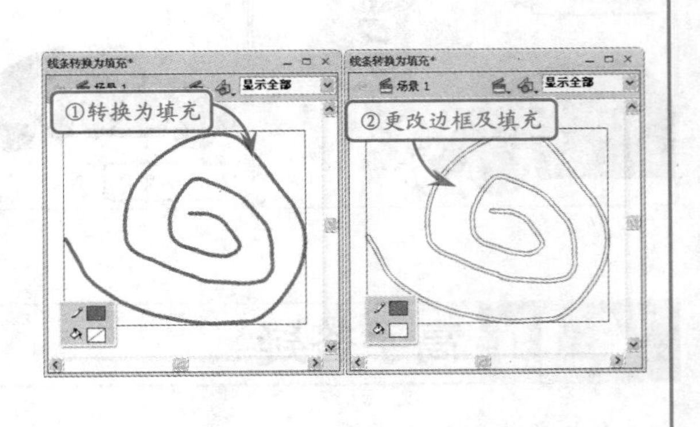

Q&A

问题4：如何将两个图形合并为一个图形？

解答：将两个或多个图形合并为一个图形，首先要同时选择需要合并的图形，然后执行【修改】|【合并对象】|【联合】命令，即可将图形合并为一个整体。

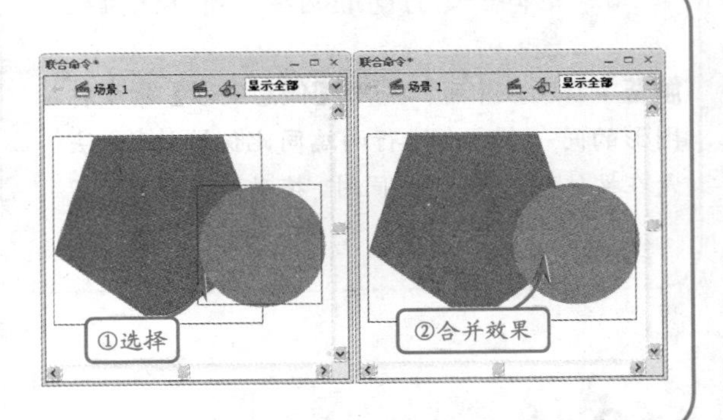

Q&A

问题5：对图形进行变形时，如何只更改变形框一个角的位置？

解答：在变形图形的过程中，当需要在保证变形框其他角点位置不变的情况下，调整某个角点位置时，可以在按住 Ctrl 键的同时，单击并拖动该角点即可。

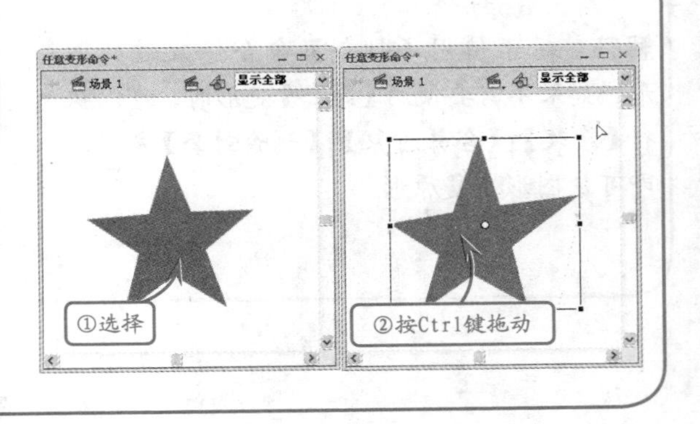

4.11 高手训练营

版本：Flash CS6

1. 图形沿中心点变形

使用【任意变形】命令进行倾斜或放大操作，需要使图形沿中心点两端同时倾斜或放大，可以在按住 Alt 键的同时拖动鼠标来实现。

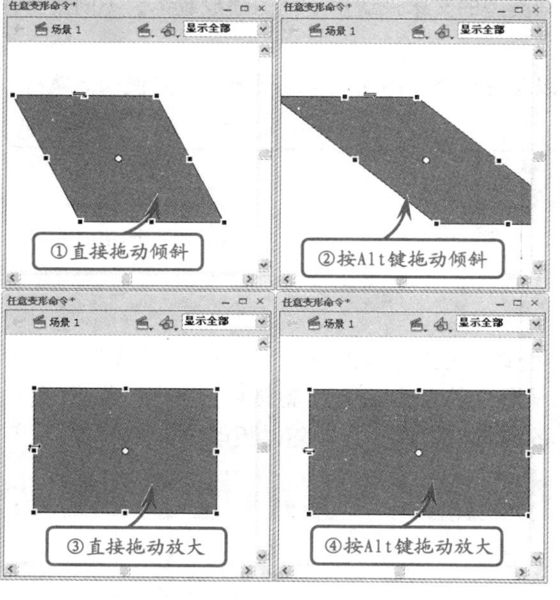

需要使图形围绕中心点进行同比例缩放时，可以在按住 Shift+Alt 键的同时拖动直角点来实现。

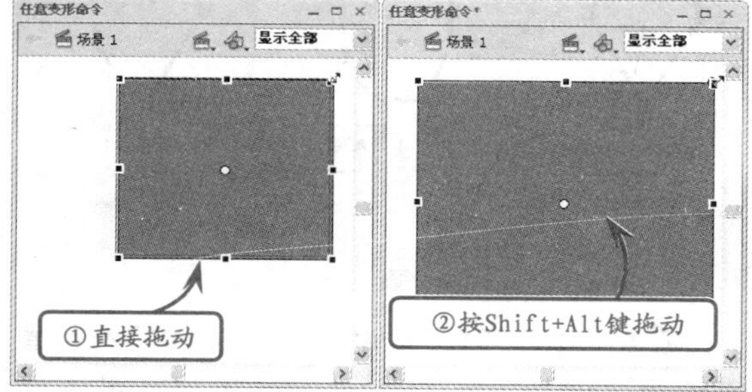

2. 水龙头工具

【水龙头】按钮用来擦除图形中的线条，或者填充颜色。其方法是，选择【橡皮擦工具】后，单击【水龙头】按钮。然后在图形对象中单击填充区域，即可擦除该区域。

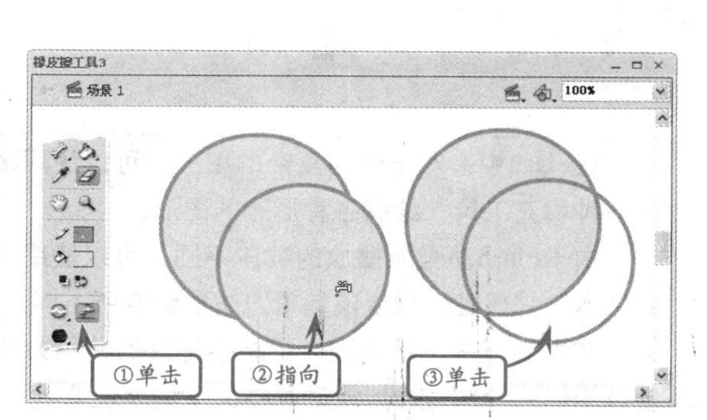

3. 设置线条平滑度

要让有棱角的线条变得更加平滑，在选中线条的情况下，执行【修改】|【形状】|【高级平滑】命令，在该窗口中设置个参数，达到所需平滑度即可。

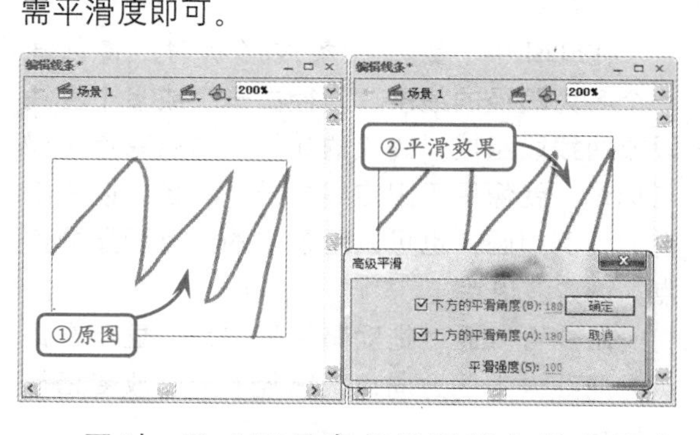

同时，Flash还具有将平滑线条伸直的功能，方法是选中需要伸直的线条，执行【修改】|【形状】|【高级伸直】命令，在该窗口中设置伸直的强度，即可更改线条的伸直度。

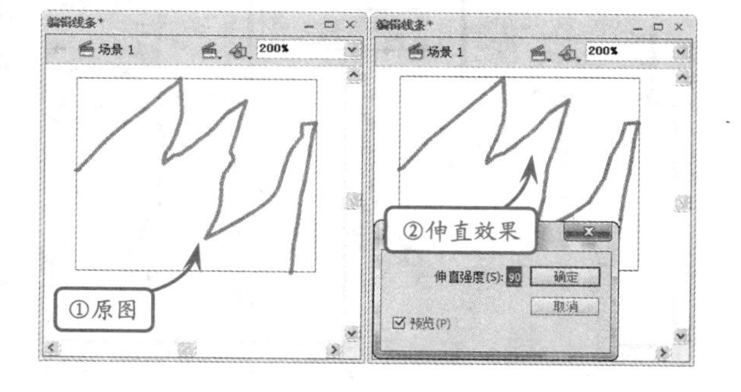

05 创建路径与文本

在Flash中，对于较为复杂的图形，可以使用路径工具进行创建与编辑。并且结合前面章节所讲的各种填充工具，绘制各种形态的图形。

由于Flash动画所播放的载体不同，可以使用不同类型的文本来适用不同的播放载体。不同类型的文本，其属性选项以及编辑方法也会有所不同。

在本章节中，将详细介绍路径工具的使用方法以及各种文本的输入与编辑方法，方便读者掌握复杂图形的绘制方法以及动画中文字的表现方式。

5.1 关于路径

版本：Flash CS6

在Flash中，绘制线条或形状时，将创建一个名为路径的线条。路径由一个或多个直线段或曲线段组成。线段的起始点和结束点由锚点标记，就像用于固定线的针。路径可以是闭合的，例如圆，也可以是开放的，有明显的终点，例如波浪线。

用户可以通过拖动路径的锚点、显示在锚点方向线末端的方向点或路径本身，改变路径的形状。

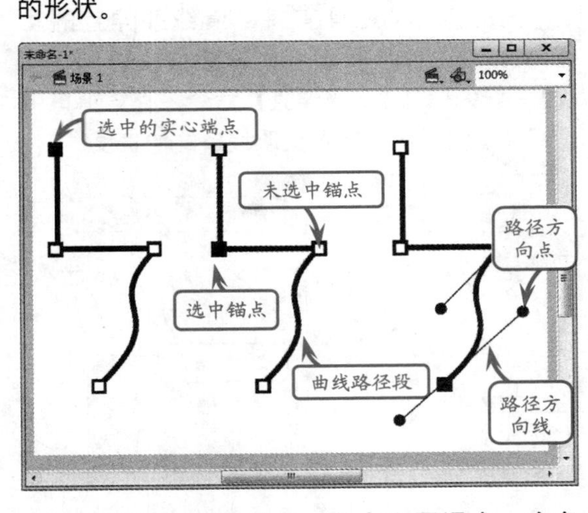

路径具有两种锚点：角点和平滑点。在角点处，路径可以突然改变方向；在平滑点，路径段连接为连续的曲线。用户可以通过角点和平滑点的任意组合绘制路径。另外，如果绘制的点类型有误，可以随时更改。

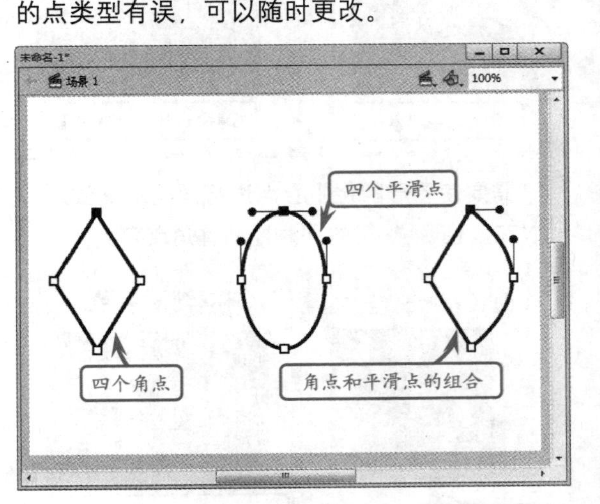

在绘制路径时，角点可以连接任何两条直线段或曲线段，而平滑点始终连接两条曲线段。不能将角点和平滑点与直线段和曲线段相混淆。

在Flash中，路径轮廓称为笔触，而应用到开放或闭合路径内部区域的颜色或渐变色称为填充。笔触具有粗细、颜色和虚线图案，创建路径或形状后，可以更改其笔触和填充的属性。

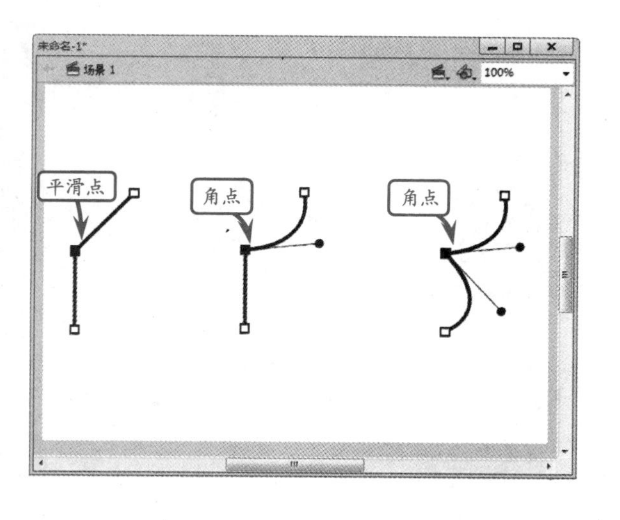

5.2 钢笔工具

版本：Flash CS6

要绘制精确的路径，可以使用Flash中的【钢笔工具】。通过该工具，可以建立直线或者平滑流畅的曲线，其属性与【线条工具】相同。

在【工具】面板中，选择【钢笔工具】后没有辅助选项，但是在绘图过程中，【钢笔工具】会显示不同指针，它们反映其当前绘制状态。各种状态下指针的含义如下。

● **初始锚点指针**

该指针是选中钢笔工具后看到的第一个指针，指示下一次在舞台上单击鼠标时将创建初始锚点，它是新路径的开始（所有新路径都以初始锚点开始），可以终止任何现有的绘画路径。

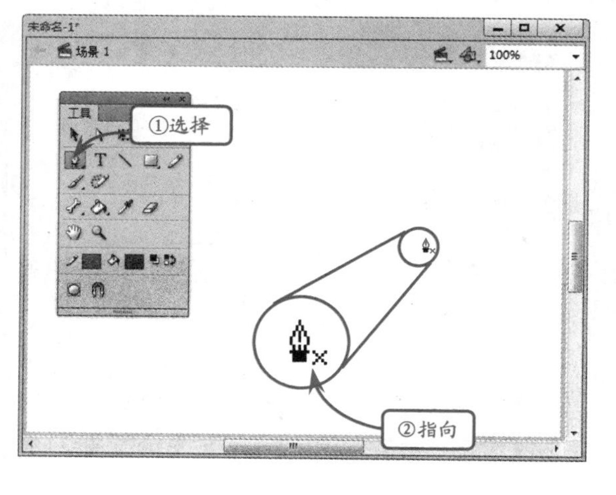

● **连续锚点指针**

该指针指示下一次单击鼠标时将创建一个锚点，并用一条直线与前一个锚点相连接。在创建所有用户定义的锚点（路径的初始锚点除外）时，显示此指针。

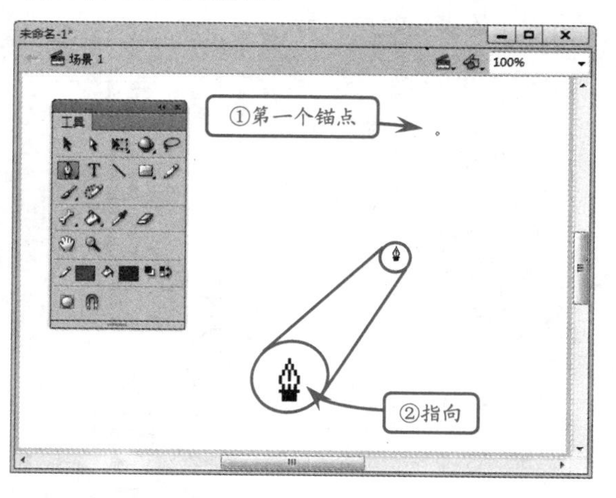

● **添加锚点指针**

该指针指示下一次单击鼠标时将向现有路径添加一个锚点。如果要添加锚点，必须选择路径，并且钢笔工具不能位于现有锚点的上方。根据其他锚点，重绘现有路径，一次只能添加一个锚点。

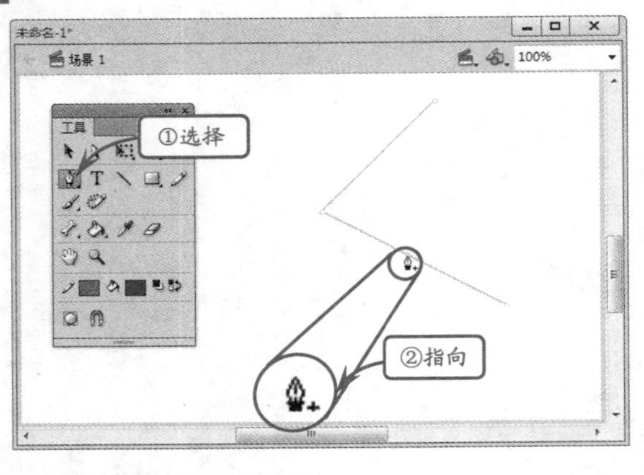

● 删除锚点指针

该指针指示下一次在现有路径上单击鼠标时删除一个锚点。如果要删除锚点，必须用选取工具选择路径，并且指针必须位于现有锚点的上方。根据删除的锚点，重绘现有路径，一次只能删除一个锚点。

● 连续路径指针

该指针表示可以从现有锚点扩展新路径。如果要激活此指针，鼠标必须位于路径上现有锚点的上方。仅在当前未绘制路径时，此指针才可用。锚点未必是路径的终端点；任何锚点都可以是连续路径的位置。

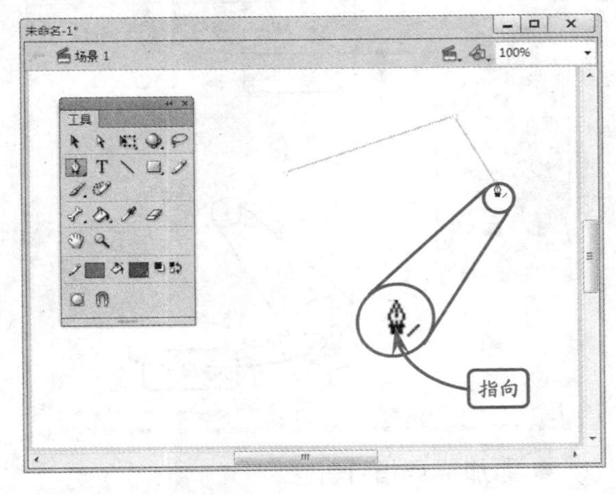

● 闭合路径指针

该指针表示在正绘制的路径的起始点处闭合路径。只能闭合当前正在绘制路径，并且现有锚点必须是同一个路径的起始锚点。最后生成的闭合路径没有将任何指定的填充颜色设置，应用于封闭形状，用户可以通过【填充工具】来单独向该闭合路径填充颜色。

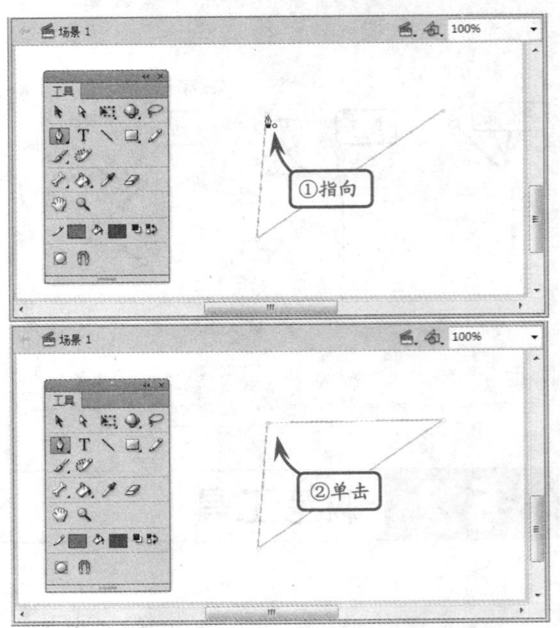

● 转换锚点指针

该指针可以将不带方向线的转角点转换为带有独立方向线的转角点。如果要启用【转换锚点工具】，可以按下C键。

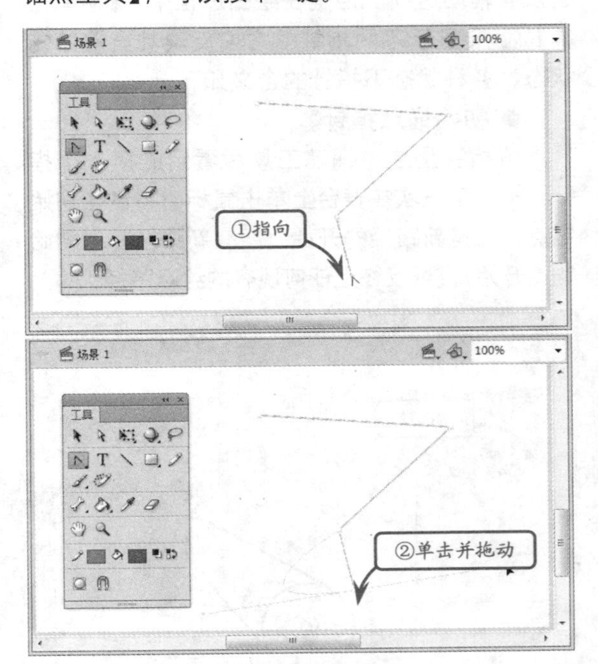

使用【钢笔工具】绘制直线路径，其方法与【线条工具】相似。如果是绘制曲线，

那么在单击【钢笔工具】建立第一个锚点后，将光标指向其他位置，单击并拖动鼠标，建立第二个锚点，并且建立曲线段。

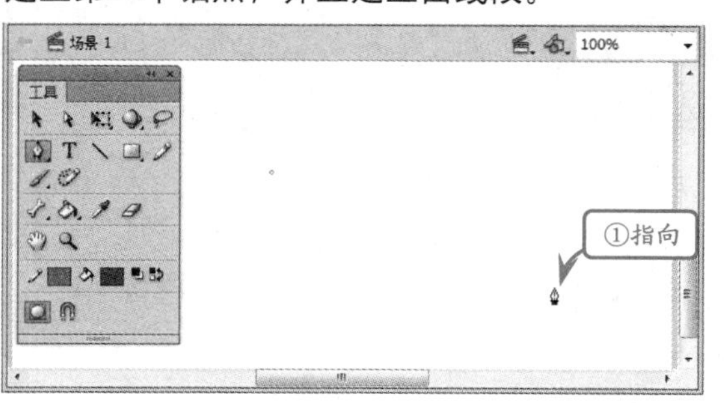

②单击并拖动

5.3 调整路径锚点

版本：Flash CS6

虽然使用【钢笔工具】既可以创建绘制直线，也可以绘制曲线。但是，还是会遇到不符合要求的形状路径，这时就可以通过各种调整路径工具，为绘制好的路径添加、删除以及转换锚点，从而改变相对应的路径形状。

> **注意**
>
> 一条路径上最好不要添加不必要的锚点。锚点越少的路径越容易编辑、显示和打印。

1．添加锚点工具

添加锚点能够更好地控制路径，也可以扩展开放路径。方法是，选择【工具】面板中的【添加锚点工具】，指向路径线段区域，单击即可添加锚点。

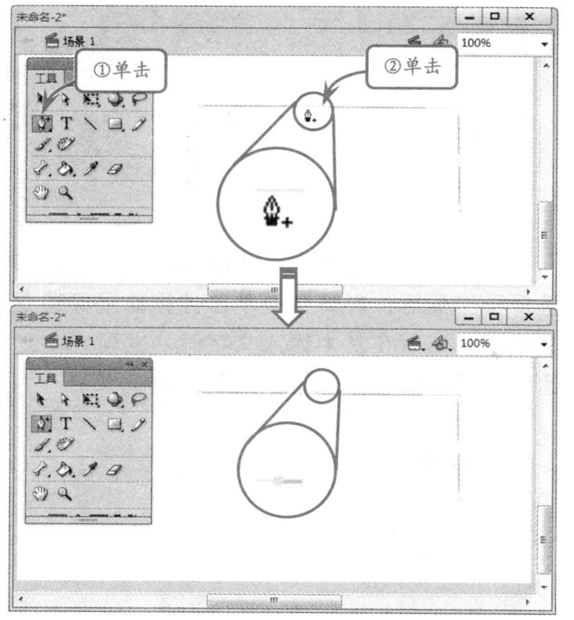

2．删除锚点工具

要删除路径中的锚点时，可以使用【删除锚点工具】。只要选择该工具后，指向路径中的某个锚点，单击即可删除该锚点。

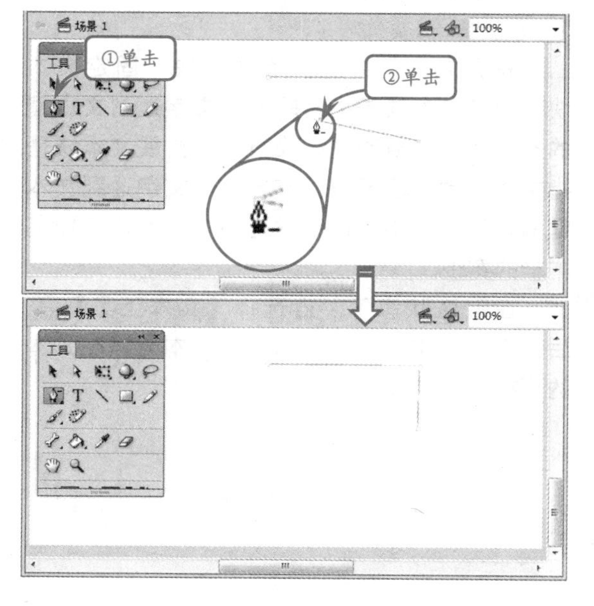

3. 转换锚点工具

虽然使用【钢笔工具】也可以建立曲线路径，但是并不能一次性建立精确的路径。这时可以在建立路径完成后，选择【转换锚点工具】，单击并拖动锚点，即可改变锚点所连接的线段的弧度。

5.4 创建文本

版本：Flash CS6

文本是Flash动画中不可缺少的组成部分，在一些成功的网页上，经常会看到利用文字制作的特效动画。

创建文本的方法非常简单，只要选择【工具】面板中的【文本工具】，然后在舞台中单击，即可输入文本。

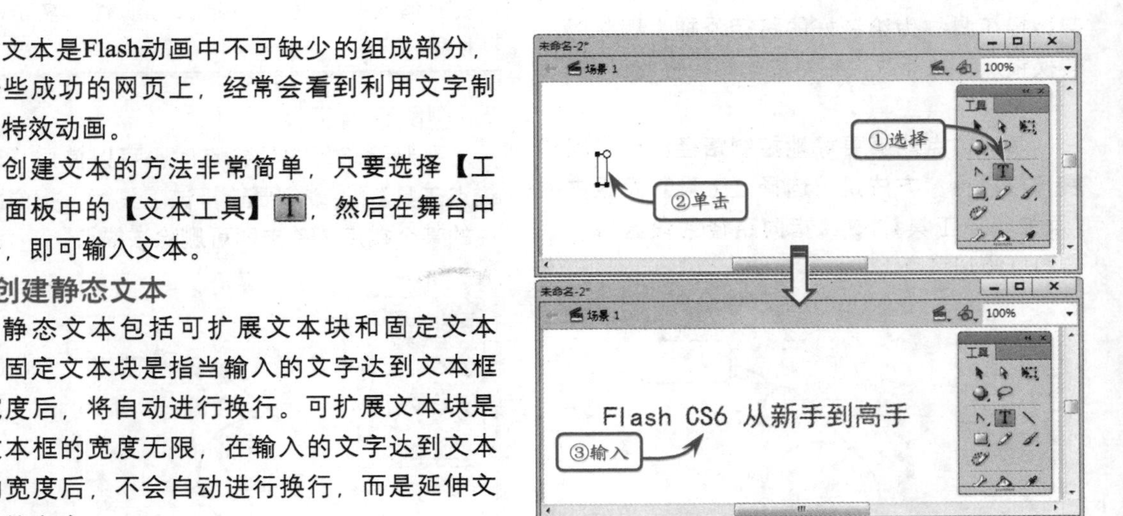

1. 创建静态文本

静态文本包括可扩展文本块和固定文本块。固定文本块是指当输入的文字达到文本框的宽度后，将自动进行换行。可扩展文本块是指文本框的宽度无限，在输入的文字达到文本框的宽度后，不会自动进行换行，而是延伸文本框的宽度。

在默认状态下，当选择【文本工具】后，在舞台中单击后，输入的文本为静态文本的可扩展文本块。

要想输入固定文本块的静态文本，可以在选择该工具后，在舞台中单击并拖动鼠标建立文本框。然后在其中输入文字时，发现文字到达文本框的边缘后会自动换行。

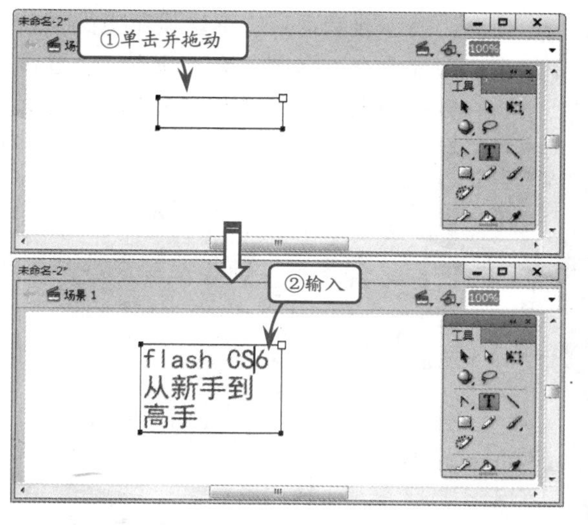

2．创建动态文本

动态文本可以显示动态更新的文本，例如体育得分、股票报价或者是天气预报。

创建方法是，选择【文本工具】T后，在【属性】面板的下拉列表中，选择“动态文本”子选项。然后在舞台中单击创建文本框，输入文本后，文本框显示为虚线框。

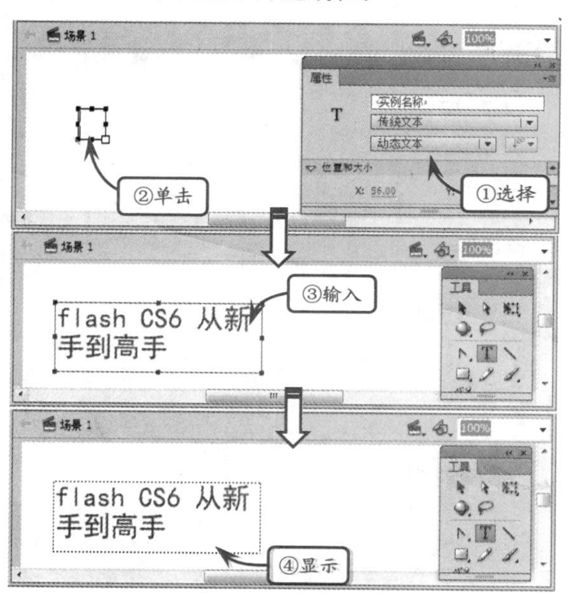

5.5 编辑文本

版本：Flash CS6

在创建文本后，有时并不满足动画的需求，还要对其进行编辑修改，才能达到预期的效果。所有的文本类型，其编辑方法基本相同，只是TLF文本具有特殊的编辑方法，那就是文本布局。

1．选中文本

选择【工具】面板中的【选择工具】，单击舞台中的文本，在该文本外出现一个边框，说明文本已被选中。

2．控制文本显示范围

当输入文本后，要想重新设置文本显示的范围，可以使用【选择工具】选中文本后，并且将光标指向文本框右侧，进行左右拖动。这时文本框会根据其宽度来决定高度，使其中的文本完整显示。

3．文本布局

Flash CS6中的TLF固定文本块，虽然限制文本显示范围，但是可以通过创建新固定文本块，使之与前者串联，将隐藏的文本显示在新固定文本块中。

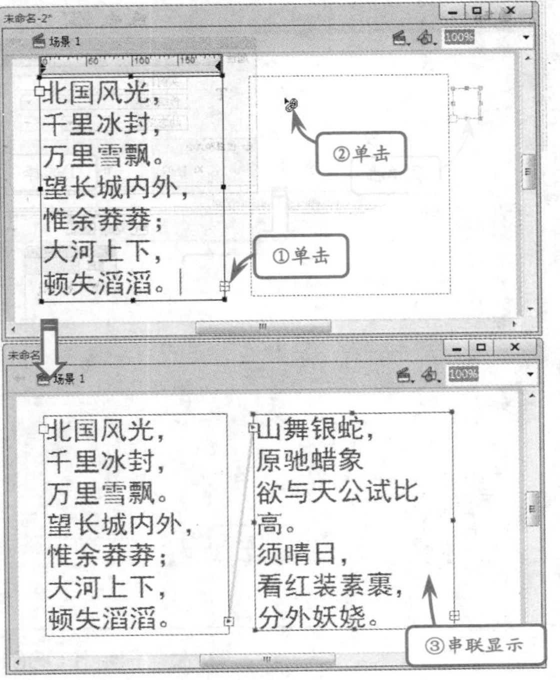

这时，缩小前者固定文本块显示范围，其中的文本会显示在后者固定文本块中。通过该方法，可以在舞台中任意放置TLF文本，确保其中的文本完整显示。

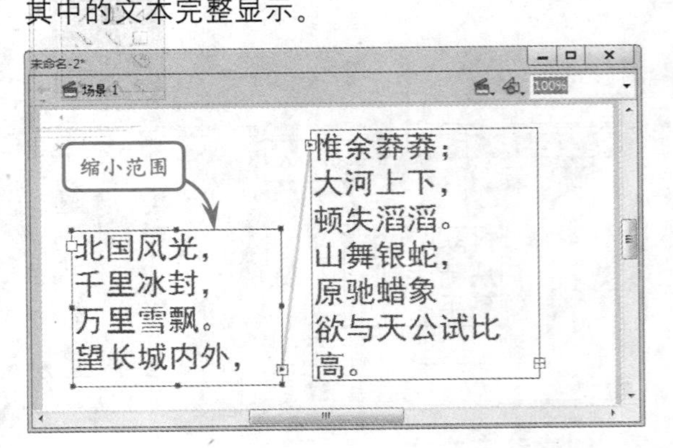

5.6 设置文本属性

版本：Flash CS6

无论是传统文本还是TLF文本，文本的基本属性均是相同的。比如位置、大小、字符和段落等。而无论是输入文本前还是输入文本后，均能够重复设置字符和段落属性。

1．设置文本基本选项

选中文本后，在【属性】检查器中可以直观地查看该文本的所在位置、大小、字体、颜色等基本选项，从而改变文本的外观。

> **提示**
>
> 要想改变文字的显示方向，可以在选中文字后，单击【文本类型】下拉列表右侧的【改变文本方向】按钮，选择列表中的“水平”、“垂直”或者“垂直，从左到右”子选项即可。

2．设置段落格式

【属性】检查器中的【段落】选项组主要是用来控制段落文本的对齐方式以及行距等选项，从而改变段落文字的显示外观。

提示

从Flash CS5开始，对于包含文本的任何文本对象使用的所有字符，Flash均会自动嵌入。这样在发布的SWF文件时，就可以确保动画中的文本保持所需外观。

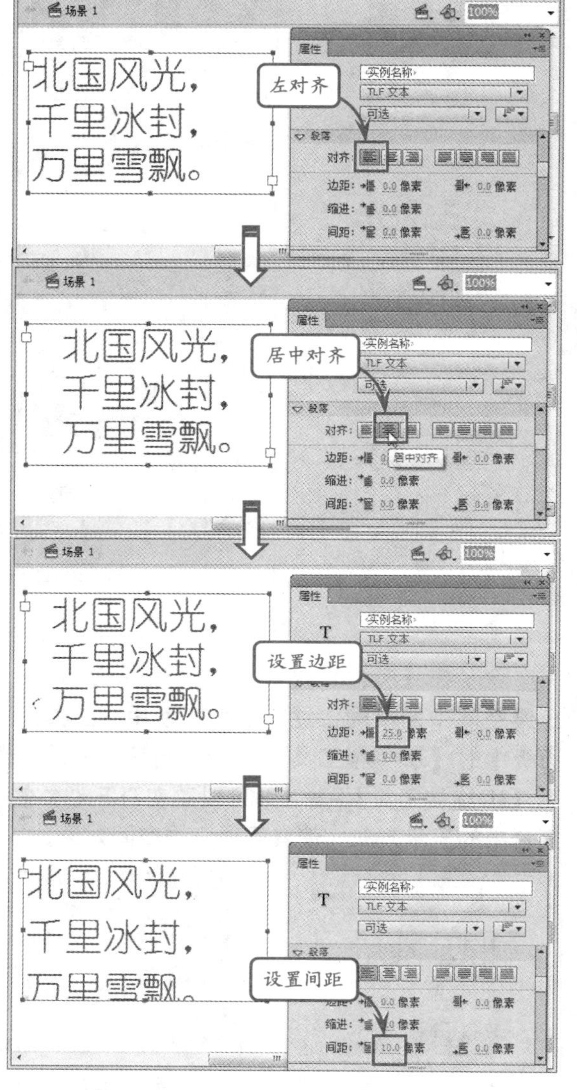

3．高级字符与高级段落

TLF文本除了能够设置【字符】和【段落】选项组中的选项外，还可以设置【属性】检查器中的【高级字符】和【高级段落】选项组。

在【高级字符】选项组中，可以设置更多的字符样式，比如连字、下划线、删除线、大小写、数字格式及其他。

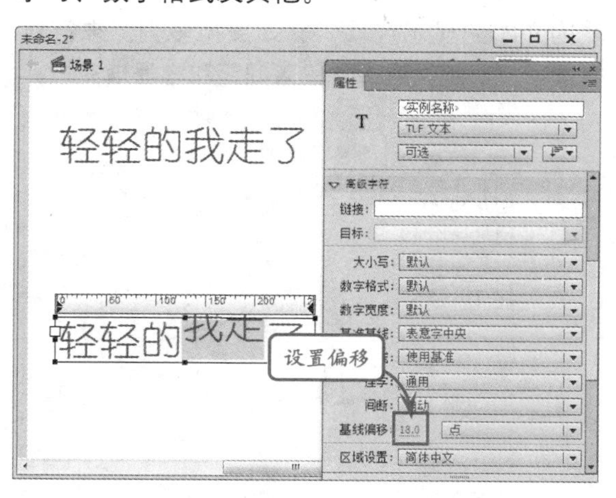

提示

【区域设置】下拉列表中，包括“简体中文”在内的几十种国家和地区的语言类型可以选择。

【高级段落】选项组中，可以控制更多亚洲字体属性，包括【标点挤压】、【避头尾法则类型】和【行距模型】选项。

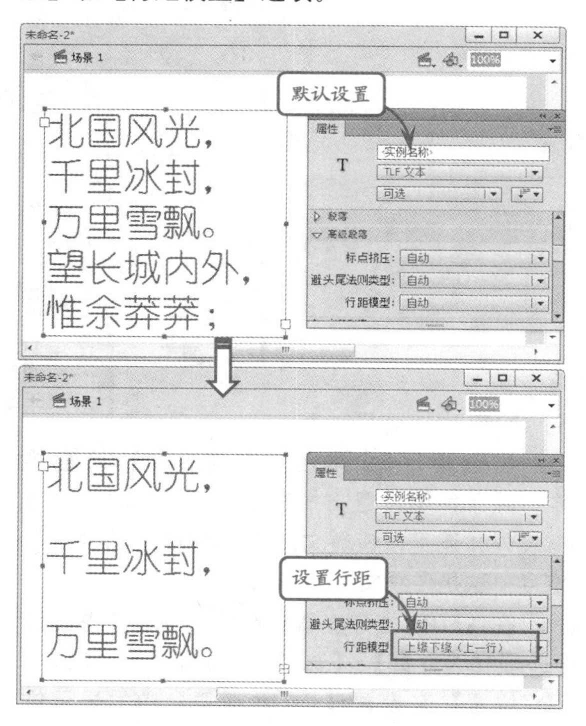

4．容器和流

【容器和流】选项组是TLF文本的固定文本块内文本的显示选项，比如支持多列、末行对齐选项、边距、缩进、段落间距和容器填充值。

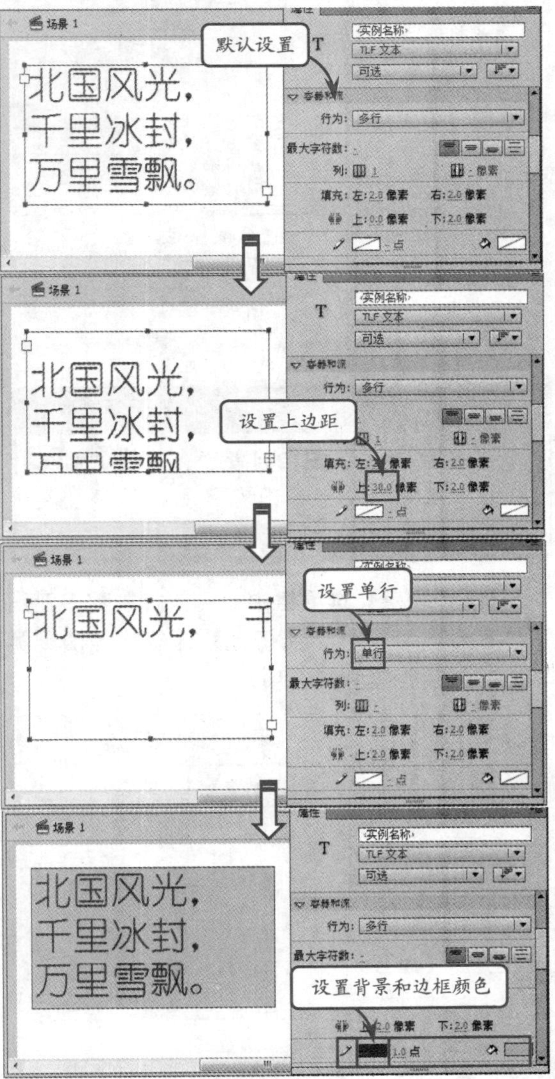

5．3D定位与查看

当创建TLF文本后，在【属性】检查器中，除了能够设置文本在二维平面中的位置与宽度外，还可以设置文本在3D空间中的位置与宽度，这是传统文本无法到达的效果。

在【3D定位与查看】选项组中，能够通过【选项3DX位置】、【选项3DY位置】与【选项3DZ位置】来设置TLF文本在舞台中的显示位置。其中【选项3DZ位置】是用来设置TLF文本在舞台中的远近效果。

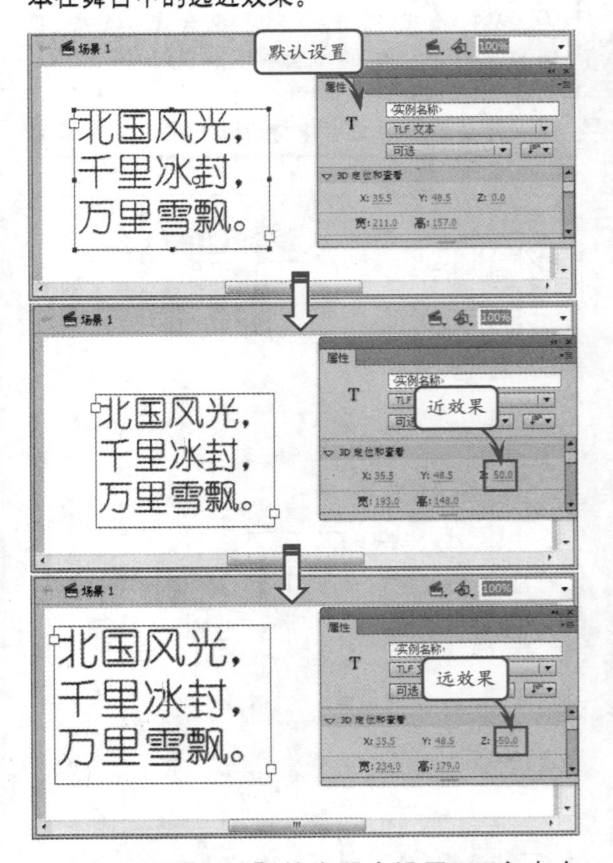

除了在【属性】检查器中设置TLF文本在三维空间中的精确位置，还可以使用【工具】面板中的【3D平移工具】，进行手动移动。而【3D旋转工具】，则可以改变TLF文本在舞台中的显示方向，使其呈现三维空间效果。

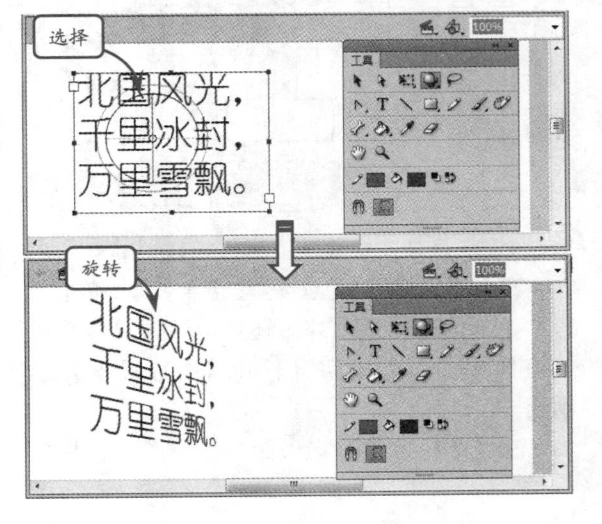

6．色彩效果

【色彩效果】选项组在Flash CS6中，不仅能够应用于影片剪辑元件，还可以直接应用于TLF文本，而不需要将其放置在影片剪辑元件中。通过色彩效果的设置，可以改变TLF文本的色相、亮度以及不透明度等显示效果。

在【属性】检查器中，【色彩效果】选项组中的选项，均显示在【样式】下拉列表中。选择不同的子选项，在其下方显示相应的参数设置。当设置下方的选项参数后，即可发现选中的TLF文本发生色彩变化。

7．显示

【显示】选项组中的【混合模式】选项与【色彩效果】选项组相同，都不需要建立影片剪辑元件，直接为TLF文本设置混合模式选项即可。而不同的模式选项，得到的显示效果如下所示。

5.7 练习：制作渐变文本 版本：Flash CS6 downloads/第5章/01

在日常生活中会经常用到文字，在矢量图形中，运用文本的大小变化以及生动的颜色，可以给画面增添很大的生机和趣味。本练习通过在向日葵的圆形中心添加有渐变及阴影的文字，使向日葵具有了深层的内涵和寓意。

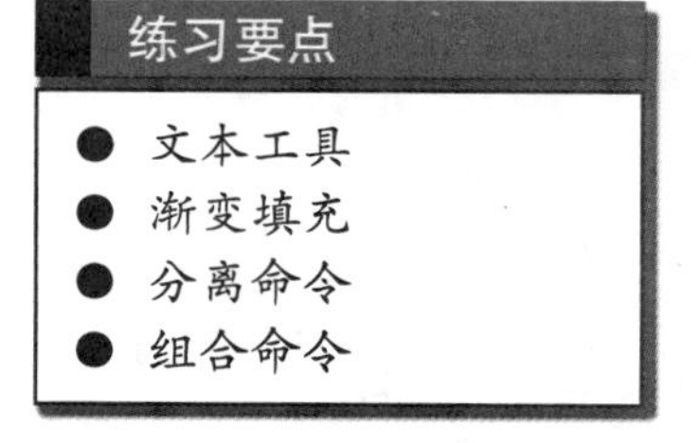
练习要点

- 文本工具
- 渐变填充
- 分离命令
- 组合命令

技巧

对文本可以进行【分离】操作，分离之后可以根据需要分别对各个文本进行修改、变化或者重新组合。

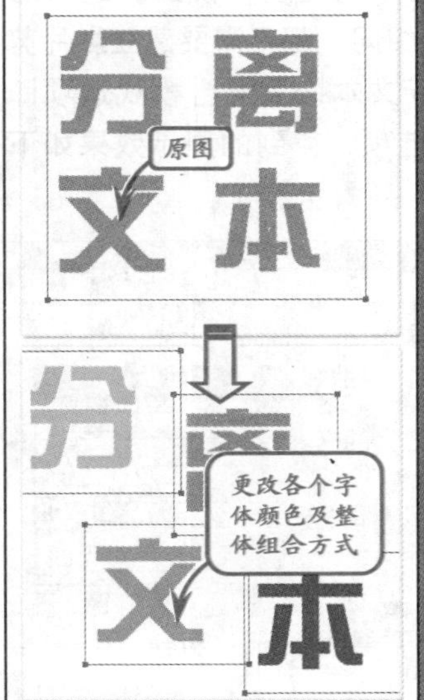

提示

输入文本后，使用【选择工具】选择文本，即可在【属性】面板中，改变字体的系列和大小。

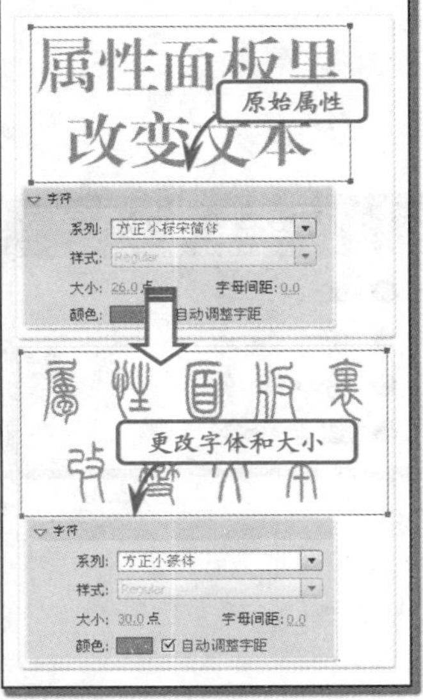

操作步骤

STEP|01 新建空白文档，选择【工具】面板中的【文本工具】T，在文档的中间部位单击并且输入字母NEPEG，然后在【属性】面板中，设置文本的【系列】和【大小】选项。

STEP|02 使用【工具】面板中的【选择工具】，选择输入的字母NEPEG，按Ctrl+B快捷键将文字打散，使每个字母成为单独的个体，然后再次按Ctrl+B快捷键对文字进行第二次打散，使其转换为图形。

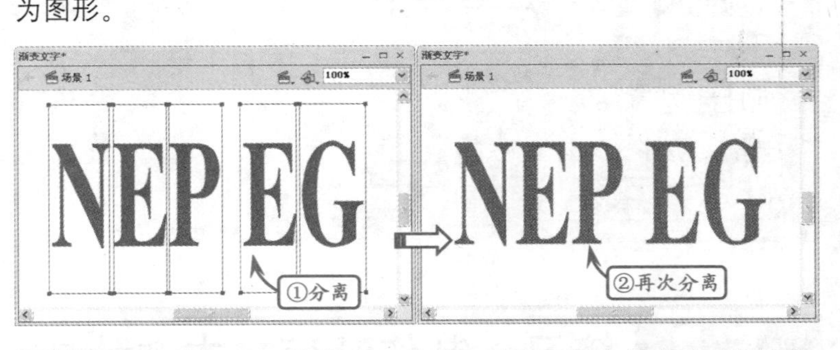

STEP|03 保持打散后的状态，将【工具】面板中的【填充颜色】设置为从浅蓝色到深蓝色的线性渐变。然后选择【渐变变形工具】单击文档中字母N，旋转方向手柄调整该字母的渐变方向；向外拖动距离手柄，使渐变的距离和字母的高度相等。使用该工具运用同样方法依次单击其他字母，分别调整它们的渐变方向及渐变距离，使他们的渐变方向和距离一致。

STEP|04 同时选择所有文字，将其【笔触颜色】更改为黑色，然后依次选择一个字母，按下Ctrl+G快捷键将填充的渐变文字单个进行组合，以方便后面操作。使用【椭圆工具】，分别设置【笔触

颜色】及【填充颜色】控件参数，在文字的左侧绘制正圆。运用相同方法，在左侧正圆中再绘制一个正圆，使其位于下方正圆右侧一些。

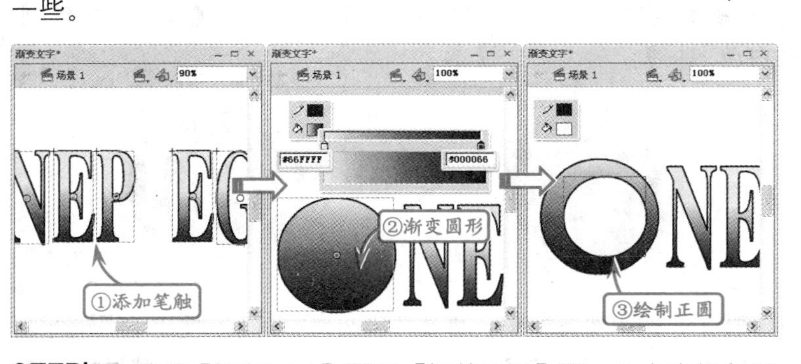

STEP|05 使用【矩形工具】及【钢笔工具】，为文字添加装饰图案。然后，执行【文件】|【导入】|【导入到舞台】命令，在打开的【导入】对话框中选择"背景"素材，为画面添加背景，完成最终效果。

有时还需要改变字的颜色、透明度以及字母间距等选项。

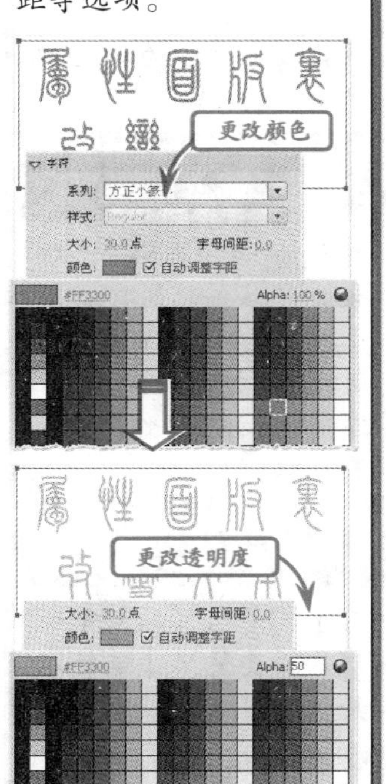

5.8 练习：绘制卡通花卉 版本：Flash CS6 downloads/第5章/02

本实例绘制的是卡通效果的棒棒糖捧花图形。主要使用几何绘制工具以及钢笔工具绘制完成，搭配多彩的颜色，形成色彩缤纷、造型可爱的整体效果。最后在空白区域输入文字，既突出主题，又填补了画面空白。

练习要点

- 钢笔工具
- 椭圆工具
- 选择工具
- 转换锚点工具
- 部分选取工具
- 复制对象
- 排列对象
- 组合对象

技巧

对于细小的填充对象，可以通过绘制线条，并且将线条转换为填充对象的方式创建。

注意

对于多个对象与同一个对象进行合并时，特别是【打孔】命令，如果无法同时进行打孔操作，可以逐一进行打孔操作，其效果是相同的。

提示

对于几何图形的简单变形，只要使用【选择工具】即可完成。

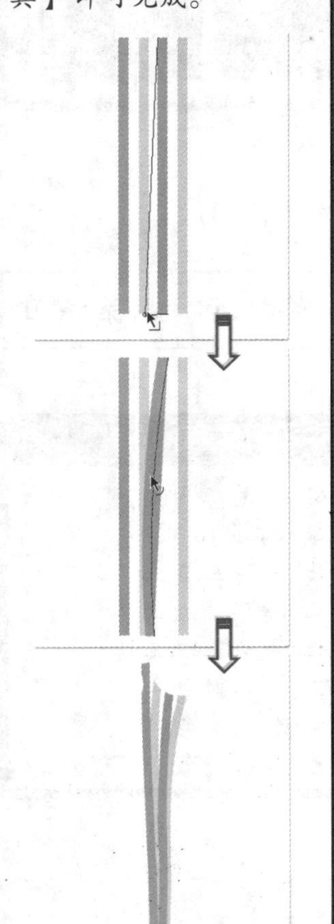

操作步骤

STEP|01 新建600×600像素的空白文档，选择【椭圆工具】，绘制椭圆图形。然后使用【钢笔工具】，在椭圆图形上方绘制“白色”曲线。

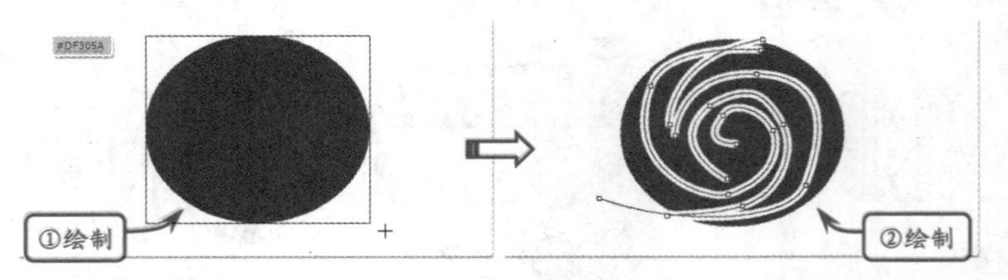

STEP|02 选中线条对象，将其转换为填充对象。使用【部分选取工具】，并结合【转换锚点工具】，调整其形状。然后逐一选中“白色”和“红色”对象，执行【修改】|【合并对象】|【打孔】命令，得到镂空图形对象。

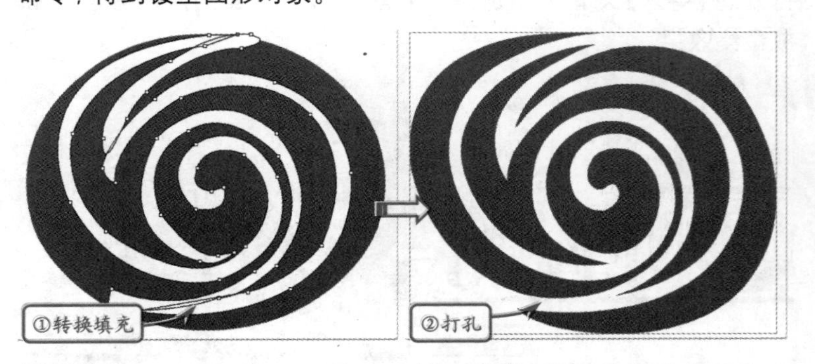

STEP|03 使用【选择工具】，按住Alt键单击并拖动该对象，进行复制。然后在【颜色】面板中，重新设置【填充颜色】为“粉色”，并缩小其尺寸。使用相同方法，复制多个对象，并且设置不同的【填充颜色】，缩小并排列。

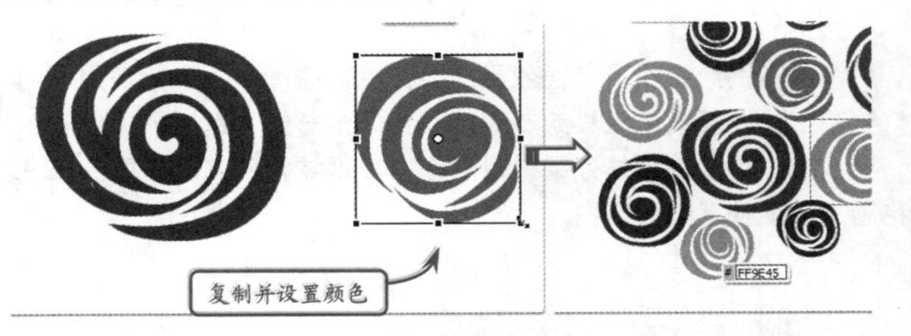

STEP|04 使用【矩形工具】，设置【填充颜色】为“草绿色”，绘制竖直矩形。复制该图形对象后，更改【填充颜色】为“绿色”。然后使用【选择工具】，调整矩形的边缘弧度以及边角位置，形成花径对象。

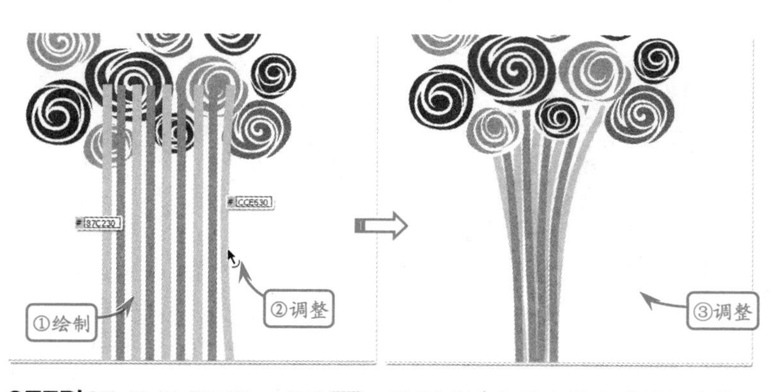

STEP|05 选择【钢笔工具】，设置【填充颜色】为“桃红色”，绘制左侧形状。复制该对象后，进行水平翻转。使用【任意变形工具】，成比例缩小，形成蝴蝶结形状。

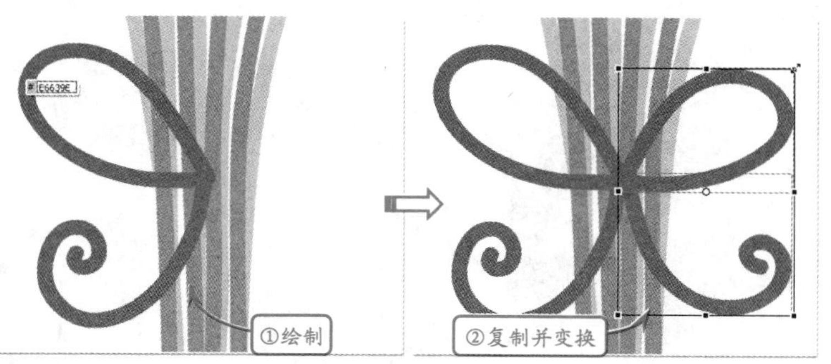

STEP|06 将舞台中的所有对象移出舞台后，使用【钢笔工具】，在舞台的左上角、左下角和右上角区域，绘制四分之一圆形，并设置不同的【填充颜色】。然后分别在左下角和右上角图形内部，绘制“白色”环形图形。

> **提示**
>
> 相同颜色的文本，由于系列、大小的设置不同，在视觉上，会出现深浅不一的效果。

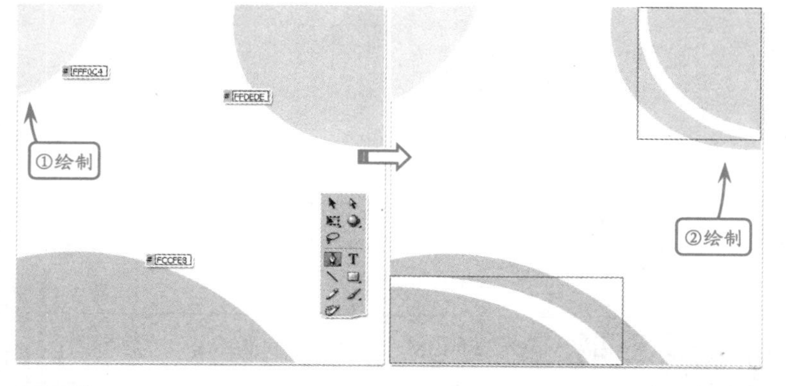

STEP|07 将舞台外部的图形对象组合后，放置在舞台中。执行【修改】|【排列】|【移至顶层】命令，放置在所有图形对象上方。

> **提示**
>
> 四分之一圆形的绘制，还可以通过【基本椭圆工具】。使用该工具绘制椭圆图形后，使用【选择工具】，单击并拖动椭圆边缘节点，即可将圆形的形状修改为扇形、半圆形及其他有创意的形状。

提示

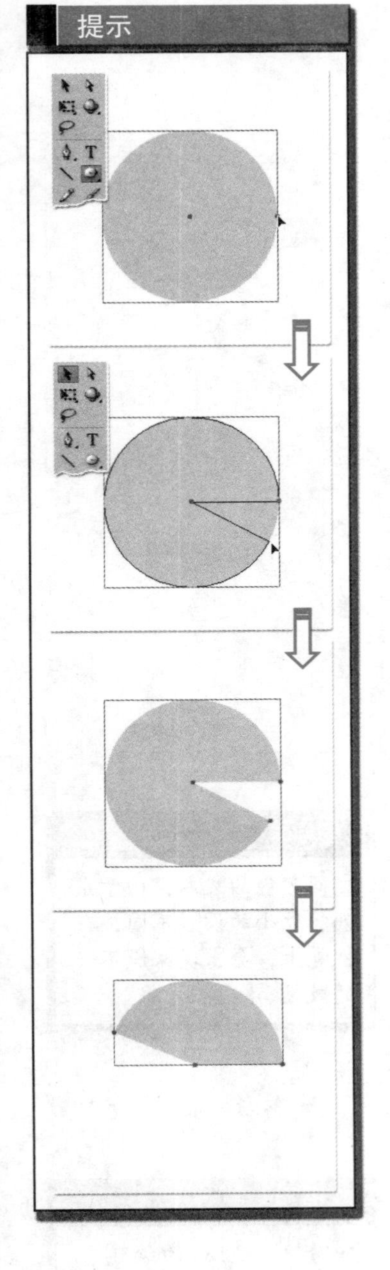

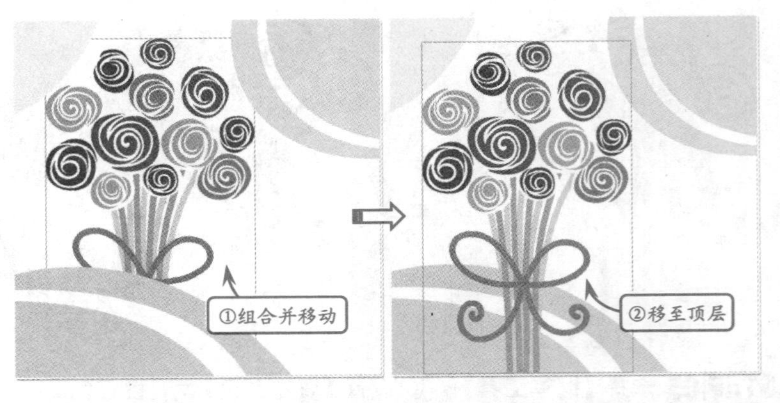

STEP|08 使用【椭圆工具】，在花卉周围绘制不同大小、不同颜色的圆形图形进行点缀。然后使用【文本工具】，在右侧空白区域输入相同颜色、不同系列、不同大小的文本，作为标题。

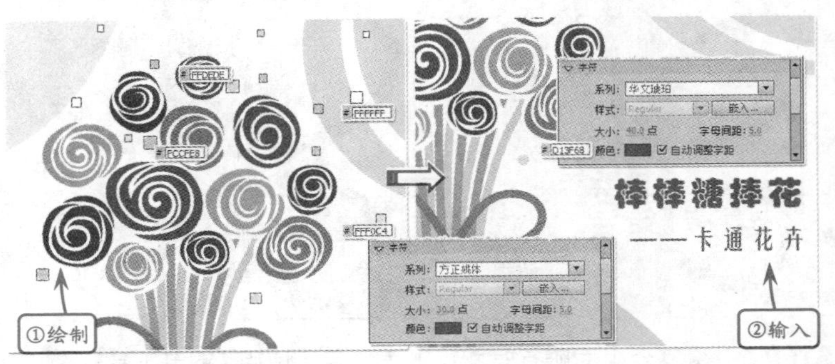

5.9 练习：绘制卡通动物

版本：Flash CS6 downloads/第5章/03

使用Flash中的几何图形工具，可以手绘出各种基本的图形。但是绘制复杂的图像，例如动物、植物和昆虫等，则需要使用钢笔工具、线条工具和部分选择工具等更精确的矢量图形绘制工具。本练习将使用钢笔工具等矢量图形绘制工具绘制一只小狗。

练习要点

- 钢笔工具
- 部分选择工具
- 添加描点工具
- 椭圆工具

操作步骤

STEP|01 新建空白文档，使用【工具】面板中的【椭圆工具】，并启用【对象绘制】功能，设置好【笔触颜色】、【填充颜色】，打开【属性】面板，设置笔触大小，按住 Shift 键在舞台中单击并拖动鼠标，绘制正圆图形。

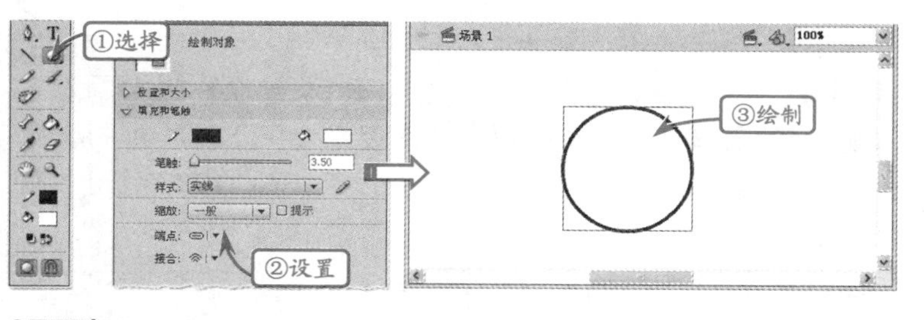

STEP|02 选择【工具】面板中的【部分选择工具】，单击舞台中的圆形图形，选择锚点拖动其手柄进行调整，使小狗的头部轮廓准确呈现。

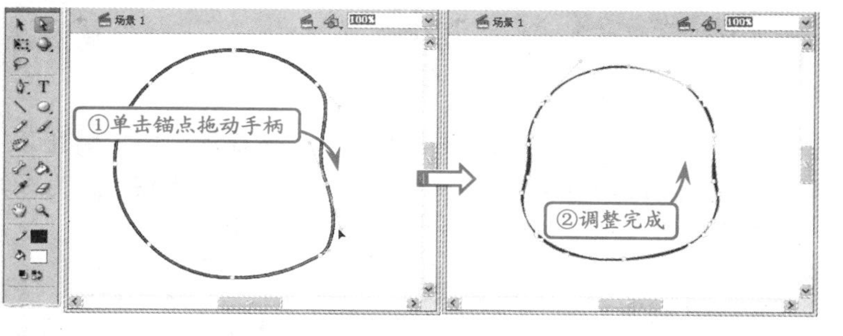

STEP|03 使用【钢笔工具】，在小狗头部左侧绘制耳朵的轮廓。然后，使用【添加描点工具】，在耳朵的下部添加出耳朵的细部变化。

提示

使用【椭圆工具】绘制椭圆时，直接在舞台中拖动绘制椭圆，按住 Shift 拖动可以单击点开始绘制正圆，按下 Shift+Alt 快捷键可以以点击点为圆心绘制正圆。

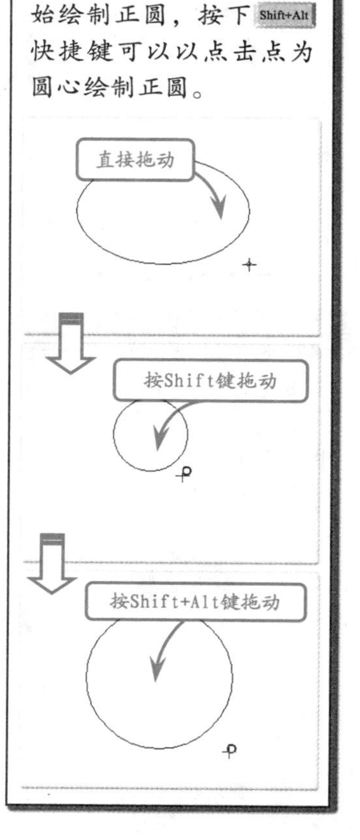

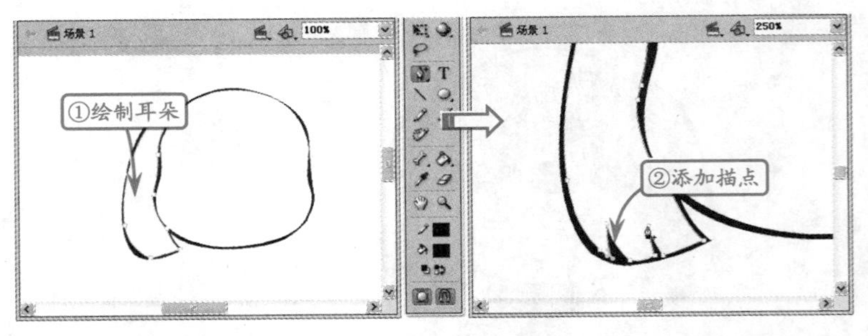

STEP|04 按 Ctrl+D 快捷键直接复制该图形，选择【任意变形工具】，将图形水平翻转，移动该图形至头部的右侧使之与左侧耳朵对称。

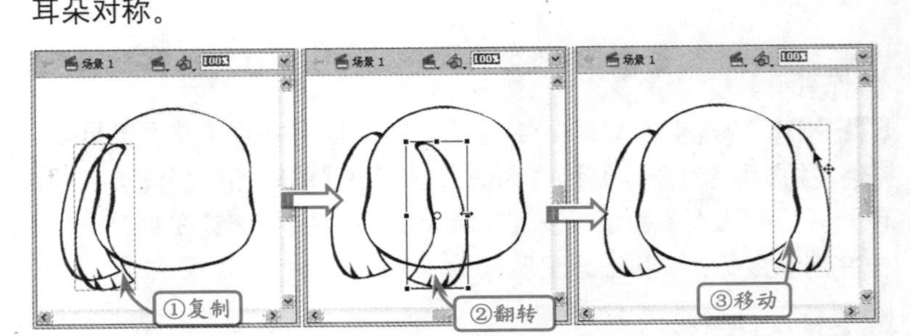

STEP|05 使用【钢笔工具】并启用【对象绘制】功能，将【笔触颜色】设置为无，将【填充颜色】设置为#EFF0F2，绘制小狗脸部的灰色部分。完成后将填充颜色更改为#CACDD2，绘制小狗脸部的阴影部分。

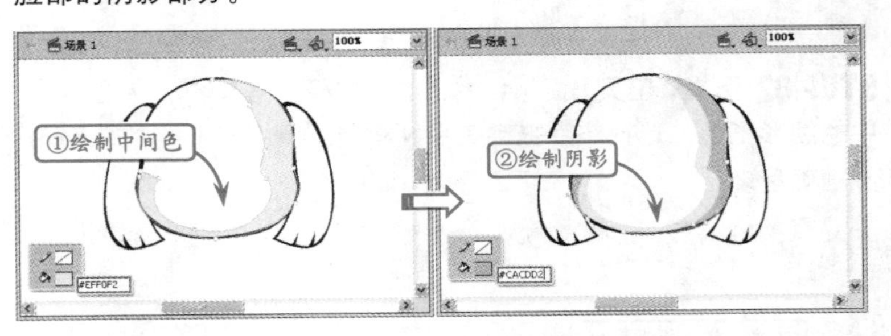

STEP|06 绘制左侧耳朵的阴影部分，然后选择绘制的左侧耳朵轮廓。设置【填充颜色】为#007CB3，为耳朵添加颜色使其作为耳朵的中间色部分。

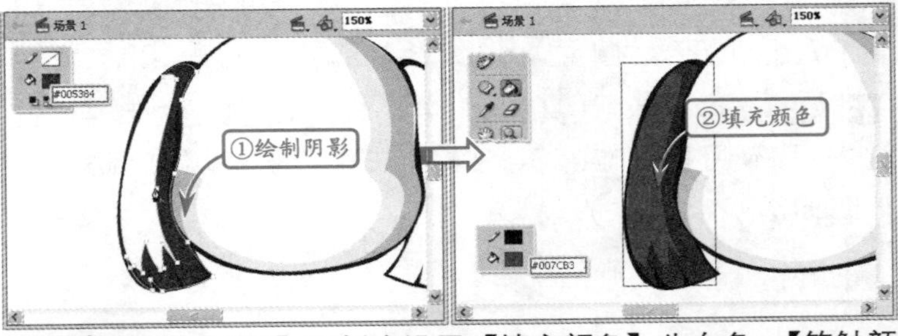

STEP|07 在【工具】面板中设置【填充颜色】为白色，【笔触颜

技巧

使用【工具】面板中的【钢笔工具】时，可以在绘制过程中按住 Alt 键拖动锚点调整其平滑度，按住 Ctrl 键拖动锚点，调整锚点位置。

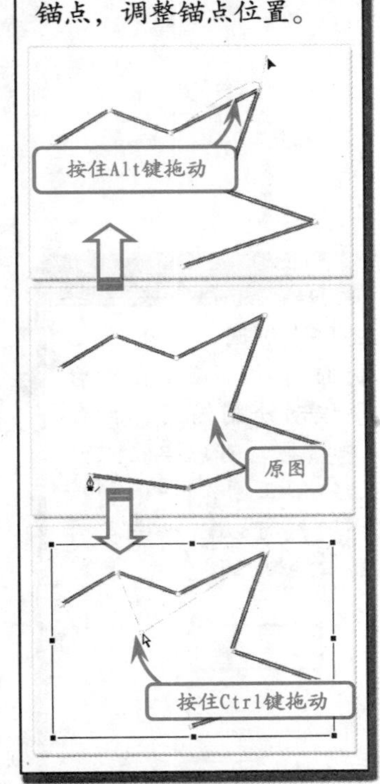

提示

使用【删除锚点工具】，可以将绘制的图形中多余的锚点删除，以更改图形的形状。

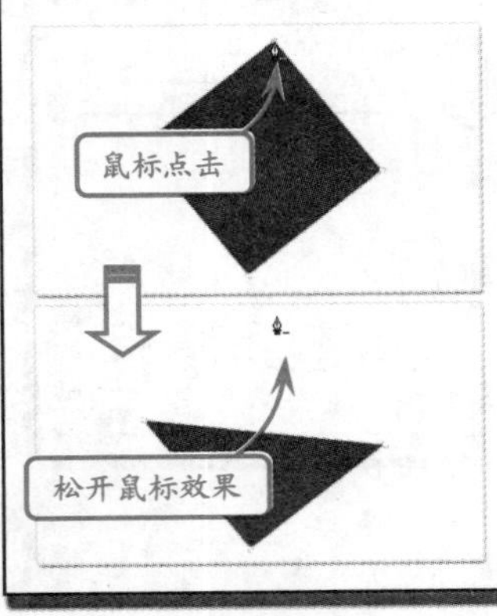

色】为无，使用【钢笔工具】，为耳朵添加高光部分。运用上述同样方法添加耳朵右侧的颜色及明暗。

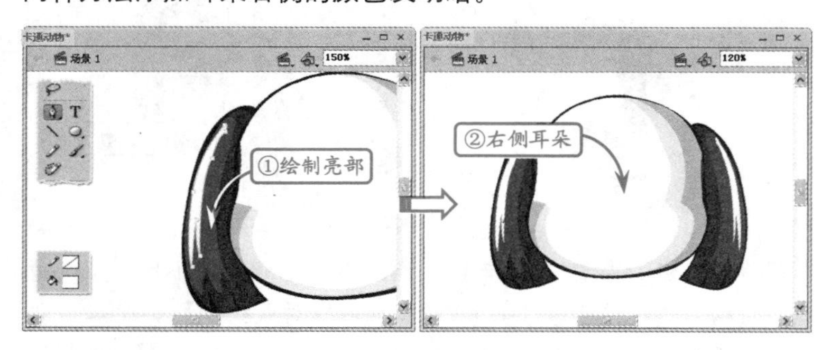

STEP|08 使用【椭圆工具】，并启用【对象绘制】功能，设置【笔触颜色】为无，【填充颜色】为#61A4D6，在舞台中单击并拖动鼠标，绘制椭圆形状。然后使用【部分选择工具】，单击舞台中的椭圆图形，选择锚点拖动其手柄进行调整，绘制小狗眼睛的底色部分。

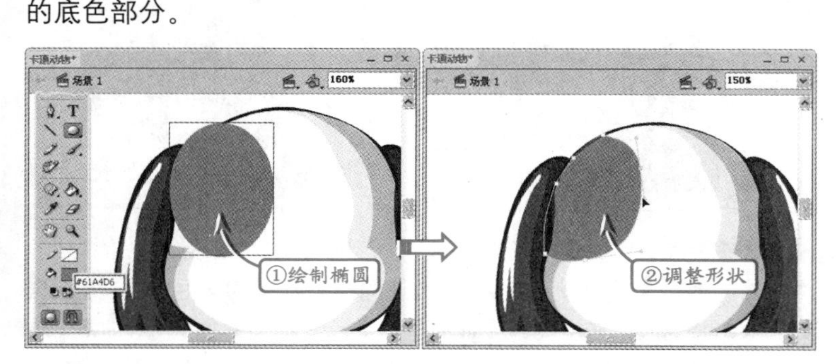

STEP|09 使用【钢笔工具】并启用【对象绘制】功能，将【笔触颜色】设置为无，将【填充颜色】设置为#005384，绘制眼睛底色的阴影部分。完成后选择【排列】|【下移一层】命令，重复几次改变图形的上下顺序，使其位于耳朵图层下方眼睛底色的上方。

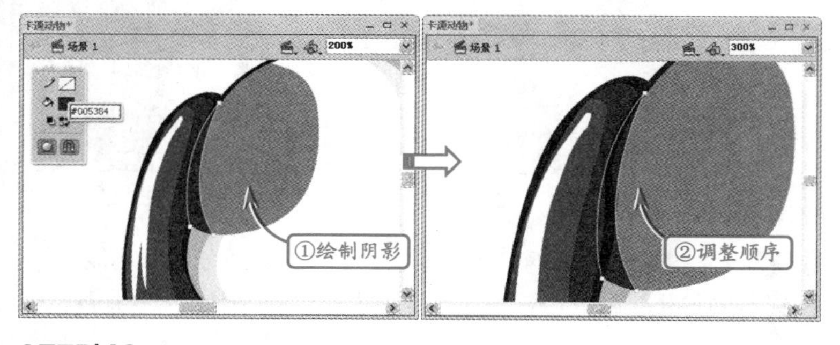

STEP|10 运用上述同样方法绘制眼睛底色的中间色调，然后选择【刷子工具】并启用【对象绘制】功能，将【笔触颜色】设置为无，将【填充颜色】设置为#32CCFF，在舞台中拖动，绘制小狗的眉毛。

提示

可以在【工具】面板中为图形填充颜色，首先使用【滴管工具】，在画面中点击需要的颜色，然后选择【颜料桶工具】，单击要填充的图形即可使用所吸取的颜色进行填充。

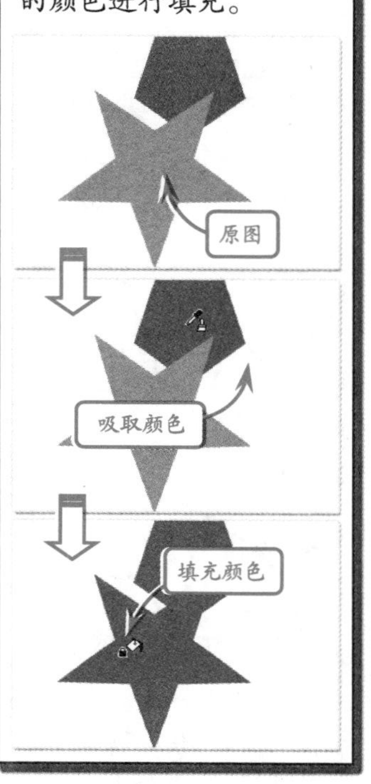

提示

在使用【钢笔工具】时，按住 Shift 进行绘制水平直线、垂直直线和倾斜45度角的直线。

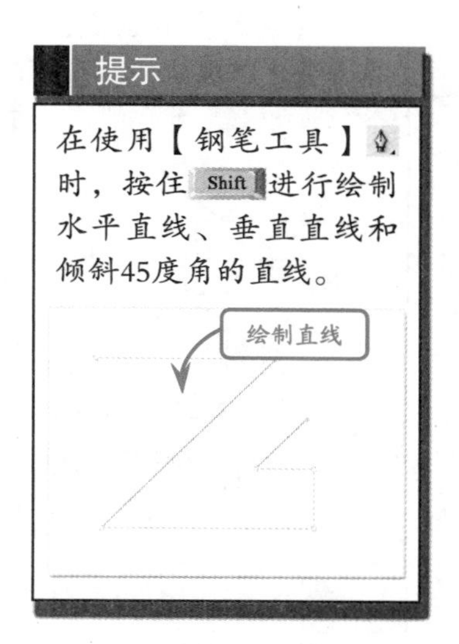

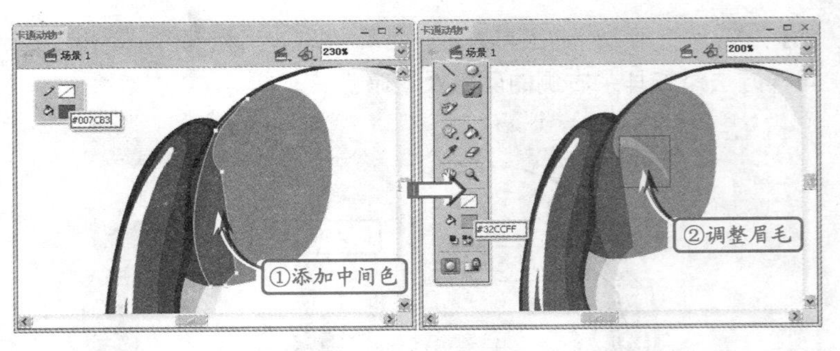

STEP|11 更改【填充颜色】为##3399CC，继续为小狗添加眉头。然后，选择【椭圆工具】并启用【对象绘制】功能，将【笔触颜色】设置为无，将【填充颜色】设置为黑色，按住 Shift 键在舞台中单击并拖动鼠标，绘制正圆图形，作为小狗的眼睛。

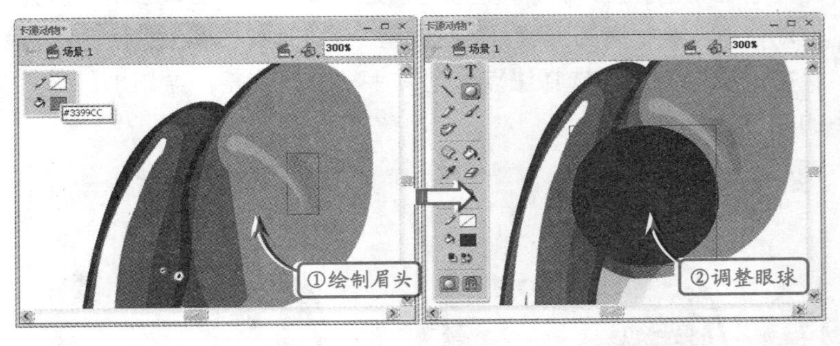

STEP|12 使用【钢笔工具】并启用【对象绘制】功能，将【笔触颜色】设置为无，将【填充颜色】设置为黑色，绘制眼睫毛。然后选择【椭圆工具】并启用【对象绘制】功能，将【笔触颜色】设置为无，将【填充颜色】设置为白色，按住 Shift 键在舞台中单击并拖动鼠标，绘制正圆图形，作为小狗的眼珠。

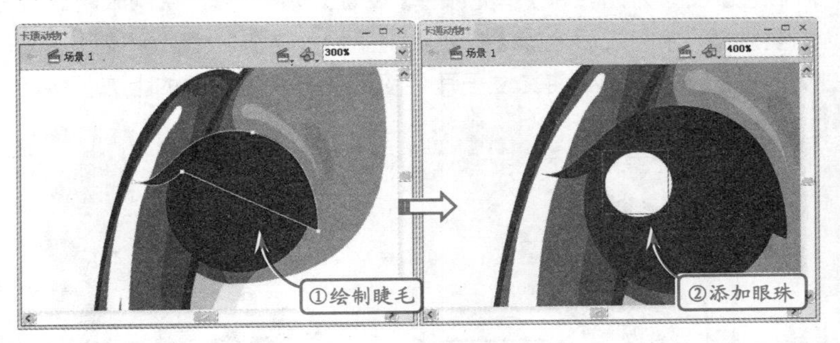

STEP|13 继续使用【钢笔工具】，启用【对象绘制】功能，设置不同的【笔触颜色】和【填充颜色】，绘制眼球内的阴影和中间色。

技巧

使用【刷子工具】绘图时，绘制的线条会自动做平滑处理。当绘制直线型折线时，松开鼠标时绘制的线条会自动变直。

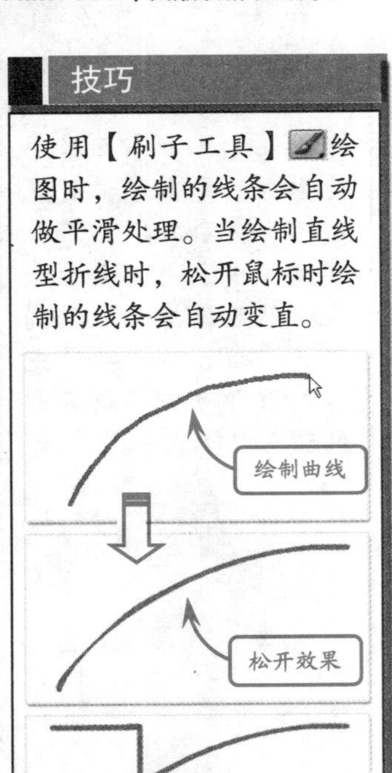

在启用【对象绘制】功能时，使用【刷子工具】绘制线条，可以先在【属性】面板中，设置其平滑度。

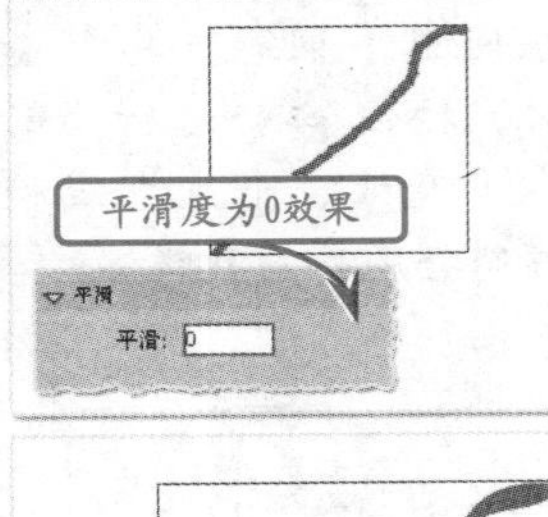

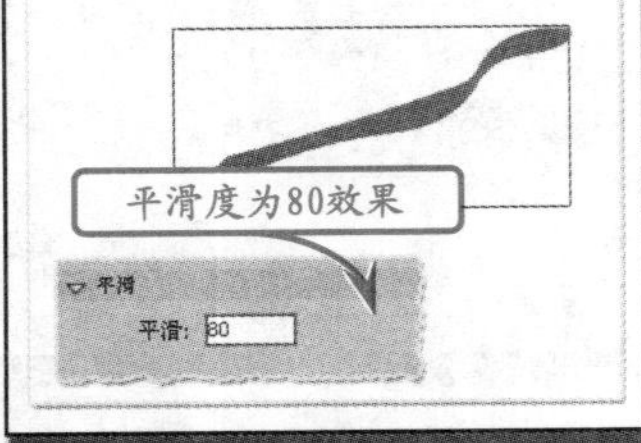

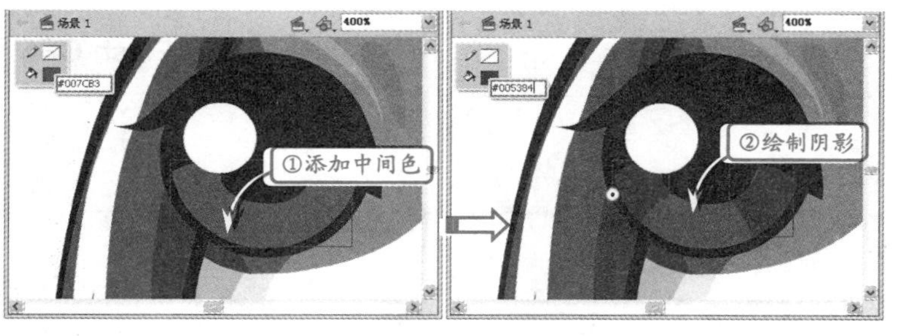

STEP|14 选择【椭圆工具】，设置【笔触颜色】为无，【填充颜色】为#61A4D6。在舞台中，绘制椭圆图形，作为眼球的亮部。然后使用【部分选择工具】，单击椭圆图形，选择锚点拖动其手柄调整图形的形状。

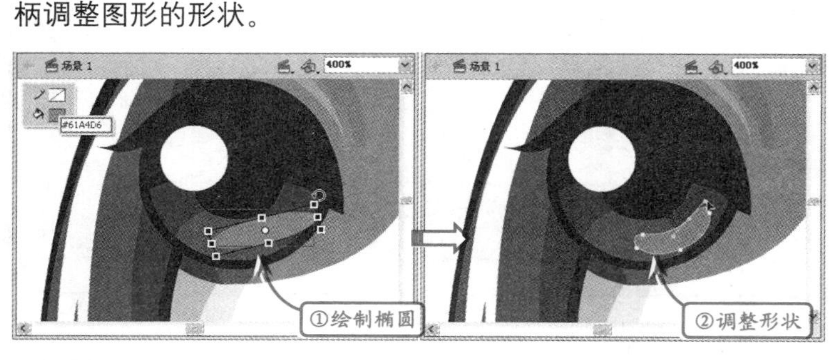

STEP|15 选中眼睛部分的所有图形，按Ctrl+D快捷键直接复制所选图形。选择【任意变形工具】，将其水平翻转并移动至脸部的右侧，使其与左侧眼睛的上下对齐，并使两个眼睛与脸部的中心距离相等。

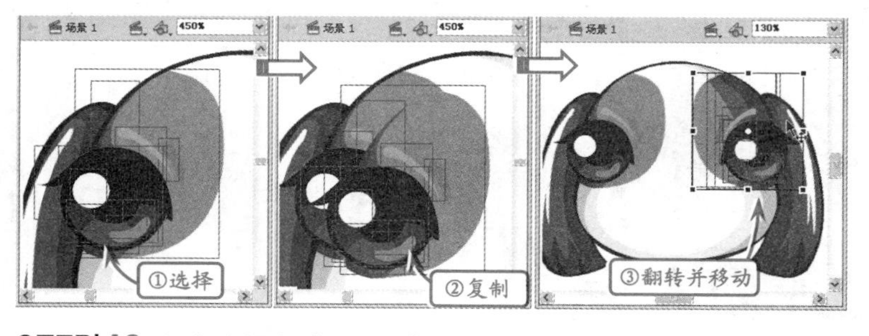

STEP|16 为小狗添加鼻子和嘴巴，并综合运用绘制小狗头部的操作技巧，为小狗添加身体和四肢，最后添加地面，将其放在最底层，完成最终效果。

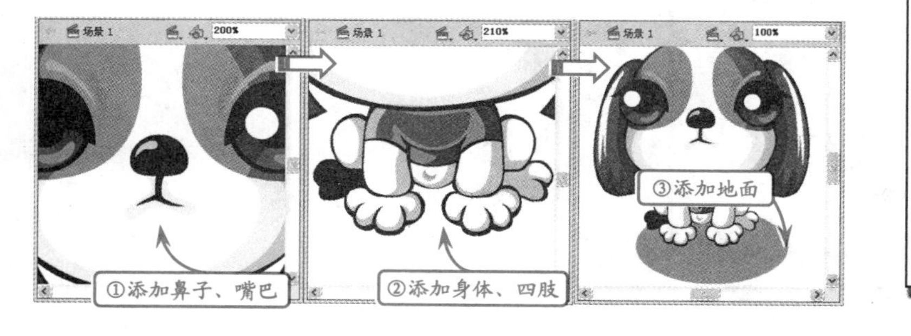

提示

使用【添加锚点工具】改变图形时，先在需要添加锚点处单击，然后按住Ctrl键移动锚点即可改变图形形状。

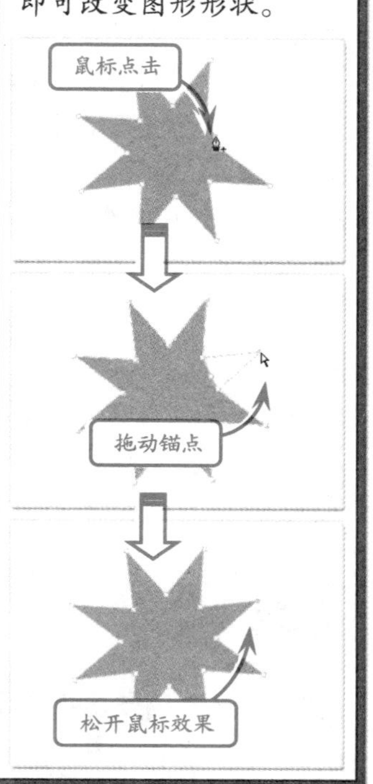

提示

【转换锚点工具】，可以将绘制的图形中直角的锚点转换为平滑的，也可以将平滑的锚点转换为直角的。

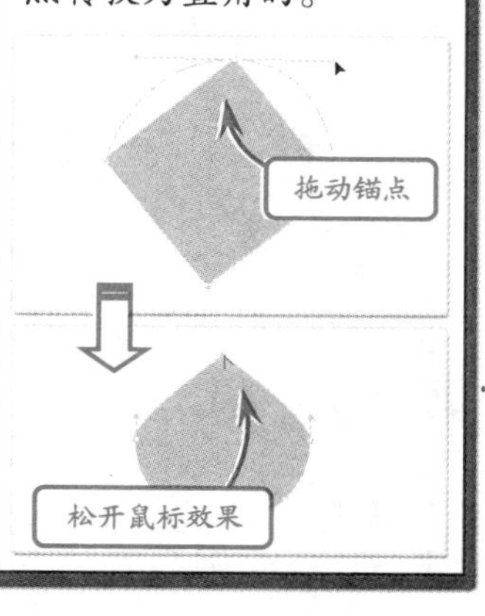

5.10 高手答疑

版本：Flash CS6

问题1：使用【钢笔工具】绘制路径时，如何在绘制过程中直接绘制曲线？

解答：使用【钢笔工具】绘制图形时，直接在舞台中单击绘制的是直线效果；使用鼠标单击并拖动，绘制出的是曲线效果。

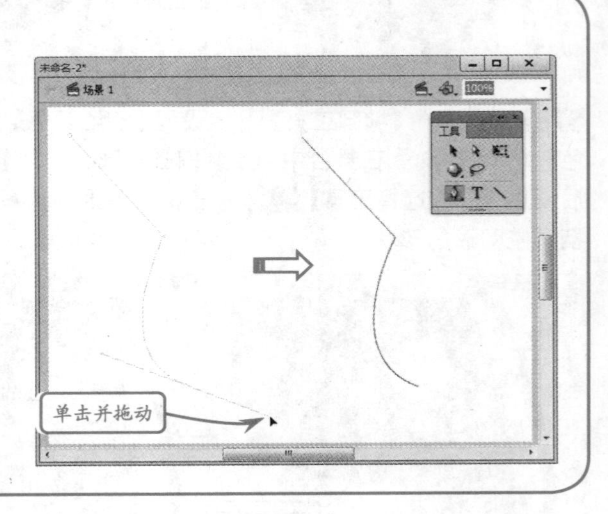

Q&A

问题2：一个锚点包括两个调节杆，如何单独调节其中一个调节杆？

解答：当使用【部分选取工具】进行调节时，改变的是锚点两侧的两个调节杆。如果使用【转换锚点工具】进行调节，那么既可以同时调节两侧的两个调节杆，也可以单独调节一侧的调节杆。

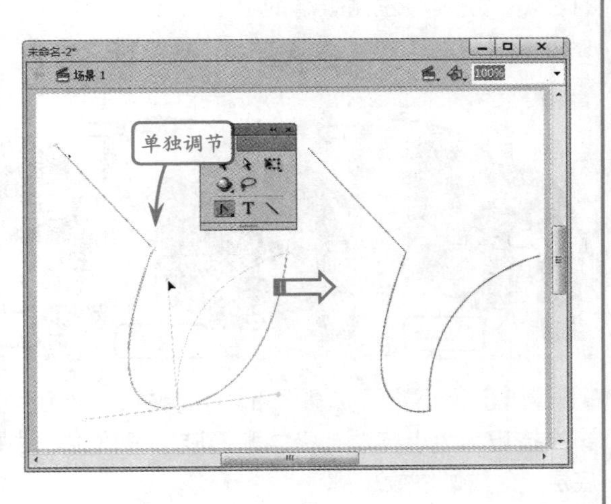

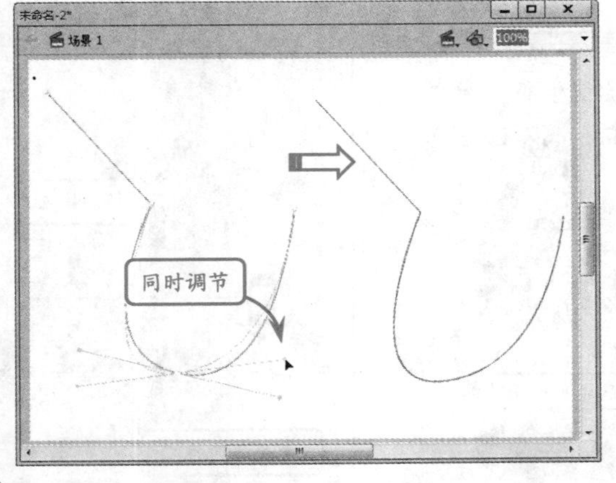

Q&A

问题3：在使用【钢笔工具】绘制路径时，绘制过程中进行了其他的操作，返回上次绘制的路径继续操作时，会重新开始一段新路径，怎样才能接着前面的锚点继续绘制啊？

解答：首先要使用【钢笔工具】，在前边绘制的路径最后一个锚点上单击一下，锚点变成黑色显示，此时该路径处于工作状态，然后继续单击鼠标，即可继续绘制所需路径。

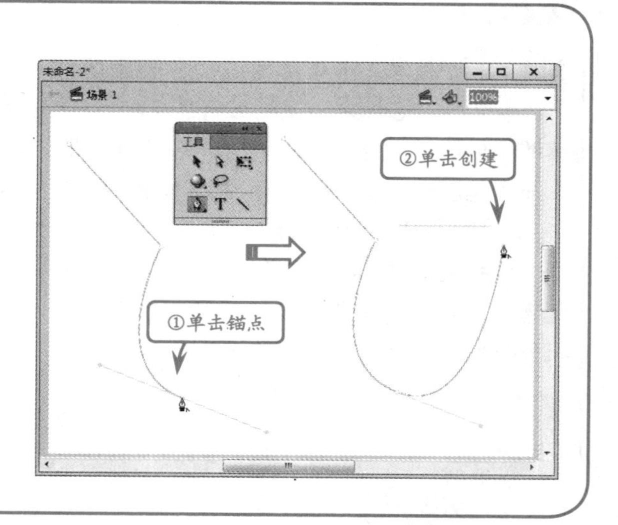

Q&A

问题4：文本能否添加渐变色，如何为文本添加渐变色？

解答：在Flash中是可以为文本添加渐变色的。方法是首先要对文本执行两次【修改】|【分离】命令，将其分离并转化为图形。然后打开【颜色】面板，在该面板中设置其渐变类型及渐变条中的颜色及滑块。设置完成后，发现文字的每个单独部分都产生了一个完整的过渡渐变。

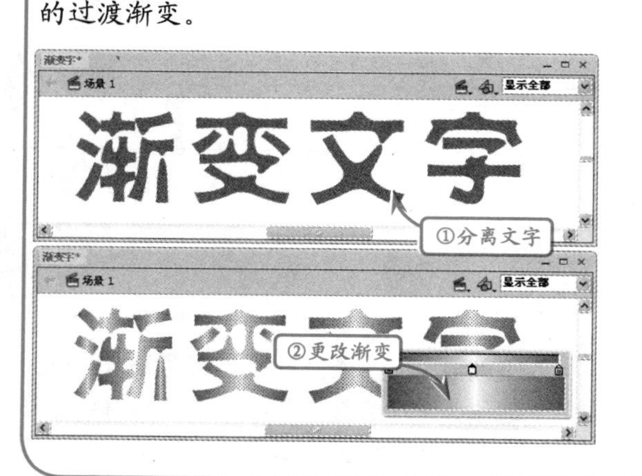

如果需要让所有的文字整体上产生一个过渡渐变，这时需要使用【颜料桶工具】从文字的左侧拖动至文字的右侧，当松开鼠标时文字的颜色从左至右产生一个完整的过渡渐变，按下Ctrl+G快捷键将文字整体组合即可。

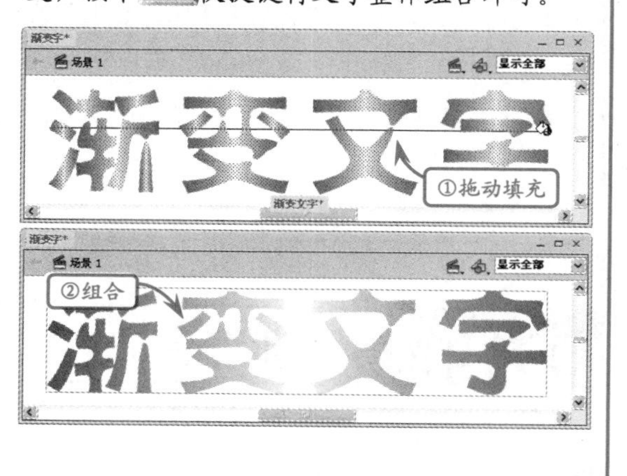

Q&A

问题5：能否为文本添加笔触颜色和更改文本的笔触大小及笔触样式？

解答：Flash中，在文本状态下是不能为其添加【笔触颜色】的，必须将文本转换为图形，才能创建【笔触颜色】。

首先使用【选择工具】选择文本，执行【修改】|【分离】命令，将文字打散，再执行一次该命令，将文字转换为图形。

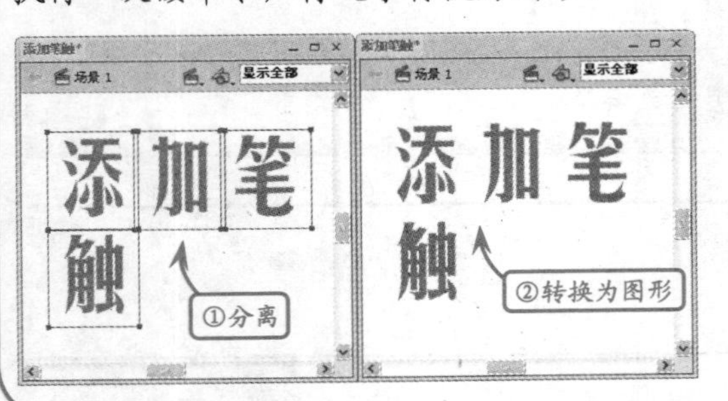

然后选择【工具】面板中的【墨水瓶工具】，设置【笔触颜色】的参数值，在文字上单击即可为文字添加笔触，添加完成后可以在【属性】面板中，更改笔触的大小和样式。

Q&A

问题6：在Flash中，如何制作半透明字？

解答：输入文本后使用【选择工具】单击文本，在【工具】面板中单击【填充颜色】色块，在弹出的色板中设置Alpha选项即可。

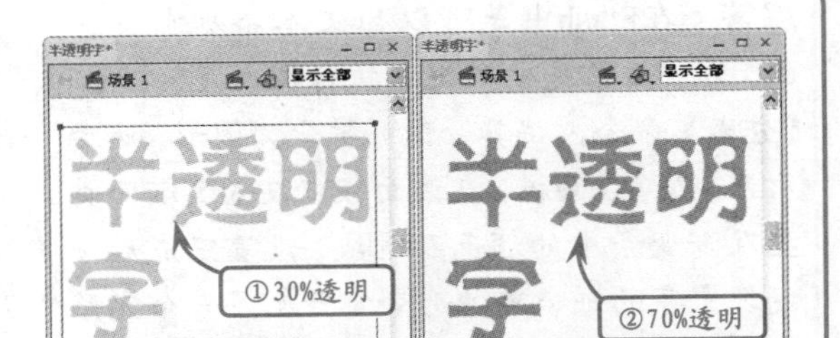

5.11 高手训练营

版本：Flash CS6

1．路径的方向点和方向线

在绘制或修改路径时，选择连接曲线段的锚点或选择线段本身，连接线段的锚点会显示方向手柄，方向手柄由方向线组成，方向线在方向点处结束。方向线的角度和长度决定曲线段的形状和大小，移动方向点将改变曲线的形状。方向线不显示在最终输出上。

在曲线段上，平滑点始终具有两条方向线，它们一起作为单个直线单元移动。在平滑点上移动方向线时，点两侧的曲线段同步调整，保持该锚点处的连续曲线。相比之下，角点可以有两条、一条或没有方向线，具体取决于它分别连接两条、一条还是没有连接曲线段。角点方向线通过使用不同角度来保持拐角，当在角点上移动方向线时，只调整与方向线同侧的曲线段。

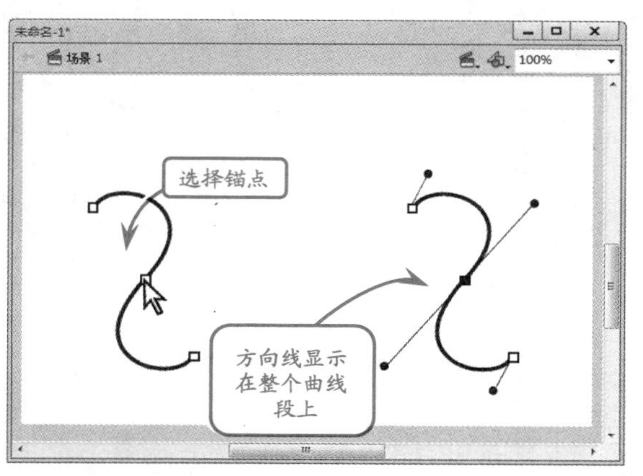

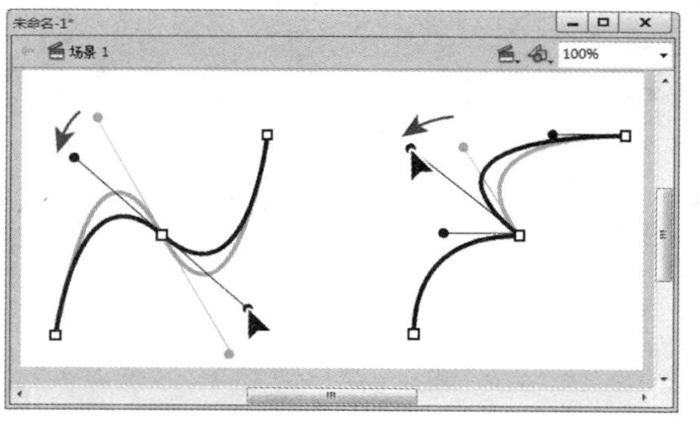

另外，在具体操作中，方向线始终与锚点处的曲线相切（与半径垂直），每条方向线的角度决定曲线的斜率，而每条方向线的长度决定曲线的高度或深度。

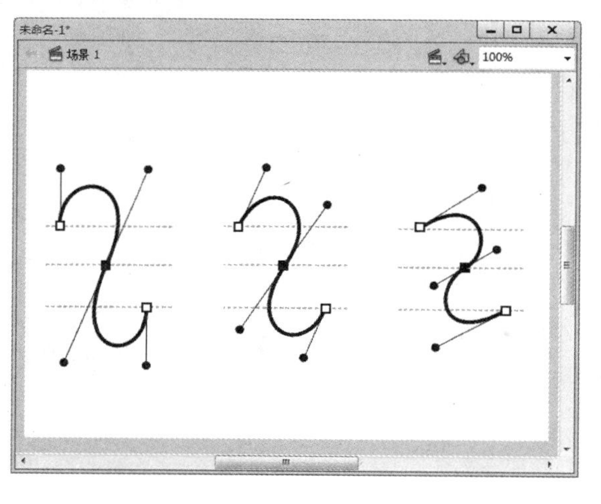

2．将文本转换为图形

在Flash中，文本虽然能够通过其属性来改变文字的外观，但是还是无法脱离文字的限制。如果将文字转换为图形，就可以对其进行修改，比如边缘的变形与渐变颜色的填充等。

如果是单个文字，那么选中该文字，执行【修改】|【分离】命令，即可将文字转换为图形。

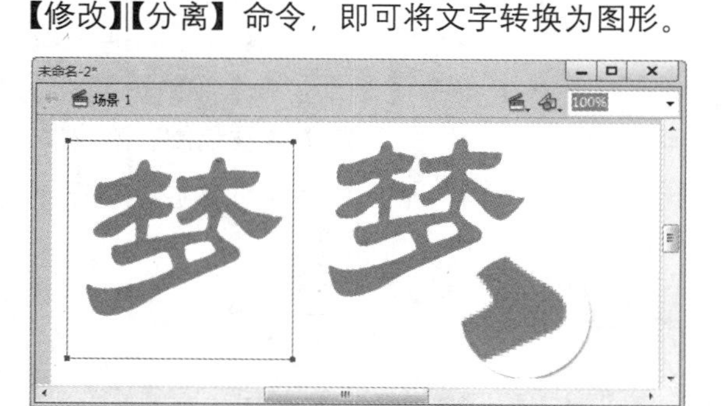

如果是两个或者两个以上文字，则按 Ctrl+B 快捷键两次，执行两次【分离】命令。将段落文本分离为单个文字，然后再转换为图形。

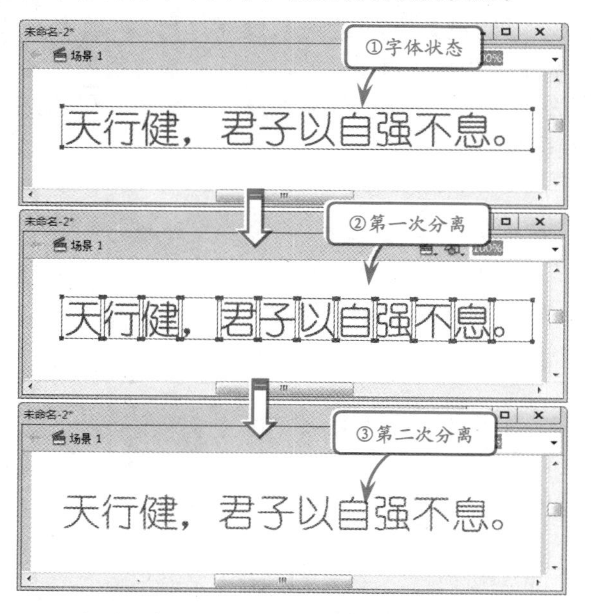

这时，把光标放在字母轮廓的边缘上，就可以看到在鼠标指针的右下角出现一个直角线，单击并拖动鼠标后，字母的形状就发生了变化，说明文本已转换为图形。

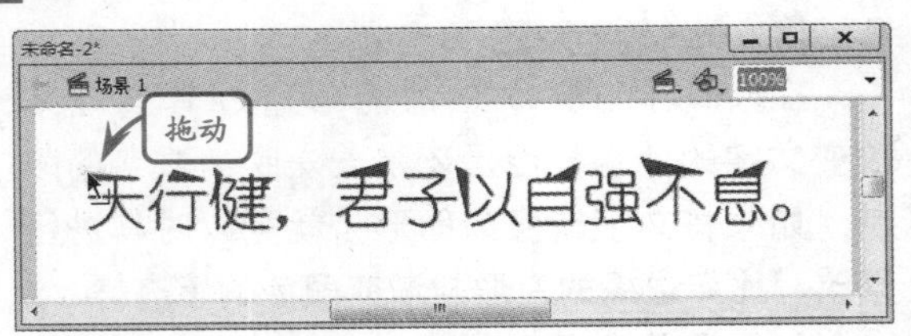

3．选择部分文本

如果要对一段文字中的部分文字进行编辑，那么需要单击【文本工具】T选中该工具，这时可以看到文本被文本框包围，在文本框中出现闪动的光标，表示可以对文字进行编辑了。

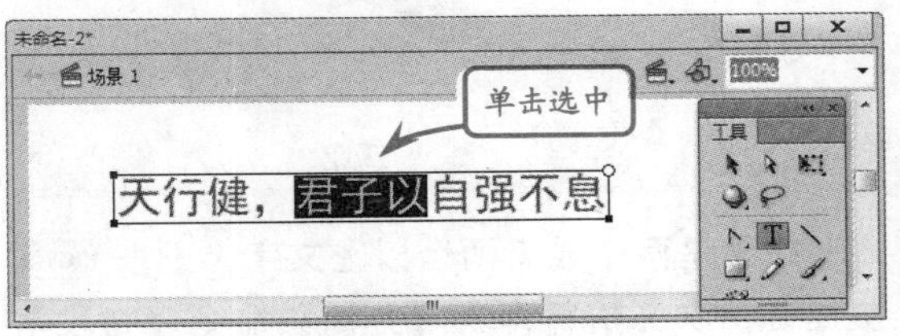

4．滤镜

【滤镜】选项组用来设置TLF文本固定文本块内文本的显示特效。包括文本的模糊、发光、投影、斜角、渐变发光、调整颜色和渐变斜角等。

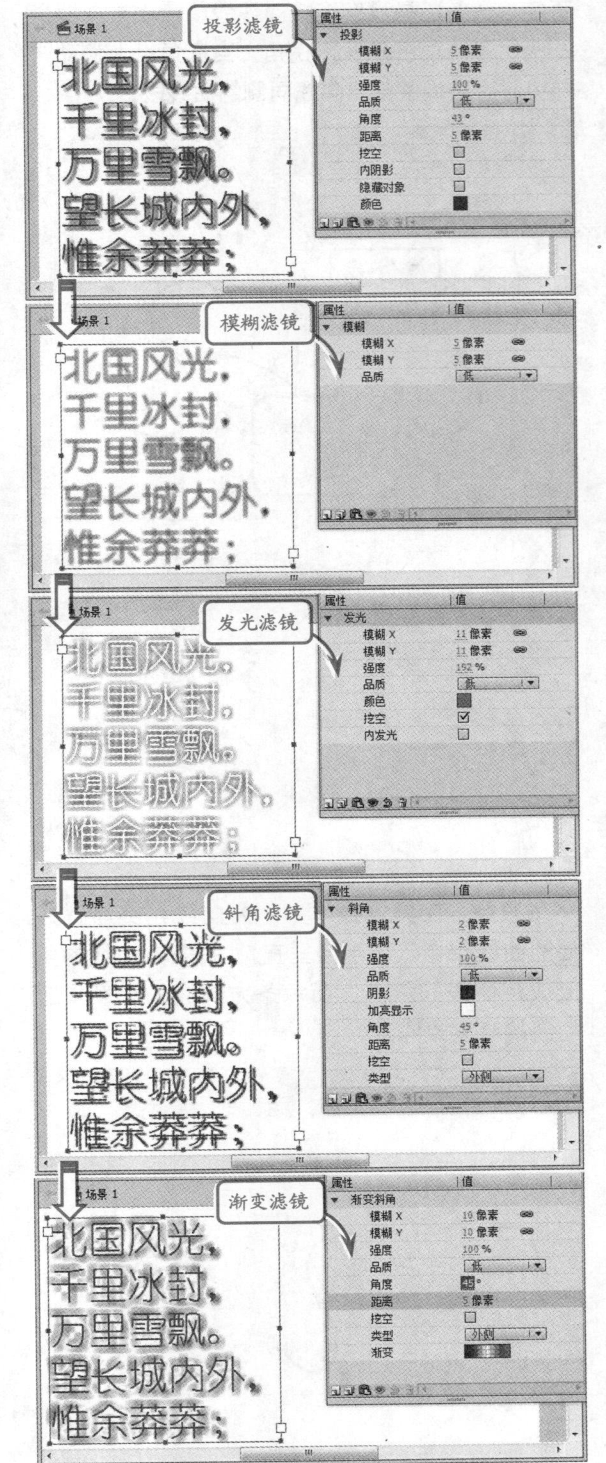

06

应用图层

在Flash中的图层与Photoshop中的图层类似，可以帮助用户组织文档中的插图。它可以在图层上绘制和编辑对象，而不会影响其他图层上的对象。可以在图层上没有内容的舞台区域中，透过该图层看到下面的图层。

6.1 认识图层

版本：Flash CS6

层类似于一张透明的薄纸，每张纸上绘制着一些图形或文字，而一幅作品就是由许多张这样的薄纸叠合在一起形成的。图层可以帮助用户组织文档中的插图，也可以在图层上绘制和编辑对象，并且不会影响到其他图层上的对象。

要绘制、涂色或者对图层或文件夹进行修改，可以在【时间轴】中选择该图层以激活它。【时间轴】中图层或文件夹名称旁边的铅笔图标表示该图层或文件夹处于活动状态。一次只能有一个图层处于活动状态（尽管一次可以选择多个图层）。

创建Flash文档时，其中仅包含一个图层。要在文档中组织插图、动画和其他元素，可以添加更多的图层。还可以隐藏、锁定或重新排列图层。可以创建的图层数只受计算机内存的限制，而且图层不会增加发布的SWF文件的大小，只有放入图层的对象才会增加文件的大小。

对于Flash图层来说，主要包括普通图层、遮罩层、被遮罩层、运动引导层、被引导层、静态引导层以及文件夹，其各项说明如下。

- **普通图层**

普通状态的图层，该类型图层的名称前面将会出现普通图层图标。

- **遮罩层**

放置遮罩物的图层，该图层是利用本图层中的遮罩物来对下一图层的内容进行遮挡。

● 被遮罩层

该图层是与遮罩层对应，用来放置被遮罩物的图层。

● 运动引导层

在引导层中可以设置运动路径，用来引导被引导层中的图形对象。如果引导图层下没有任何图层可以成为被引导层，则会出现一个静态引导层图标。

● 被引导层

该图层与其上面的引导层相辅相成，当上一个图层被设定为引导层时，这个图层会自动转变成被引导层，并且图层名称会自动进行缩排。

● 静态引导层

该图层在绘制时能够帮助对齐对象。该引导层不会导出，因此不会显示在发布的SWF文件中。任何图层都可以作为引导层。

● 文件夹

主要用于组织和管理图层。

6.2 图层和图层文件夹的创建及查看　版本：Flash CS6

创建Flash文档时，默认文档仅包含一个图层。用户可以通过创建图层及图层文件夹的方式，组织文档中的插图、动画和其他元素，使其互不影响。

1. 创建图层

在Flash中创建新图层包括两种方式，一种是最直接的方法，就是单击图层底部的【新建图层】按钮，即可创建空白新图层。

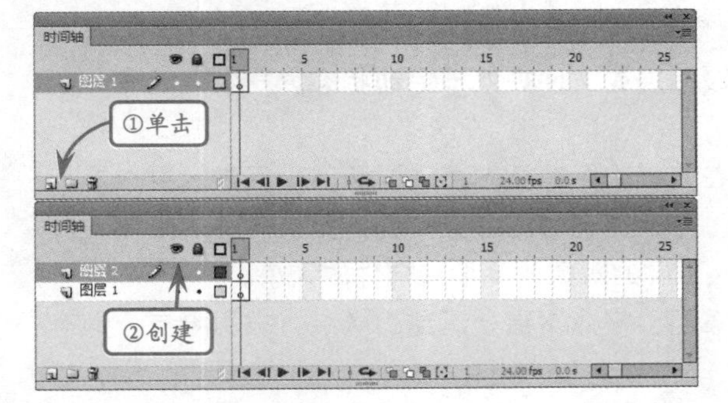

还有一种方法是，右击现有图层，选择【插入图层】命令，同样能够创建空白新图层。

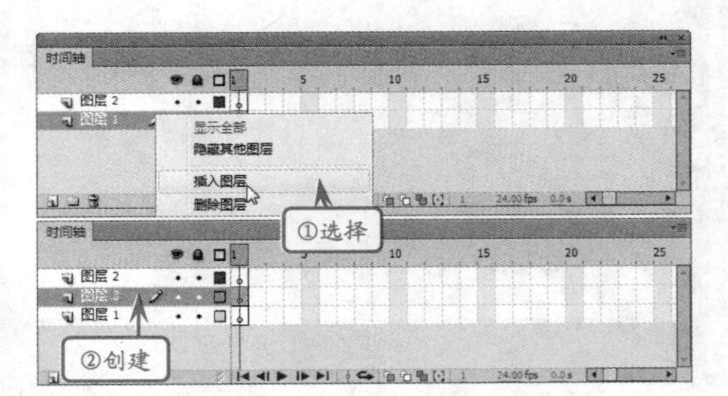

2. 创建图层文件夹

图层文件夹是帮助管理图层的最佳途径。单击图层底部的【新建文件夹】按钮，即可创建“文件夹1”。

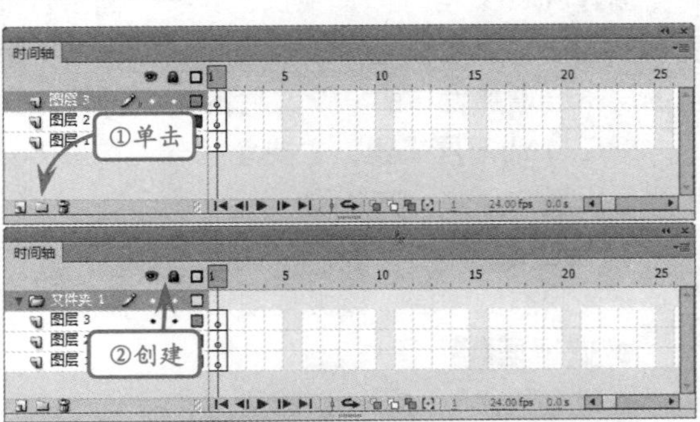

这时，就可以选中现有图层，并且将选中图层拖入“文件夹1”中，使图层包含在“文件夹1”中。这时，用户可以单击“文件夹1”，显示或隐藏文件夹中的图层，实现对图层的管理。

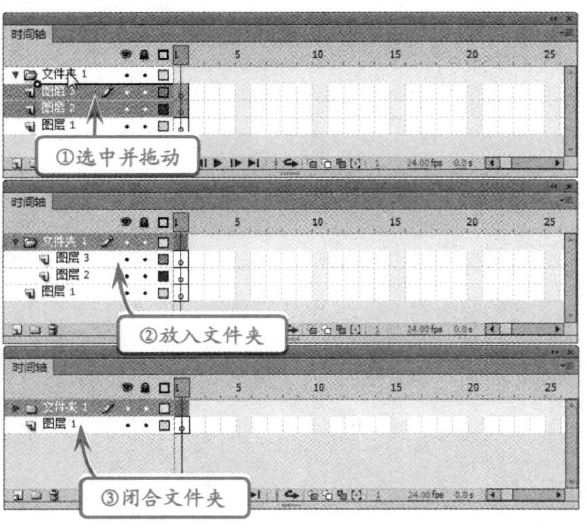

3．显示或隐藏图层或文件夹

在时间轴中，通过单击图层名称右侧的【眼睛】图标，可以显示或隐藏图层。

如果单击的是文件夹名称右侧的【眼睛】图标，隐藏的是该文件夹内所有图层。

要隐藏时间轴中的所有图层和文件夹，可以单击【眼睛】图标；若再次单击该图标，即可恢复显示。

4．以轮廓查看图层上的内容

在【时间轴】面板中的图层中，可以查看图层内容的轮廓线效果。单击图层中的【轮廓】图标，即可查看其轮廓线效果。

要将所有图层上的对象显示为轮廓线效果，可以单击所有图层顶部【轮廓】图标□，即可查看整个舞台中图形对象的轮廓线效果。

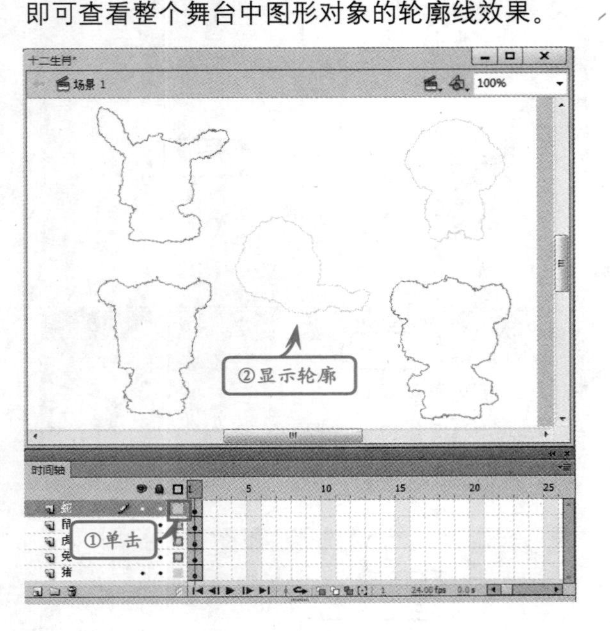

6.3 编辑图层及图层文件夹

版本：Flash CS6

图层具有不同的模式，例如当前模式、锁定模式。而图层的选择方法以及图层名称均能够使用不同的方式重新设置。

1．图层模式

图层的当前模式与锁定模式，直接关系到对该图层上对象的操作。简单地说，当图层处于当前模式时，可以对其图层上的对象进行编辑。而当图层处于锁定模式时，则不可对被锁定图层上的对象操作。

当单击某个图层后，该图层显示为蓝色，并且显示【铅笔】图标，说明该图层为当前图层。

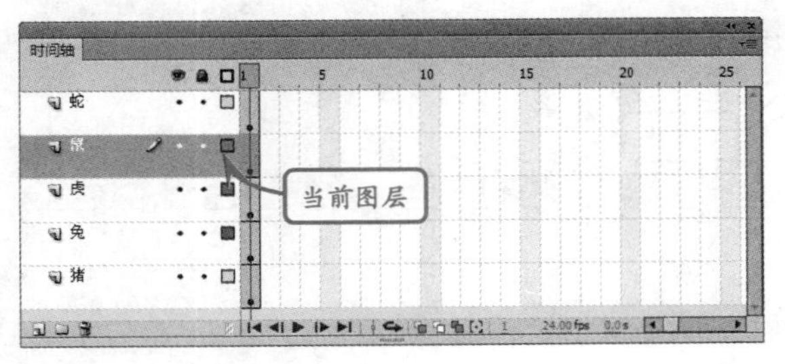

在舞台中编辑多个对象时，为了防止出现误操作现象，可以将一个或多个图层锁定，这样就无法对其进行修改，但是其图层上的对象在舞台中依然可见，并且被锁定后，图层在其名称栏中有一个锁定标志。而当选择被锁定的图层时，会出现不可编辑模式。

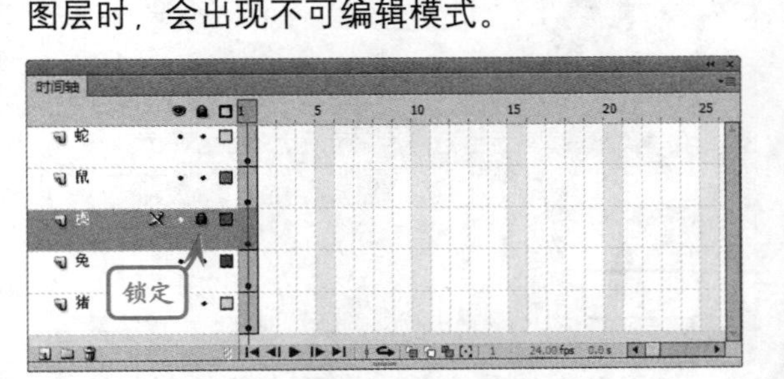

2．选择图层或文件夹

选中一个图层的方法很多，既可以通过单击该图层的方式，也可以单击舞台中的图形对象，同样能够选中图形所在的图层。

而图层文件夹的选择，只能通过单击【时间轴】面板中的文件夹名称来实现。而图层文件夹的选中，并不代表选中了文件夹中的图层。

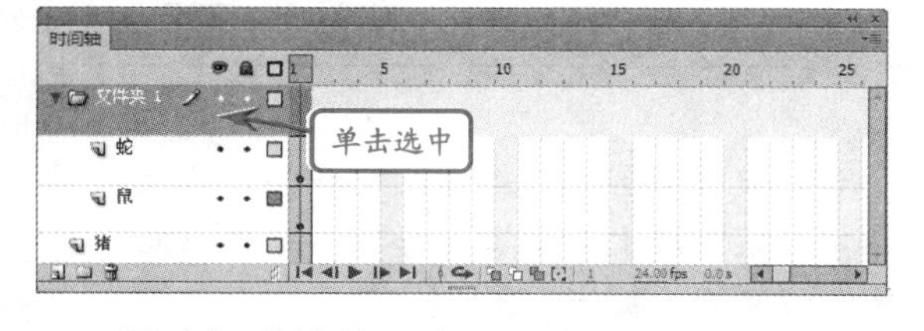

要选择连续的几个图层或文件夹，可以按住 Shift 键在时间轴中单击它们的名称。而要选择几个不连续的图层或文件夹，则可以按住 Ctrl 键单击时间轴中它们的名称。

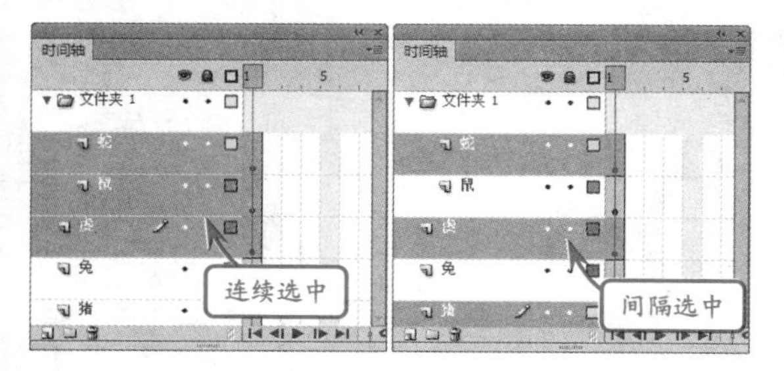

3．重命名图层或文件夹

为了更好地反映图层的内容，可以对图层进行重命名。

方法是双击时间轴中图层或者文件夹的名称，当其文本框底色变成白色而文字呈蓝色时，输入新的名称即可。

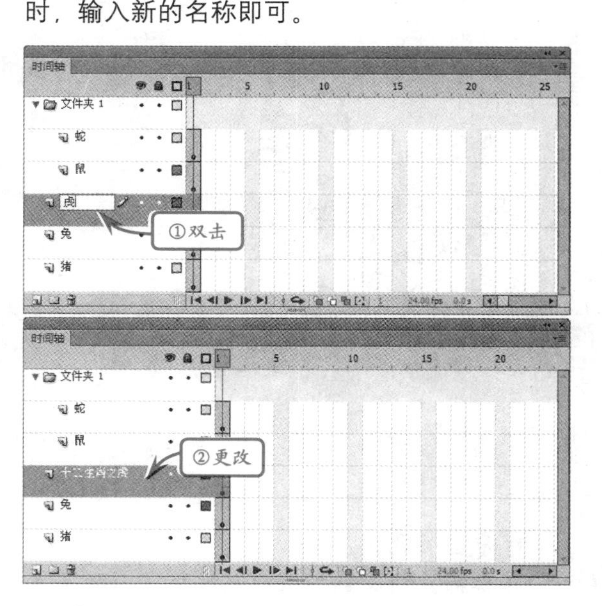

4．复制图层内容

在编辑对象时，复制图层内容可以减少大量的繁锁工作，提高工作效率。

方法是单击时间轴中所需复制的图层名称，右击弹出的快捷菜单，执行【复制图层】命令即可。

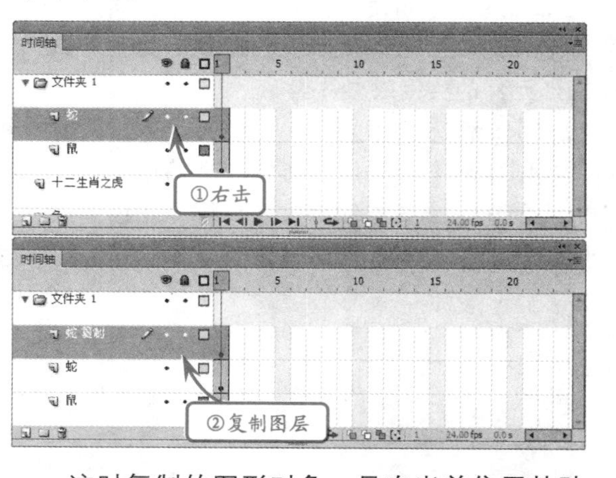

这时复制的图形对象，是在当前位置粘贴的，当移动当前图层中的图形后，即可发现其下方具有相同的图形对象。

5．删除图层或文件夹

选择需要删除的图层或文件夹，单击【删除图层】按钮。可以通过右击该图层或文件夹的名称，选择【删除图层】命令删除所选图层或文件夹。

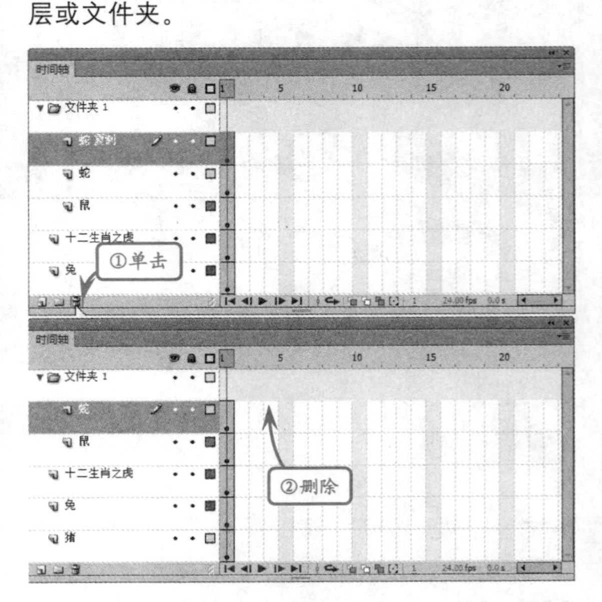

6.4 创建遮罩层

版本：Flash CS6

在Flash中，使用遮罩层可以创建一些特殊的动画效果，如百叶窗和聚光灯等。其中，用作遮罩的项目可以是填充的形状、文字对象、图形元件的实例或影片剪辑。

1．创建静态遮罩层

创建静态遮罩层的方法非常简单，首先选择或创建一个图层作为被遮罩层，在该图层中绘制或者导入一幅图像。

在被遮罩层上面新建图层作为遮罩层。然后，在该图层上创建填充形状、文字或元件的实例，例如绘制一个圆形。

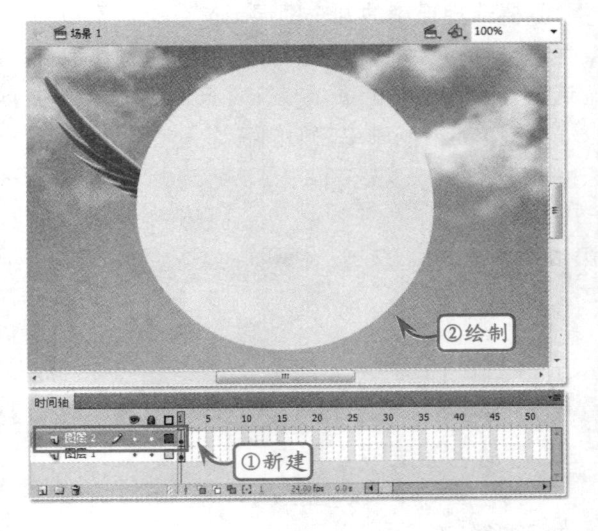

提示

在遮罩层中，Flash会忽略遮罩层中的位图、渐变色、透明、颜色和线条样式，因此，在遮罩层中的任何填充区域都是完全透明的，而任何非填充区域都是不透明的。

右击“图层2”，在弹出的菜单中执行【遮罩层】命令，将其转换为遮罩层。通过遮罩层中的圆形，可以查看到下面图层中的内容。

当创建遮罩层后，遮罩层与被遮罩层同时被锁定。要想重新编辑这两个图层中的内容，需要对图层进行解锁。

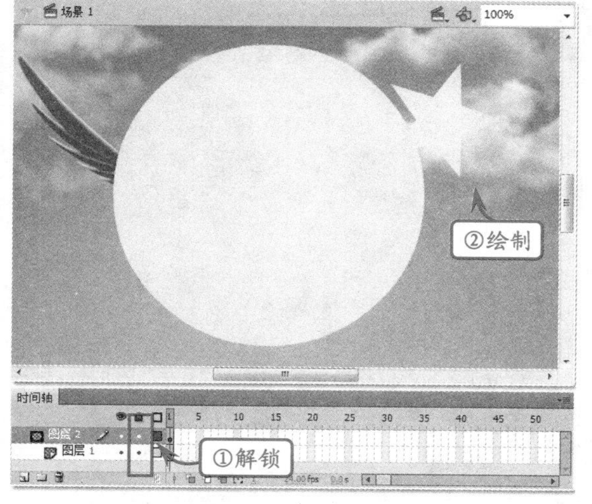

将遮罩层中的所有图形进行联合操作后，再次锁定该图层，即可改变遮罩的范围。

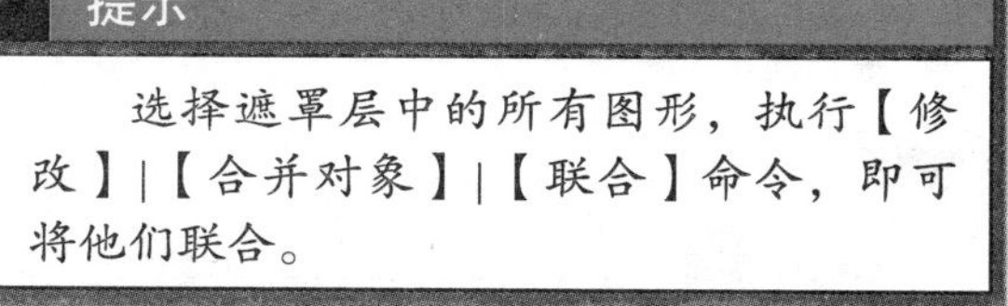

提示

选择遮罩层中的所有图形，执行【修改】|【合并对象】|【联合】命令，即可将他们联合。

2. 遮罩层与普通图层的关联

在创建遮罩后，如果想要遮住更多的图层，可以通过以下方法：

第一种，选择被遮罩层，单击【新建图层】按钮新建图层，则该图层默认为被遮罩层。

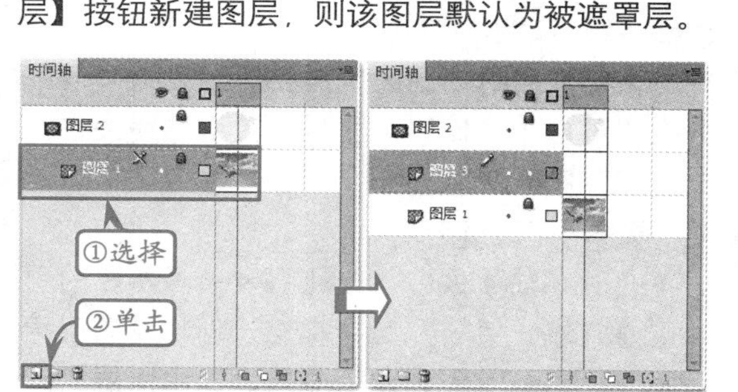

第二种，在【时间轴】面板中，将现有的图层直接拖放到遮罩层下面，也可以创建被遮罩层。

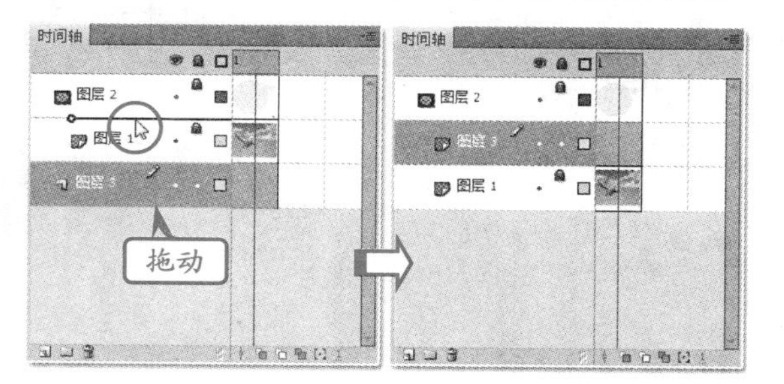

在遮罩层下面新建一个图层，执行【修改】|【时间轴】|【图层属性】命令，在弹出的对话框中启用【类型】单选按钮中的【被遮罩】选项。

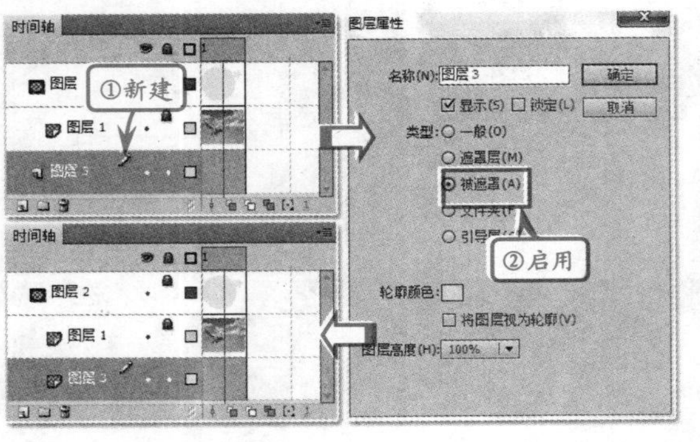

如果要断开图层和遮罩层的关联，可以选择要断开关联的图层，然后将该图层拖到遮罩层的上面；或者执行【修改】|【时间轴】|【图层属性】命令，在【图层属性】对话框的【类型】选项区域中启用“一般”单选按钮。

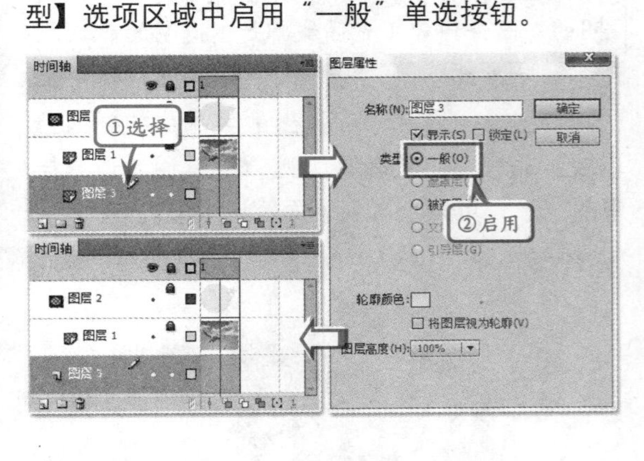

6.5 创建引导层

版本：Flash CS6

引导动画是对Flash补间动画和逐帧动画的一种扩展和补充，其作用是为影片中的元件提供坐标定位，帮助用户控制元件在舞台的位置。Flash的引导动画主要分为两种，即引导动画和传统运动引导动画。

在创建引导动画时，需要先创建引导层，并在引导层中绘制引导线条，其引导线条在发布后不会显出来。

1. 普通引导动画

在时间轴面板中，普通引导动画所在的引导层通常以“锤子”为标记。创建普通引导动画时，需要首先创建引导层。选中图层，然后在该层右击执行【引导层】命令。

创建引导层之后，即可在引导层中绘制引导线。在插入的新图层中，可以使用引导线为其他图层中的元件进行定位。

2．传统运动引导动画

传统运动引导动画主要应用于补间动画。用户可将补间动画关键帧中的元件与引导线的两个端点绑定，使元件按照引导线的路径移动。例如，右击时间轴上的帧，执行【添加传统运动引导层】命令，Flash CS6将自动创建一个被引导的图层。

然后，在【引导层】图层中，绘制引导该图层下方图层中的元件内容。并在元件所在的图层中，将播放帧头放置在最后一帧并插入关键帧，并将该帧元件拖至引导线的另一端。最后，创建元件图层的补间效果即可。

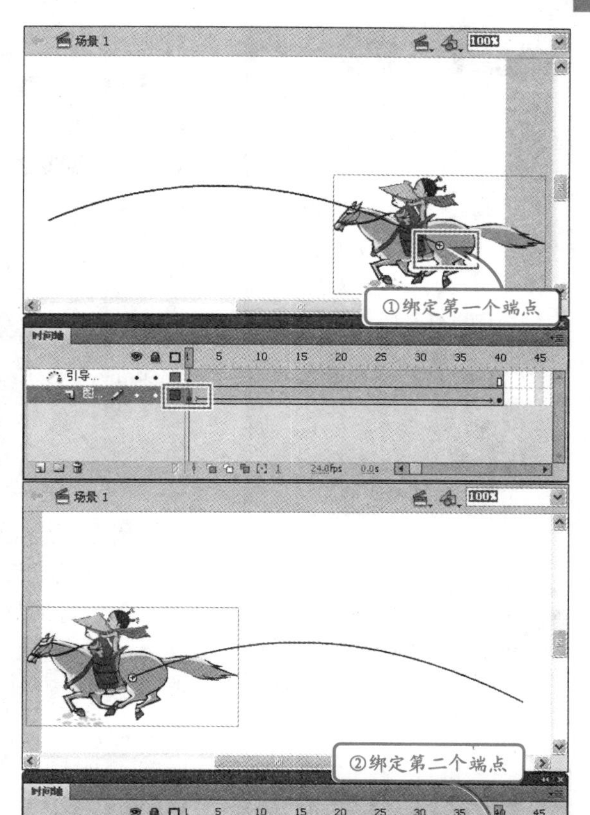

6.6 练习：制作美发海报

版本：Flash CS6
downloads/第6章/01

在设计美容美发类的海报时，需要注意画面的风格和色彩，整体效果要突出个性和时尚，能够引领潮流。本练习就是制作一幅美发海报，通过绚丽、个性的文字突出美发走在时尚的前沿。

练习要点

- 设置舞台背景颜色
- 钢笔工具
- 部分选取工具
- 编辑图层
- 创建图层文件夹

操作步骤

STEP|01 新建550×400像素文档，在【文档设置】对话框中设置舞台的【背景颜色】为“浅绿色”（#ACCD1A）。然后使用【钢笔工具】绘制花纹并填充深绿色（#006600）。

STEP|02 新建图层，选择【文本工具】，在舞台中间的顶部输入品牌名称及宣传口号，并在【属性】检查器中设置文字的字体、大小和颜色等属性。

STEP|03 新建图层，在舞台中输入“酷烫”文字，在【属性】检查器中设置其【系列】为“方正综艺简体”，【大小】为90，【颜色】为“黑色”（#000000）。然后，使用【任意变形工具】沿逆时针方向旋转该文字，并调整其位置。

STEP|04 选择“酷烫”文字，执行两次【修改】|【分离】命令，将其转换为矢量图形。然后，结合使用【选择工具】和【部分选取工具】调整文字的形状。

提示

在文档中，右击舞台，在弹出的菜单中执行【文档属性】命令，打开【文档设置】对话框。然后，设置舞台【背景颜色】为“浅绿色”（#ACCD1A）。

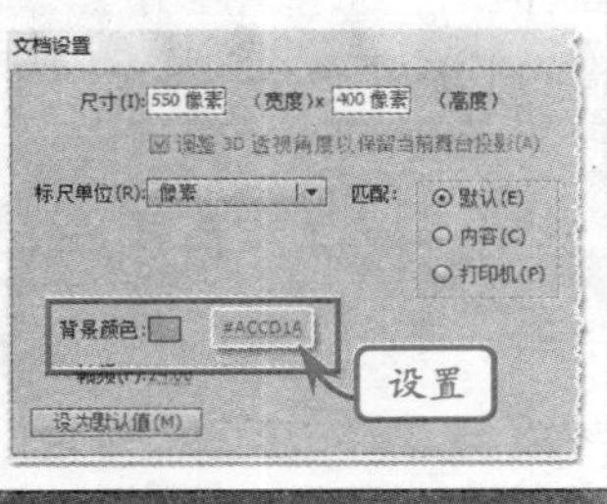

提示

在舞台中输入PROCESS英文，设置其【系列】为“Old English Text MT”，【大小】为30，【颜色】为“深绿色”（#003300），在其下面输入“girl and flowers”，设置其【系列】为“Harrington”，【大小】为40，【颜色】为“白色”。

提示

旋转文字还可以通过【变形】面板来实现。执行【窗口】|【变形】命令，打开【变形】面板。然后，在面板的【旋转】选项中输入“-20”，即可沿逆时针方向旋转20度。

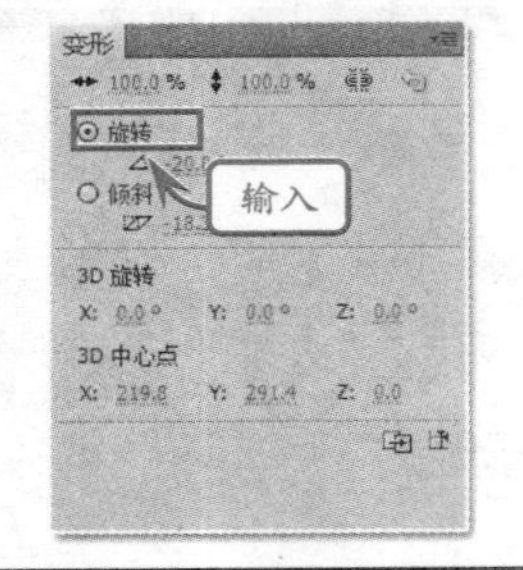

STEP|05 使用【颜料桶工具】，为“酷烫”矢量图形分别填充橘黄色（#F9C324）和紫红色（#E42274）。然后使用同样的方法，在“酷烫”下方添加文字，并设置填充颜色和旋转角度。

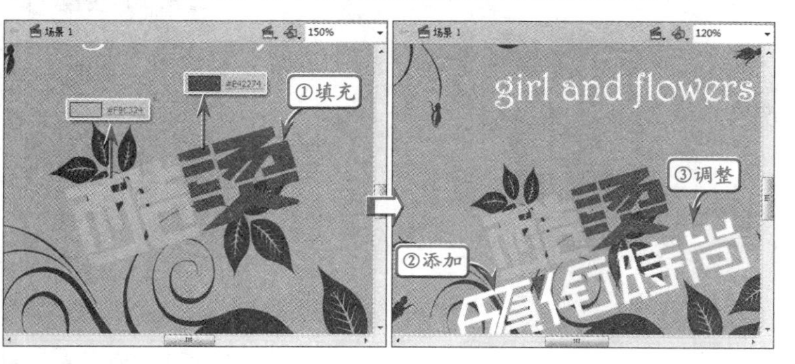

STEP|06 使用【钢笔工具】继续绘制图形为文字添加装饰，并为其填充黄色（#DEE33E）。然后，在该图层下方新建图层，选择【刷子工具】，设置【填充颜色】为“黑色”（#000000），在文字的中间部位绘制色块使文字突出。

STEP|07 为使文字能够更好地显现出来，使用【刷子工具】和【铅笔工具】，在文字的周围绘制不规则图形，作为文字的底色及装饰。然后，使用不同大小的【橡皮擦工具】在中间部位进行擦除。

提示

在使用【选择工具】时，当鼠标移动至文字的边缘时，鼠标光标将发生变化，用于指示变化的模式是直角还是曲线。

提示

将“领衔时尚”文字分离为矢量图形后，为其填充白色（#FFFFFF）和浅黄色（#F9F7CE）。

提示

在使用【刷子工具】填充文字中间的部位时，只需要在舞台中绘制与文字相同轮廓的形状即可。

提示

为使文字底色的中间部位透气并和背景有所连接，所以使用不同大小的【橡皮擦工具】进行擦除。

提示

蝴蝶的边缘线和身体为黑色。

STEP|08 新建图层，使用【钢笔工具】绘制蝴蝶的身体并为其填充橙色，使用【刷子工具】绘制出蝴蝶翅膀的层次。然后，将"人物.jpg"素材图像导入到舞台。

6.7 练习：制作汽车广告

版本：Flash CS6
downloads/第6章/02

练习要点

- 椭圆工具
- 渐变填充
- 新建图层
- 重命名图层
- 插入图层

本实例将要制作一幅汽车的广告，由于汽车的钢铁材质和理性、硬朗的色彩，本实例采用了绚烂夺目而又清新的色彩，来突出汽车主体。

操作步骤

STEP|01 新建空白文档，使用【矩形工具】在舞台中绘制一个矩形。打开【时间轴】面板，双击"图层1"会出现文本输入框，在该文本框内输入"背景"，按 Enter 键确定将图层1重新命名为"背景"图层。然后新建"图层2"，并将其重新命名为"底部线条"。

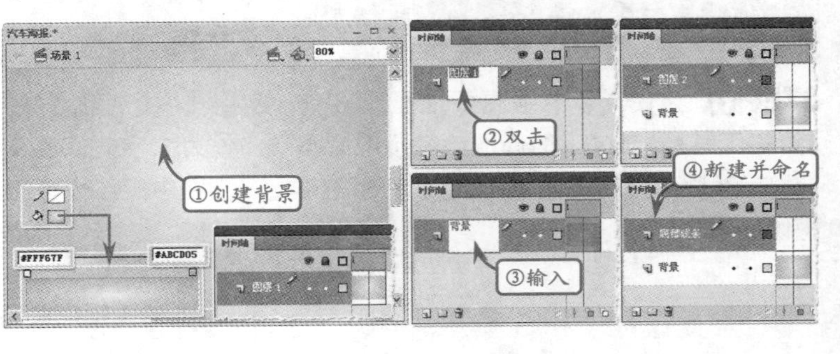

STEP|02 选择“底部线条”图层，使用【钢笔工具】，设置其【填充颜色】为从深绿色到白色的线性渐变，在舞台底部绘制图形。然后运用此方法继续在该图层中添加图形，注意颜色的变化和层次。

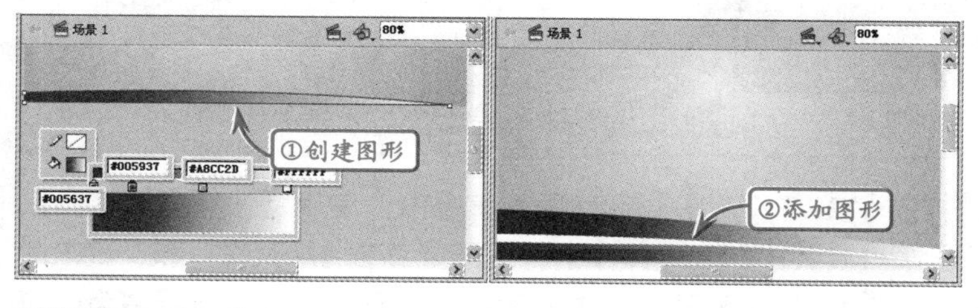

STEP|03 在“背景”与“底部线条”图层中间插入“左侧装饰”图层。使用【椭圆工具】在该图层绘制多个同心正圆并填充不同的颜色，使整个同心圆有层次感。然后继续在图层中添加多个不同色彩的同心圆作为装饰。

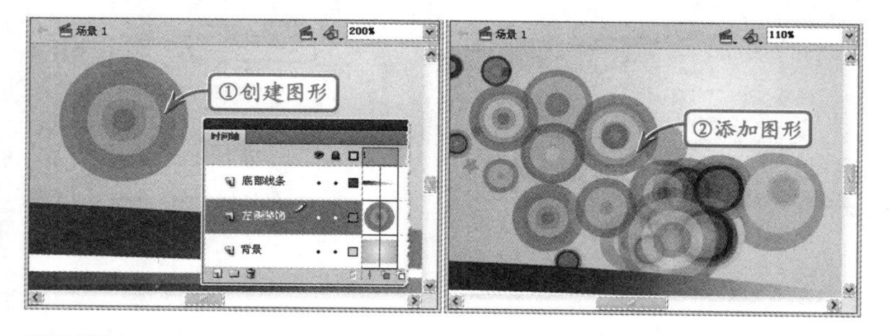

STEP|04 在该图层上方，新建图层并将其重新命名为“装饰叶子”，使用【钢笔工具】，设置其【填充颜色】为从深绿色到白色的线性渐变，在舞台中绘制叶子及枝干。然后运用此方法继续在该图层中添加枝叶，注意枝干、叶子的大小和颜色的变化以及整体的组合效果。

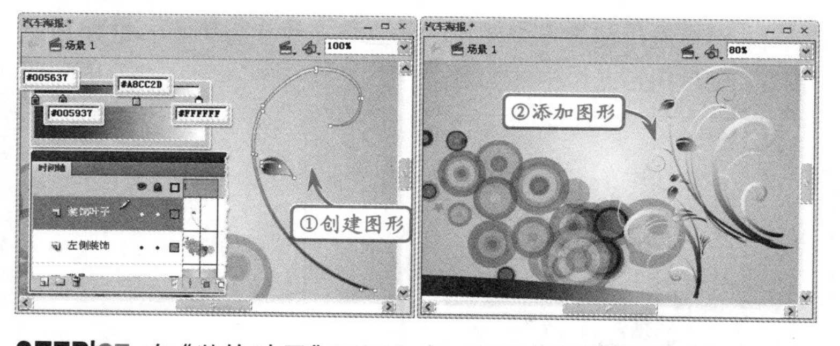

STEP|05 在“装饰叶子”图层上方，新建图层并将其重新命名为“右侧装饰”。使用【椭圆工具】绘制多个不同大小的正圆并填充不同的渐变颜色，运用【对齐】命令将绘制的正圆对齐为同心圆。继续运用此方法在该图层中绘制出多个不同大小、不同颜色组合的同心圆作为右侧的装饰。

提示

在【时间轴】面板中，可以将图层重新命名，方法是双击需要重命名的图层，会出现文本输入框，在该文本框内输入所需名称，按 Enter 键确定即可。

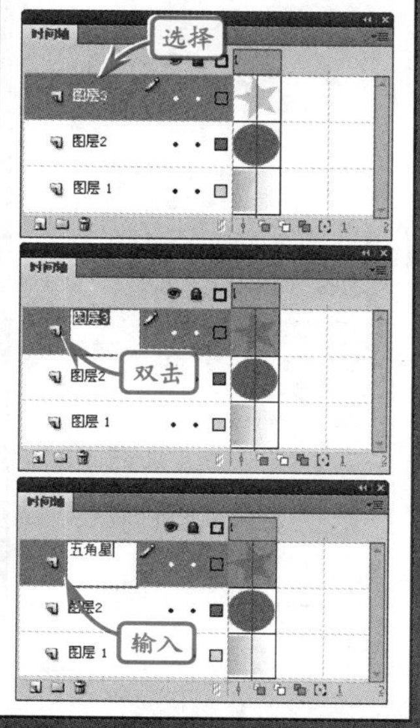

技巧

在【时间轴】面板中可以将多余的图层删除，方法是选择不需要的图层，单击面板下方的【删除】按钮，或者右键单击该图层从弹出的菜单中选择【删除图层】命令即可。

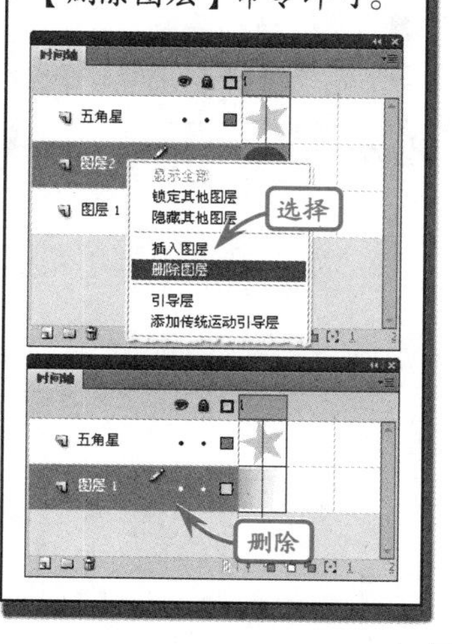

删除图层后，该图层中的图像也将随之被删除。

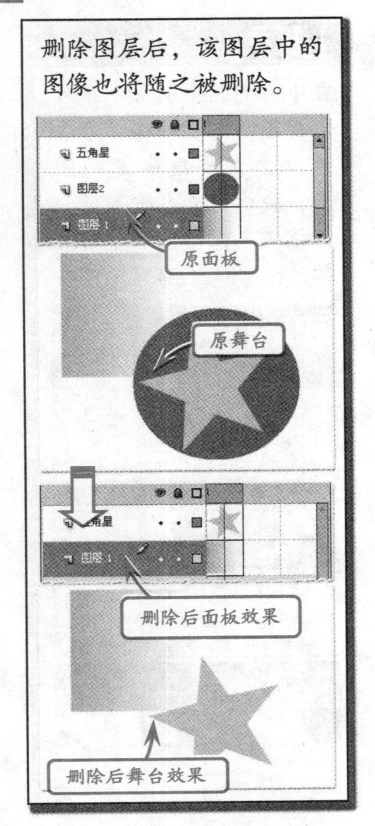

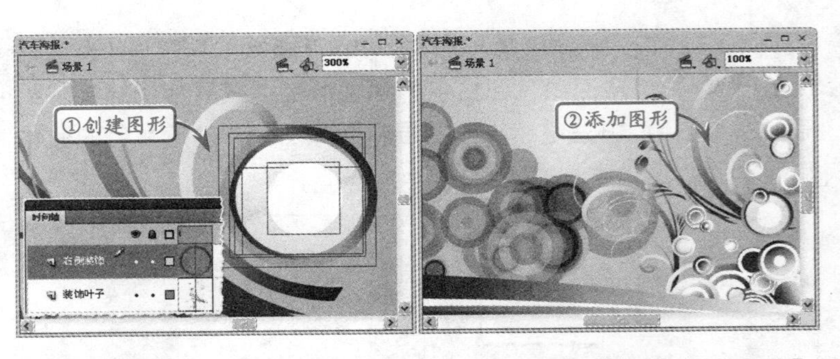

STEP|06 将“汽车”素材导入舞台中，使用【任意变形工具】调整其大小和位置并分别将图层重命名为“汽车”和“汽车阴影”图层。新建图层并将其重命名为“标志”，在该图层中为画面添加标志及文字。

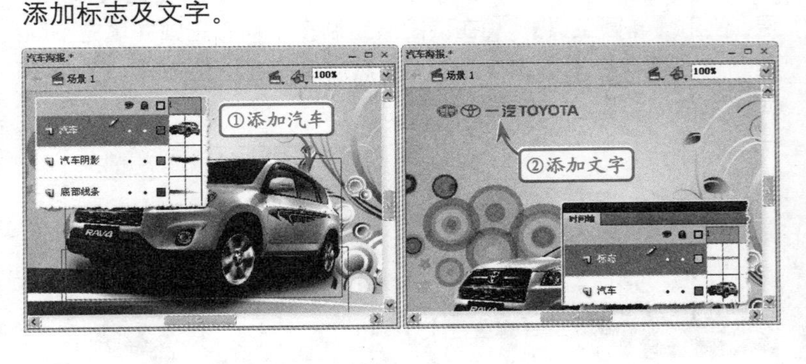

6.8 练习：制作立体花纹字母

版本：Flash CS6
downloads/第6章/03

练习要点

- 输入文字
- 新建图层
- 调整文字角度
- 使用钢笔工具
- 使用遮罩层
- 使用墨水工具

在Flash中制作较为复杂的插图时，为了方便后期的编辑和修改，设计者通常会将内容按照一定的规律分布在不同的图层中。本例就通过创建多个图层制作立体花纹字母图案，并使用遮罩层仅显示指定区域中的内容。

操作步骤

STEP|01 新建空白文档，使用【文本工具】在舞台的左上角输入Flash，设置其字体、大小和颜色，并使用【任意变形工具】调整其角度。

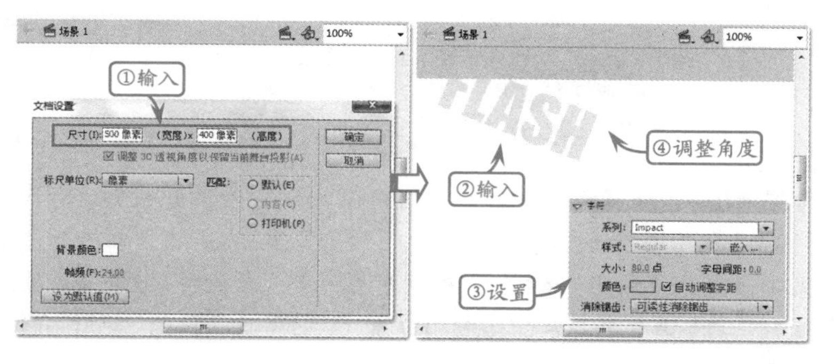

> **提示**
>
> 输入文字后，在【属性】检查器中设置【系列】为Impact，【大小】为“80点”，【颜色】为“灰色”（#D9D9D9），Alpha为“60%”。

STEP|02 在舞台的右下角输入Flash，设置【大小】为“140点”，并向右调整角度。然后新建“花纹”影片剪辑，使用【钢笔工具】绘制花纹图案。

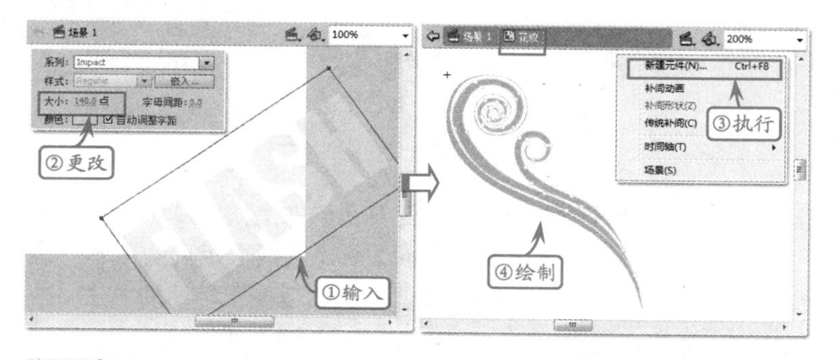

> **提示**
>
> 选择【任意变形工具】，然后单击舞台中的文字，即可以通过拖动4个角来改变其角度。

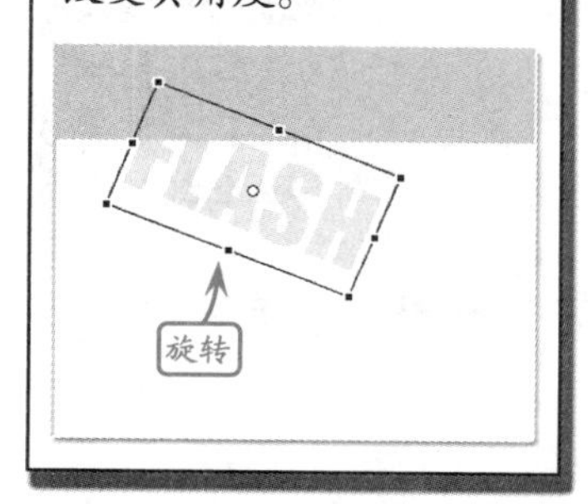

STEP|03 选择【颜料桶工具】，打开【颜色】面板，在【颜色类型】下拉列表中选择“线性渐变”，并在下面的渐变条中设置蓝色渐变。然后，在舞台中为“花纹”图形填充从左上至右下的渐变颜色。

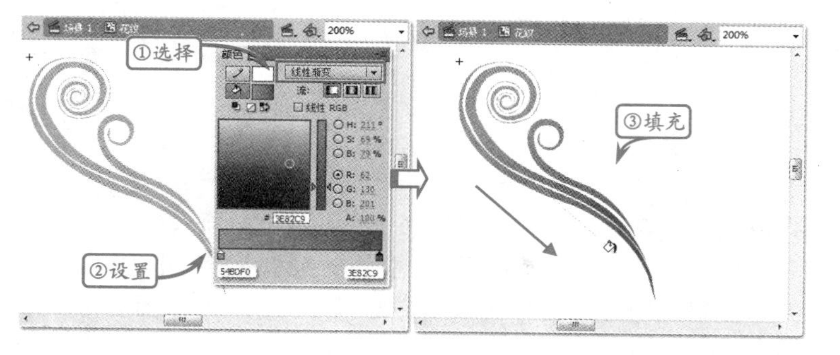

> **提示**
>
> 执行【窗口】|【颜色】命令，可以打开【颜色】面板。

> **提示**
>
> 选择【颜料桶工具】，单击花纹图案的左下角，并向右下角拖动，即可为该图形填充从左上至右下的渐变色。

STEP|04 返回场景。新建图层，将“花纹”影片剪辑拖入到舞台的左上角，并设置其Alpha值为“20%”。然后复制该影片剪辑，将副本移动到舞台的右侧，并使用【任意变形工具】调整其角度。

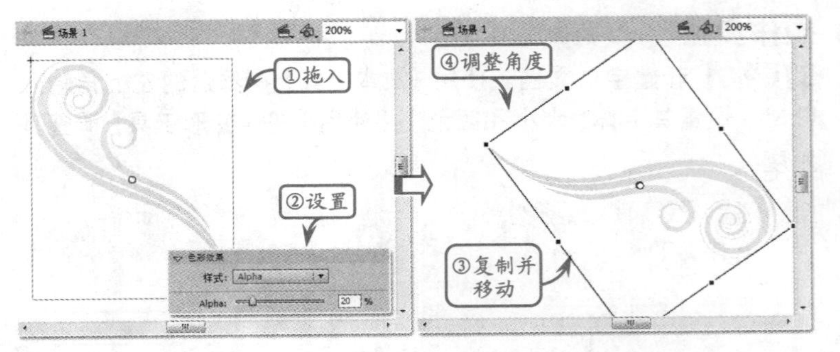

STEP|05 使用【钢笔工具】在舞台中绘制树叶的轮廓线。打开【颜色】面板，选择【颜色类型】为"径向渐变"，并在下面的颜色条中设置蓝色渐变。然后，为树叶轮廓中填充渐变色，使用【渐变变形工具】调整渐变色的角度和位置。最后将其转换为"树叶"影片剪辑元件。

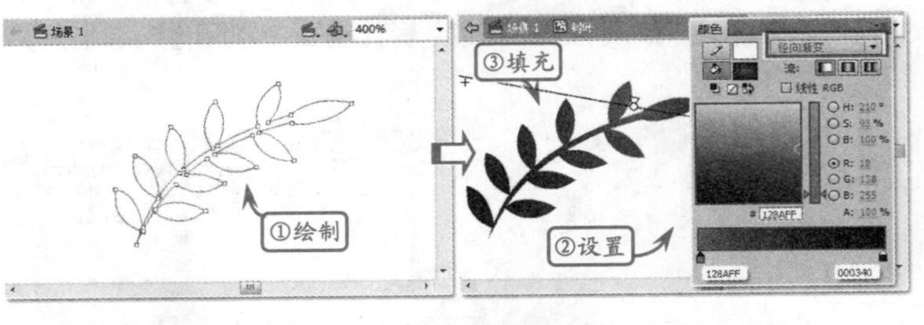

STEP|06 返回场景。新建图层，在舞台的左上角绘制两个不同颜色的矩形，并分别转换为影片剪辑。创建这两个矩形的副本，调整为不同的大小、角度和Alpha透明度。然后使用相同的方法，在舞台的右下角也创建不同大小、角度和Alpha透明度的矩形。

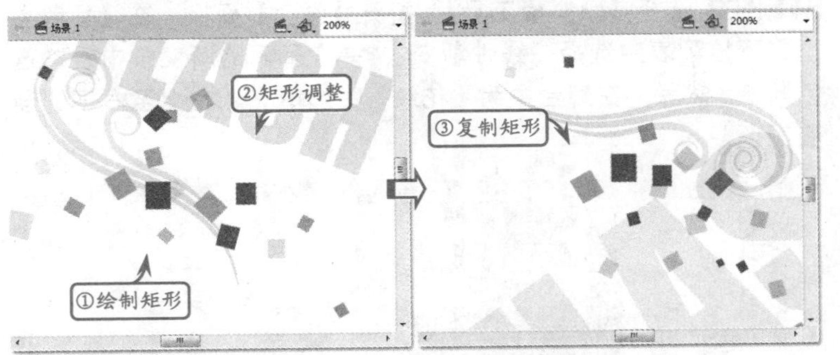

STEP|07 新建图层，使用【矩形工具】绘制一个与舞台大小相同的矩形。然后，右击该图层，在弹出的菜单中执行【遮罩层】命令，将其转换为遮罩层，并将"花纹"和"阴影文字"图层转换为被遮罩层。

提示

在【属性】检查器中选择【色彩效果】为Alpha选项，即可在显示的控件中设置Alpha透明度。

提示

选择"花纹"影片剪辑，然后按Ctrl+D组合键，即可直接创建该影片剪辑的副本。

提示

使用【添加锚点工具】和【删除锚点工具】，可以添加和删除路径轮廓中的锚点。

提示

这两个矩形的【填充颜色】分别为"#1581F0"和"#64C7EA"。

提示

根据展示的效果情况，可以随意地定义矩形的位置、大小、角度和透明度。

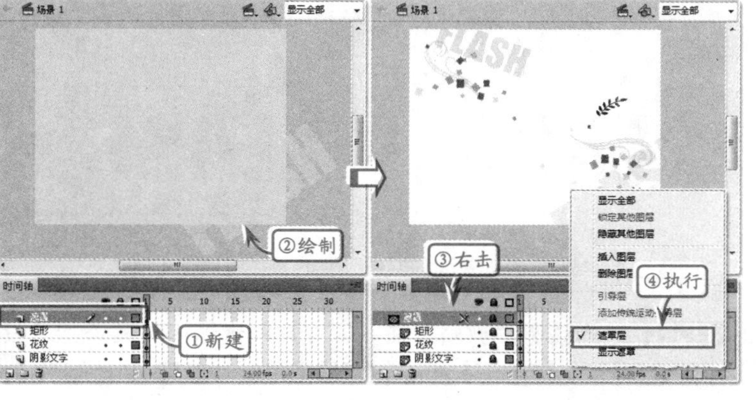

STEP|08 新建图层，在舞台中间输入Flash文字，并在【属性】检查器中设置其【字体】为Impact，【大小】为"140点"，【颜色】为"蓝色"（#0099FF）。然后，执行两次【修改】|【分离】命令，将文字转换为矢量图形。

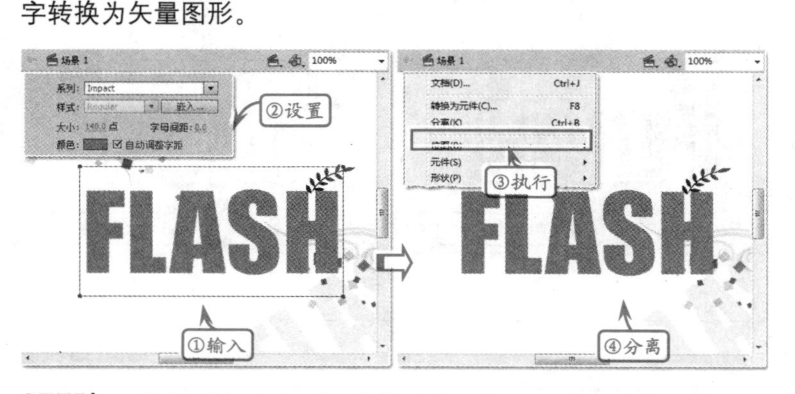

STEP|09 使用【任意变形工具】选择F字母，并通过拖动控制点将其放大。然后打开【颜色】面板，选择【颜色类型】为"线性渐变"，在颜色条中设置蓝色渐变，并使用【颜料桶工具】为文字从上至下填充渐变色。

STEP|10 选择【墨水瓶工具】，在【属性】检查器中设置【笔触颜色】为"白色"（#FFFFFF），【笔触高度】为5，分别单击舞台中的每一个字母图形，为其添加白色的描边，然后将其转换为影片剪辑元件。

提示

作为遮罩层的内容，矩形可以填充为任意颜色。

提示

分别右击"花纹"和"阴影文字"图层，执行【属性】命令，在弹出的对话框中启用【被遮罩】单选按钮。

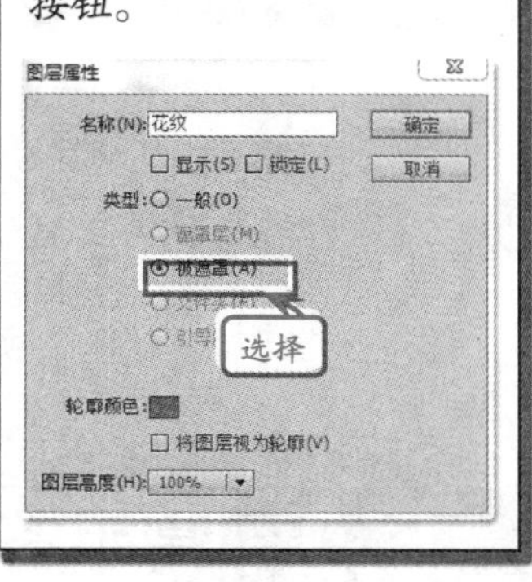

提示

在为文字填充渐变颜色后，可以使用【任意变形工具】调整渐变色的位置。

提示

在【属性】检查器中，还可以设置【墨水瓶工具】的笔触样式，包括实线、点状线、锯齿线、点刻线和斑马线。

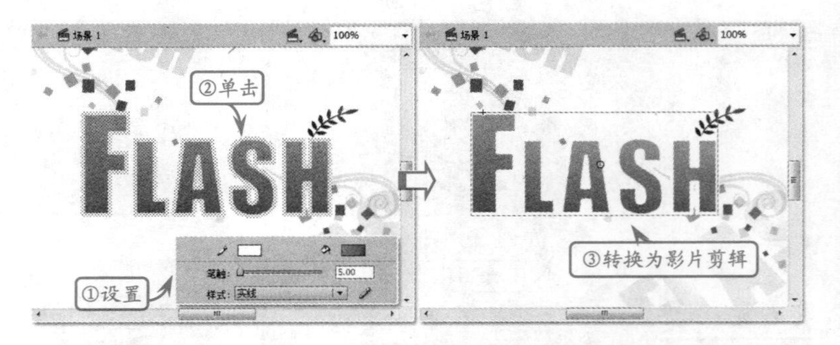

STEP|11 选择该影片剪辑，在【属性】检查器中为其添加“投影”滤镜，设置【模糊X】和【模糊Y】均为“10像素”，【距离】为“10像素”。然后，为其添加“发光”滤镜，设置其【颜色】为“蓝色”(#49A1DE)。

提示

将矢量图形转换为影片剪辑元件，才可以为其添加投影和发光等滤镜。

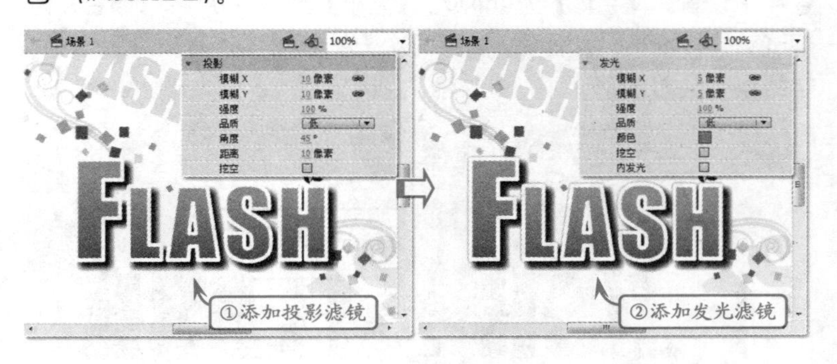

6.9 高手答疑

版本：Flash CS6

Q&A

问题1：Flash中能否像Photoshop中一样将多个图层群组？

解答：在Flash中，是可以将多个图层群组的，方法是单击【时间轴】面板左下角的【新建文件夹】按钮，新建一个文件夹。然后同时选择需要群组的多个图层，并拖动至“新建文件夹”，放开鼠标后这些图层便会位于“新建文件夹”内。

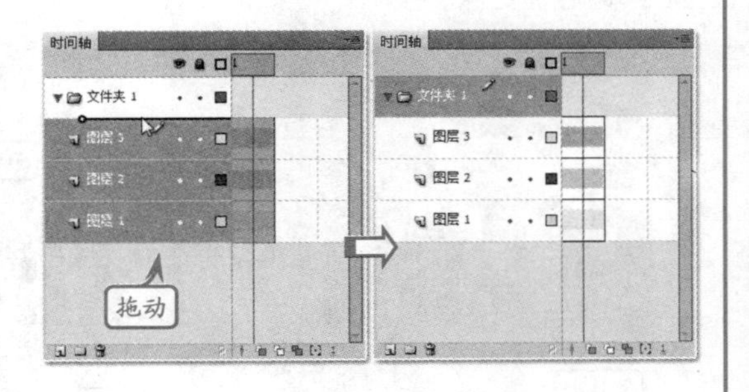

位于同一个文件夹内所有图层，可以同时显示或隐藏。方法是单击文件夹所在行内眼睛图标对应的白色小圆点，该圆点及文件内所有图层的该点均变为红色“×”号，表示该文件内所有图层的内容均被隐藏。

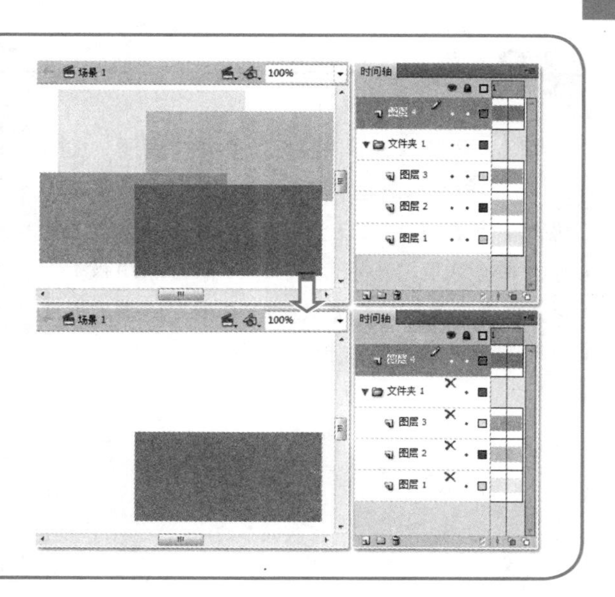

问题2：在【时间轴】面板中，图层的上下顺序对舞台中的图像有何影响？

解答：【时间轴】面板中图层的上下顺序，影响着舞台中图像显示的前后顺序。

位于上方的图层，其图层中的内容显示在前面。当下方图层中的内容和上方图层中的内容有重合部分时，舞台中显示上方图层中的图像，下方图层的图像将被上方图层中的图像遮挡。

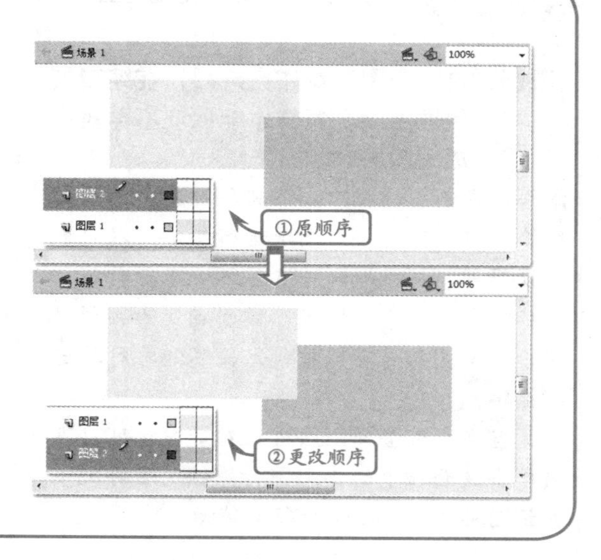

Q&A

问题3：删除【时间轴】面板中的图层，对舞台中的画面有何影响？

解答：当在【时间轴】面板中删除一个图层时，舞台中位于该图层中的所有图像均被删除。舞台是【时间轴】中所有图层中的内容总汇及显示的地方。

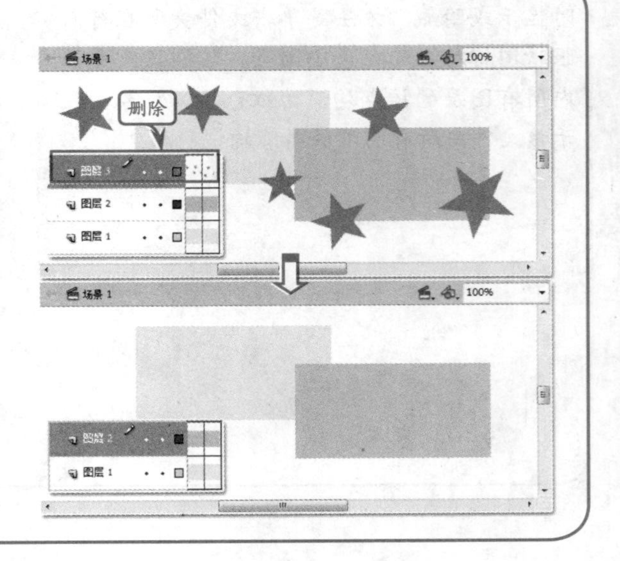

Q&A

问题4：当一个图层制作完成后，在编辑其他图层时，怎样才能保证不再对完成的图层进行操作？

解答：在绘图过程中，不需要对某个图层进行修改时，可以将该图层进行锁定，以免进行误操作。方法是单击该图形所在行内锁形图标对应的白色小圆点，该圆点变为锁形，表示该图层的内容已被锁定，不能再对其进行编辑。

当需要对全部图层进行锁定时，可以直接单击该面板中的锁形图标，锁定后再次单击该图标即可对图层进行解锁操作。

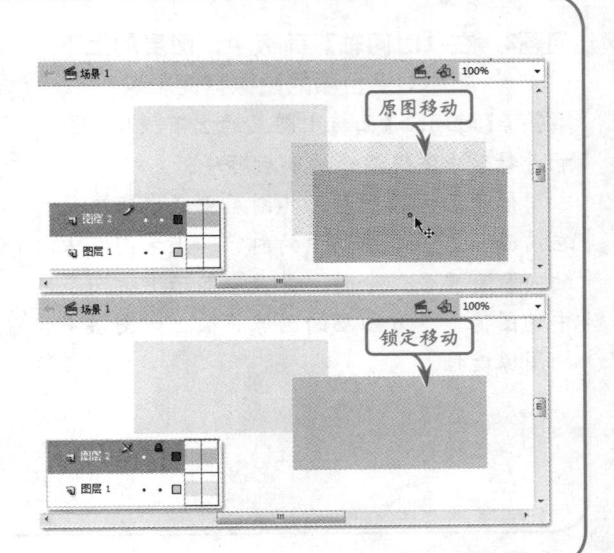

Q&A

问题5：在Flash中，如何更改图层的顺序？

解答：当需要更改图层的上下顺序时，首先选择需要更改顺序的图层，按住鼠标不放并拖至所需位置，然后松开鼠标，即可改变图层的上下顺序。

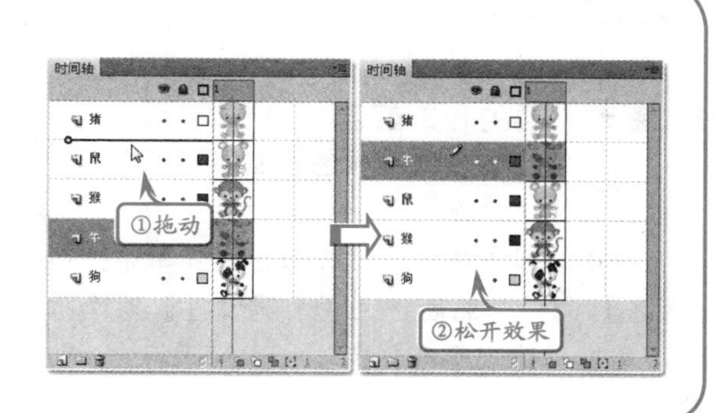

Q&A

问题6：如何在两个图层之间插入新的图层？

解答：在两个图层之间插入图层的方法有两种，一种是选择下方的图层，单击【新建图层】按钮，即可在两个图层之间插入新图层；另一种是选择下方的图层，右击该图层，从弹出的菜单中执行【插入图层】命令。

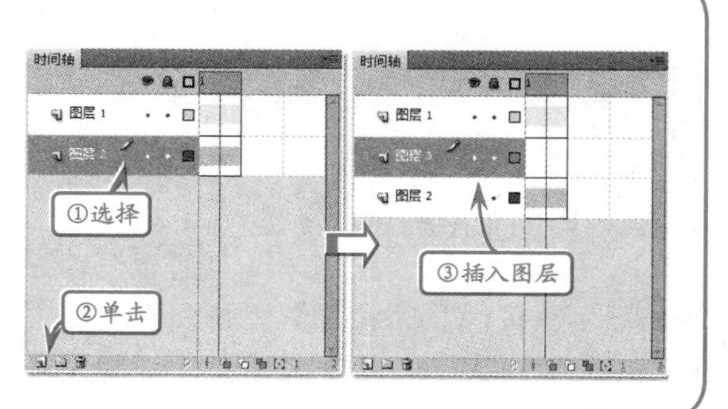

Q&A

问题7：如何删除图层？

解答：删除图层有两种方法，一种是选择需要删除的图层，单击【时间轴】面板的【删除】按钮；另一种是右击需要删除的图层，在弹出的菜单中执行【删除图层】命令。

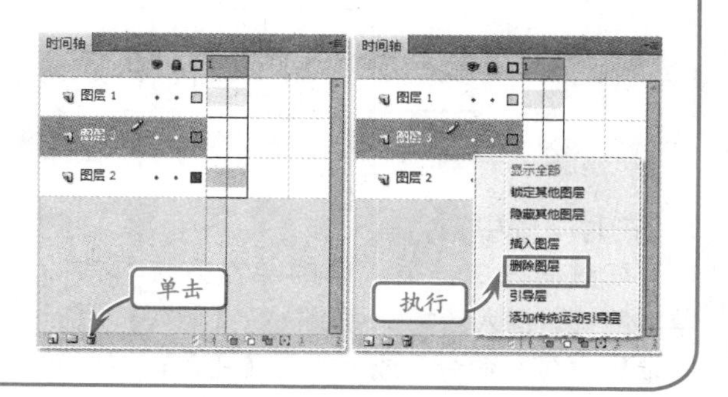

6.10 高手训练营

版本：Flash CS6

1．更改图层的轮廓颜色

图形对象的轮廓线颜色不是固定不变的，可以设置为任意颜色。

右击要设置的图层，在弹出的菜单中执行【属性】命令。然后，在【图层属性】对话框中，单击【轮廓颜色】选项右侧的颜色块，选择轮廓的颜色。

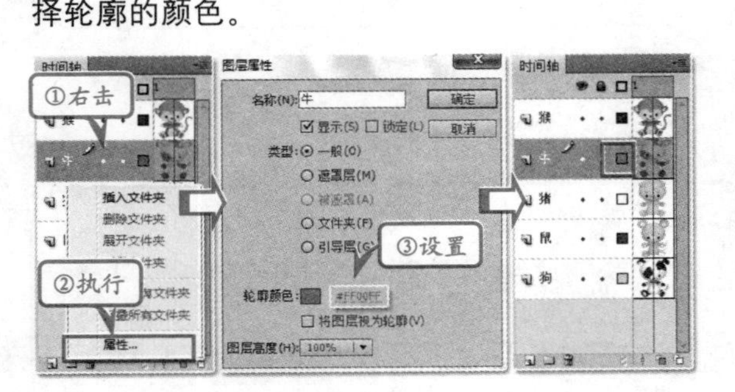

2．更改时间轴中的图层高度

在【图层属性】对话框中，还可以设置图层的显示高度。【图层高度】下拉列表中包括100%、200%和300%，选择不同的子选项，图层会呈现相应的高度。

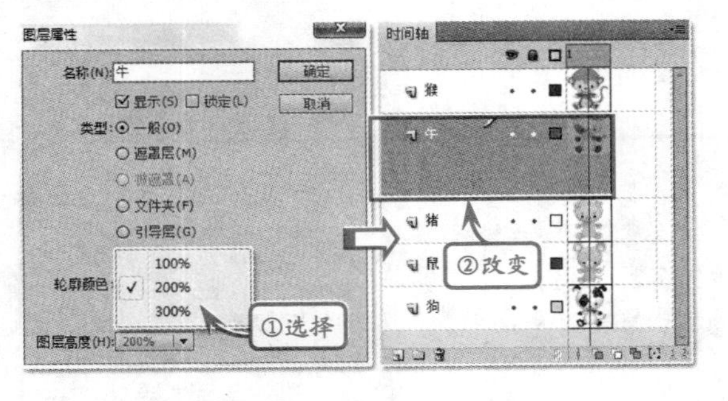

3．在时间轴中插入帧

在时间轴中，插入帧的操作方法非常简单。例如，插入新帧，可以执行【插入】|【时间轴】|【帧】命令，或者执行【插入】|【时间轴】|【关键帧】命令，即可插入帧或者关键帧。

除此之外，用户也可以右击时间轴中需要放置关键帧的位置，然后执行【插入关键帧】命令即可。或者，在弹出的快捷菜单中，执行【插入空白关键帧】命令，即可插入关键帧或者空白关键帧。

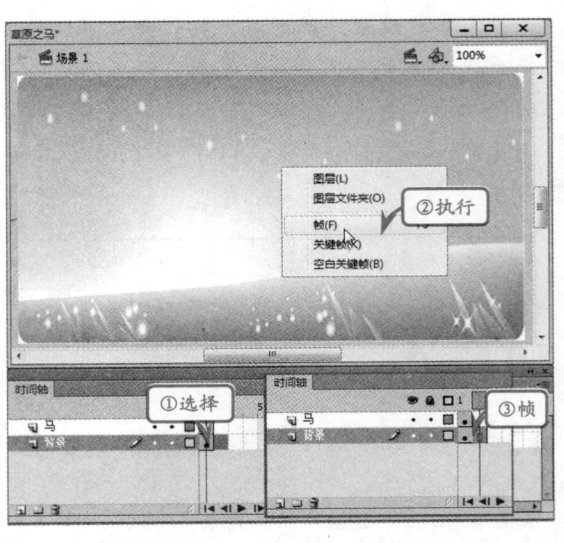

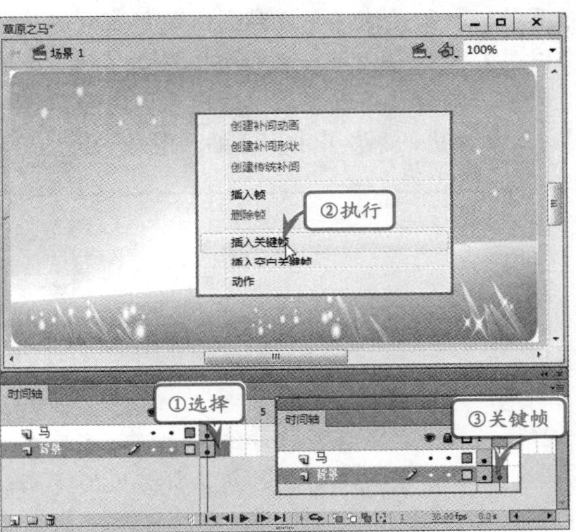

4．在时间轴中选择帧

在编辑Flash动画时，可能需要调整动画的显示顺序，需要调整帧的位置，因此，用户需要选择帧。一般在基于帧的默认选择中，可以在时间轴中选择单个帧。

除此之外，用户还可以通过其他方法来选择不同的帧，以及选择多个帧。其详细的操作方法如下所示：

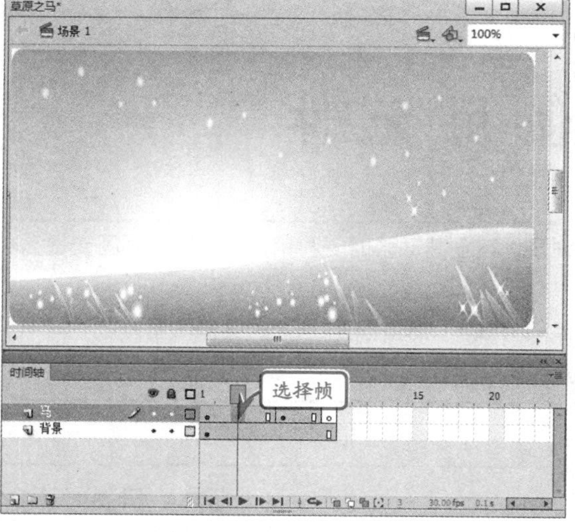

- 若要选择多个连续的帧，按住Shift键，并单击其他帧。
- 若要选择多个不连续的帧，按住Ctrl键，单击其他帧。
- 若要选择时间轴中的所有帧，执行【编辑】|【时间轴】|【选择所有帧】命令。
- 若要选择整个静态帧范围，双击两个关键帧之间的帧。

5．编辑帧序列

在选择帧之后，可以进行复制、粘贴等操作。并且，可以在一个场景中进行复制，粘贴到其场景中。例如，选择帧或序列并执行【编辑】|【时间轴】|【复制帧】命令。选择要替换的帧或序列，然后执行【编辑】|【时间轴】|【粘贴帧】命令。

也可以，在【时间轴】中，直接右击所选择的帧，并执行【复制帧】命令。然后，右击需要替换帧位置，执行【粘贴帧】命令。

如果用户需要移动帧或者帧序列时，可以直接通过鼠标选择需要移动的帧，并将鼠标再次放置所选帧之上，并拖至目标位置即可。

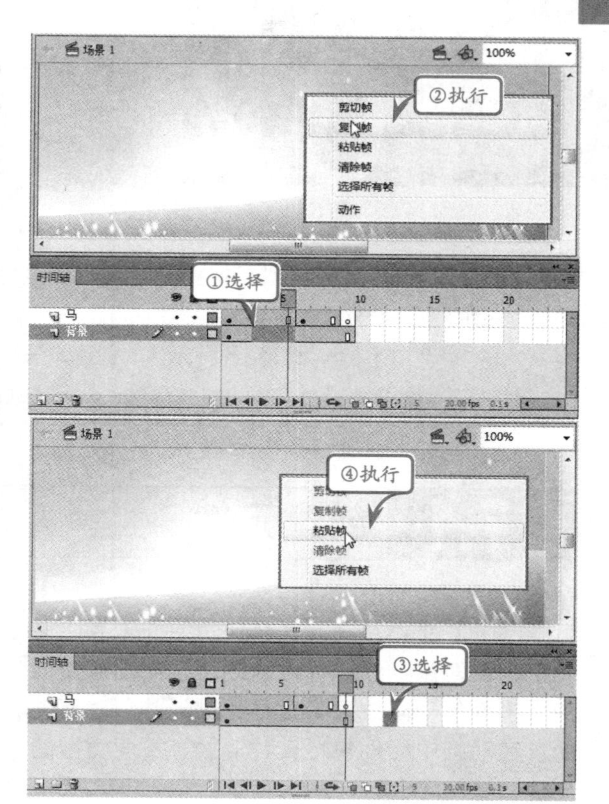

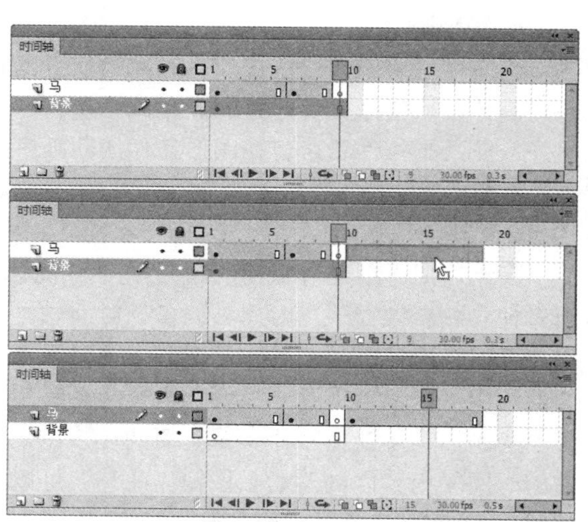

而当前选择帧并将鼠标放置帧上时，则鼠标将尾随一个“虚线”矩形框。而当用户将帧移到目标位置后，则原位置将自动插入相同的空白帧。

07 使用元件

元件在Flash中是一种比较独特的、可重复使用的对象。在创建动画时，利用元件可以使动画变得简单，使创建复杂的交互变得更加容易。

在本章节中，将详细介绍各种元件的创建方法和编辑方式，以及由元件延伸的实例使用方法，其中主要包括实例的色彩属性和混合模式属性，从而为动画制作做准备。

7.1 创建元件

版本：Flash CS6

Flash本身不存在元件，使用绘图工具绘制的是图形对象，外部导入的则是位图图像。而绝大多数的动画效果，则是通过元件创建而成的。在动画中元件包括三种形式，不同类型的元件，其作用各不相同。

● **图形**

该元件可用于创建链接到主时间轴的可重用动画片段。图形元件与主时间轴同步运行。另外，交互式控件和声音在图形元件的动画序列中不起作用。

● **影片剪辑**

该元件用于创建可重用的动画片段。影片剪辑拥有各自独立于主时间轴的多帧时间轴。用户可以将多帧时间轴看作是嵌套在主时间轴内，它们可以包含交互式控件、声音甚至影片剪辑实例，也可以将影片剪辑实例放在按钮元件的时间轴内，以创建动画按钮。此外，可以使用ActionScipt对影片剪辑进行改编。

● **按钮**

该元件用于响应鼠标单击、滑过或其他动作的交互式按钮。可以定义与各种状态关联的图形，然后将动作指定给按钮实例。

1．创建图形元件

创建图形元件的对象可以是导入的位图图像、矢量图像、文本对象以及用Flash工具创建的线条和色块等。

在Flash中，要创建图形元件可以通过两种方式，一种是按Ctrl+F8快捷键打开【创建新元件】对话框。在【类型】下拉列表中选择“图形”选项，创建“元件1”图形元件，即可在其中绘制图形对象。

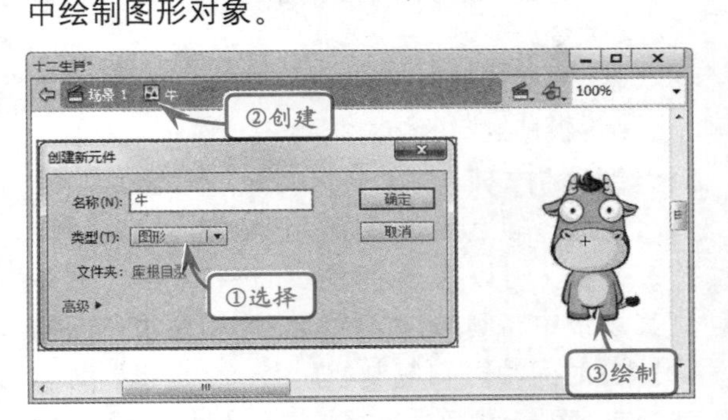

另一种是选择相关元素，执行【修改】|【转换为元件】命令（快捷键F8），弹出【转换为元件】对话框。在【类型】下拉列表中选择“图形”选项，单击【确定】按钮，这时在场景中的元素变成了元件。

元件默认的注册点为左上角，如果在对话框中单击注册的中心点，那么元件的中心点会与图形中心点重合。

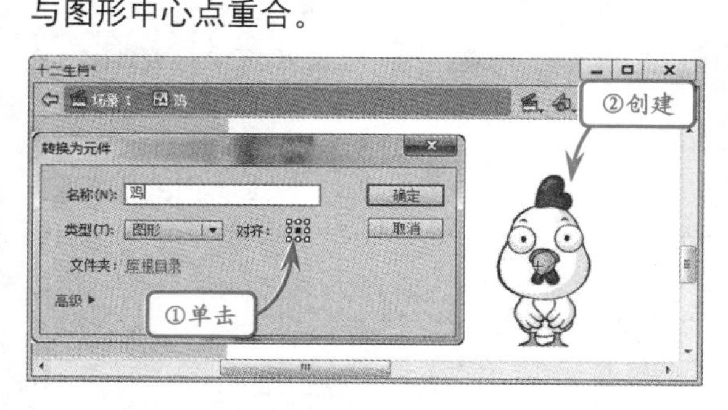

2. 创建影片剪辑元件

影片剪辑元件就是平时常说的MC（Movie Clip）。通常，可以把场景上任何看得到的对象，甚至整个【时间轴】内容创建为一个MC，而且可以将这个MC放置到另一个MC中。

在Flash中，创建影片剪辑元件的方法与图形元件的创建方法相似，不同的是在【创建新元件】或【转换为元件】对话框中，选择【类型】下拉列表中的“影片剪辑”选项即可。

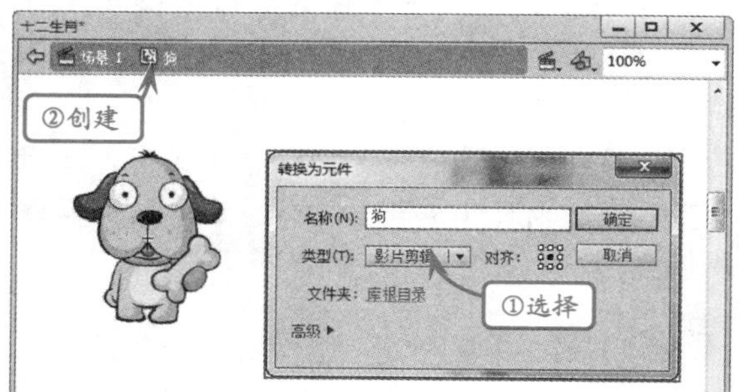

3. 创建按钮元件

在Flash中，创建按钮元件的对象可以是导入的位图图像、矢量图形、文本对象以及用Flash工具创建的任何图形。

要创建按钮元件，可以在打开的【创建新元件】或【转换为元件】对话框中，选择【类型】列表中的“按钮”选项，并单击【确定】按钮，进入按钮元件的编辑环境。

按钮元件的特殊性在于除了拥有图形元件全部的编辑功能外，还具有4个状态帧：弹起、指针经过、按下和点击。

在前3个状态帧中，可以放置除了按钮元件本身之外的所有Flash对象，在【点击】中的内容是一个图形，该图形决定着当鼠标指向按钮时的有效范围。它们各自功能如下所示。

- 弹起　该帧代表指针没有经过按钮时该按钮的状态。
- 指针经过　该帧代表当指针滑过按钮时，该按钮的外观。
- 按下　该帧代表单击按钮时，该按钮的外观。
- 点击　该帧用于定义响应鼠标单击的区域，此区域在SWF文件中是不可见的。

选中“指针经过”动画帧，并执行【修改】|【时间轴】|【转换为关键帧】命令（快捷键F6），Flash会插入复制了“弹起”动画帧内容的关键帧。然后再编辑该图形，使其有所区别。

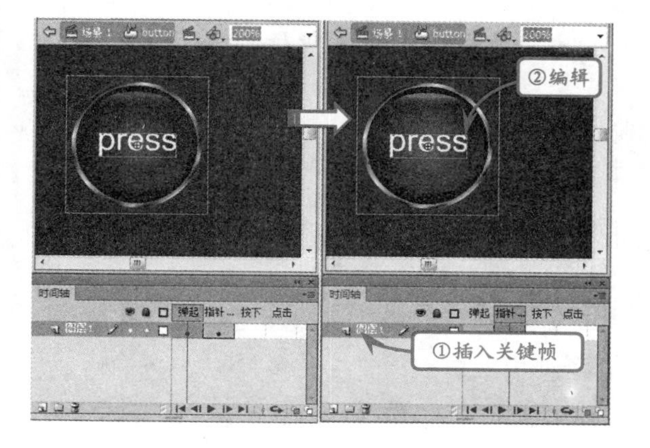

最后使用同样的方法创建【按下】状态和【点击】状态下的图形效果。

创建好按钮元件后，并把该按钮元件放置在场景中，执行【控制】|【测试影片】命令（快捷键 Ctrl+Enter），即可通过鼠标的指向与单击查看按钮的不同状态效果。

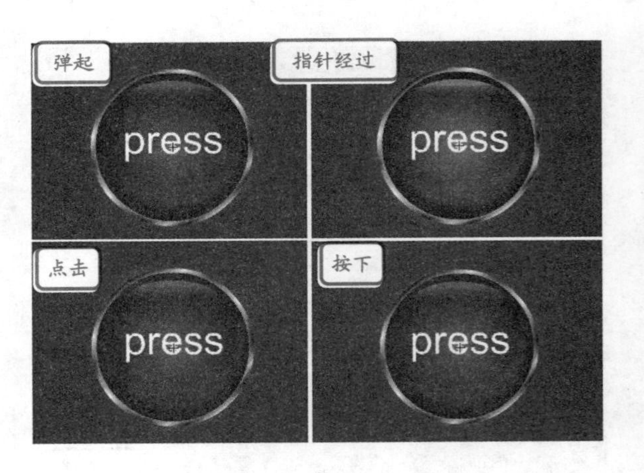

7.2 编辑元件

版本：Flash CS6

用户可以对创建好的元件进行编辑。编辑元件时，Flash将更新文档中该元件的所有实例，以反映编辑的结果。

1. 在当前位置编辑元件

在舞台中双击某个元件实例，即可进入元件编辑模式。此时，其他对象以灰度方式显示，这样有利于和正在编辑的元件区别开来。同时，正在编辑的元件名称显示在舞台上方的编辑栏内，它位于当前场景名称的右侧。

此时，用户可以根据需要编辑该元件。编辑好元件后，单击【返回】按钮，或者在空白区域双击，即可返回场景。

2. 在新窗口中编辑元件

在新窗口中编辑元件，是指在一个单独的窗口中编辑元件。在单独的窗口中编辑元件时，可以同时看到该元件和主时间轴。正在编辑的元件名称会显示在舞台上方的编辑栏内。

在舞台上，选择该元件的一个实例，右击选择【在新窗口中编辑】命令，进入新窗口编辑模式。

编辑好元件后，单击窗口右上角的【关闭】按钮，关闭新窗口。然后在主文档窗口内单击，返回到编辑主文档状态。

3. 在元件编辑模式下编辑元件

在Flash中，使用元件编辑模式可以将窗口从舞台视图更改为只显示该元件的单独视图来编辑它。要进入元件编辑模式，可以通过如下所示的几种方式。

- 在【库】面板中，双击元件图标。
- 在舞台上选择该元件的一个实例，右击该实例，然后从快捷菜单中选择【编辑】选项。
- 在舞台上选择该元件的一个实例，然后选择【编辑】|【编辑元件】选项。
- 在【库】面板中选择该元件，然后在库选项菜单中选择【编辑】选项。

7.3 使用元件实例　版本：Flash CS6

元件并不能直接应用于动画，而是通过元件的实例来创建。当修改元件时，Flash会更新元件的所有实例。并且在创建元件实例后，还可以使用【属性】检查器来指定颜色效果、指定动作、设置图形显示模式或更改实例的类型等属性，但是并不会改变元件。

1. 创建元件实例

通常，把一个元件应用到场景就是创建一个实例，在场景时间轴上只需一个关键帧，就可以将元件的所有内容都包括进来。

方法是，打开【库】面板，选中一个元件元素后，将其拖入场景中即可创建该元件的实例。

提示

Flash只可以将实例放在关键帧中，并且总在当前图层上，如果没有选择关键帧，Flash会将实例添加到当前帧左侧的第一个关键帧上。

2. 设置实例基本属性

每当把【库】面板中的元件拖入场景后，均能够创建一个实例。而选中不同的实例，在【属性】检查器中会显示相应的属性，即使是由一个元件生成的实例。

每一个实例在场景中，均能够改变其位置和大小，并且同一个元件所创建的实例可以分别设置其属性。

如果实例是由影片剪辑或者按钮元件生成的，为了后期添加动作而所有区分，还可以为其设置实例名称。方法是选中实例，在【属性】检查器的【实例名称】文本框中输入数字或者字母即可。

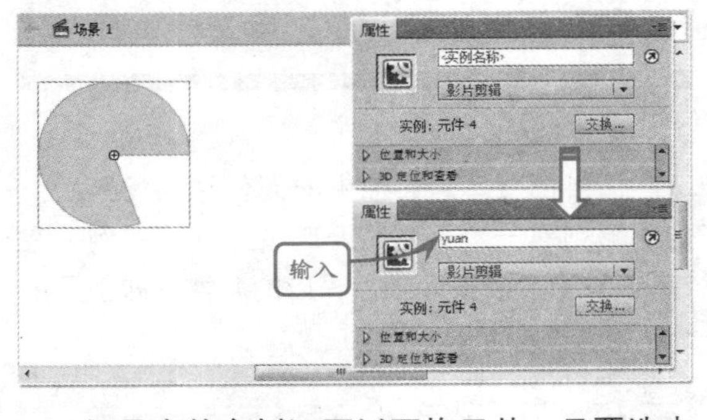

场景中的实例还可以更换元件，只要选中某实例，单击【属性】检查器中的【交换】按钮，弹出【交换元件】对话框。在列表中选择同类型的元件，单击【确定】按钮，更改该实例的元件内容。

> **提示**
>
> 由于实例的更换只是更换元件内容，而实例本身的属性并没有更改，所以如果是不同类型的元件替换，需要重新更改实例的类型。

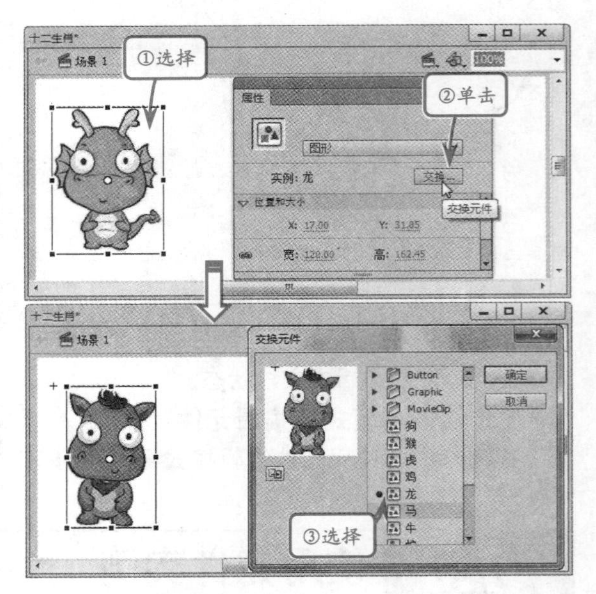

3．设置实例色彩效果

每个元件都可以拥有自己的色彩效果。要设置实例的颜色和透明度选项，可以使用【属性】检查器中的【色彩效果】选项组。

在【样式】下拉列表中，分别包括“无”、“亮度”、“色调”、“高级”和Alpha子选项，选择不同的子选项，其下方会显示相应的参数。

● **亮度**

调节图像的相对亮度或暗度，度量范围是从黑（-100%）到白（100%）。若要调整亮度，可以拖动滑块，或者在框中输入一个值。

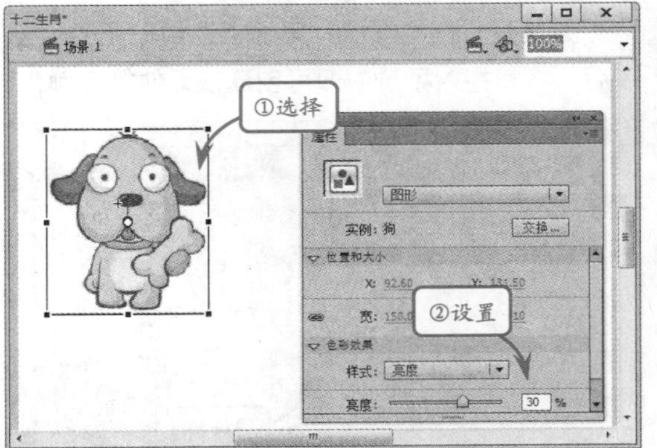

● **色调**

用相同的色相为实例着色。要设置色调百分比（从透明到完全饱和），可以拖动色调滑块。若要选择颜色，可以在各自的框中输入红、绿和蓝色的值，或者单击【颜色控件】，然后从调色板中选择一种颜色。

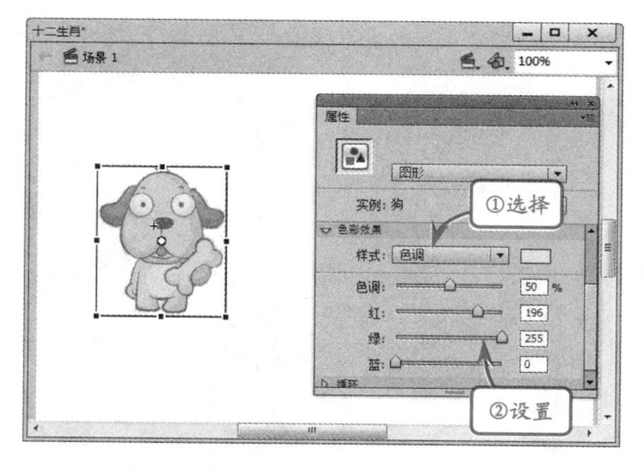

● 高级

分别调节实例的红色、绿色、蓝色和透明度值。左侧的控件可以按指定的百分比降低颜色或透明度的值，右侧的控件可以按常数值降低或增大颜色或透明度的值。

● Alpha

调节实例的透明度的范围是从透明（0%）到完全饱和（100%）。若要调整Alpha值，可以拖动滑块，或者在框中输入一个值。

提示

【样式】列表中的颜色选项，是不能够同时设置参数的。只能够选择一个子选项，来设置相应的参数。如果要返回实例的原效果，只要选择“无”子选项即可。

4．设置实例3D与显示效果

当场景中创建的是影片剪辑元件的实例时，不仅能够设置基本属性以及颜色效果，而且可以设置其3D效果以及混合模式效果。

影片剪辑元件实例的三维效果与TLF文本三维效果的设置方法相同，均能够通过【属性】检查器中的【3D定位和查看】选项组精确设置，或者是【工具】面板中的【3D平移工具】与【3D旋转工具】进行手动设置。

无论下方是何种类型的对象，只要上方是影片剪辑元件的实例，均能够设置混合模式效果。

当两个图像的颜色通道以某种数学计算方法混合叠加到一起的时候，两个图像会产生某种特殊的变化效果。而在Flash中包括多种混合模式，其中部分混合模式效果如下。

● 一般

正常应用颜色，不与基准颜色发生交互。该选项为默认混合模式。

● 变暗

只替换比混合颜色亮的区域。比混合颜色暗的区域保持不变。

● 正片叠底

将基准颜色与混合颜色复合，从而产生较暗的颜色。

● 变亮

只替换比混合颜色暗的像素。比混合颜色亮的区域保持不变。

● 叠加

复合或过滤颜色，具体操作取决于基准颜色。

5．分离实例

当创建实例后，场景中的实例与【库】面板中的元件是相关联的。也就是说，当元件中的元素发生变化后，场景中的实例会随之更新。

如果要断开实例与元件之间的链接，并把实例放入未组合形状和线条的集合中，可以分离该实例。

方法是，选中场景中的实例，按Ctrl+B快捷键把实例分离成图形对象。这时，再次更改元件中的元素，分离后的对象不会随之更新。

7.4 管理库

版本：Flash CS6

每个Flash动画文件都有用于存放动画元素的库，用来存放元件、位图、声音以及视频文件等。利用库可以方便地查看和组织这些内容。

1．认识【库】面板

在动画制作过程中，【库】面板是使用频率最高的面板之一，打开【库】面板的快捷键为Ctrl+L。

在默认情况下，【库】的【元件项目列表】是按【元件名称】排列的，英文名与中文名混杂时，英文在前，中文按其对应的字符码排列。

提示

【库】面板中包括【元件预览窗】、【排序按钮】及【元件项目列表】选项。

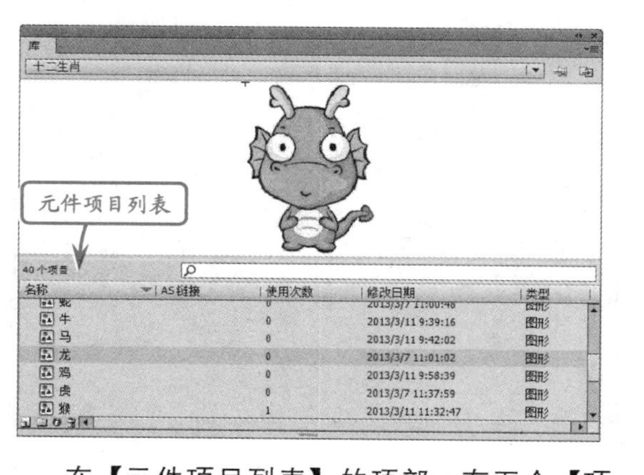

在【元件项目列表】的顶部，有五个【项目】按钮，它们分别是【名称】、【类型】、【使用次数】、【AS链接】和【修改日期】。其实它们是一组【排序】按钮，单击某一按钮，【项目列表】就按其标明的内容排列。

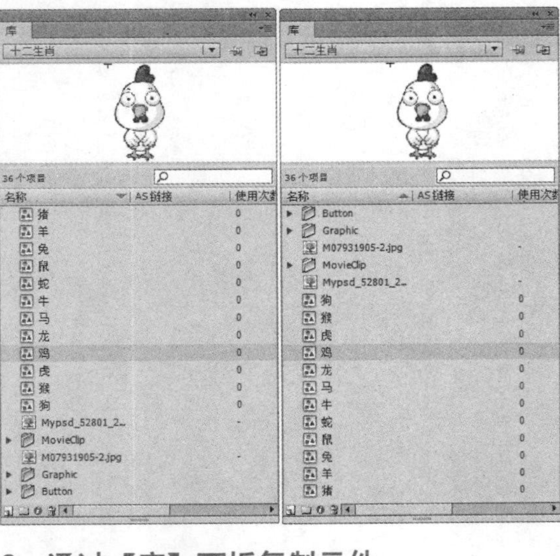

2. 通过【库】面板复制元件

在Flash中，除了上面提到的创建元件方法外，还可以通过复制元件创建新元件。

方法是，在【库】面板中右击要复制的元件元素，选择【直接复制】命令，直接在【直接复制元件】对话框中单击【确定】按钮，即可得到副本元件。

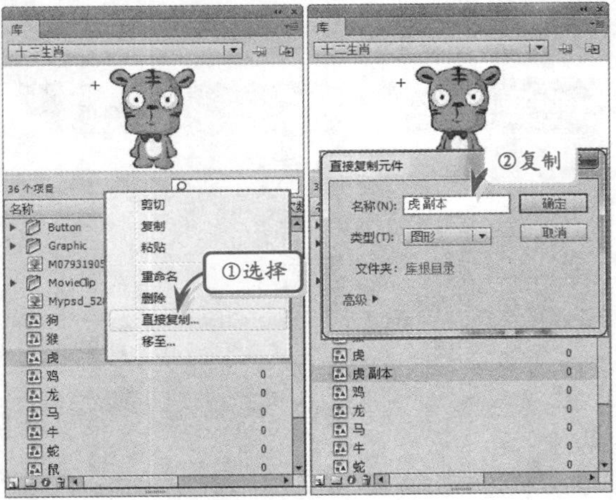

3. 通过【库】面板编辑元件

除了在建立过程中设置元件名称，还可以在【库】面板中进行重命名。

方法是右击元件，选择【重命名】命令，即可更改元件名称。

元件名称设置还可以在【元素属性】对话框中设置，方法是右击元件，选择【属性】命令，弹出【元素属性】对话框。

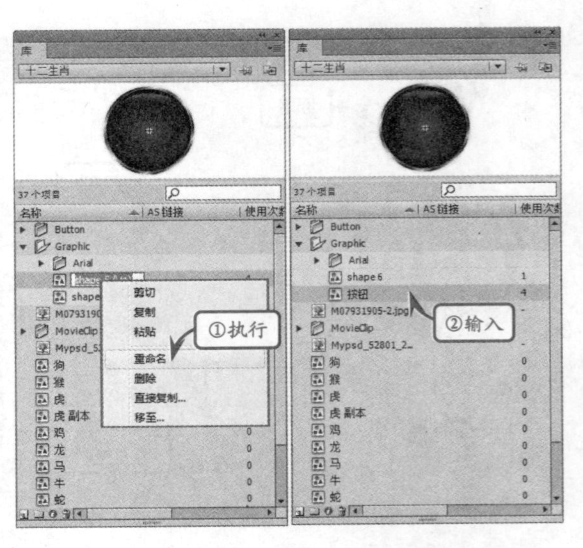

在该对话框中，还可以更改元件的类型。只要在【类型】下拉列表中选择与之不同的类型选项即可。

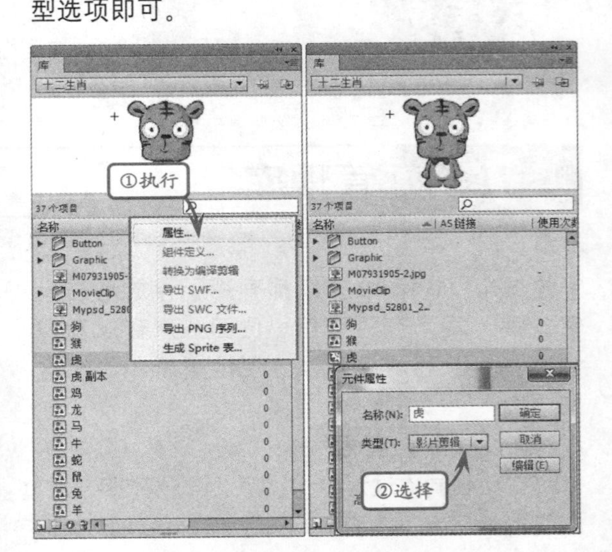

提示

单击【元素属性】对话框中的【编辑】按钮，或者直接在【库】面板中双击元件预览窗，即可进入元件编辑模式。

4. 调整元件库中的项目

随着动画制作过程的进展，【库】面板中的项目将变得越来越杂乱，不可避免会出现一些无用的元件，占据一定的空间，从而使源文件变得很大。这时可以通过删除未用的元件，来减小动画文件的容量。

方法是，单击【库】面板右上角小三角图标，选择【选择未用项目】命令。这时单击【删除】按钮，即可将未用的元件删除。

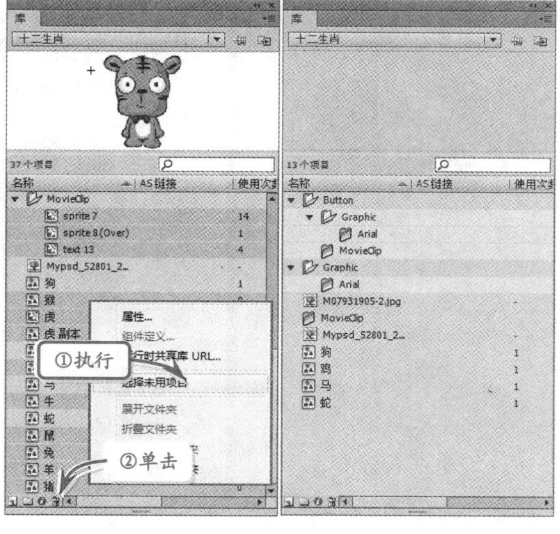

提示

可能得重复几次这样的操作，因为有的元件内还包含大量其他子元件，第一次显示的往往是母元件，母元件删除后，其他未用的子元件才会暴露出来。另外，该命令有时对一些多余的位图元件不起作用，只好手工删除。

7.5 练习：绘制彩色森林

版本：Flash CS6
downloads/第7章/01

本实例绘制的是彩色森林效果。在绘制过程中，采用了图形的形状并结合对象合并命令运算得来。而重复图形的制作则是通过元件实例的创建，多彩的效果是通过调整实例的色彩效果属性来实现。

练习要点

- 创建元件
- 复制元件
- 创建实例
- 设置实例属性

操作步骤

STEP|01 新建文档，使用【椭圆工具】绘制正圆图形。使用【任意变形工具】，单击正圆并向下移动变形中心点。在【变形】面板中设置【旋转】为60度，连续单击【重制选区和变形】按钮，旋转并复制该对象。

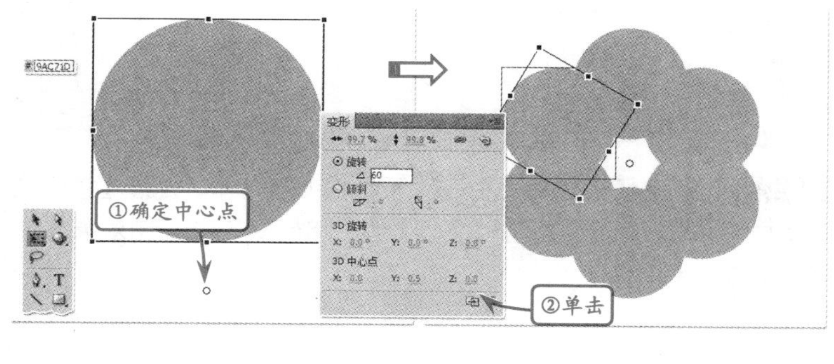

提示

无论图形对象的大小如何，只要变换中心点位置不同，其旋转并复制得到的整体效果就会有所不同。

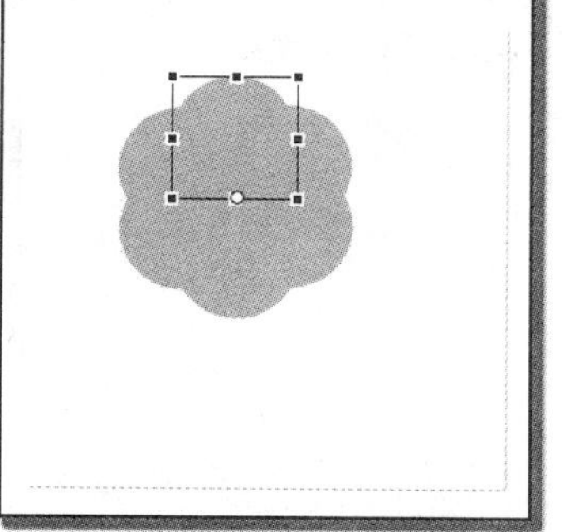

STEP|02 使用【椭圆工具】在圆环图形中心绘制“白色”正圆图形。再选中所有对象，执行【修改】|【合并对象】|【打孔】命令，得到镂空对象并组合。

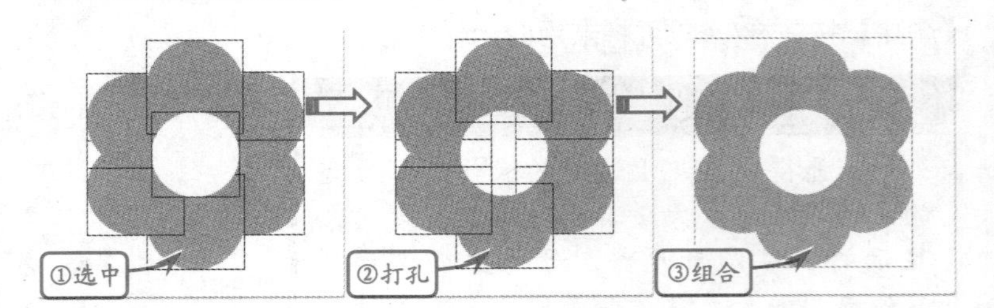

STEP|03 使用【任意变形工具】选中组合对象后，进行顺时针旋转，改变显示效果。按F8快捷键，将其转换为“树冠”图形元件。

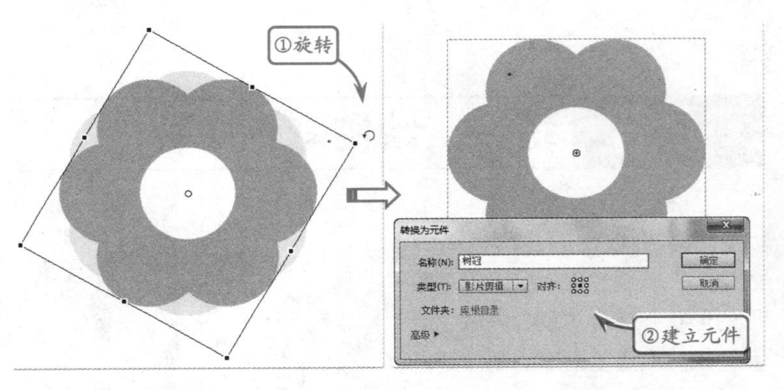

STEP|04 在【库】面板中右击“树冠”元件，执行【直接复制】命令，得到“大树”元件。双击“大树”元件预览框进入该元件编辑模式，选择【矩形工具】绘制矩形后，使用【选择工具】，调整边缘弧度，作为树杆。

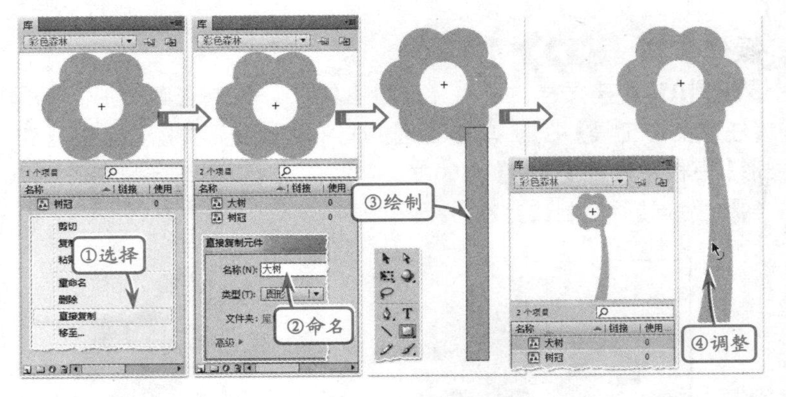

STEP|05 返回场景，将“树冠”元件拖入舞台中。设置【色彩效果】中【样式】为“亮度”，【亮度】为“78%”。连续复制对象，并不同程度地缩小。

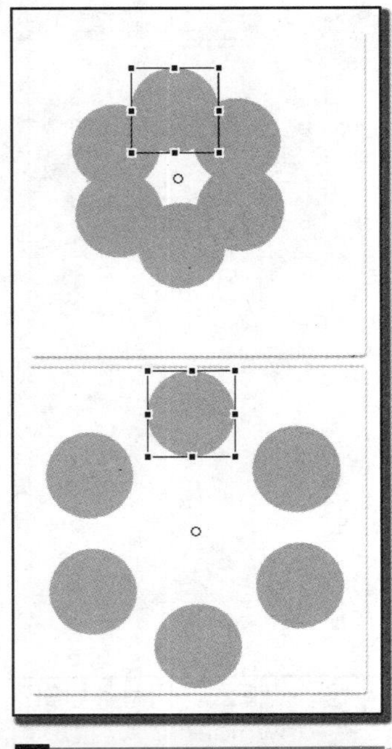

注意

执行【合并对象】命令时，必须是同一个级别的对象才能够进行运算，比如图形对象与图形对象，对象绘制与对象绘制对象。而且不能是这两种以外的其他对象，比如组合对象和元件对象等。

提示

选中舞台中的实例，并在【属性】检查器中选择【样式】为“亮度”，即可拖动亮度滑块，得到不同程度的亮度效果。

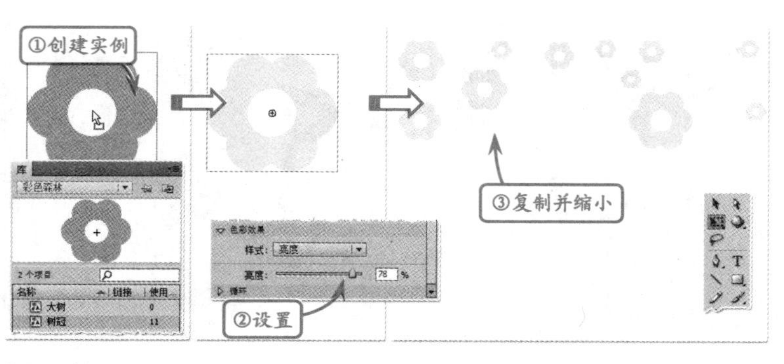

STEP|06 继续将【库】面板中的“树冠”元件拖入舞台中，将其选中后选择【样式】为“色调”，设置【色调】为“100%”，分别拖动【红色】、【绿色】和【蓝色】滑块，调整出“橘红色”。使用上述方法，依次将拖入后的实例设置颜色为“黄色”、“深绿色”、“草绿色”和“红色”等。

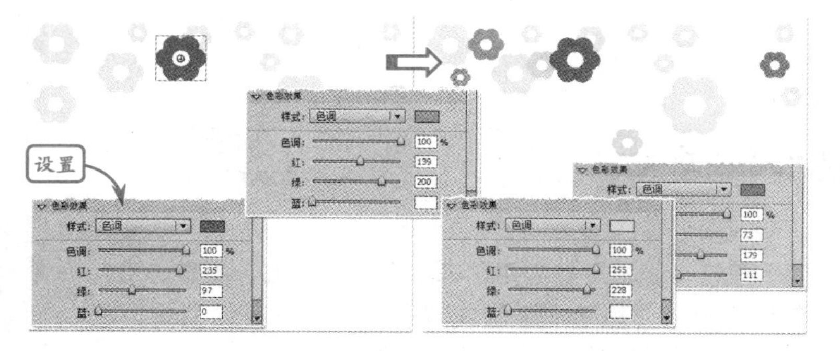

STEP|07 将【库】面板中的“大树”元件拖入舞台中4次，分别进行缩放与水平翻转操作。然后再次将该元件拖入场景，进行相同操作，选择【属性】检查器中【样式】为“色调”，并设置色调为“蓝色调”。

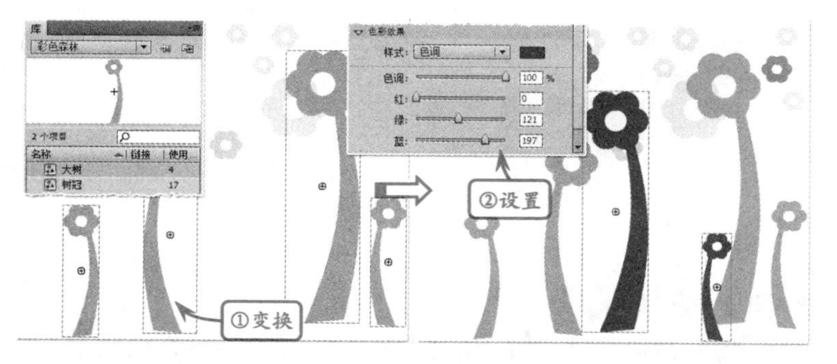

STEP|08 使用上述方法，继续创建“大树”元件的实例，并且进行缩放变换，然后设置不同的色调。最后进行上下顺序排列，在底部绘制“草绿色”矩形，完成整体绘制。

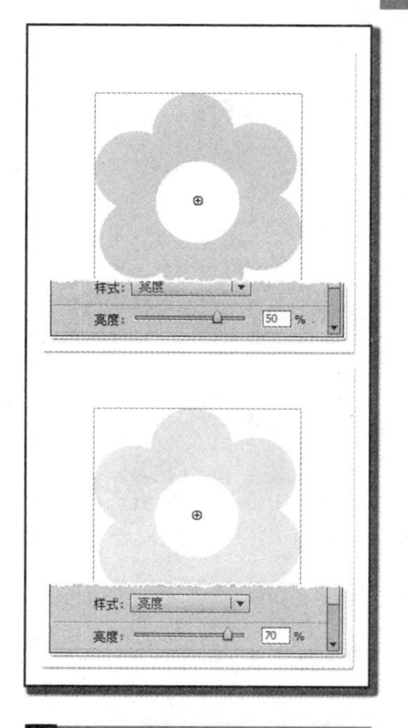

提示

得到相同图形对象的元件方式有多种，既可以将图形对象复制到新建元件中，也可以在【库】面板中直接复制元件。

注意

当为实例设置“色调”色彩效果时，只有设置【色调】参数值越高，才能够通过设置【红】、【绿】、【蓝】选项来设置色相饱和度越高。

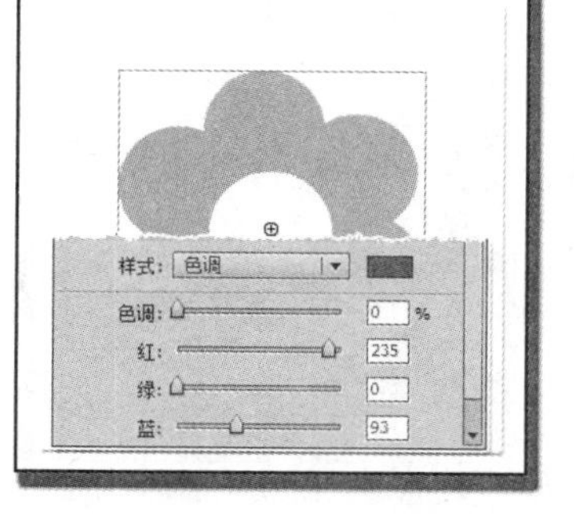

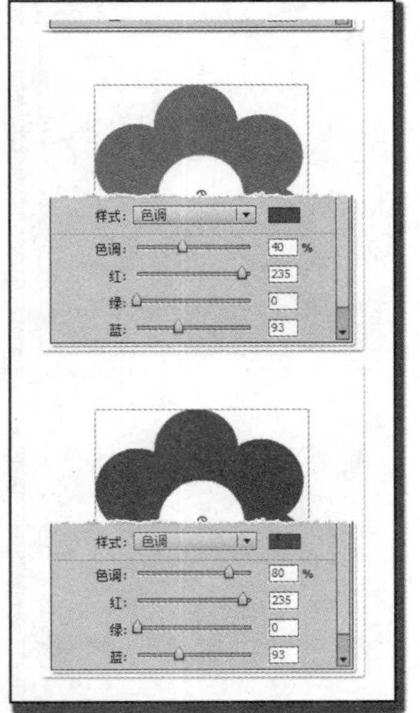

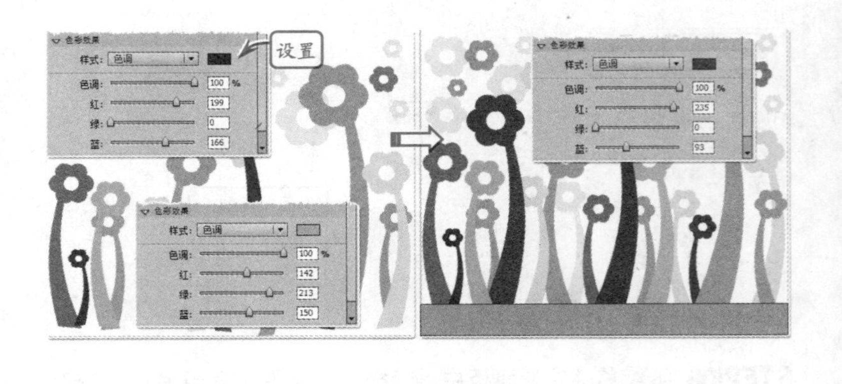

7.6 练习：制作插画女人花

版本：Flash CS6
downloads/第7章/02

练习要点

- 转换元件
- 制作按钮
- 更改元件色调

技巧

在Flash中，可以将需要重复使用到的图形制作为元件，方法是执行【插入】|【新建元件】命令，在打开的对话框中【名称】选项内输入所需名称，在【类型】下拉菜单中选择所需类型，单击【确定】按钮即可。

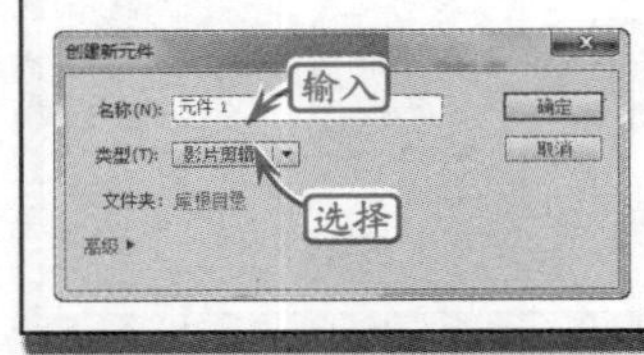

按钮在网站上的应用越来越多，较为流行的是使用Flash来制作完成。使用Flash来制作按钮，不仅在变化上更加随心所欲，而且可以为网站起着画龙点睛的作用。

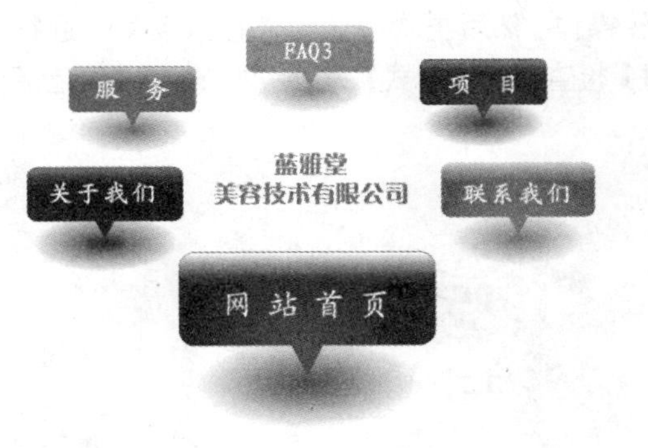

操作步骤

STEP|01 新建空白文档，使用【钢笔工具】，分别设置【填充颜色】和【笔触颜色】控件参数，在舞台中绘制图形。然后选择【渐变变形工具】，单击图形，并拖动各个控制点，调整渐变的范围。

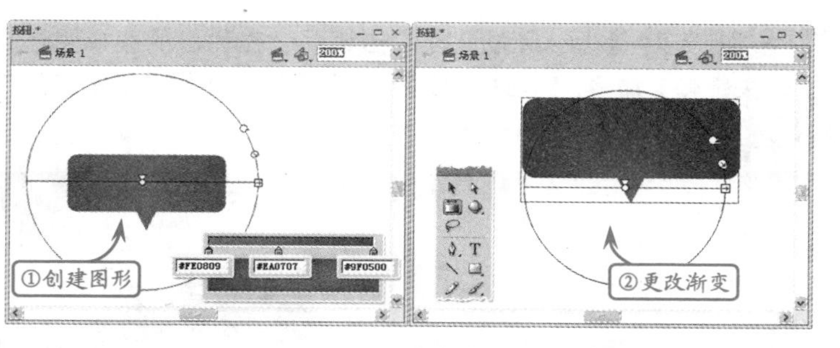

STEP|02 使用【基本矩形工具】，分别设置【填充颜色】和【笔触颜色】控件参数，在舞台中绘制一个矩形，作为按钮的高光。然后选择【椭圆工具】，再次设置【填充颜色】和【笔触颜色】控件参数，在按钮底部。绘制椭圆作为按钮的投影。

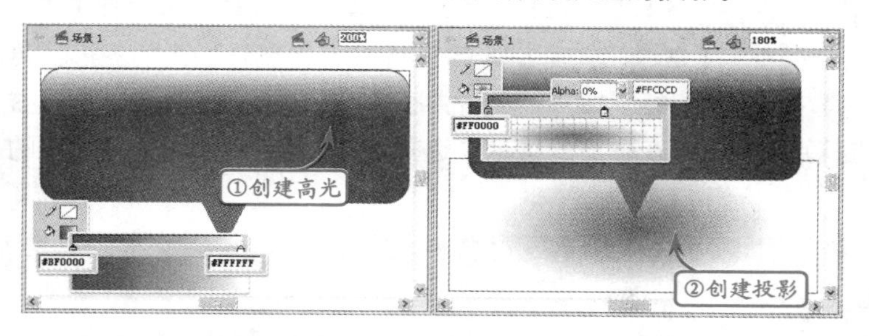

STEP|03 使用【选择工具】框选三个图形，右击图形从弹出的菜单中选择【转换为元件】命令，在弹出的对话框中，在【名称】内输入“按钮”，在【类型】下拉菜单中选择【按钮】类型，其他采用默认选项，单击【确定】按钮即可。

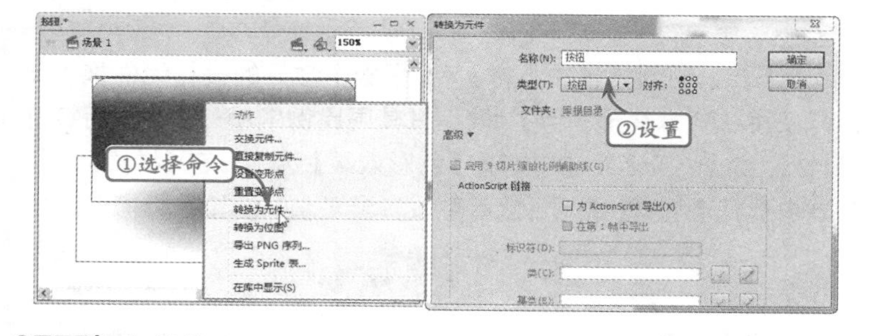

STEP|04 转换为元件后，打开【库】面板，发现该面板中存在一个名称为“按钮”的按钮元件。双击该元件进入该元件的编辑状态，此时打开【时间轴】面板，可以看到三个图形自动位于“图层1”的【弹起】帧下。

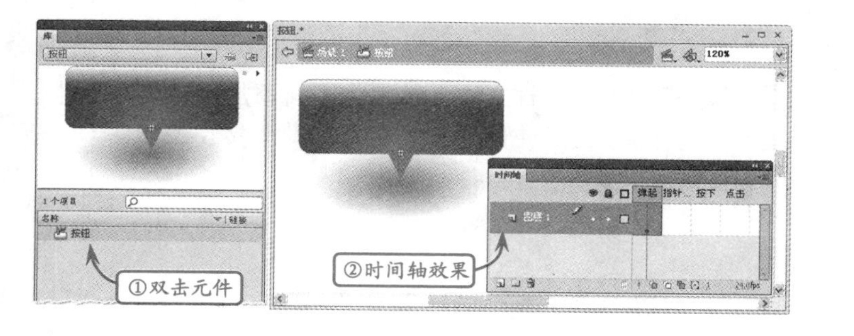

需要方式建立元件时，可以在【创建新元件】对话框中，单击右下方的【高级】按钮，启动高级选项。

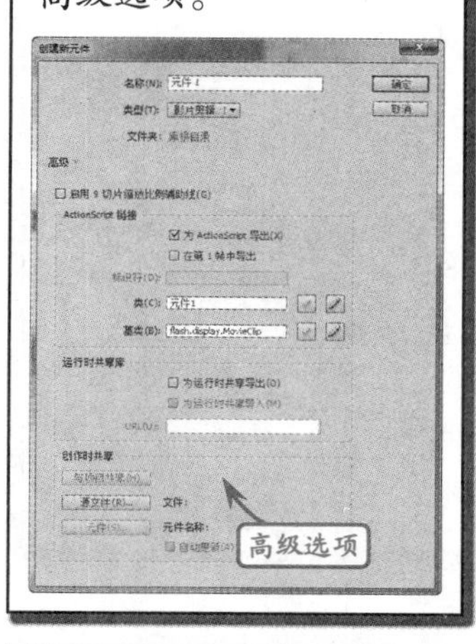

技巧

在Flash中，也可以将图形转化为元件来多次使用。方法是选择需要的图形，可以是一个或多个，然后右击图形，从弹出的菜单中，选择【转换为元件】命令，在弹出的对话框中设置参数，即可将图形转换为元件。

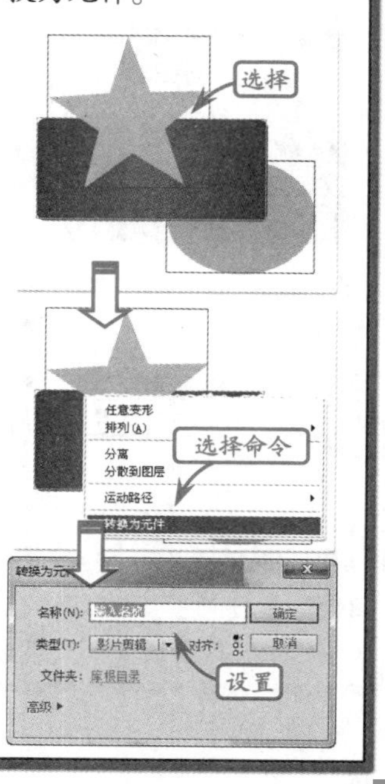

将图形转换为元件之后，当再次需要该图形时，可以从【库】面板中，拖动该元件至舞台中即可。

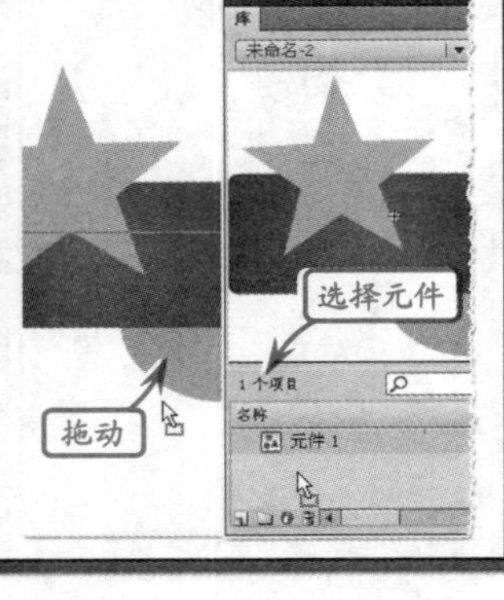

STEP|05 选择【指针经过】帧右击该帧，在弹出的菜单中选择【插入关键帧】命令。然后同时选择三个图形，使用【任意变形工具】，将其同比例缩小一些。

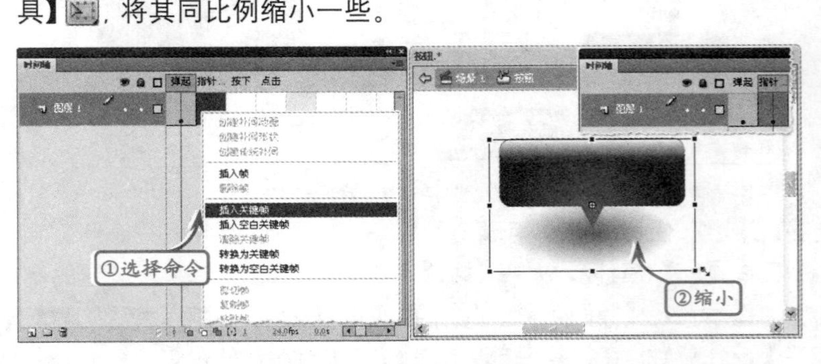

STEP|06 选择【按下】帧右击该帧，在弹出的菜单中选择【插入空白关键帧】命令。然后选择【弹起】帧，复制该帧内的图形，再次选择【按下】帧，按 Ctrl+Shift+V 快捷键将其进行原位粘贴。接着右击【点击】帧，在弹出的菜单中选择【插入帧】命令，完成按钮的制作。

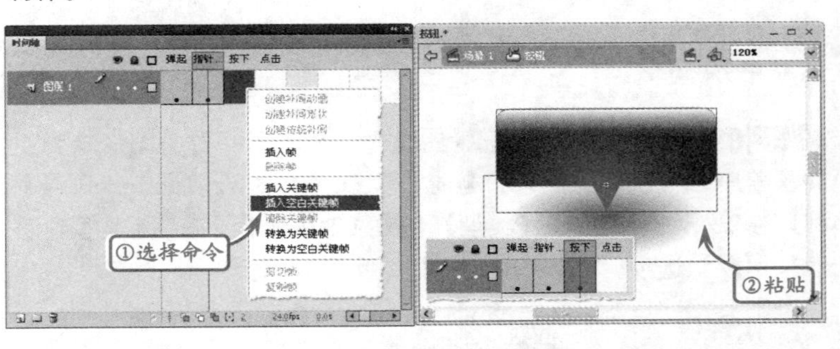

提示

可以更改元件色相，方法是选择需要更改色调的元件，打开【属性】面板，在【色彩效果】的【样式】下拉菜单中，选择【色调】选项，即可打开【色调】各项设置参数。

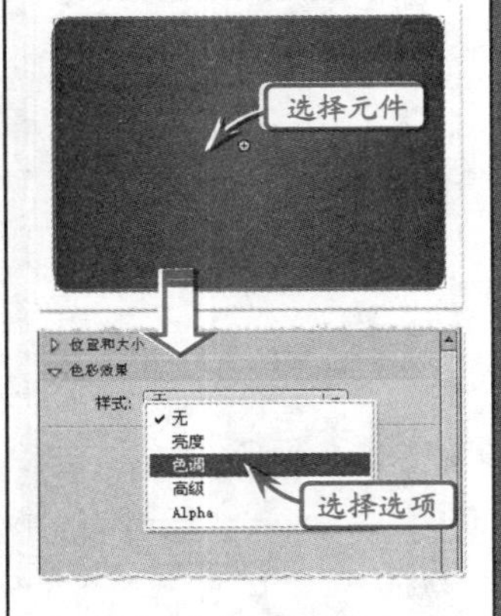

在【色调】选项中，分别拖动各滑块，或者直接输入数值，即可更改元件的色彩效果。

STEP|07 返回到场景中，将【库】面板中做好的按钮元件拖入舞台，使用【任意变形工具】，将其同比例缩小一些。然后打开【属性】面板，在该面板中选择【色彩效果】选项，在【样式】下拉菜单中选择【色调】选项，然后更改其参数值，使其变为橙色。

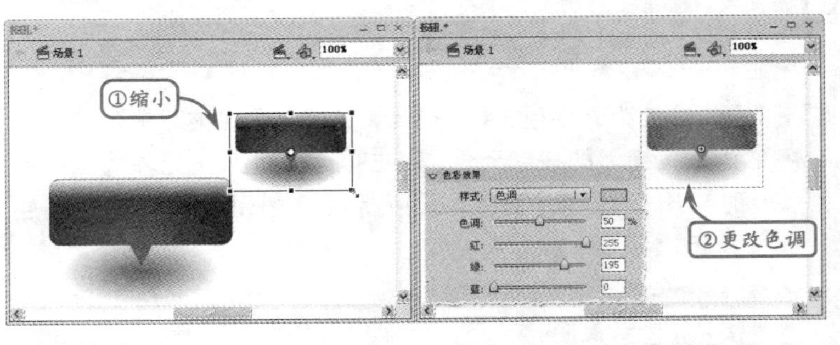

STEP|08 运用上述同样方法，继续为画面添加按钮，并为他们更改不同的色调。最后使用【文本工具】T为按钮添加文字，使文字和按钮居中对齐。

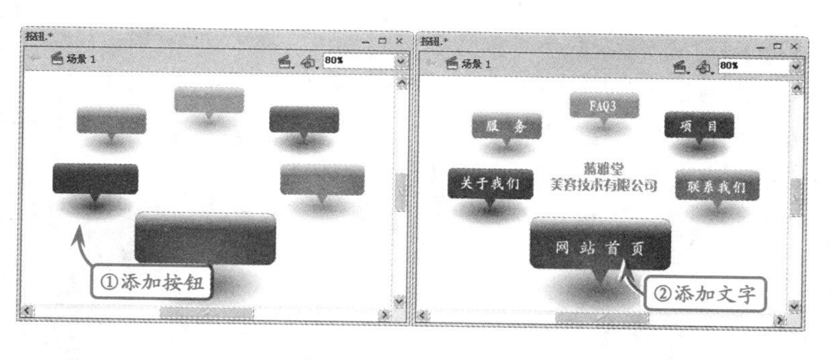

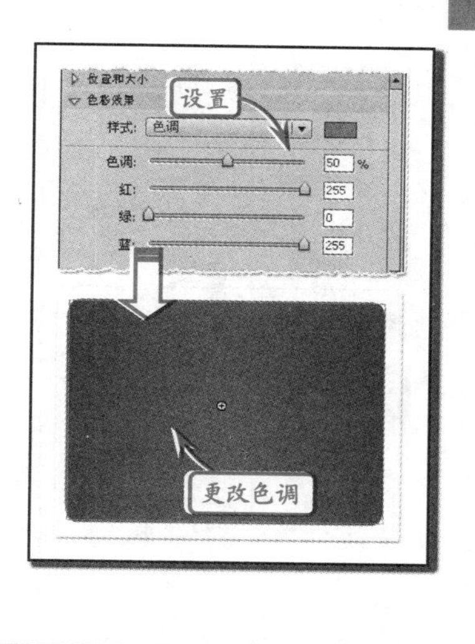

7.7 练习：制作立体花纹字母

版本：Flash CS6
downloads/第7章/03

本例将要制作一幅插画，主要通过创建元件、对象转换为元件以及【库】面板的使用来完成。通过本实例的学习，使读者能够了解在不同的元件里修改图形，以及元件的重复利用性，理解创建元件的意义。

练习要点

- 新建元件
- 编辑元件
- 更改元件透明度

操作步骤

STEP|01 打开“人物”文件并将其另存为“插画女人花”，绘制一个和舞台同样大小的矩形，为其填充渐变颜色并置于底层。创建一个元件，设置【名称】为“红花瓣”，【类型】为“图形”，单击【确定】按钮，进入新元件的编辑舞台，使用【钢笔工具】绘制花瓣。

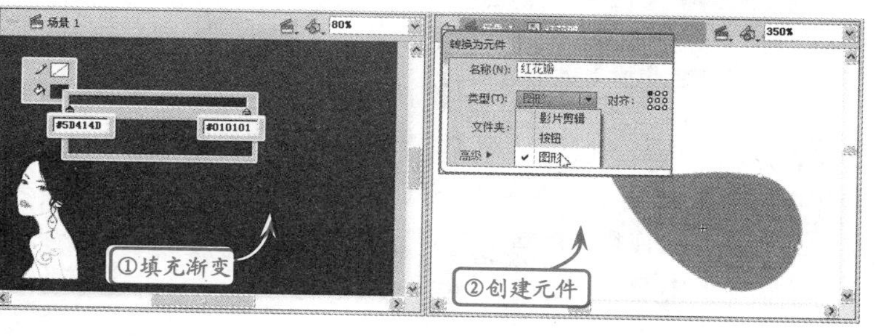

技巧

在绘图过程中，发现元件有错误，可以在【库】面板中，双击所需修改的元件，即可进入其编辑状态。

当编辑元件时，舞台中所有使用该元件的地方，都将跟着变化。

STEP|02 选择绘制的图形，将其复制出三个，进行不同大小的同比例缩放，并更改不同的填充颜色。运用同样方法，新建“绿花瓣”图形元件，绘制花瓣并使用【线条工具】在花瓣中心绘制白色的交叉线条。

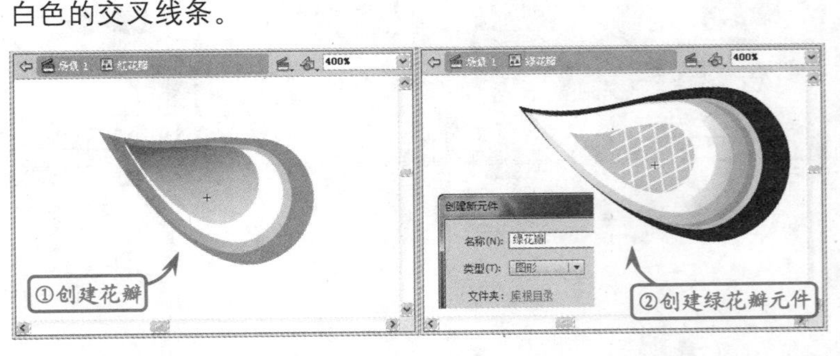

STEP|03 返回到场景中，打开【库】面板，将该面板中的“红花瓣”和“绿花瓣”元件分别拖入舞台中，并复制出多个，并更改不同的大小及位置。为使花瓣生动，运用上述同样方法，继续为画面添加不同造型的花瓣。

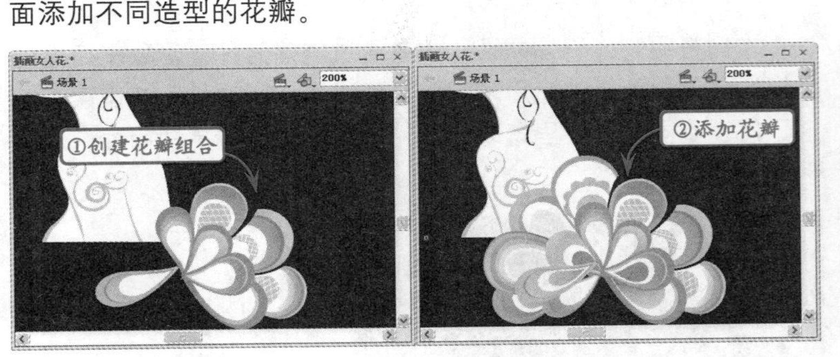

STEP|04 将【库】面板中，把绘制的花瓣再次拖入舞台中，并分别复制出多个，在人物的头部进行排列，为人物的头部添加装饰。然后新建一个“叶子”图形元件，通过【钢笔工具】、【椭圆工具】、【线条工具】以及渐变填充等操作的结合使用，绘制花瓣的叶子。

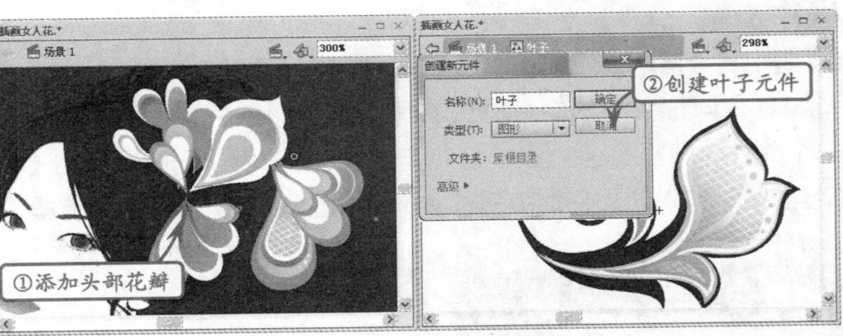

STEP|05 返回到场景中，将【库】面板中的“叶子”元件拖入舞台中，并复制出两个，并更改不同的大小及位置。然后新建“羽毛”图形元件，使用【钢笔工具】，设置【填充颜色】为线性渐变，绘制羽毛图形。

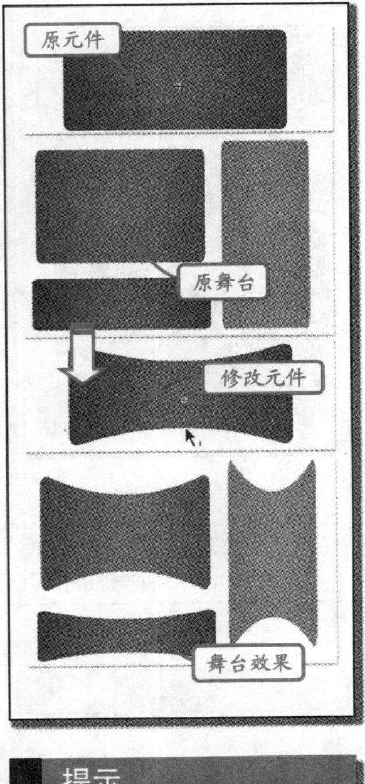

提示

使用【属性】面板中【色彩效果】对元件更改色调时，在【色调】选项中，越向左拖动滑块，元件颜色越接近创建时元件的色调，越向右拖动元件，更改后的色调纯度越高。

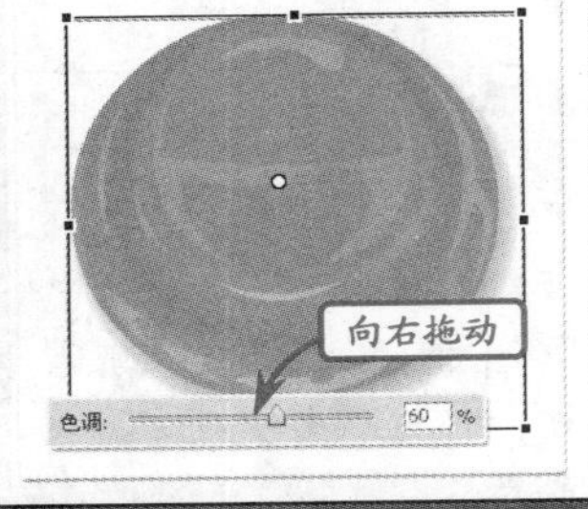

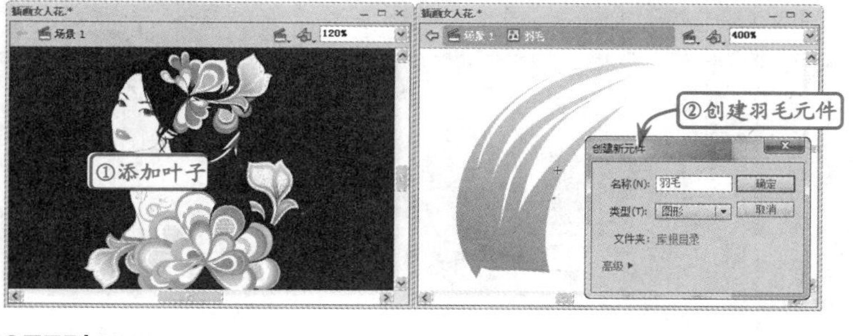

STEP|06 返回到场景中，将【库】面板中的“羽毛”元件拖入舞台中，并复制出多个，并更改不同的大小及位置。使用【排列】命令，将“羽毛”排列在人物的上方，所有花瓣的下方。然后使用【椭圆工具】，在所有花瓣的周围添加白色的小圆作为装饰。导入“蝴蝶”素材，调整大小将其放置的底部花瓣的上方中心处，并复制出一个放置的头部花瓣的中心处。

STEP|07 运用上述同样方法，继续创建元件为人物添加花纹及下方装饰图形。然后选择除背景外的所有图形，右击从弹出的关键菜单中选择【转换为元件】命令，将整个图形转换为图形元件。

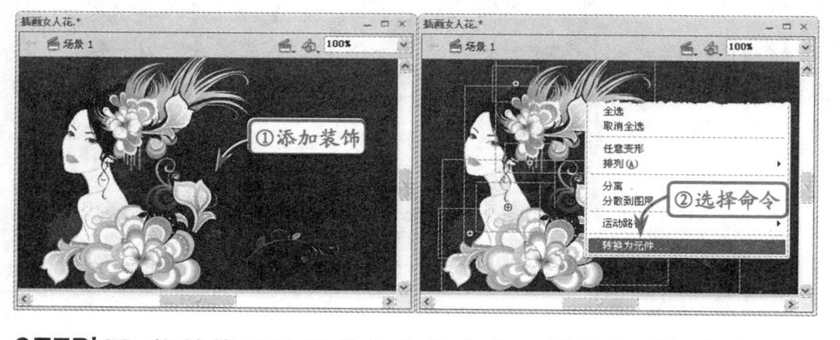

STEP|08 将转换后的元件拖入舞台中，并使用【任意变形工具】将其同比例放大，打开【属性】面板，将其类型更改为影片剪辑，在【显示】选项内更改混合模式为“叠加”，在【色彩效果】选项内选择Alpha选项，更改其透明度。最后在画面左上角输入文字，完成最终效果。

当【色调】设置为0%，元件的色调为原色调，当设置为100%，元件变为更改后的颜色的色块形式。

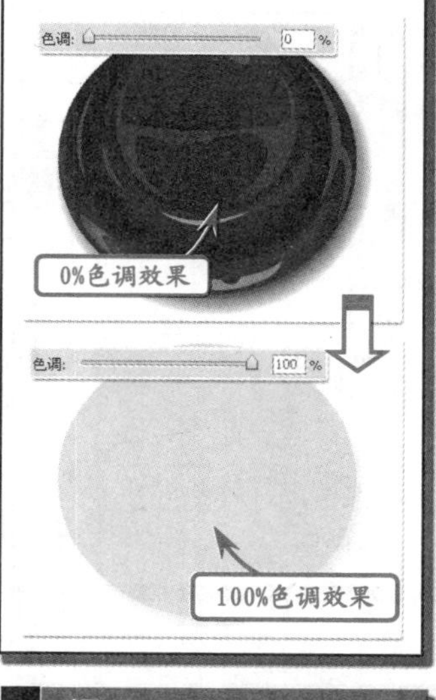

提示

元件在重复利用时，为达到画面的前后层次变化，通过【属性】面板中【色彩效果】选项内的【样式】下拉菜单中选择Alpha选项，即可更改元件透明度。

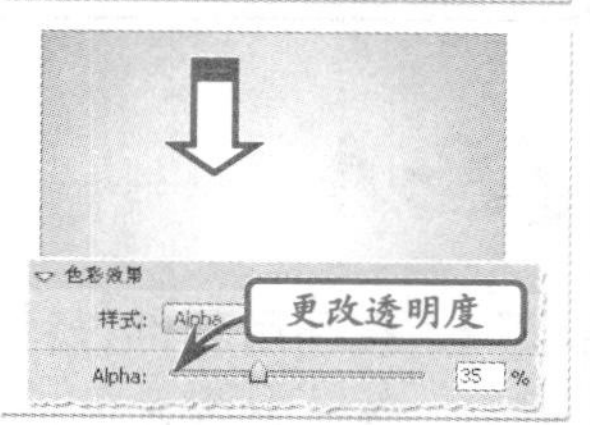

当将Alpha选项的滑块向左拖动时，可以降低其透明度，使该元件下面的图形更加明显，当向右拖动时，效果反之。

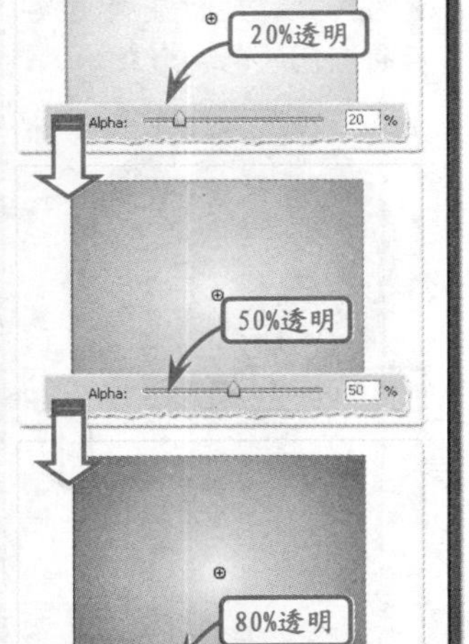

7.8 高手答疑

版本：Flash CS6

Q&A

问题1：如何创建新元件？

解答：需要创建元件时可以执行【插入】|【新建元件】命令，打开【创建新元件】对话框，在【名称】选项内输入名称，在【类型】选项的下拉菜单中选择需要创建的类型，单击【确定】按钮即可创建新元件。

Q&A

问题2：在利用元件过程中发现元件需要修改，怎样才能回到元件级别对其进行修改？

解答：需要修改元件时，可以打开【库】面板，双击需要修改的元件，即可进入元件的编辑状态。

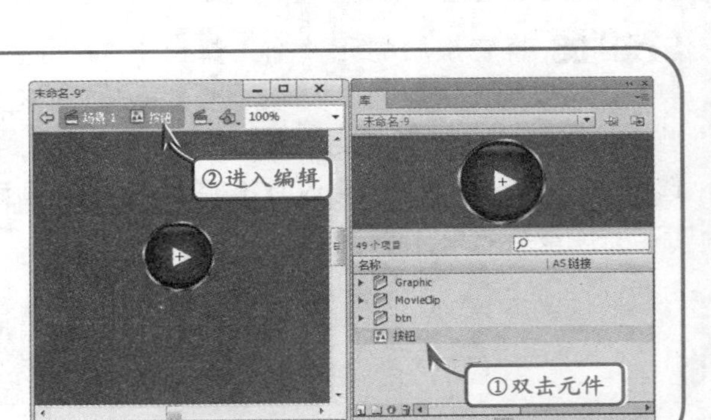

也可以在舞台中选择需要更改的元件，然后双击该元件，即可进入该元件的编辑状态。

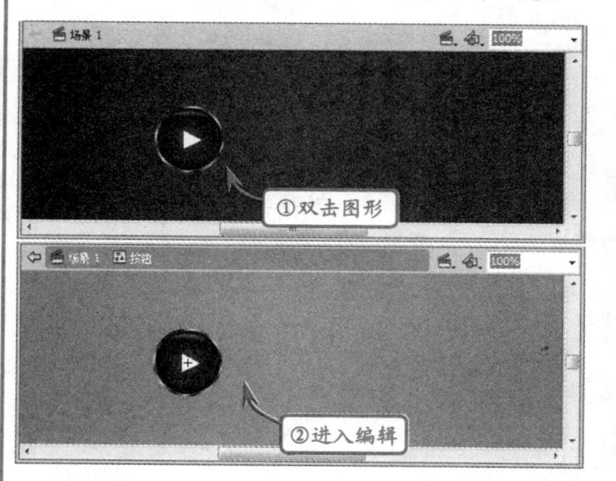

舞台中有多处使用同一个元件，当对其中一个元件进行修改，回到舞台中所有使用该元件的地方都会跟着发生变化。

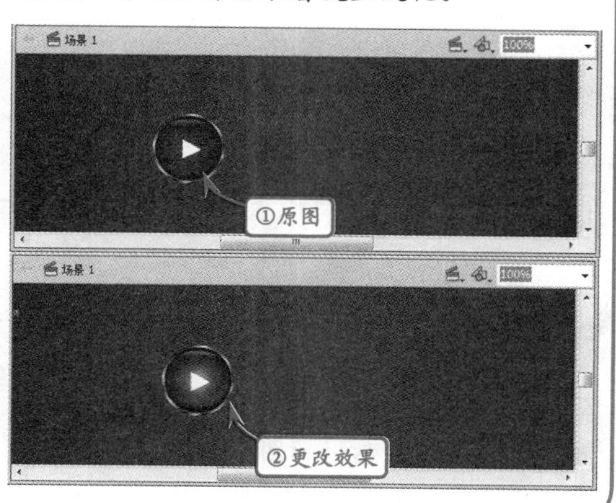

Q&A

问题3：如何更改元件的透明度，使其成为半透明的效果？

解答：要更改元件的透明度，可以先选择需要更改透明度的元件，然后通过在【属性】面板中【色彩效果】选项内的【样式】下拉菜单中选择Alpha选项，拖动其滑块或者直接输入数值，即可更改元件的透明度。

Q&A

问题4：如何提高及降低元件的亮度？

解答：首先选择需要更改亮度的元件，然后通过在【属性】面板中【色彩效果】选项内的【样式】下拉菜单中选择“亮度”选项，拖动其滑块或者直接输入数值，即可更改元件的亮度。

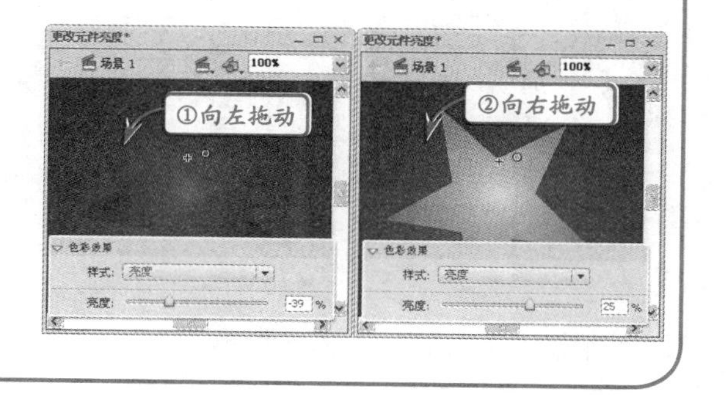

当将“亮度”滑块拖动至最左端时，该元件变为纯黑色，当将其拖动至最右端时，元件变为纯白色。

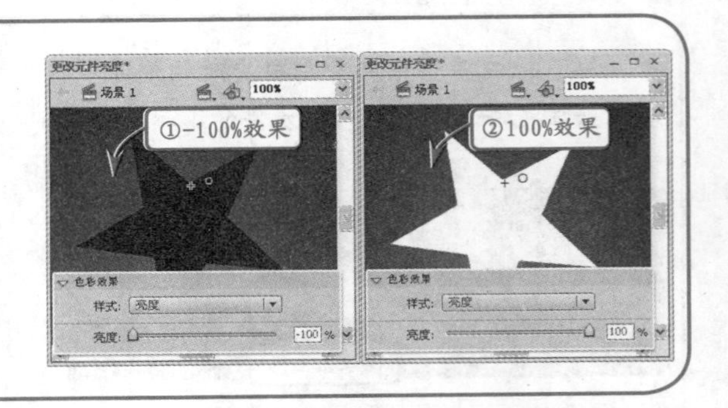

问题5：如何将绘制好的图形转换为元件？

解答：需要将绘制好的图形转换为元件，首先选择图形，然后右击图形，从弹出的关联菜单中选择【转换为元件】命令。在打开的【转换为元件】对话框中，输入元件名称，选择将要转换的类型，单击【确定】按钮即可将图形转换为元件。

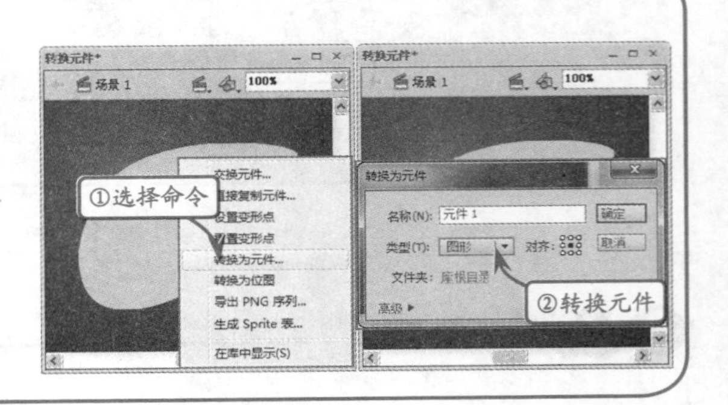

Q&A

问题6：在Flash中，能否更改图形的混合模式？

解答：在Flash中是可以更改图形的混合模式的。前提是必须将图形或图像转换为影片剪辑元件，然后通过【属性】面板中【显示】选项下的【混合】选项更改其模式。

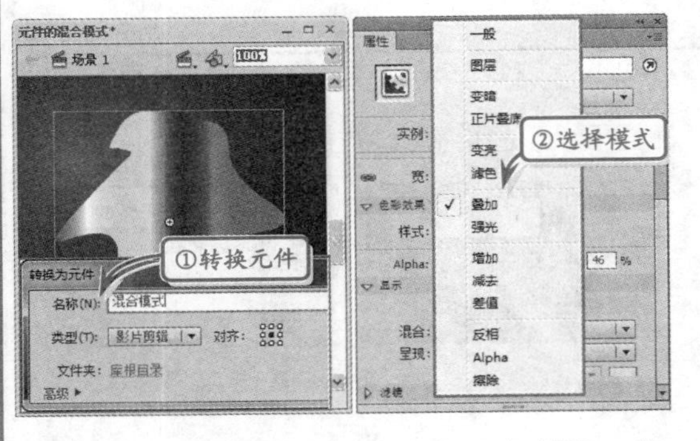

下面是几种该图形在不同混合模式下与下方图形融合的效果。

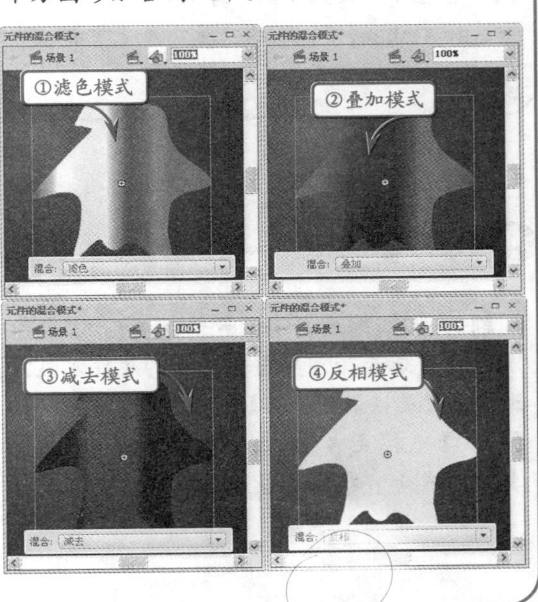

7.9 高手训练营

版本：Flash CS6

1．公用库

Flash中除了包含一个存储元件的【库】面板外，还提供了Flash预设的各种元件放置的公用库。通过使用公用库中的元件，能够加快动画制作的速度。

● 公用库分类

在Flash中，执行【窗口】|【公用库】命令下的子命令，选择其中之一，会弹出一个相应的【公共元件库】面板。在Flash CS6中，分别提供了不同类型元件的公用库：声音、按钮和类。

比如，当执行【窗口】|【公用库】|【按钮】命令后，在弹出的【库-BUTTONS.FLA】面板中，选择一个按钮元件并且将其拖入场景中。这时，【库】面板中自动保存场景中的按钮元件。

● 共享元件库

在Flash中，共享元件库就是一个可以为任何Flash文档使用的库，即该库中的元件资源可以被多个Flash文档重复使用。它与元件库的区别是：库只针对这个库所存在的Flash文档里面使用，不是共享的。

当【库】面板中某个元件中的内容想被替换时，可以右击该元件，选择【属性】命令。打开【元素属性】对话框中的高级设置，单击【浏览】按钮，选择Flash文件以及文件中的元件后，即可替换元件内容。

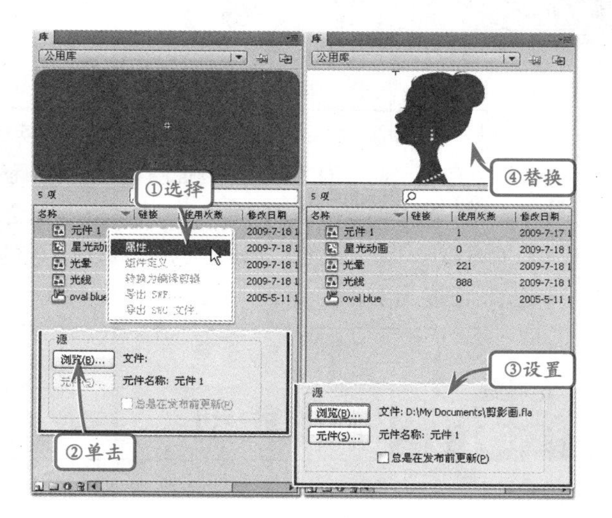

2．认识元件

元件是Flash中一种比较独特的、可重复使用的对象。在创建电影动画时，利用元件可以使编辑电影变得简单，使创建复杂的交互变得更加容易。如果要更改电影中的重复元素，只需对该元素所在的元件进行更改，Flash就会更新所有实例。

元件是一个比较特殊的对象，在Flash中只创建一次，但在整个动画中可以重复使用。元件可以是图形，也可以是动画。用户所创建的元件都自动保存在【库】面板中。不管引用多少次，元件只在动画中存储一次，所以使用元件可以大大地降低文件的大小。元件还可以包含从其他应用程序中导入的插图。

实例是元件在场景中的应用，它是位于舞台上或嵌套在另一个元件内的元件副本。实例的外观和动作无需和元件一样，每个实例都可以有不同的颜色和大小，并可以提供不同的交互作用。编辑元件会更新它的所有实例，但对元件的一个实例应用效果则只更新该实例。

08 动 画 帧

帧是形成动画的基本时间单位。动画的制作实际上就是改变连续帧的内容过程，它显示在时间轴中，不同的帧对应不同的时刻，画面随着时间的推移逐个出现，就形成了动画。例如，在逐帧动画中，需要在每一帧上创建一个不同的画面，连续的帧组合成连续变化的画面。

在本章节中，将详细介绍动画的基本原理、帧的各个类型和帧的编辑方法，以及通过连续帧制作简单逐帧动画的方法。

8.1 帧的类型

版本：Flash CS6

帧是制作动画的核心，它控制着动画的时间及各种动作的发生。动画中帧的数量和播放速度决定了动画的长度。

在Flash中，通常需要不同的帧来共同完成动画制作。通过时间轴可以很清晰地判断出帧的类型。其中，最常用的帧类型有以下几种。

1. 关键帧

制作动画过程中，在某一时刻需要定义对象的某种新状态，这个时刻所对应的帧称为关键帧。关键帧是变化的关键点，如补间动画的起点和终点以及逐帧动画的每一帧，都是关键帧。

提示

关键帧数目越多，文件体积就越大。所以，同样内容的动画，逐帧动画的体积比补间动画大得多。

关键帧是特殊的帧。实心圆点表示有内容的关键帧，即实关键帧。空心圆点表示无内容的关键帧，即空白关键帧。

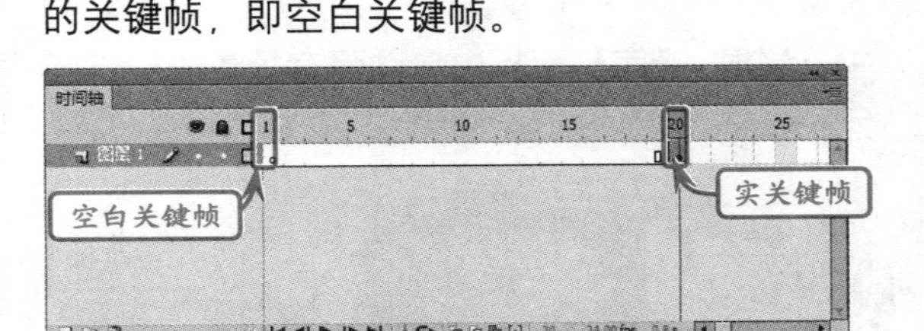

提示

每层的第1帧被默认为空白关键帧，可以在上面创建内容。一旦创建了内容，空白关键帧即变成实关键帧。

插入关键帧的位置是否显示为实心圆点，需要遵循以下约定。

- 如果插入关键帧的位置左边最近的帧是空白关键帧，插入的实关键帧同样显示为空心圆点。
- 如果插入关键帧的位置左边最近的帧是以实心圆点显示的实关键帧，则插入的关键帧以实心圆点显示，插入的空白关键帧显示为空心圆点。
- 以上两个操作均在插入的帧和其左边最近的帧之间插入了普通帧，如果在这些普通帧对应的舞台上添加了对象，则左边最近的空白关键帧转换为实关键帧。

右击时间轴中任意一帧，在弹出的菜单中执行【插入关键帧】命令，即可在所选择的位置插入一个实关键帧。

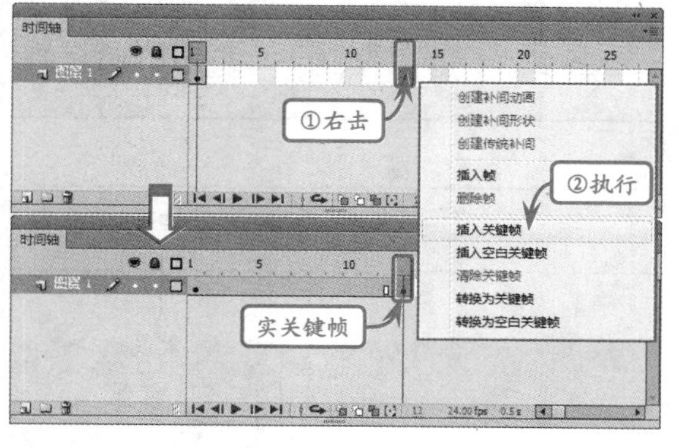

右击时间轴中任意一帧，在弹出的菜单中执行【插入空白关键帧】命令，即可在所选择的位置插入一个空白关键帧。

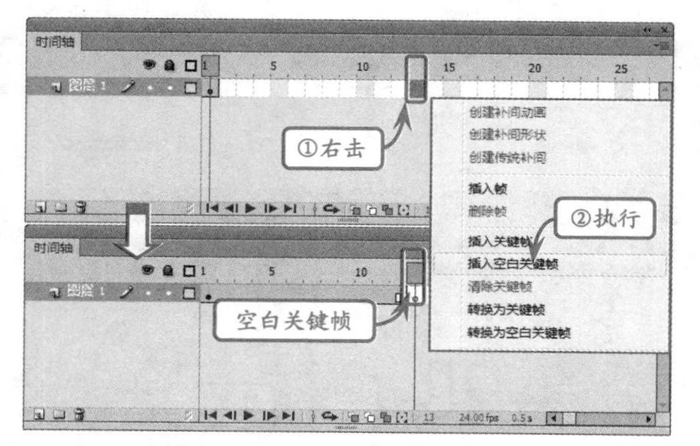

2．普通帧

普通帧也称为静态帧，在时间轴中显示为一个矩形单元格。无内容的普通帧显示为空白单元格，有内容的普通帧则会显示出一定的颜色。例如，实关键帧后面的普通帧显示为灰色。

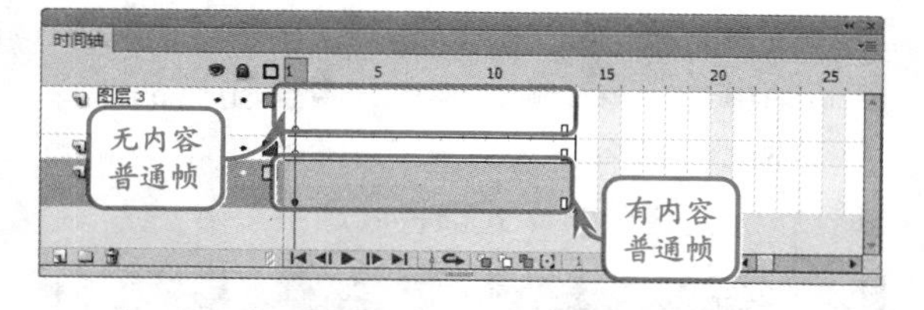

在实关键帧后面插入普通帧，则所有的普通帧将继承该关键帧中的内容。也就是说，后面的普通帧与关键帧中的内容相同。

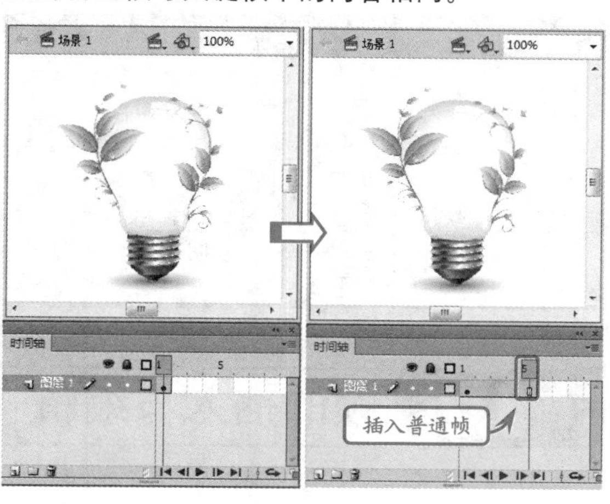

3．过渡帧

过渡帧实际上也是普通帧，它包括了许多帧，但其中至少要有两个帧：起始关键帧和结束关键帧。起始关键帧用于决定对象在起始点的外观，而结束关键帧用于决定对象在结束点的外观。

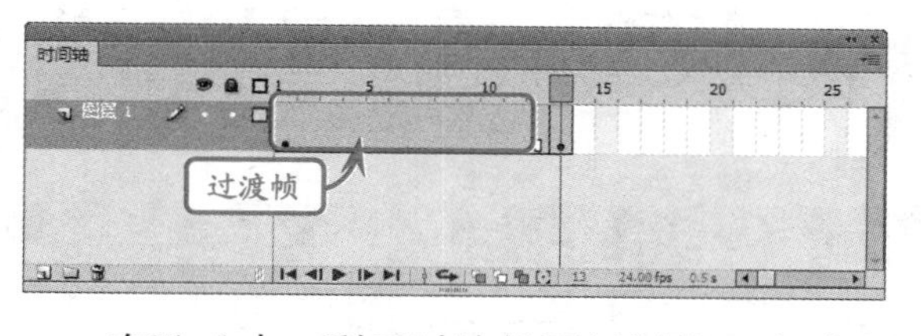

在Flash中，利用过渡帧可以制作两类过渡动画，即运动过渡和形状过渡。不同颜色代表不同类型的动画，此外，还有一些箭头、符号和文字等信息，用于识别各种帧的类别。

帧 外 观	说 明
	补间动画通过黑色圆点指示起始关键帧和结束关键帧，中间的过渡帧具有浅蓝色的背景
	传统补间用黑色圆点指示起始关键帧和结束关键帧，中间的过渡帧有一个浅蓝色背景的黑色箭头
	补间形状用黑色圆点指示起始关键帧和结束关键帧，中间的帧有一个浅绿色背景的黑色箭头
	虚线表示补间是断开的或者是不完整的，例如丢失结束关键帧时

续表

帧 外 观	说　明
	单个关键帧用一个黑色圆点表示。单个关键帧后面的浅灰色帧包含无变化的相同内容，在整个范围的最后一帧还有一个空心矩形
	出现一个小a表明此帧已使用【动作】面板分配了一个帧动作
	红色小旗标记表明该帧包含一个标签
	绿色双斜线表明该帧包含一个注释
	黄色锚标记表示该帧包含一个锚记

8.2 帧的插入与编辑

版本：Flash CS6

帧的操作是制作Flash动画时使用频率最高、最基本的操作，主要包括插入、删除、复制、移动、翻转帧、改变动画的长度以及清除关键帧等。

1．在时间轴中插入帧

在时间轴中，插入帧的方法非常简单。选择时间轴中任意一帧，执行【插入】|【时间轴】|【帧】命令，即可在当前位置插入一个新的普通帧。

如果要插入关键帧，同样选择时间轴中任意一帧，执行【插入】|【时间轴】|【关键帧】命令，即可在当前位置插入一个新的关键帧。

如果要插入新的空白关键帧，选择时间轴中任意一帧，执行【插入】|【时间轴】|【空白关键帧】命令，即可在当前位置插入一个新的空白关键帧。

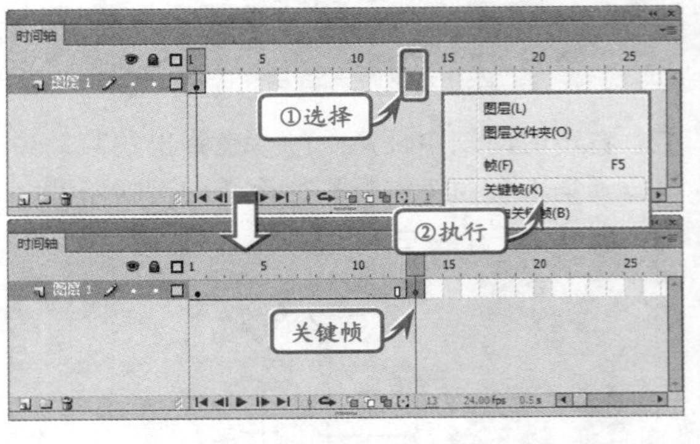

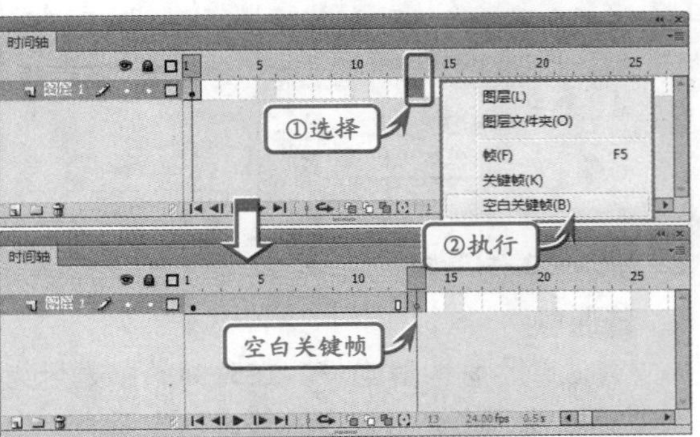

2．在时间轴中选择帧

Flash提供两种不同的方法在时间轴中选择帧。在基于帧的选择（默认情况）中，可以在时间轴中选择单个帧。在基于整体范围的选择中，在单击一个关键帧到下一个关键帧之间的任何帧时，整个帧序列都将被选中。

> **提示**
>
> 在Flash首选参数中可以指定基于整体范围的选择。

如果要选择时间轴中的某一帧，只需要单击该帧即可，将会出现一个蓝色的背景。

如果想要选择某一范围中的连续帧，首先选择任意一帧（如第5帧）作为该范围的起始帧，然后按住 Shfit 键不放，并选择另外一帧（如第15帧）作为该范围的结束帧，此时将会发现这一范围的所有帧都被选中。

如果想要选择某一范围内多个不连续的帧，可以在按住 Ctrl 键的同时，选择其他帧。

如果想要选择时间轴中的所有帧，可以执行【编辑】|【时间轴】|【选择所有帧】命令。

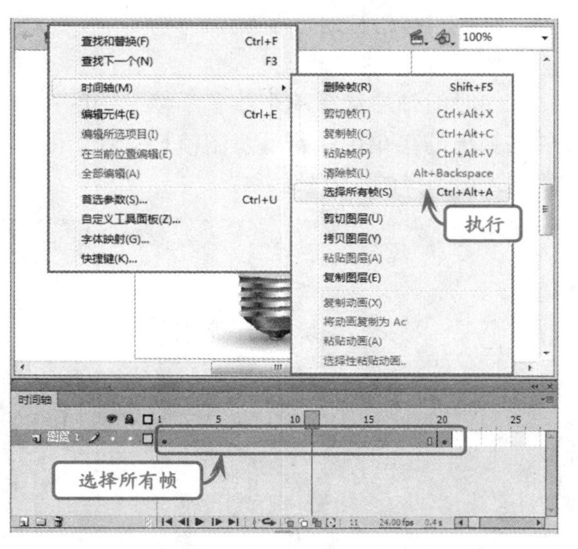

提示

如果时间轴中包含有多个图层，执行【编辑】|【时间轴】|【选择所有帧】命令，将会选择所有图层中的帧。

如果想要选择整个静态帧范围，则双击两个关键帧之间的任意一帧即可。

3．编辑帧或帧序列

在选择时间轴中的帧之后，可以执行复制、粘贴、移动和删除等操作。

● **复制和粘贴帧**

在时间轴中选择单个或多个帧，然后右击并在弹出的菜单中执行【复制帧】命令，即可复制当前选择的所有帧。

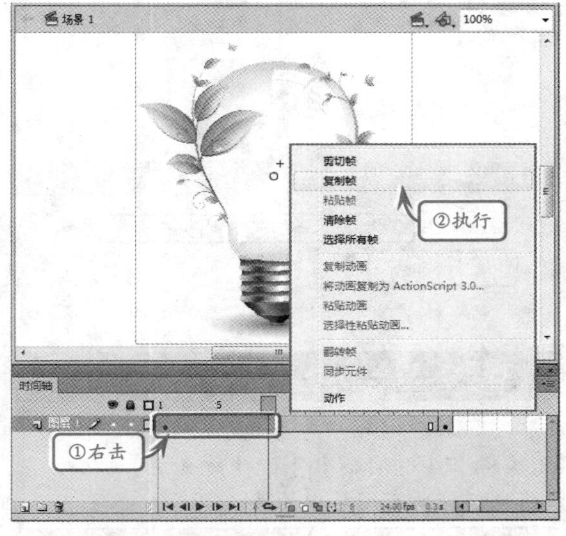

在需要粘贴帧的位置选择一个或多个帧，然后右击并在弹出的菜单中执行【粘贴帧】命令，即可将复制的帧粘贴或覆盖到该位置。

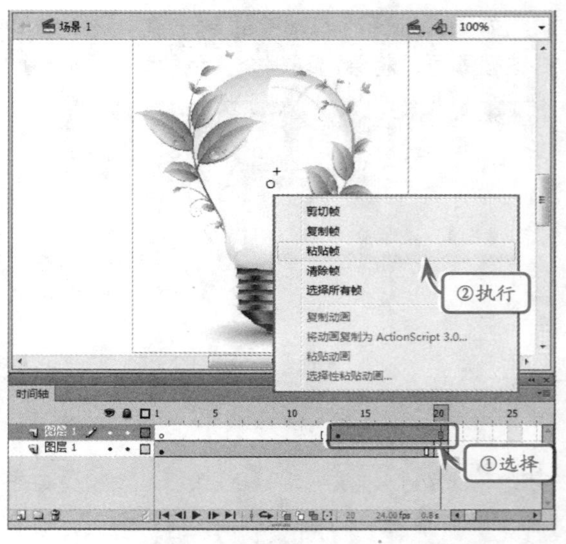

提示

选择需要复制的一个或多个连续帧，然后按住 Alt 键不放并拖动至目标位置，即可将其粘贴到该位置。

● **删除帧**

选择时间轴中一个或多个帧，然后右击并在弹出的菜单执行【删除帧】命令，即可删除当前选择的所有帧。

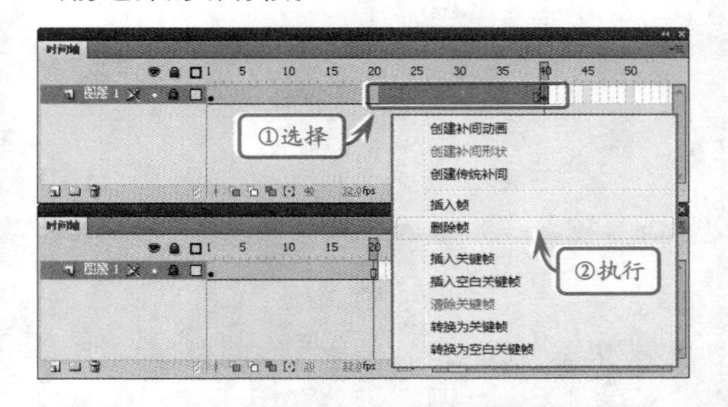

提示

在删除所选的帧之后，其右侧的所有帧将向左移动相应的帧数。

● **移动帧**

选择时间轴中一个或多个连续的帧，将鼠标放置在所选帧的上面，当光标的右下方出现一个矩形图标时，单击鼠标并拖动至目标位置，即可移动当前所选择的所有帧。

提示

当用户将帧移动至目标位置后，原位置将自动插入相同数量的空白帧。

8.3 练习：制作动画Logo

版本：Flash CS6
downloads/第8章/01

Logo，即网站标志，是一个网站形象的重要体现，它可以由图形、文字、字母、数字、动画等组成。目前，大多数网站的Logo都是静态图像或者GIF动画，表现较为简单，而动画Logo具有较强的表现能力，可以给访问者留下较为深刻的印象。

练习要点

- 新建元件
- 设置元件Alpha
- 输入文本
- 设置文本属性
- 插入帧
- 插入关键帧
- 编辑帧

操作步骤

STEP|01 新建470×400像素的空白文档。执行【插入】|【新建元件】命令，新建“红色三角动画”影片剪辑元件，在舞台中绘制一条较短的直线。在第15帧处插入关键帧，将该直线向下拉长。然后，在这两关键帧之间创建补间形状动画，并延长该图层的帧数至第50帧。

注意

在拉长直线时，务必按住 Shift 键再拖动鼠标，这样可以保持直线的角度不发生改变。

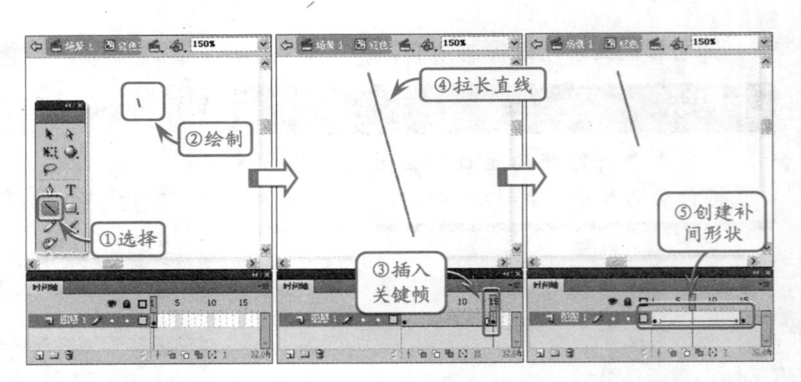

STEP|02 新建图层，在第15帧处插入关键帧，在第1条直线的末端沿右上角方向绘制一条较短的直线。在第30帧处插入关键帧，将直线拉长，使其末端与第1条直线的始端平行。然后，在这两关键帧之间创建补间形状动画。

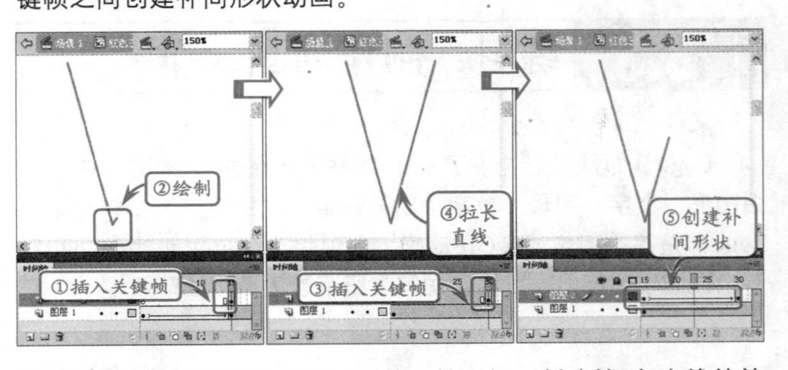

STEP|03 在新图层的第30帧至第40帧之间，创建第3条直线的补间形状动画，使其从第2条直线的末端拉长至第1条直线的始端。新建图层，在第40帧处插入关键帧，创建一个与直线构成区域相同的“红色三角形”影片剪辑元件，设置其Alpha为“0%”。然后创建补间动画，在第50帧处插入关键帧，设置Alpha为“100%”。

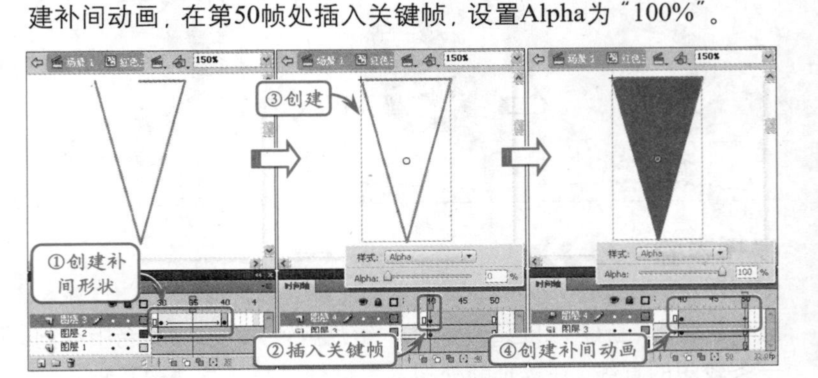

STEP|04 右击【库】面板中的“红色三角动画”影片剪辑元件，在弹出的菜单中执行【直接复制】命令，创建“黄色三角动画”影片剪辑元件。然后将该元件补间动画中的红色三角形替换为黄色三角形。使用同样的方法，再创建一个“绿色三角动画”影片剪辑元件，内容与其他两个元件基本相同。

提示

选择第50帧，执行【插入】|【时间轴】|【帧】命令（快捷键 F5），即可将该图层的帧数延长至第50帧。

提示

为了使这两条直线的倾斜角度相同，构成一个等腰三角形，可以先绘制一条平行或垂直的直线，然后通过【变形】面板来精确设置它们的倾斜角度。

提示

选择影片剪辑元件，在【属性】面板的【色彩效果】选项卡中，选择【样式】为Alpha，然后拖动下面的滑块或直接输入百分比值，即可调整该元件的Alpha透明度。

提示

在创建完补间动画后，将所有图层的帧数延长至第50帧。为了使该影片剪辑中的动画仅播放一次，需要新建图层，并在最后一帧处输入“stop();”命令。

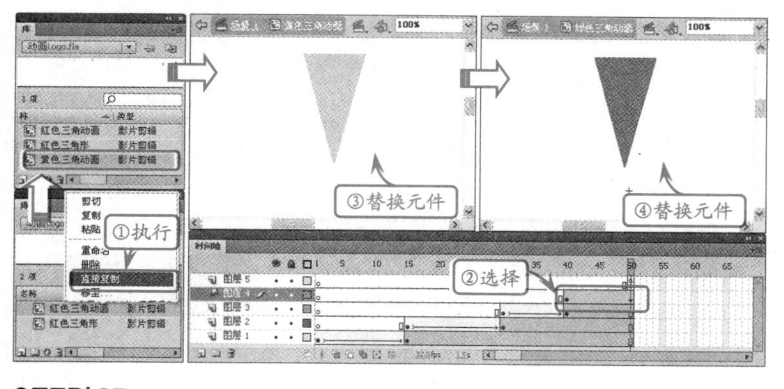

STEP|05 返回场景。将“红色三角动画”、“黄色三角动画”和“绿色三角动画”影片剪辑元件拖入到舞台中，并以相同的角度间隔对影片剪辑元件进行旋转。新建“三角变形动画”影片剪辑元件，绘制3个相同的三角形，分别在第20帧处插入关键帧并对其进行变形，然后创建补间形状动画。新建图层，在最后一帧处输入“stop();”命令。

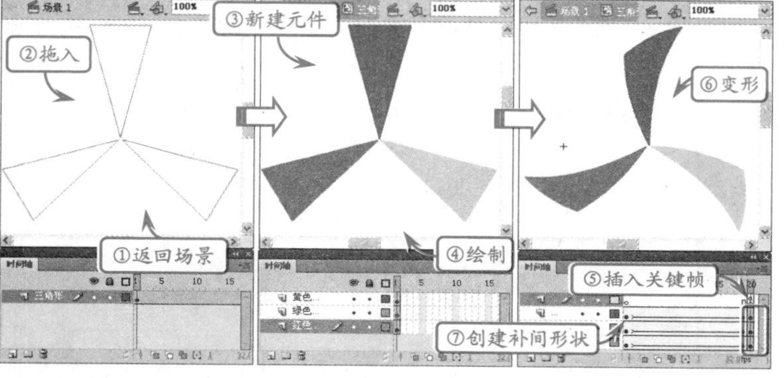

STEP|06 返回场景。新建“三角变形”图层，在第51帧处插入关键帧，将“三角变形动画”影片剪辑元件拖入到舞台中的相应位置，并延长该图层的帧数至第70帧。新建“风车旋转动画”影片剪辑元件，将变形后的三角形复制到舞台中，并将其转换为“风车”影片剪辑元件。

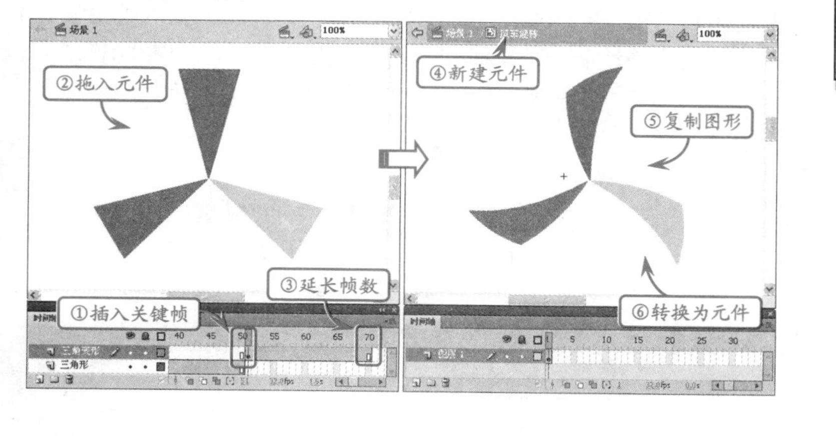

技巧

在“黄色三角动画”影片剪辑元件中，右击“红色三角形”元件，在弹出的菜单中执行【交换元件】命令，打开【交换元件】对话框。在该对话框中选择制作好的“黄色三角形”元件，即可将“红色三角形”元件替换为“黄色三角形”元件。

提示

拖入到舞台的“红色三角动画”、“黄色三角动画”和“绿色三角动画”影片剪辑元件为透明，为了方便读者观看，特显示为元件的轮廓。

技巧

将光标置于图形的边或顶点，当鼠标指针显示带有弧线或直线时，单击并拖动鼠标可以改变图形的形状。

STEP|07 右击第1帧创建补间动画，在第50帧处插入帧，在【属性】面板中设置"风车"影片剪辑元件的Alpha为"0%"，可以发现该普通帧自动转换为关键帧。单击这两关键帧之间的任意一帧，在【属性】面板的【旋转】选项卡中设置【旋转】为"10次"，【方向】为"顺时针"，此时就创建了"风车"影片剪辑元件的旋转动画。

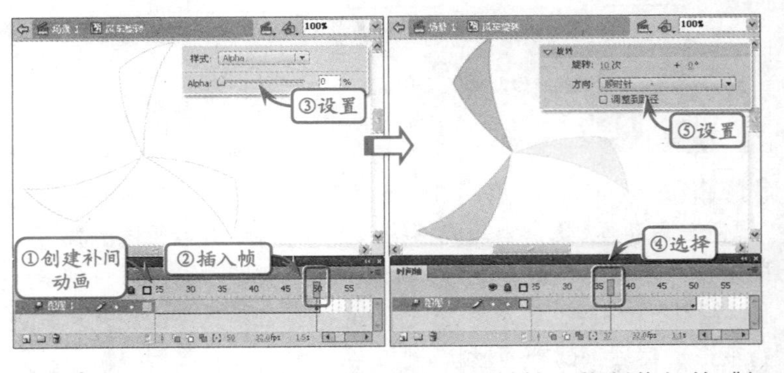

STEP|08 新建图层，在第45帧处插入关键帧，将制作好的"标志"影片剪辑元件拖入到舞台中，设置该元件的Alpha为"0%"。然后右击该帧创建补间动画，在第60帧处插入帧，设置元件的Alpha为"100%"，制作"标志"影片剪辑元件渐显的动画。

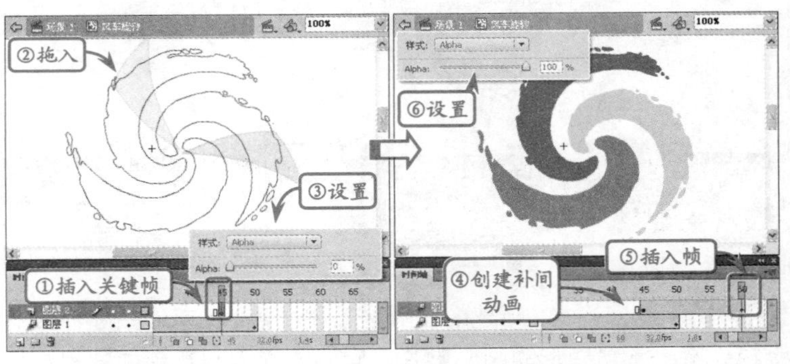

STEP|09 返回场景。新建"标志"图层，在第71帧处插入关键帧，将"标志"影片剪辑元件拖入到舞台的相应位置。新建"文字"图层，第130帧处输入"炫彩设计"文本，创建补间动画，在第135帧放大该文本。新建"线条"图层，在第130帧处插入关键帧，在文本的下面绘制一条直线，并使用【选择工具】调整其弧度。

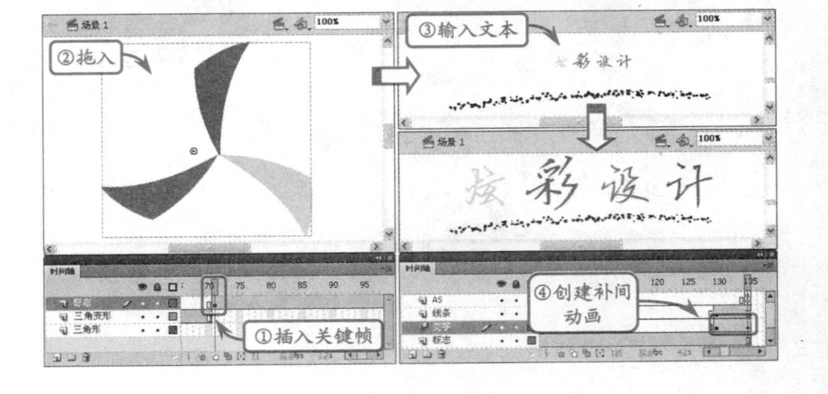

提示

在舞台中，"三角变形动画"影片剪辑元件的位置与"红色三角动画"、"红色三角动画"和"绿色三角动画"影片剪辑元件的位置相重叠。

技巧

选择影片剪辑元件，单击工具栏中的【任意变形】工具。此时，可以通过拖动元件上的变形点，来改变元件旋转时所围绕的中心点。

提示

为了方便读者学习，右击图层，在弹出的菜单中执行【属性】命令，在打开的【图层属性】面板中启用【将图层视为轮廓】复选框，可以显示透明元件的轮廓。

提示

新建图层，在最后一帧处输入"stop();"命令，使该动画仅播放一次。

提示

鼠标位于线条的上方，当光标指针带有弧线时，可以通过单击并拖动鼠标来改变线条的弧度。

8.4 练习：制作圣诞贺卡

版本：Flash CS6
downloads/第8章/02

在本圣诞贺卡中，通过逐帧的形式将祝福语英文字母依次显示出来，并更改其颜色，使其有一种闪烁的动画效果。在制作贺卡时，将每一帧都定义为关键帧，然后给每个帧创建不同的内容。每个新关键帧最初包含的内容和它前面的关键帧是一样的，因此可以递增地修改动画中的帧内容。

练习要点

- 设置帧频
- 导入素材
- 插入关键帧
- 设置文字属性
- 添加滤镜

操作步骤

STEP|01 新建文档，在【文档设置】对话框设置舞台的【尺寸】为“540像素×415像素”，【帧频】为4。然后，执行【文件】|【导入】|【导入到舞台】命令，将“bg.jpg”素材图像导入到舞台。

提示

舞台的尺寸与导入的图像大小相同。

提示

在【文档设置】对话框中设置【帧频】为4，表示该动画每秒钟可以播放4帧。

STEP|02 选择图层1的第30帧，插入普通帧。新建图层，在第5帧处插入关键帧。然后，使用【文本工具】在舞台中输入M字母，并在【属性】检查器中设置字母的系列、大小和颜色。

STEP|03 在第6帧处插入关键帧，使用【文本工具】在M字母后面继续输入e字母。然后使用相同的方法，在第7、8、9帧插入关键帧，并输入r、r、y字母。

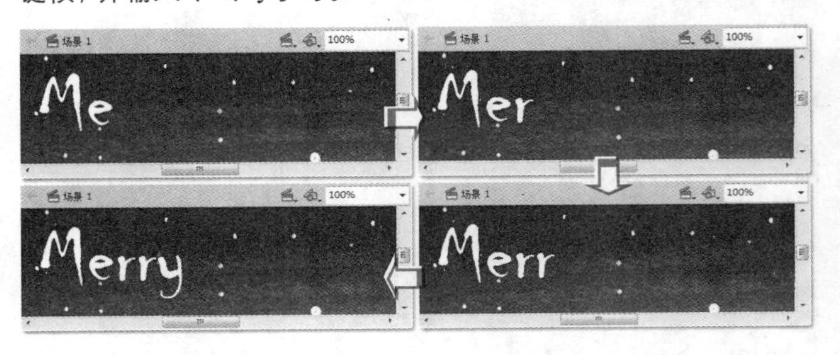

STEP|04 新建图层，在第10帧处插入关键帧，在舞台中输入C字母。然后，在第11~19帧处分别插入关键帧，在其后面继续输入h、r、i、s、t、m、a、s和！文本。

STEP|05 分别选择图层2和图层3，在第21帧处插入关键帧，更改舞台中字母的颜色为“橘红色”（#F98E00）。然后，在第22帧处插入关键帧，更改字母的颜色为“紫色”（##EAB7F0）。

提示

在【属性】检查器中设置字母的【系列】为Chiller，【大小】为“100点”，【颜色】为“白色”（#FFFFFF）。

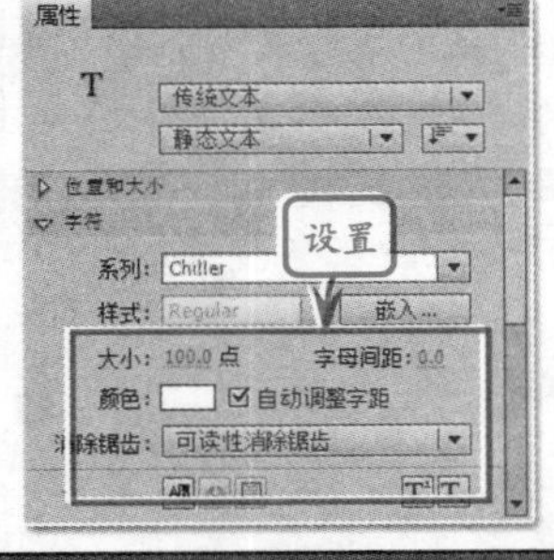

提示

在插入关键帧后，该帧中的内容与前一帧的内容相同，然后在此基础上再输入字母，这样就可以形成简单的逐帧动画。

提示

在输入字母时，一定要注意单词Merry和Christmas之间的距离，不要使它们离得太近，这样容易混淆。

Merry Christmas!

提示

选择舞台中的文字，在【属性】检查器中打开【颜色拾取器】面板，然后重新选择颜色即可更改文字的颜色。

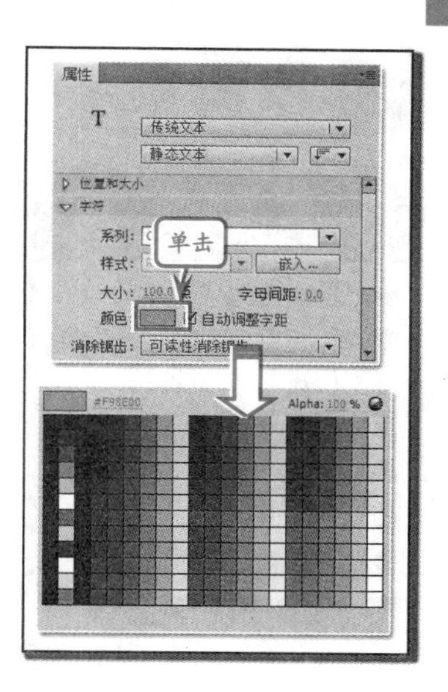

STEP|06 根据上述步骤，在图层2和图层3的第23~26帧处插入关键帧，并在【属性】检查器中更改文字的颜色依次为棕色（##DFAE47）、绿色（#A4CB58）、红色（#FF436B）和白色（#FFFFFF）。

提示

文字依次更改的颜色与背景图像中“雪人”帽子的颜色相近。

STEP|07 在图层2和图层3的第27帧处分别插入关键帧。然后，在【属性】检查器中分别为文本添加“投影”滤镜，并设置【颜色】为“灰色”（#CCCCCC）。

提示

添加“投影”滤镜后，单击【颜色】选项右侧的颜色按钮，在弹出的窗口中选择灰色（#CCCCCC）。

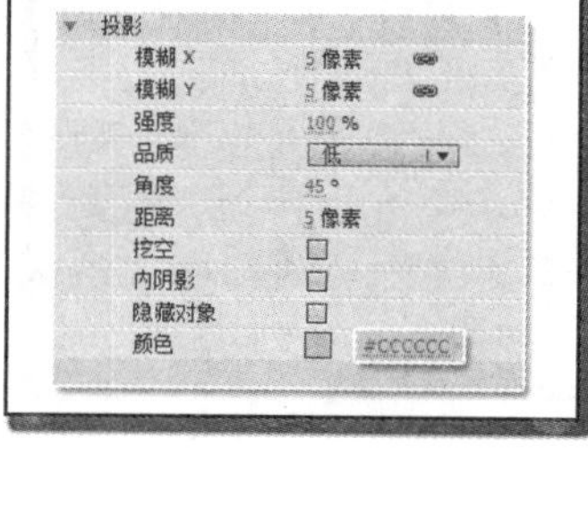

8.5 练习：制作立体花纹字母

版本：Flash CS6
downloads/第8章/03

练习要点

- 【椭圆工具】
- 【渐变变形工具】
- 【颜色】面板
- 【变形】面板
- 创建元件
- 插入帧
- 编辑帧

雷达在扫描时其指针以圆心为中心点进行360度旋转。本练习将模仿雷达制作一个雷达扫描动画。首先绘制出雷达的表盘、指针等部件，然后制作指针以圆心为中心点旋转的逐帧动画。

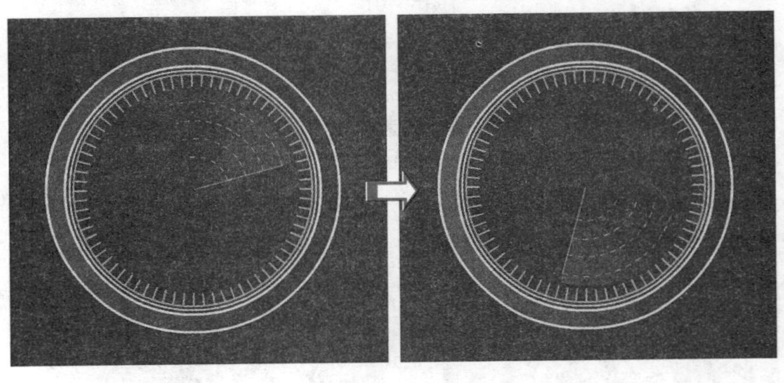

操作步骤

技巧

在舞台中添加网格，是为了在以后绘制圆时，可以方便地对齐圆心。

STEP|01 新建Flash文档，另存为“雷达扫描.fla”。右击舞台执行【文档属性】命令，在弹出的【文档属性】对话框中设置【背景颜色】为“黑色”（#000000）。然后，执行【编辑】|【网格】|【编辑网格】命令，在弹出的【网格】对话框中启用【显示网格】复选框，并设置网格宽度和高度均为“25像素”。

STEP|02 按 Ctrl+ F8 快捷键，创建“盘面”元件。选择【椭圆工具】，在舞台中绘制一个正圆。复制该正圆，执行【编辑】|【粘贴到当前位置】命令，将其粘贴到当前位置。然后，在按住 Shift+Alt 快捷键的同时向内拖动鼠标缩小正圆。再复制一个圆放在第二个圆内，并更改【笔触】大小为2，颜色为“浅黄色”（#DAE89F）。

提示

在绘制圆时，设置【笔触】颜色为“灰色”（#CCCCCC），大小为3。将鼠标放在舞台的中心点上，按住 Shift+Alt 快捷键拖动鼠标即可绘制正圆。

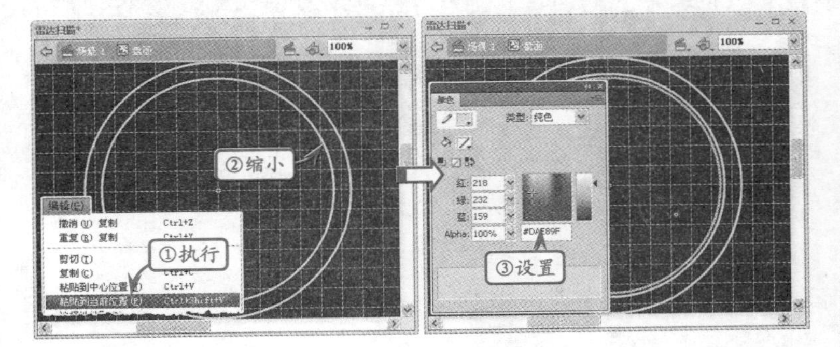

STEP|03 按住 Shift 键选择两个灰色的圆。打开【颜色】面板，单击【渐变填充】按钮，选择【类型】下拉列表中的“线性”选项，并分别设置颜色为“深黑青”（#215689）和“黑色”（#000000）。然后，使用【颜料桶工具】填充两圆之间的区域。

提示

在填充渐变颜色时，选择【颜料桶工具】，在两个圆相交空白处单击填充线性渐变。

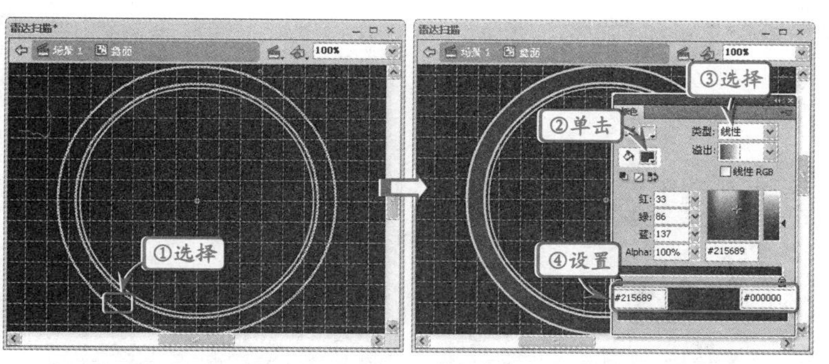

STEP|04 新建“刻度”元件，绘制一个“绿色”（#33CC00）的正圆。新建图层，选择【线条工具】，在圆上绘制两条短直线。复制这两条短直线，并执行【粘贴到当前位置】命令。打开【变形】面板，设置【旋转】角度为5。然后，再复制和粘贴短直线，设置【旋转】角度为10。使用相同的方法，每隔5°粘贴一次，一直粘贴到175°为止。

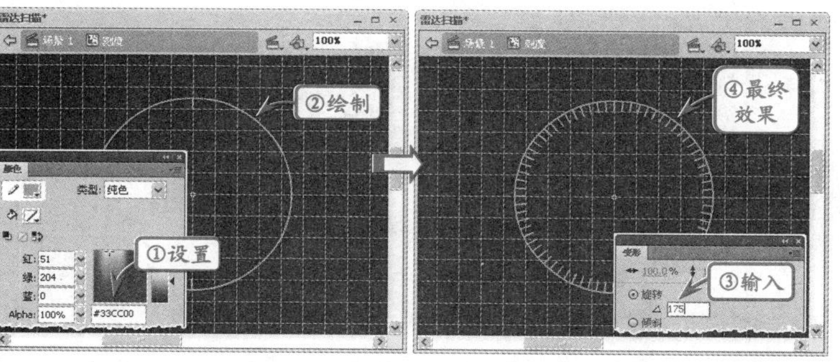

STEP|05 新建“扫描线”元件，在【属性】面板中设置【笔触】为1，【样式】为“虚线”。在舞台中绘制一个正圆，并复制该正圆。然后，通过【任意变形工具】缩小正圆。使用相同的方法再复制两个正圆并缩小。

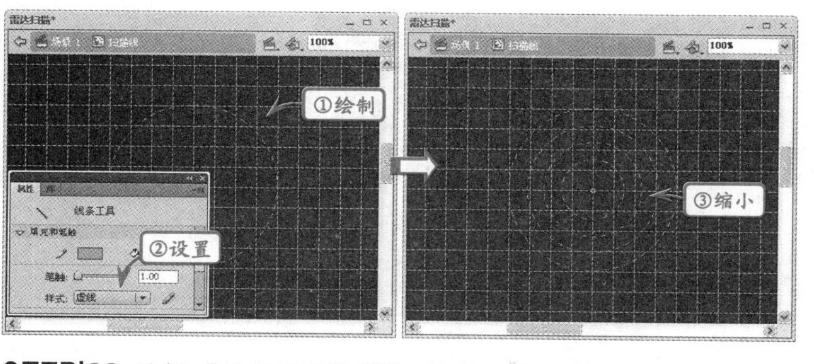

STEP|06 选择【线条工具】，在第一个圆上绘制经过圆心的水平线和垂直线。选择【选择工具】，删除圆上除左上角以外的四分之三部分。然后新建图层，绘制一个与上一图层第一个圆相等的圆，填充“放射状”渐变，颜色分别设置为“绿色”

技巧

选择两条短直线，可以按Ctrl+C（复制）和Ctrl+Shift+V（粘贴到当前位置）快捷键进行操作。直线粘贴一次后，单击空白处，这时角度值处于非编辑状态，再次复制粘贴才会正常进行。

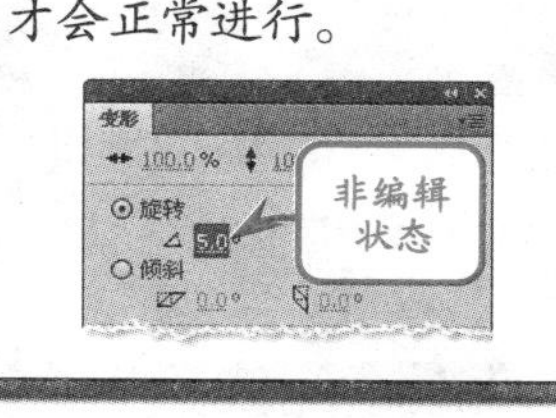

提示

绘制直线之前，在【属性】面板中将【样式】更改为“实线”。

提示

选择【渐变变形工具】，将图层2上的渐变颜色进行适当的调整。

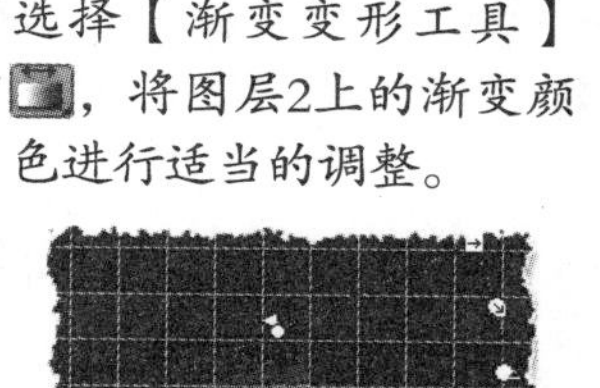

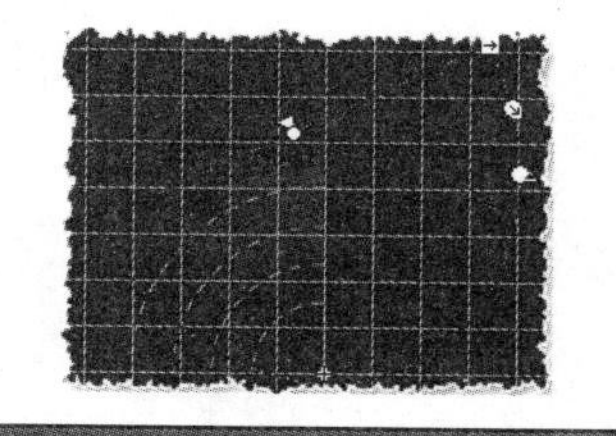

(#30AA11) 和"白色"(#E6E6E6)。在该图层上绘制垂直线，并删除圆内四分之三渐变色和直线。

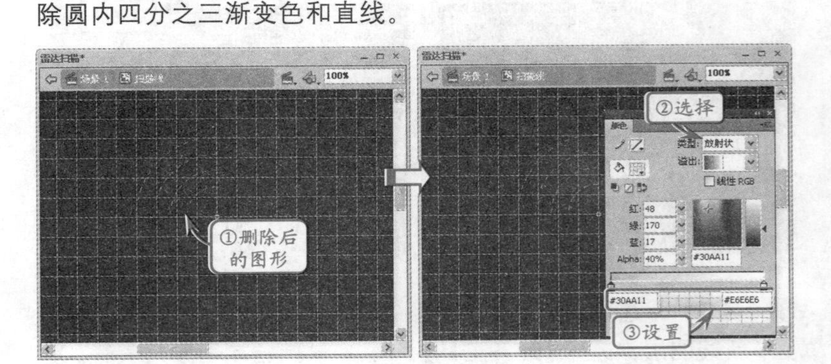

STEP|07 返回场景。打开【库】面板，将这三个元件分别放置在不同的图层中，并居中对齐。选择【任意变形工具】，单击"扫描线"元件，将中心点拖到右下角，并将该中心点移动至与其他两个元件中心对齐。

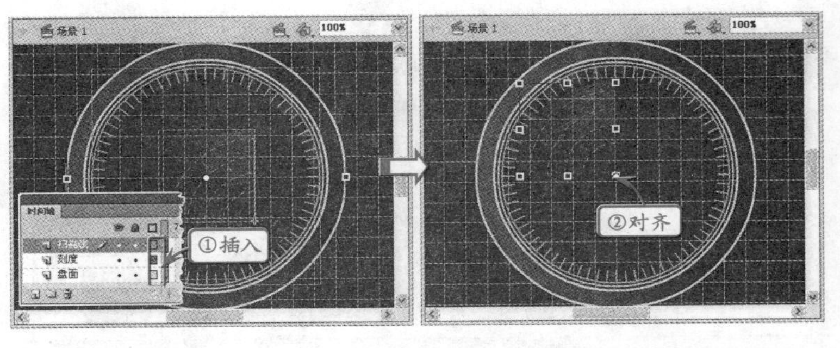

STEP|08 选择"扫描线"图层上第2帧，按 F6 快捷键转换为关键帧。在【变形】面板中，设置【旋转】角度为5。在第3帧插入帧，设置【旋转】角度为10。然后使用相同的方法，插入帧并旋转"扫描线"元件角度为360。

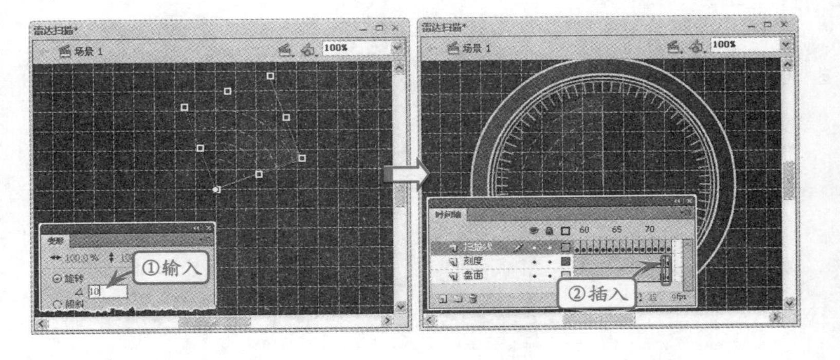

提示

当拖入舞台的元件大小不一样时，可以按 Shift+Alt 进行调整。

提示

选择三个图层，单击【对齐】面板中的居中对齐即可。

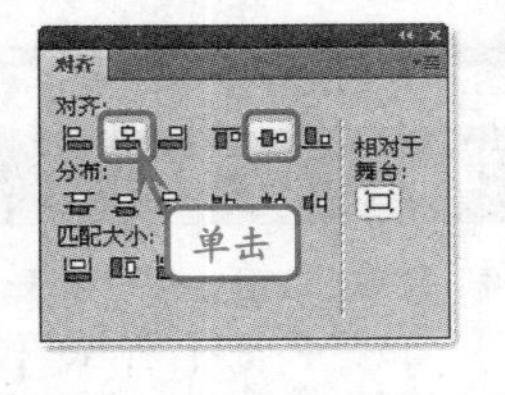

提示

选择"刻度"和"盘面"图层的第73帧插入关键帧。

8.6 高手答疑

版本：Flash CS6

Q&A

问题1：在选择帧时，如何指定默认是基于整体范围的选择？

解答：执行【编辑】|【首选参数】命令，打开【首选参数】对话框。在该对话框中启用【时间轴】选项中的【基于整体范围的选择】复选框。

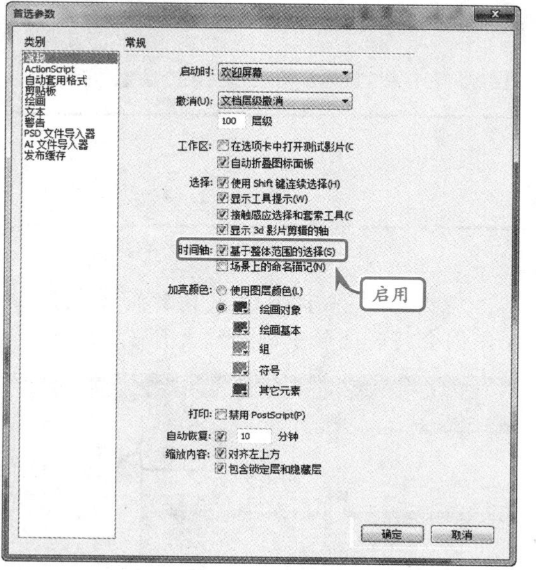

此时，单击时间轴中某一范围的任意一帧，则包含该帧的整体范围将会被选择。

Q&A

问题2：如何将普通帧转换为关键帧？

解答：选择时间轴中一个或多个普通帧，右击并在弹出的菜单中执行【转换为关键帧】命令，即可将当前选择的所有普通帧转换为关键帧。

> **提示**
>
> 所选择的普通帧可以是连续的多个帧，也可以是不连续的多个帧。

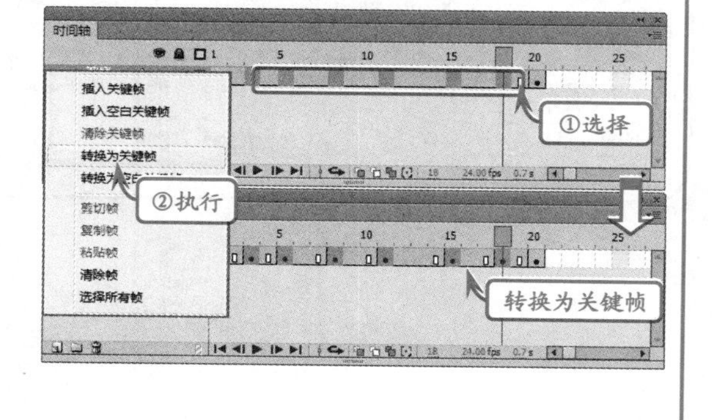

问题3：如何清除时间轴中的帧或关键帧？

解答：选择时间轴中一个或多个帧，右击并在弹出的菜单中执行【清除帧】命令，即可清除当前选择的所有帧，并转换为空白帧。

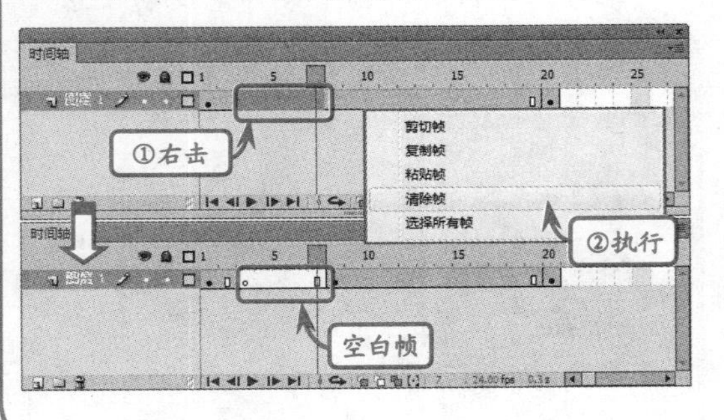

右击时间轴中的任意一个关键帧，在弹出的菜单中执行【清除关键帧】命令，即可清除当前选择的关键帧，原来的内容被前面关键帧的内容替代。

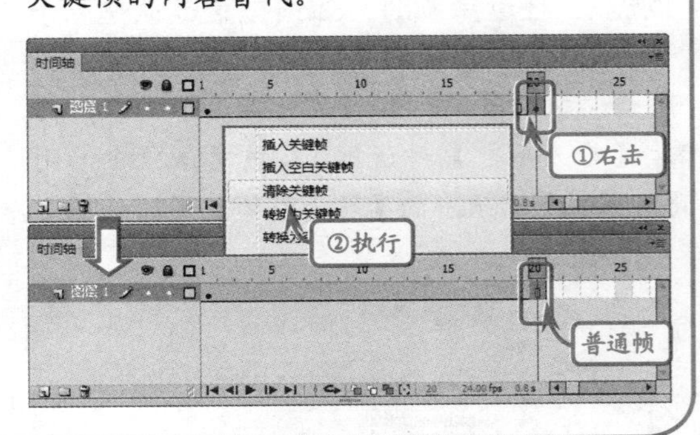

Q&A

问题4：在时间轴中，如何在指定的范围内显示更多的帧？

解答：想要在指定的范围内显示更多的帧，可以更改帧的预览大小。

单击【时间轴】面板右上角的选项按钮，在弹出的菜单中，执行【小】或【很小】命令，即可使时间轴中的帧缩小预览。

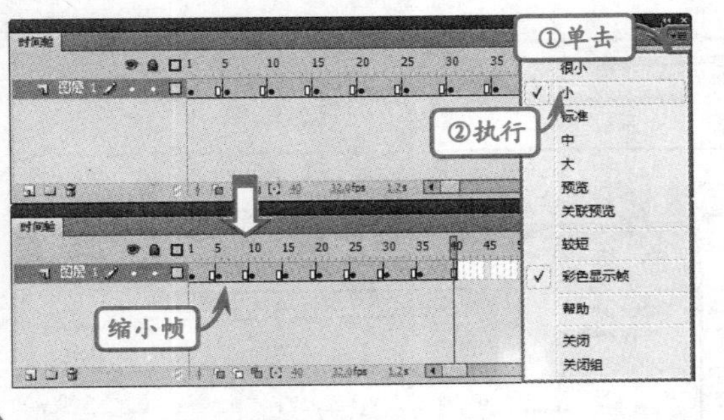

如果在菜单中执行【中】或【大】命令，则会将时间轴中的帧放大预览。

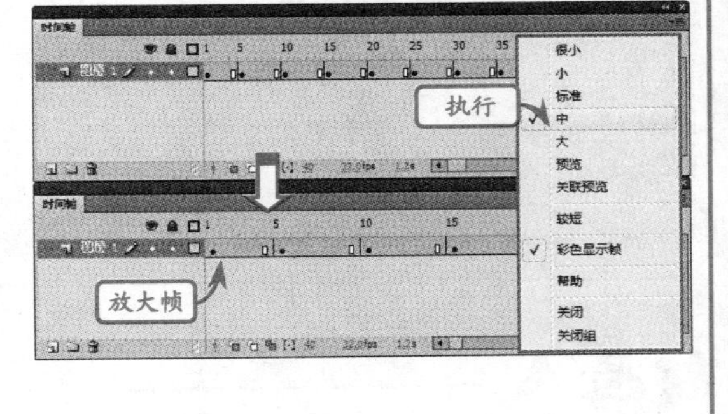

Q&A

问题5：在舞台中如何同时查看动画的多个帧？

解答：单击【时间轴】面板底部的【绘图纸外观】按钮，则在“起始绘图纸外观”和“结束绘图纸外观”标记（在时间轴标题中）之间的所有帧被重叠为【文档】窗口中的一个帧。

另外，还可以通过拖曳“起始绘图纸外观”和“结束绘图纸外观”标记，改变同时显示帧内容的范围。

例如，将鼠标移动至“结束绘图纸外观”标记处，单击并向左拖动该标记至第8帧，即可缩短同时显示帧内容的范围。

8.7 高手训练营

版本：Flash CS6

1．更改帧序列的长度

将光标放置在帧序列的开始帧或结束帧处，按住 Ctrl 键使光标改变为左右箭头图标时，向左或向右拖动即可更改帧序列的长度。

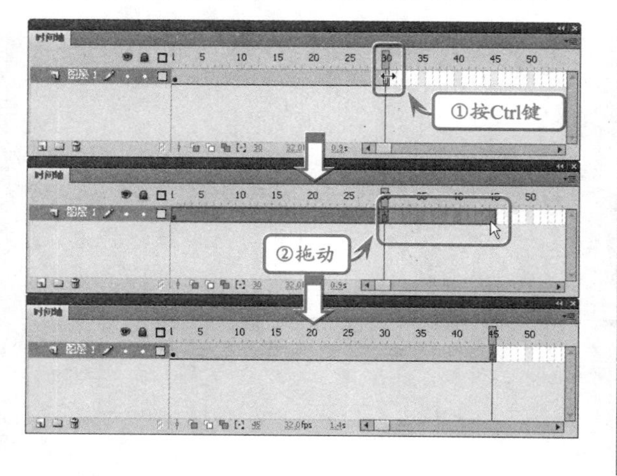

例如，将光标放置在时间轴中的第30帧处，按住 Ctrl 键不放并向右拖动至第45帧，即可延长该帧序列的长度至45帧。

如果将光标向左拖动至第20帧处，即可缩短当前帧序列的长度至20帧。

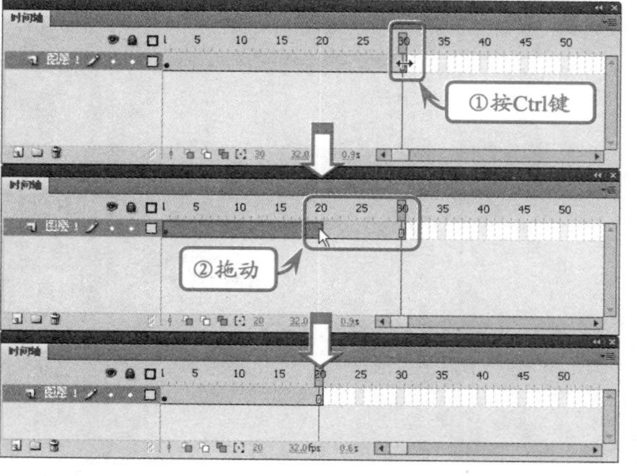

2．设置帧频

帧频是指动画播放的速度，也就是时间轴上播放指针移动的快慢，以每秒播放的帧数度量。帧频的单位是fps（帧/秒），也就是每秒钟播放的帧数。

在Flash文档中，执行【修改】｜【文档】命令，打开【文档设置】对话框。然后，在【帧频】文本框中输入合适的帧频。另外，还可以直接在【属性】检查器的【帧频】文本框中输入。

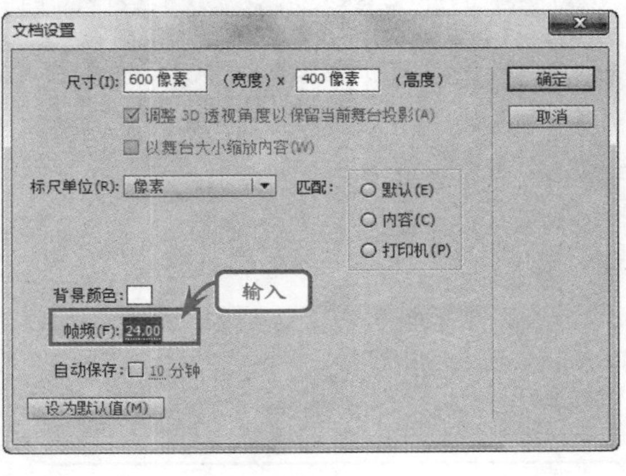

提示

在网页上，帧频为12的Flash动画通常会得到最佳的效果。QuickTime和AVI影片通常的帧频就是12fps，但是标准的运动图像速率则是24fps。

3．更改绘图纸外观标记的显示

单击【时间轴】面板底部的【修改绘图纸标记】按钮，在弹出的菜单中执行任意一个命令，即可更改绘图纸外观标记的显示。

09 创建补间动画

在Flash中，除了可以制作逐帧动画外，还可以制作补间动作动画、补间形状动画、引导动画和遮罩动画等，它们帮助用户在动画中方便地、快速地制作各种效果。在Flash CS6中，用户可以通过可视化的界面操作来创建动画以及控制动画中的各种对象，使制作动画的效率更高、步骤更简单。

本章将介绍在Flash CS6中，创建补间动作动画、补间形状动画、引导动画和遮罩动画的方法，使用户可以创建更加复杂的动画。

9.1 创建补间动画

版本：Flash CS6

Flash CS6在补间动画方面进行了非常大的改变，使用户可以用更加简便的方式创建和编辑丰富的动画。同时，还允许用户以可视化的方式编辑补间动画中的补间动作。

1. 创建补间动画

在Flash CS6中，补间动画以元件对象为核心，一切补间的动作都是基于元件的。因此，在创建补间动画前，首先应创建元件，然后，将元件放到关键帧中。

补间动画是由关键帧和补间帧组成的。因此，创建补间动画还需要为元件所在的关键帧添加多个普通帧。例如，为元件所在的图层建立自第1帧到第22帧的普通帧。

> **提示**
>
> 在Flash CS6的补间动画中，允许用户插入7种关键帧，即【位置】、【缩放】、【倾斜】、【旋转】、【颜色】、【滤镜】和【全部】。其中，前6种帧对6种补间动作类型，第7种则可支持所有补间类型。

然后，右击图层中任意一个普通帧或首关键帧，执行【创建补间动画】命令。此时，首关键帧和关键帧后面的普通帧都将变为浅蓝色(#afd7ff)。

在完成创建补间动画后，即可选中图层中的最后一帧，右击执行【插入关键帧】命令，根据需要制作补间动画的类型。

提示

与之前版本的补间动画不同，Flash CS6的补间动画必须先创建补间，然后才能添加第2个关键帧。

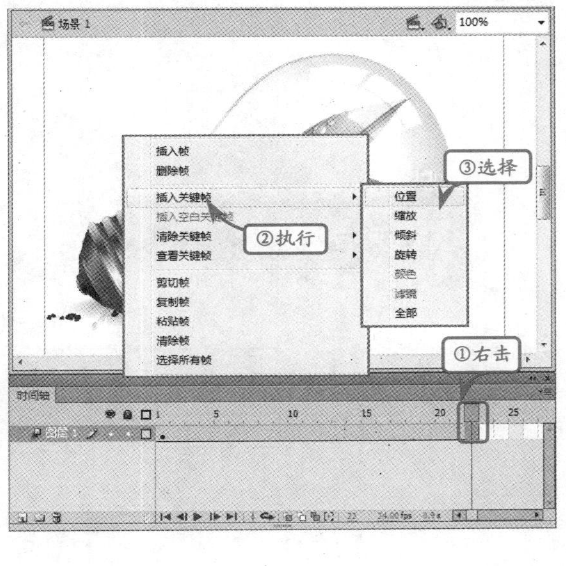

提示

在7种关键帧中，【颜色】关键帧和【滤镜】关键帧只有用户为首关键帧设置相应的【颜色】属性或【滤镜】属性后才可使用。

2. 编辑补间动画

在创建补间动画后，还需要为补间动画添加补间动作，以使补间动画真正“动”起来。编辑6种补间动画的方式大致相同，都需要先设置首关键帧的属性，然后设置尾关键帧的属性。

例如，制作灯的闪烁效果。首先，要为灯所在的图层首关键帧设置【Alpha】为100。

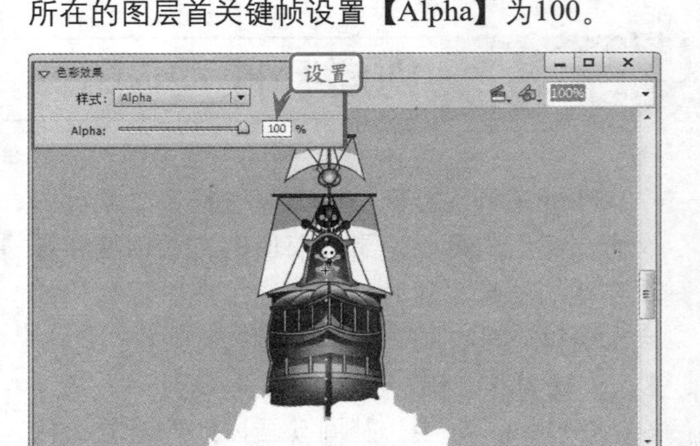

然后，选中帆船元件所在的图层最后1帧，右击，执行【插入关键帧】|【缩放】和【插入关键帧】|【颜色】等2条命令，分别创建关于缩放和颜色的关键帧。

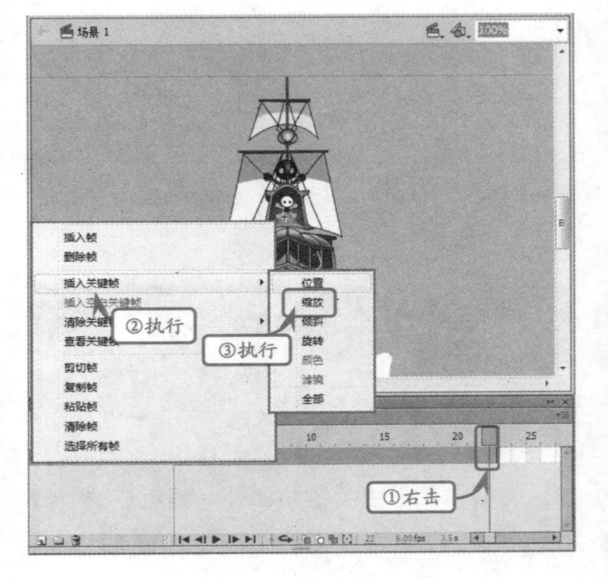

选中元件的尾关键帧，再选中元件，然后在【变形】面板中设置元件大小。同时，在【属性】面板中设置元件的【色彩效果】|【样式】|【Alpha】为“36%”，完成补间动画的编辑。

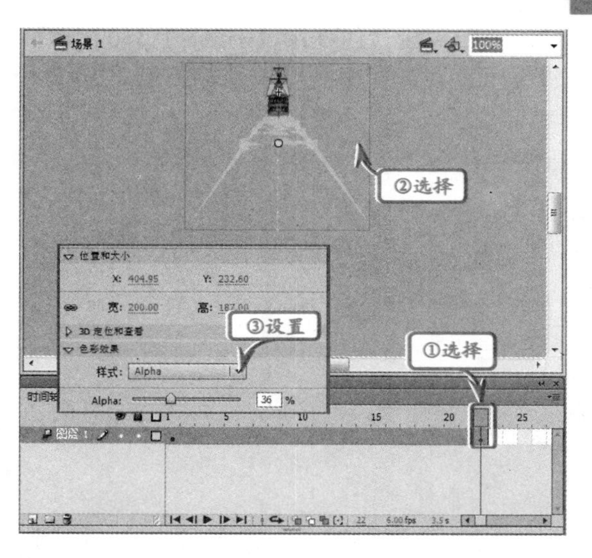

9.2 创建传统补间动画

版本：Flash CS6

传统补间动画可以将图层中的对象按照指令完成一系列的动作，如移动、变色和旋转等，这样在很大程度上提高了创建动画的效率。

1. 创建传统补间动画

新建文档，在舞台中绘制对象或者导入素材，例如导入一只卡通“鹅”，然后将其转换为影片剪辑。

右击第40帧，在弹出的菜单中执行【插入关键帧】命令，插入关键帧，将该帧作为补间动画的结束关键帧。然后，将“鹅”移动到舞台的右侧。

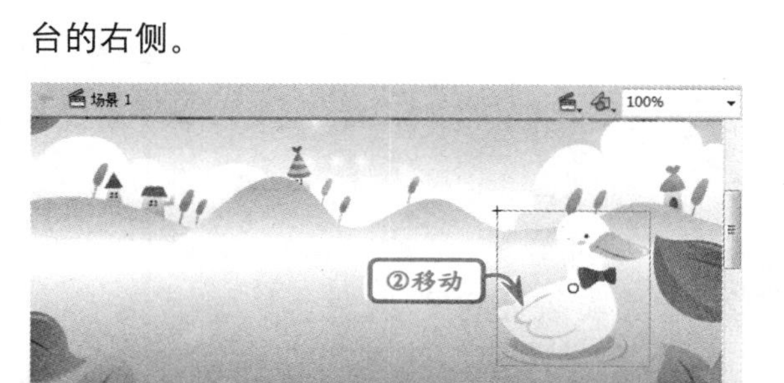

右击起始和结束关键帧之间的任意一帧，在弹出的菜单中执行【创建传统补间】命令，创建传统补间动画。

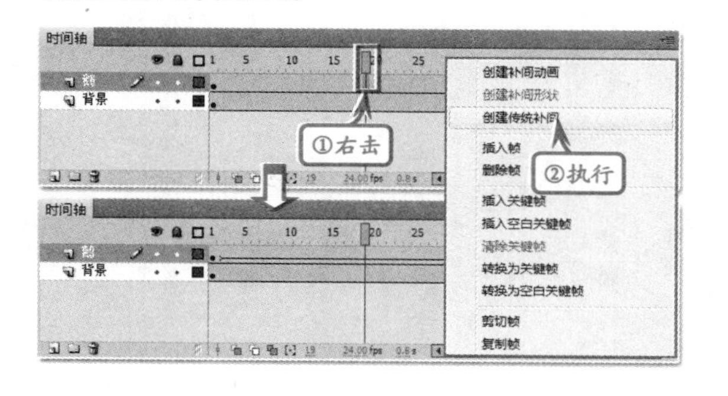

最后，执行【控制】|【测试影片】|【测试】命令预览动画效果，可以看到“鹅”从“池塘”的左侧游向右侧。

2. 设置传统补间属性

选择起始和结束关键帧之间的任意一帧，在【属性】检查器中可以设置补间动画的减速方式、对象是否旋转以及支持沿路径运作等属性。

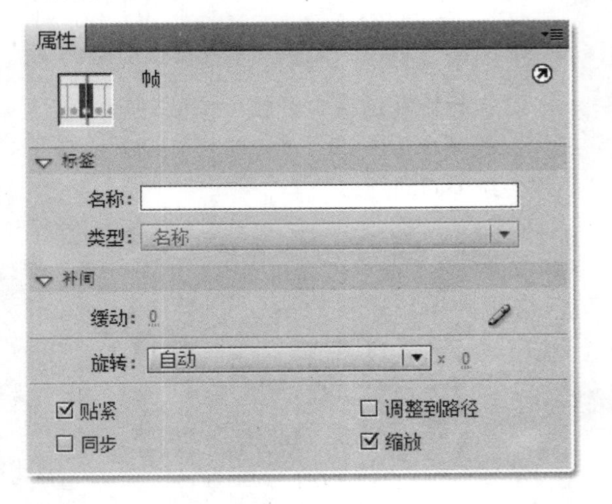

在【属性】检查器中，各个选项的说明如下。

● **缓动**

通过逐渐调整变化速率，创建更为自然的加速或减速效果。

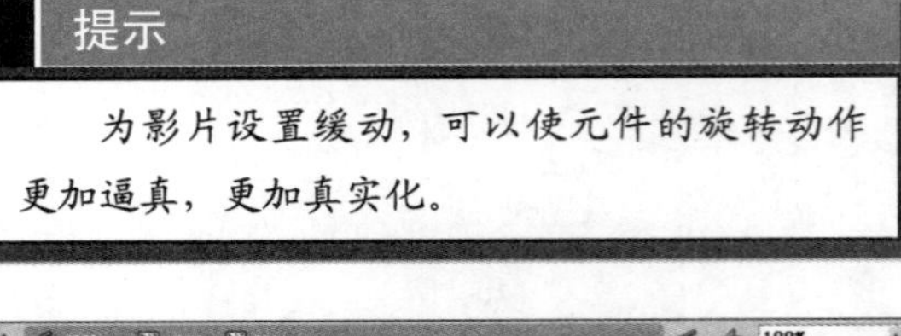

提示

为影片设置缓动，可以使元件的旋转动作更加逼真，更加真实化。

● **编辑缓动**

除了输入元件缓动的幅度值以外，Flash还允许用户通过可视化的界面设置缓动。例如，选中任意补间帧，在【属性】面板中单击【补间】|【编辑缓动】按钮。

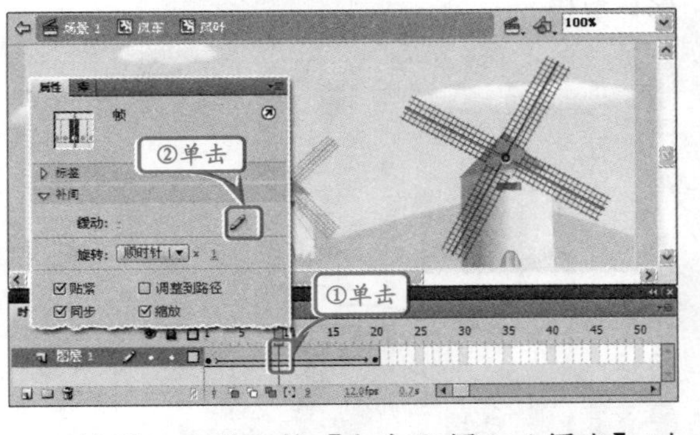

然后，在弹出的【自定义缓入/缓出】对话框中，用鼠标按住缓动的矢量速度端点，对其进行拖曳，以实现基于缓动的旋转动画。在完成缓动设置后，单击【确定】按钮。

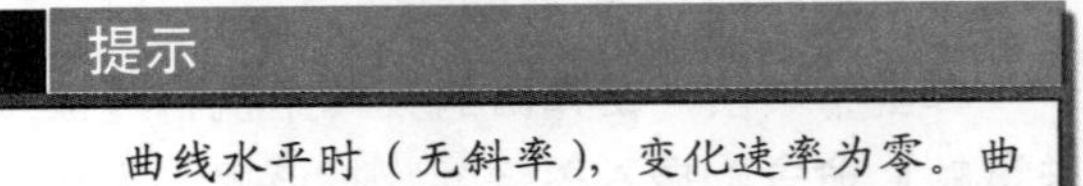

提示

曲线水平时（无斜率），变化速率为零。曲线垂直时，变化速率最大，一瞬间完成变化。

● **调整到路径**

使对象沿路径运动，并随路径方向而改变角度。

● **旋转**

在该下拉列表中可以设置对象的旋转运动，包括自动、顺时针和逆时针3个选项。

● **同步**

启用该复选框，使图形元件实例的动画和主时间轴同步。

● **贴紧**

如果使用运动路径，则选择此复选框，以根据其注册点将补间元素附加到运动路径。

9.3 创建补间形状动画

版本：Flash CS6

形状补间动画用于创建两个不同形状对象之间的变化过程，只需要定义初始形状和最终形状即可。

选择图层的第1帧，在舞台中绘制一个圆，将该帧作为补间形状动画的起始关键帧。

选择第25帧并右击，在弹出的菜单中执行【插入空白关键帧】命令，在该帧处插入空白关键帧。然后，在舞台中绘制一个三角形。

右击两个关键帧之间的任意一帧，在弹出的菜单中执行【创建补间形状】命令，在起始关键帧和结束关键帧之间创建补间形状动画。

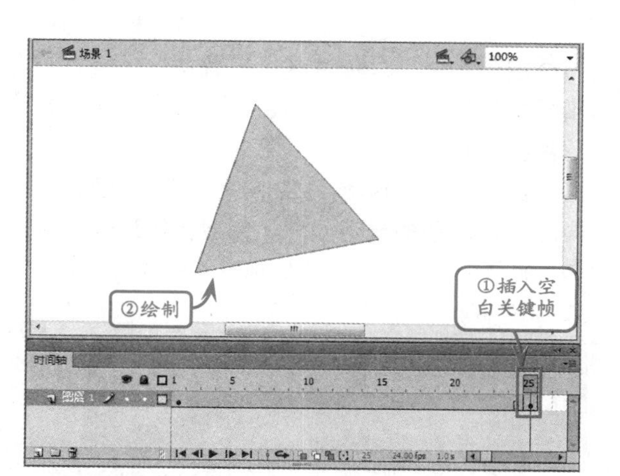

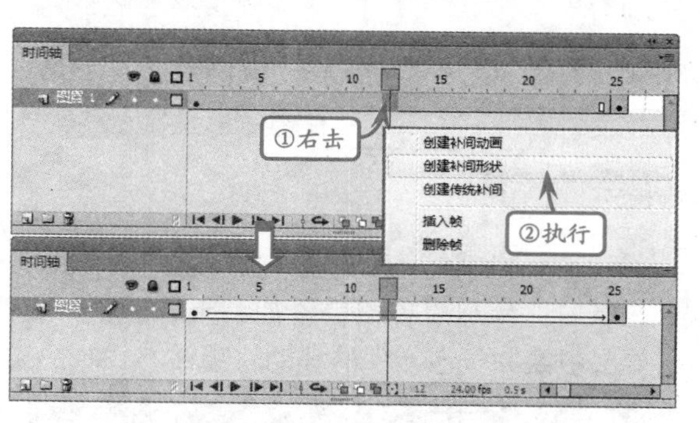

最后，执行【控制】|【测试影片】|【测试】命令预览动画效果，可以看到“圆形”渐渐变形成“三角形”。

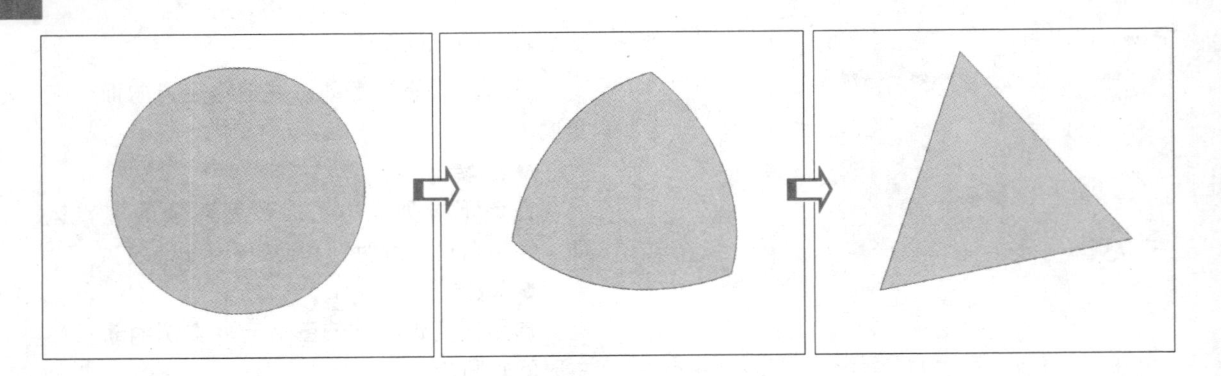

9.4 创建传统运动引导动画

版本：Flash CS6

传统运动引导动画是传统补间动画的一种延伸。在传统运动引导动画中，用户可以使用辅助线作为运动路径，设置让某个对象沿该路径运动。

要创建传统运动引导动画，首先需要创建两个图层。一个是传统运动引导层，负责存放引导的辅助线，另一个则是普通图层，用于存放被引导的对象。

首先，为Flash影片绘制各种背景图像，同时制作浮动的气泡元件。创建传统运动引导层，将气泡元件所在的图层拖曳到引导层之下。

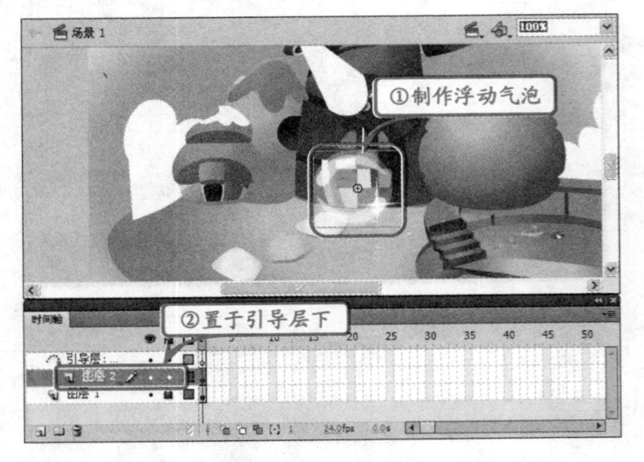

然后，分别为各图层添加若干普通帧，在引导层中绘制气泡元件的移动轨迹线。

提示

引导层是一种特殊的图层，在发布的Flash影片中，引导层往往是不可见的。Flash会自动把引导层隐藏。

将气泡所在的图层最后一帧转换为关键帧，分别将第1帧的气泡元件和最后1帧的气泡元件拖曳到运动轨迹线的两端，锁定引导层。

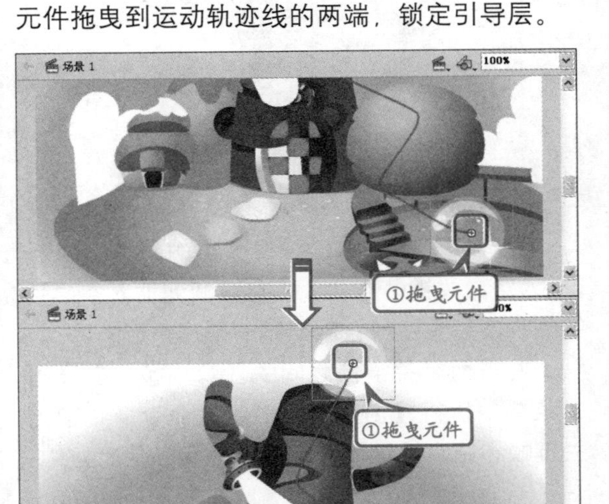

最后，选中气泡所在的图层中任意一个普通帧，执行【创建传统补间】命令，完成传统运动引导动画的制作。

9.5 创建遮罩动画

版本：Flash CS6

遮罩动画是一种特殊的Flash动画类型。在制作遮罩动画时，需要在动画图层上创建一个遮罩层，然后在遮罩层中绘制各种矢量图形，并保证为分离状态。当播放动画时，只有被遮罩层遮住的内容才会显示，而其他部分将被隐藏起来。

1．制作普通遮罩动画

普通遮罩动画是指通过遮罩层显示的动画。在这些动画中，遮罩层是静止的，遮罩层下方的被遮罩层则是运动的。

制作遮罩动画，既可以用普通补间动画，也可以用传统补间动画。例如，通过普通补间动画制作场景自右向左平移的动画，作为遮罩动画的动画部分。

隐藏动画所在的图层，然后通过新建图层为影片添加背景、显示动画的元素等内容。

新建“遮罩”图层，在图层中绘制一个圆形作为遮罩图形，并将其移动到动画上方。

在“遮罩”图层的名称上方右击，执行【遮罩层】命令，Flash将自动把其下方的“图像”图层加入到遮罩的范围中，完成动画制作。

2．制作遮罩层动画

遮罩层动画是指在遮罩层中发生的动画。即根据遮罩图形本身的动作而实现的动画。遮罩层动画的应用非常广泛，网页中的各种水波荡漾、百叶窗等效果都是通过遮罩层动画实现的。

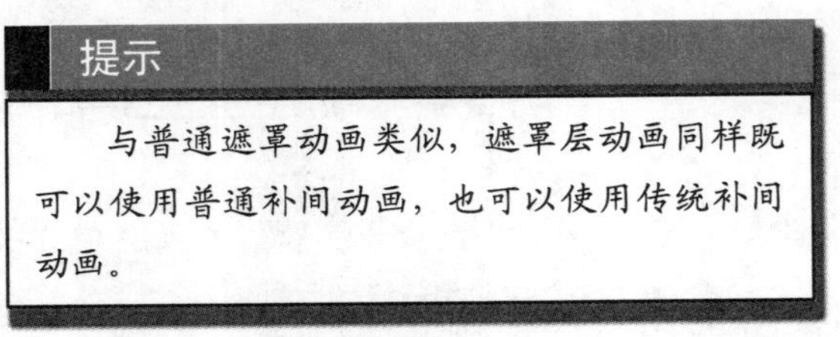

提示

与普通遮罩动画类似，遮罩层动画同样既可以使用普通补间动画，也可以使用传统补间动画。

制作遮罩层动画之前，首先需要为Flash文档导入遮罩层动画的背景图像。

在图像所在图层上方新建一个图层，并在舞台中绘制一个用于遮罩的六边形。

分别为cover和building两个图层插入普通帧，用于制作补间动画。在cover图层的最后1帧处右击，执行【转换为关键帧】命令，将其转换为关键帧。

在cover图层的最后一个关键帧处重新绘制一个矩形，矩形大小与影片的舞台相同，并将整个舞台完全覆盖。然后，选择cover图层任意一个普通帧，右击执行【创建补间形状】命令。

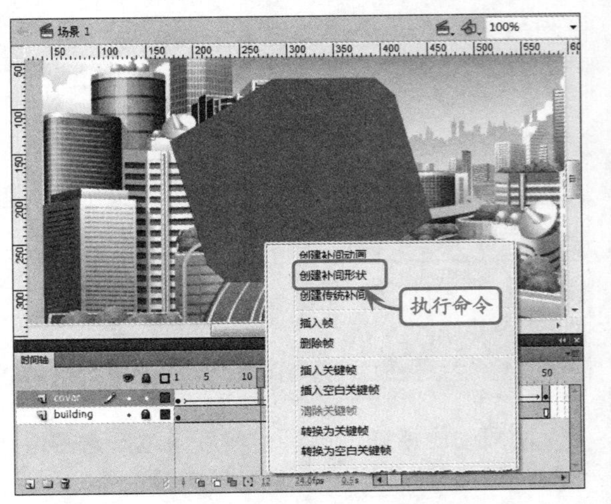

最后，将cover图层转换为遮罩层，完成遮罩层动画的制作。按下 Ctrl+Enter 组合键，预览效果。

9.6 练习：制作网站进入动画1

版本：Flash CS6
downloads/第9章/01

在某些个性化的网站中，通常会在进入网站之前播放一个进入动画。多数进入动画都是以Flash技术制作而成，它可以在用户等待网站加载时吸引其注意力，提高网站的交互性。本练习将制作一个家居网站的进入动画。

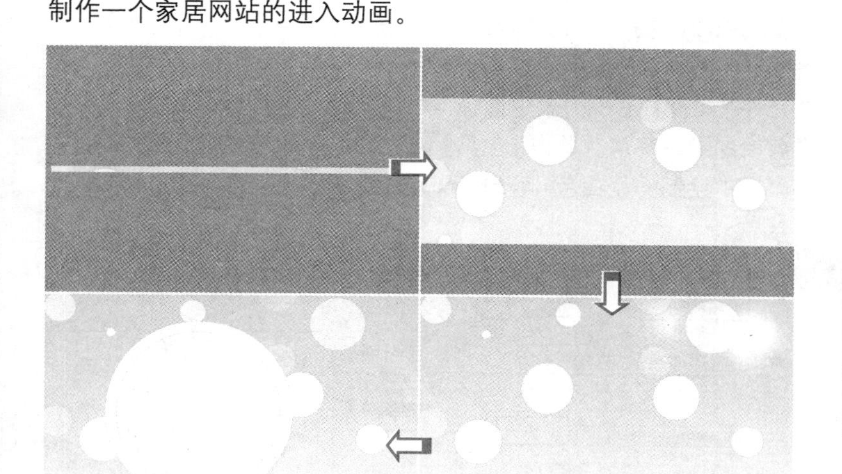

练习要点

- 椭圆工具
- 文本工具
- 创建补间动画
- 设置透明度
- 设置动画缓动

提示

在文档中，执行【修改】|【文档】命令，也可以打开【文档属性】对话框。

操作步骤

STEP|01 新建文档，右击舞台，在弹出的菜单中执行【文档属性】命令，打开【文档属性】对话框。然后，在该对话框中设置舞台【尺寸】为“950像素×650像素”，【背景颜色】为“灰色”(#999999)。

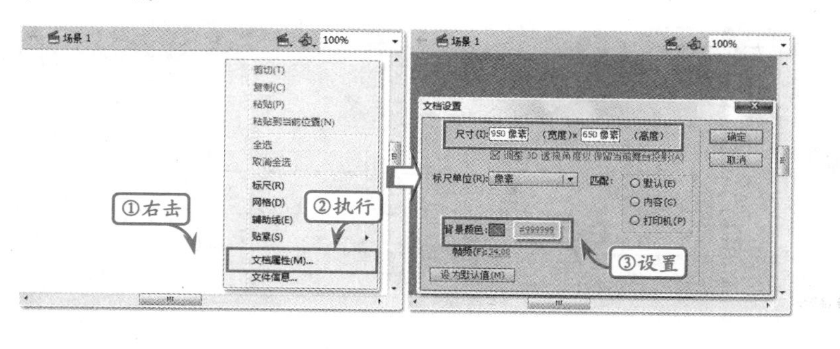

提示

在【文档属性】对话框，可以定义文档中数值的单位。

提示

执行【窗口】|【颜色】命令，可以打开【颜色】面板。

STEP|02 单击【工具】面板中的【矩形工具】按钮，绘制一个与舞台大小相同的矩形。打开【颜色】面板，在【颜色类型】下拉列表中选择“线性渐变”选项，并在底部设置灰白渐变。然后，使用【颜料桶工具】为矩形填充从上至下的灰白渐变。

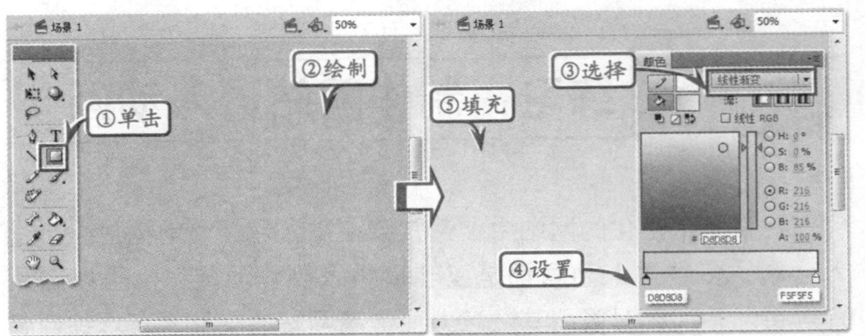

提示

在【颜色】面板中，可以选择4种颜色类型，即纯色、线性渐变、径向渐变和位图填充。

提示

选择【颜料桶工具】后，在矩形的顶部按下鼠标不放，并向下拖动，即可为矩形从下至下填充渐变色。

STEP|03 选择该图层的第110帧，插入普通帧。执行【插入】|【新建元件】命令，在打开的【创建新元件】对话框中输入“圆形”，在元件【类型】下拉列表中选择“影片剪辑”选项。然后，进入影片剪辑的编辑环境，单击【工具】面板中的【椭圆工具】按钮，在舞台中绘制一个白色（#FFFFFF）的圆形。

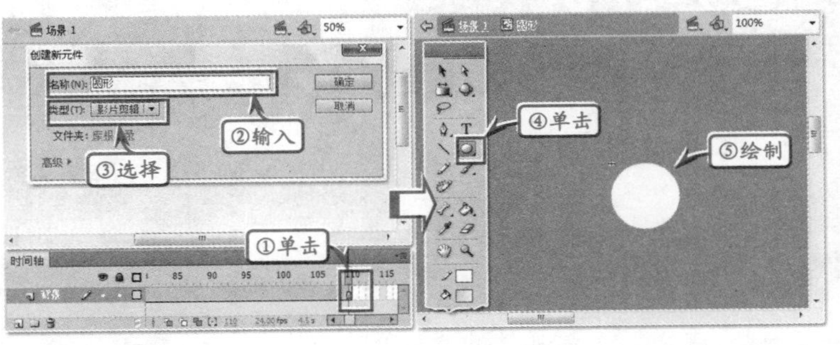

提示

在填充渐变颜色后，可以使用【渐变变形工具】调整渐变色的范围和角度。

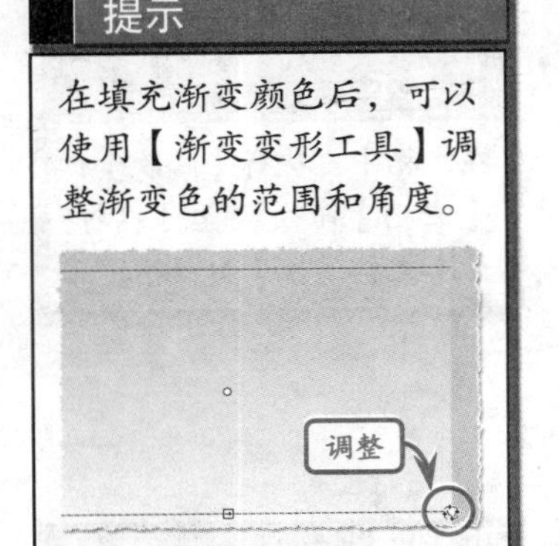

STEP|04 使用相同的方法，新建“圆形动画”影片剪辑。进入该影片剪辑的编辑环境，将“圆形”影片剪辑从【库】面板拖入到舞台中，在第50帧处插入帧并创建补间动画。然后选择第1帧，在【属性】检查器的【滤镜】选项中单击【新建滤镜】按钮，在弹出的菜单中执行【发光】命令，并设置发光【颜色】为“灰色”（#CCCCCC）。

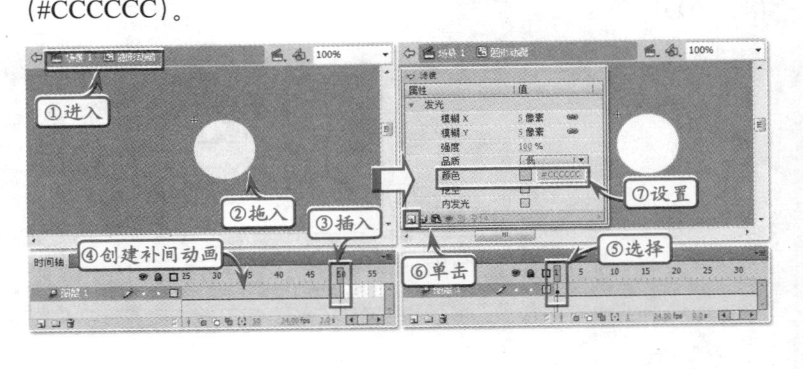

提示

单击编辑栏中的“场景1”文字，可以返回到场景1。

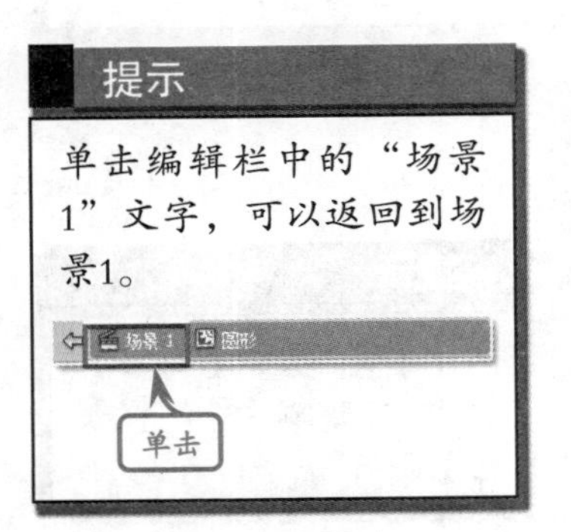

STEP|05 选择第25帧，在【属性】检查器的【滤镜】选项中，设置【模糊X】和【模糊Y】均为“30像素”。然后选择第50帧，更改发光滤镜的【模糊X】和【模糊Y】均为“5像素”。

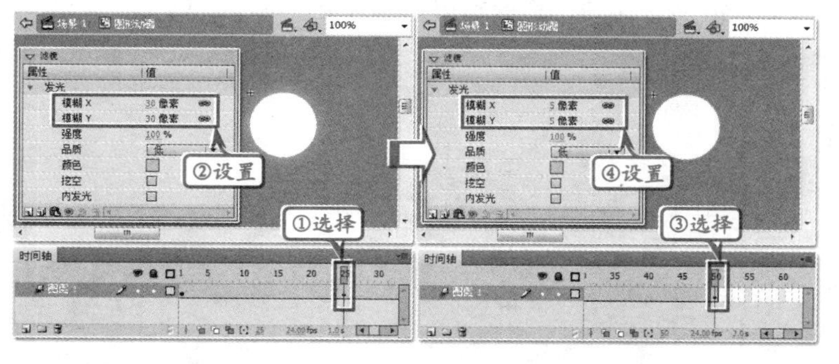

STEP|06 返回场景。新建“圆形”图层，将“圆形”影片剪辑拖入到舞台，在【变形】面板中设置【缩放宽度】和【缩放高度】均为“150%”，在【属性】检查器的【色彩效果】选项中选择【类型】为Alpha，并设置其值为“75%”。然后使用相同的方法，在舞台中拖入多个实例，并更改其缩放比例和Alpha透明度。

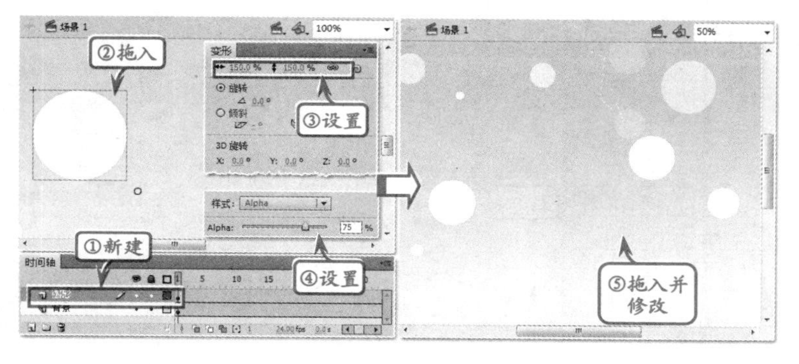

STEP|07 新建“圆形动画1”图层，将“圆形”影片剪辑拖入到舞台，在【变形】面板中设置其【缩放宽度】和【缩放高度】为“165%”，在【属性】检查器中设置其Alpha值为“40%”。然后创建补间动画，在第45帧处插入“缩放”属性关键帧。

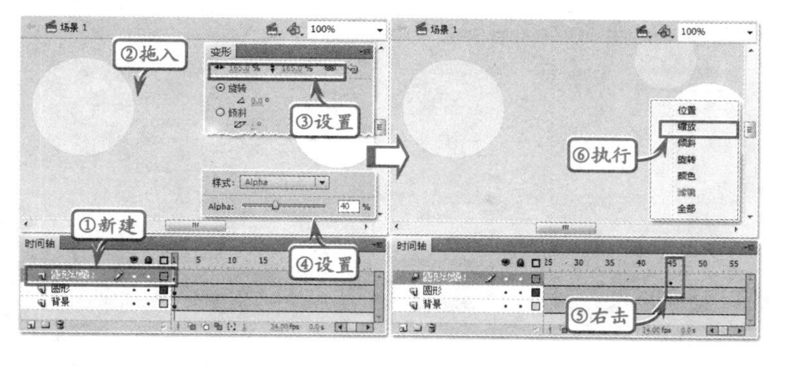

提示

执行【窗口】|【变形】命令，可以打开【变形】面板。

提示

在【变形】面板中，由于宽度和高度的缩放比例默认为约束，所以在设置宽度缩放比例的同时，高度缩放比例也会相应改变。

提示

为了使动画的内容表现得更加多元化，特别将“圆形”影片剪辑的大小和透明度设置为不同的数值。

提示

在“图形动画1”图层中，右击任意一个普通帧，在弹出的菜单中执行【创建补间动画】命令，即可创建补间动画。

提示

右击第45帧，在弹出的菜单中执行【缩放】命令，即可在该帧处插入“缩放”属性关键帧。

STEP|08 选择第60帧，在【变形】面板中设置"圆形"影片剪辑的【缩放宽度】和【缩放高度】为"600%"，在【属性】检查器中设置其Alpha值为"85%"。新建"圆形动画2"图层，使用相同的方法制作另外一个"圆形"影片剪辑逐渐放大的补间动画。

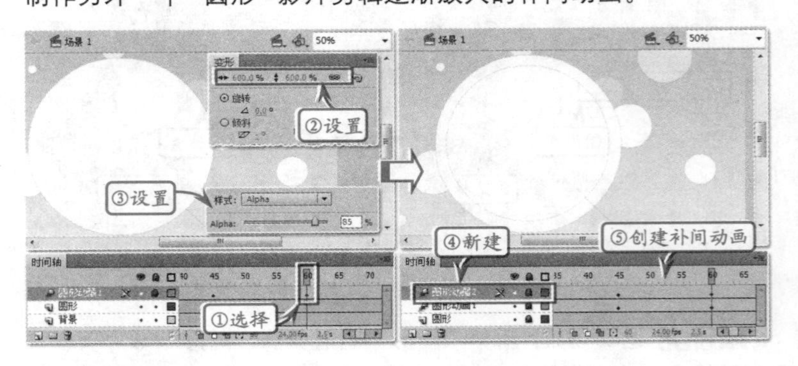

> **提示**
>
> 在"圆形动画2"图层中，"图形"影片剪辑在第60帧处的【缩放宽度】和【缩放高度】为"525%"，Alpha透明度为"100%"。

STEP|09 新建"遮罩"图层，使用【矩形工具】在舞台的中间位置绘制一个小矩形。然后在第20帧处插入关键帧，使用【任意变形工具】沿水平方向拉伸该矩形，使其宽度大于舞台的宽度。右击这两关键帧之间的任意一帧，在弹出的菜单中执行【创建补间形状】命令，创建补间形状动画。

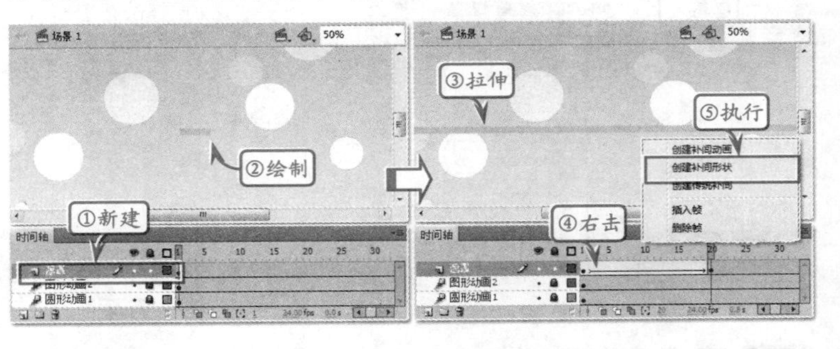

> **提示**
>
> 在使用【任意变形工具】调整矩形时，按住Alt键不放，即可同时向左右两个方向拉伸。

STEP|10 在第40帧处插入关键帧，使用【任意变形工具】的同时按住Alt键不放，并向上拖曳矩形，使其覆盖整个舞台。在第20帧至第40帧之间创建补间形状动画。然后，右击"遮罩"图层，在弹出的菜单中执行【遮罩层】命令，将其转换为遮罩图层，并将其他所有图层转换为被遮罩图层。

> **提示**
>
> 右击普通图层，执行【属性】命令，在弹出的【文档属性】对话框中启用【被遮罩】命令，将其转换为被遮罩图层。

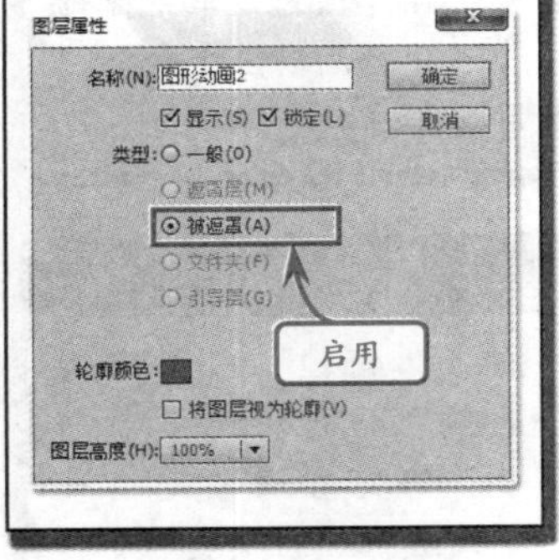

9.7 练习：制作网站进入动画2

版本：Flash CS6
downloads/第9章/02

在上一练习中已经制作了网站进入动画的开场，下面将继续制作动画的主要内容。首先通过渐显的方式在指定的圆形区域展示室内背景图像，然后再利用缓动补间动画逐步显示室内家居图像以及动画文字，使整个动画具有较强的连贯性。

练习要点

- 创建补间动画
- 设置缓动
- 设置Alpha透明度
- 设置透明度
- 设置动画缓动
- 输入文本

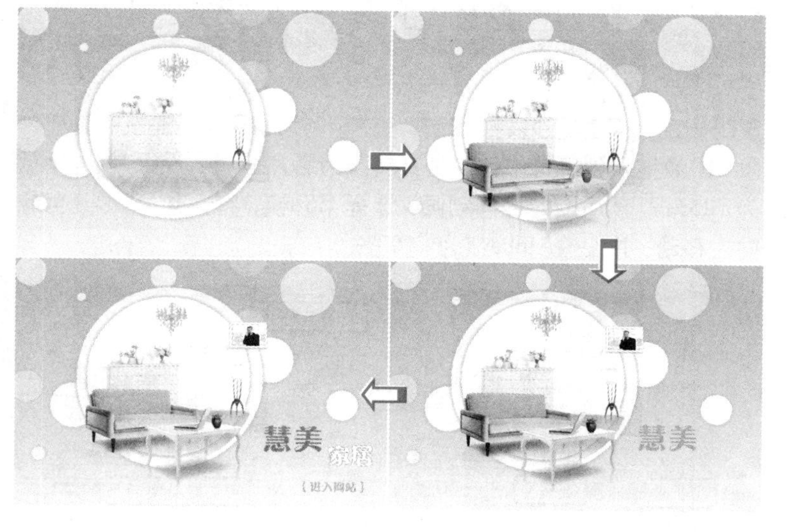

提示

为了方便用户观察，将“遮罩”图层设置为不可见。

操作步骤

STEP|01 在“图形动画2”图层的上面新建“家居”图层，在第60帧处插入关键帧。执行【文件】|【导入】|【打开外部库】命令，在弹出的对话框中打开“素材.fla”文档，然后将【外部库】面板的“家居”图像拖入到舞台的圆形区域中，并将其转换为“家居”影片剪辑。

提示

【外部库】面板与【库】面板的使用方法相同，都是选择素材将其拖入到舞台中即可使用。

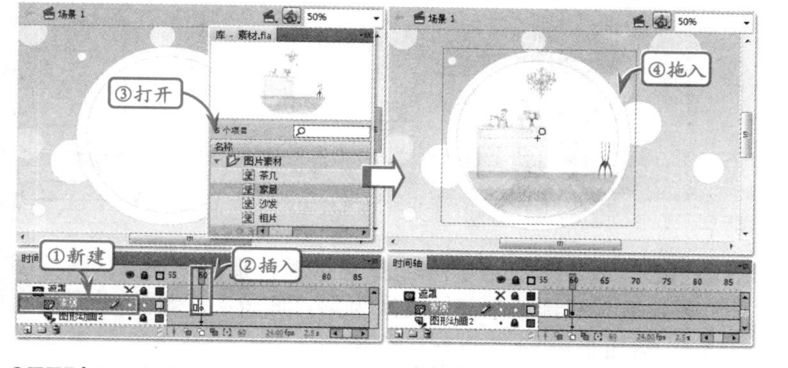

STEP|02 右击第60帧，在弹出的菜单中创建补间动画，在【属性】检查器中设置“家居”影片剪辑的Alpha值为“10%”。然后，在第70帧处插入关键帧，设置影片剪辑的Alpha值为“100%”。

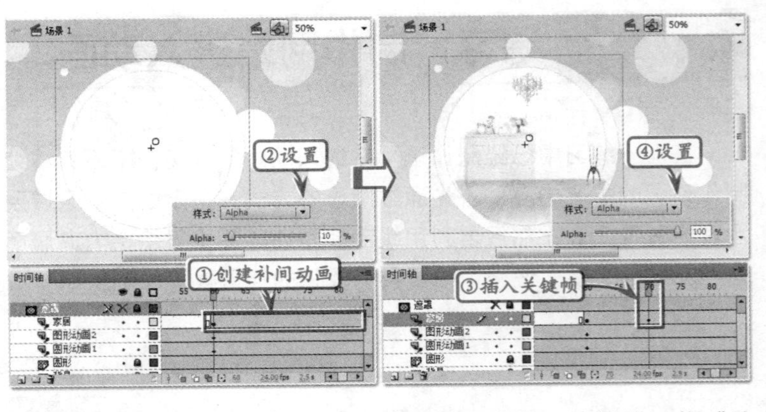

提示

选择第70帧，在【属性】检查器中更改Alpha值，即可自动插入相应属性的关键帧。

STEP|03 新建“沙发”图层，在第70帧处插入关键帧，将“沙发”图像拖入到舞台中，并将其转换为影片剪辑，设置其Alpha值为“25%”。然后创建补间动画，选择第80帧，将“沙发”影片剪辑向左移动，并设置Alpha值为“100%”。

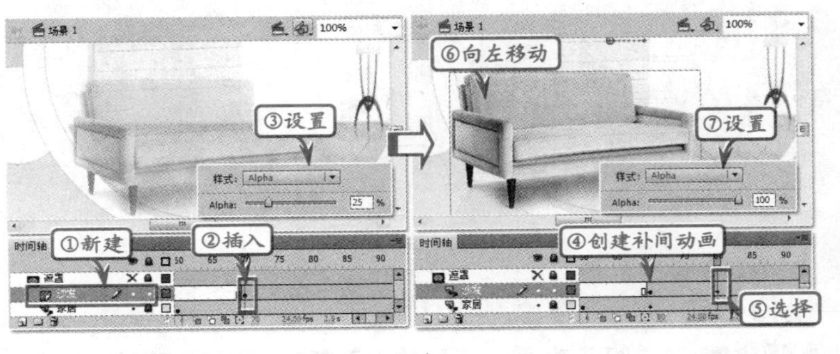

提示

在第80帧处，选择舞台中的“沙发”影片剪辑，按住 Shift 键使用鼠标向左拖动，或者按 ← 键向左移动。

STEP|04 选择补间范围中的任意一帧，在【属性】中设置【缓动】为“50输出”。然后新建“茶几”图层，使用相同的方法制作“茶几”向右渐显的补间动画，并在【属性】检查器中设置【缓动】同样为“50输出”。

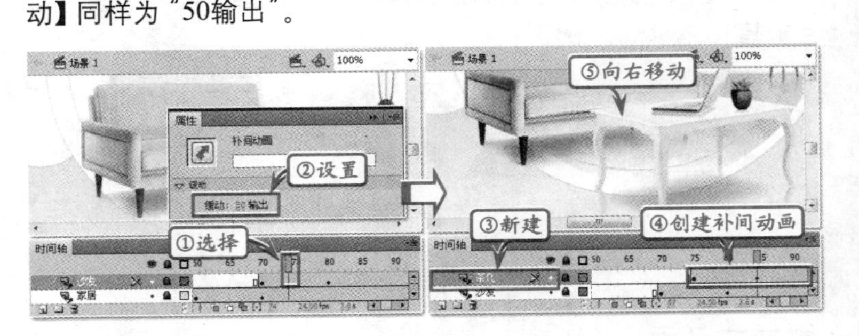

提示

当选择补间范围中的任意一帧，在【属性】检查器中将会显示补间动画的属性。

STEP|05 新建“相片”图层，在第80帧处插入关键帧，将“相片”图像拖入到舞台中，并转换为影片剪辑，设置其Alpha值为“25%”。然后创建补间动画，选择第90帧，向左移动该影片剪辑，并更改Alpha值为“100%”。

提示

适当调整影片剪辑的位置，使他们更加合理、协调。

STEP|06 新建“慧美”图层，在第85帧处插入关键帧，在舞台中输入“慧美”文字，并执行【修改】|【分离】命令将其分离成图形。然后，选择【颜料桶工具】，在【颜色】面板中设置桔红渐变色，并填充文字。

> **提示**
>
> 在为文字填充渐变色之前，一定要将其分离为图形。

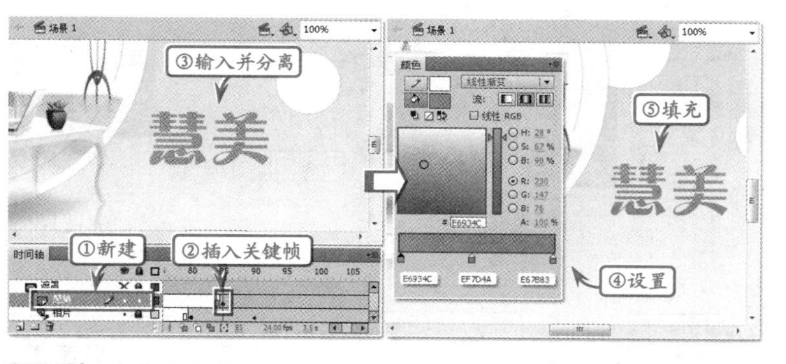

> **提示**
>
> 在【属性】检查器中设置文字的【系列】为“方正粗活意简体”，【大小】为“80点”，【字母间距】为3。

STEP|07 将文字图形转换为影片剪辑，创建补间动画，在【属性】检查器中设置其Alpha值为“25%”。然后选择第95帧，向下移动该影片剪辑，并更改Alpha值为“100%”。

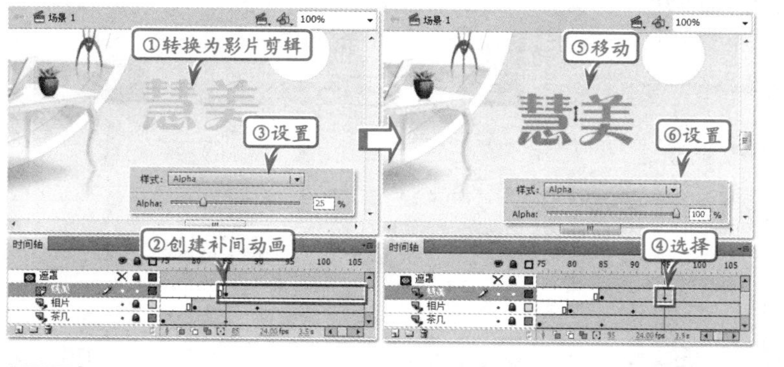

> **提示**
>
> 在【颜色】面板的【颜色类型】下拉列表中选择“线性渐变”，然后在下面的色块中添加色标，并设置颜色。

STEP|08 新建“家居”图层，在第90帧处插入关键帧，在舞台中输入“家居”文字，并在【属性】检查器中为其添加“发光”滤镜，设置其【颜色】为“灰色（#999999）”。然后创建补间动画，选择第100帧，向上移动该文字。

> **提示**
>
> 在【属性】检查器中设置“家居”文字的【系列】为“方正粗活意简体”，【大小】为“60点”，【颜色】为“白色”（#FFFFFF）。

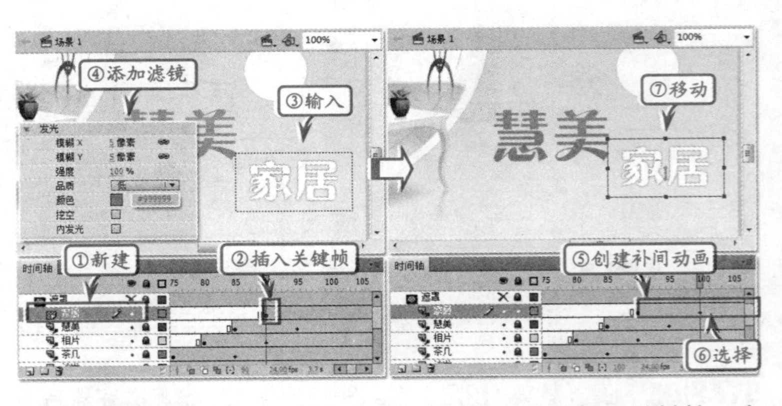

STEP|09 新建“进入网站”图层，在第105帧处插入关键帧，在舞台中输入“【进入网站】”文本，将其转换为按钮元件，并设置Alpha值为“15%”。然后创建补间动画，选择第110帧，向上移动该按钮元件，并更改Alpha值为“100%”。

> **提示**
>
> 在【属性】检查器中单击底部的【添加滤镜】按钮，在弹出的菜单中执行【发光】命令，即可为所选对象添加发光滤镜。

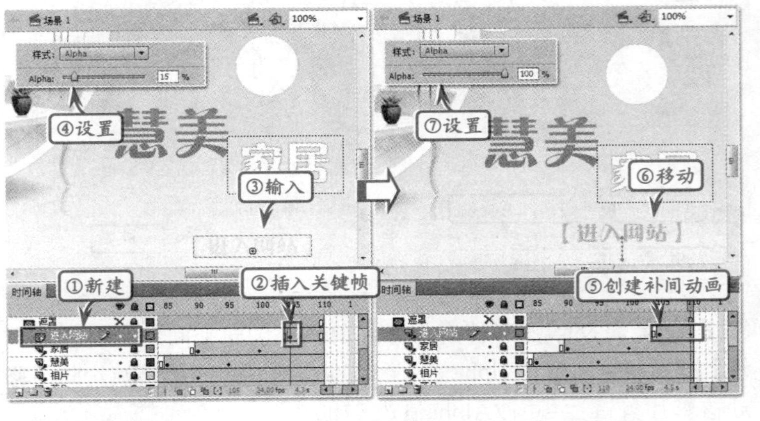

STEP|10 在“遮罩”层上面新建ActionScript图层，在最后1帧处插入关键帧，打开【动作】面板，并输入停止动画命令“stop();”。

> **提示**
>
> 将文字转换为按钮元件，可以使鼠标经过该文字时，鼠标的指针转换为手形。

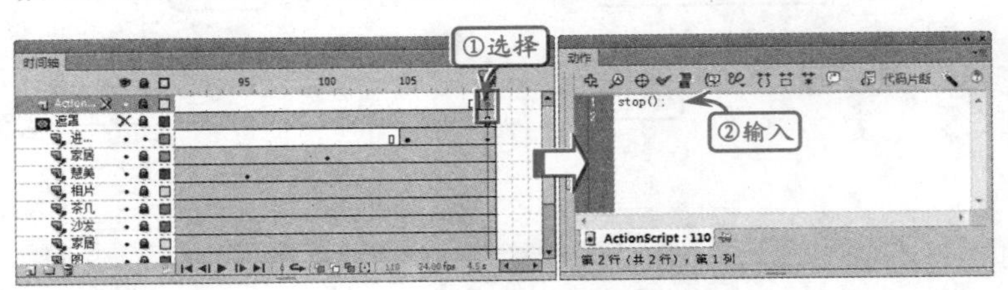

9.7 练习：制作网站进入动画3

版本：Flash CS6
downloads/第9章/03

通过在引导图层中绘制运动路径，可以制作雪花飘落的动画。首先使用【椭圆工具】绘制雪花形状。然后，运用补间动画和引导动画实现远处和近处雪花的飘落效果。

练习要点

- 导入素材图像
- 绘制椭圆
- 创建引导层
- 绘制曲线
- 创建补间动画
- 创建传统补间动画

操作步骤

STEP|01 新建文档，执行【文件】|【导入】|【导入到舞台】命令，将“背景.jpg”转换素材图像导入到舞台。然后新建“雪花”图层，选择【工具】面板中的【椭圆工具】，启用【对象绘制】按钮，在舞台中绘制一个圆形，并为其填充从白色到透明的径向渐变。

提示

在绘制椭圆形后，打开【颜色】面板，选择【颜色类型】为“径向渐变”，并在下面的颜色条中设置渐变色。

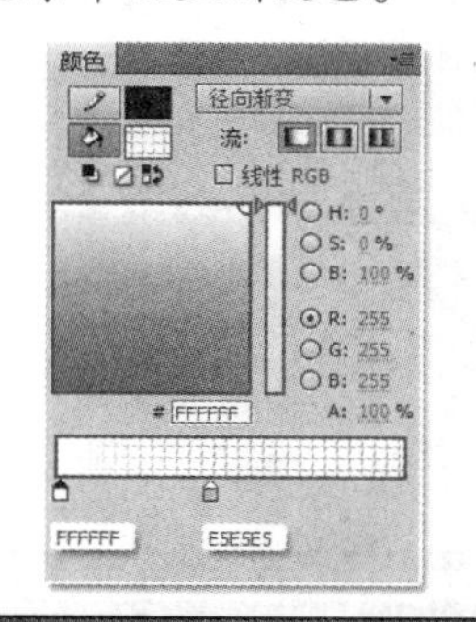

提示

在【工具】面板中启用【对象绘制】按钮后，所绘制的图形将不会影响到其他图形。

STEP|02 选择图形，执行【修改】|【转换为元件】命令，在弹出的对话框中将其改为“雪花”图形元件。进入该图形元件的编辑模式，复制并调整椭圆的大小，然后将所有图形组合为一个组。

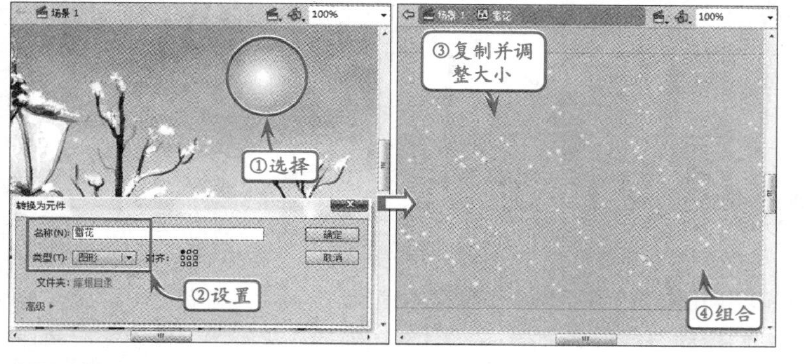

提示

选择椭圆形，按 Ctrl+D 组合键，即可快速创建副本。

STEP|03 复制组，并从上至下依次排列。然后返回场景，选择

“雪花”图形元件，并移动至适当的位置。

STEP|04 在所有图层的第159帧处插入帧。右击“雪花”图层，在弹出的菜单中执行【创建补间动画】命令，创建补间动画。然后选择第160帧，向下移动“雪花”图形元件。

STEP|05 新建“雪花1”图层，使用相同的方法在舞台中绘制一个椭圆形的“雪花”，并将其转换为“大雪花”图形元件。然后，右击该图层，在弹出的菜单中执行【添加传统运动引导层】命令，添加一个运动引导层，并使用【铅笔工具】绘制“雪花”飘落的轨迹。

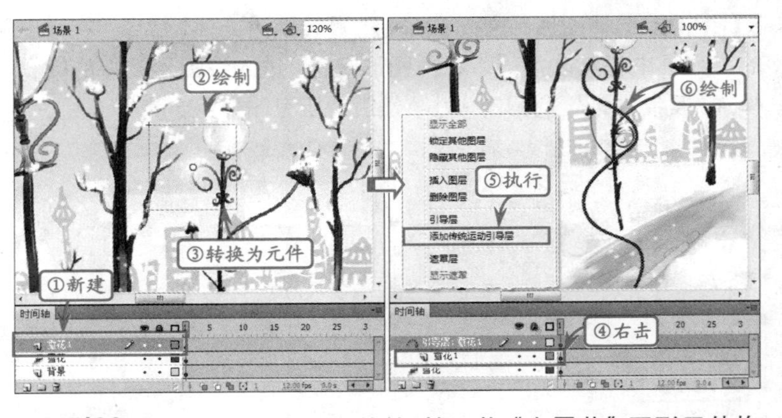

STEP|06 选择“雪花1”图层的第1帧，将“大雪花”图形元件拖入到运动路径的最顶端。在第159帧处插入关键帧，将该图形元件移动到运动路径的最末端。然后，右击这两关键帧之间创建传统

提示

为了使操作方便，选择所有椭圆形，执行【修改】|【组合】命令，将其组合为一个组。

提示

复制完组后，选择所有组，通过【对齐】面板使他们垂直对齐。

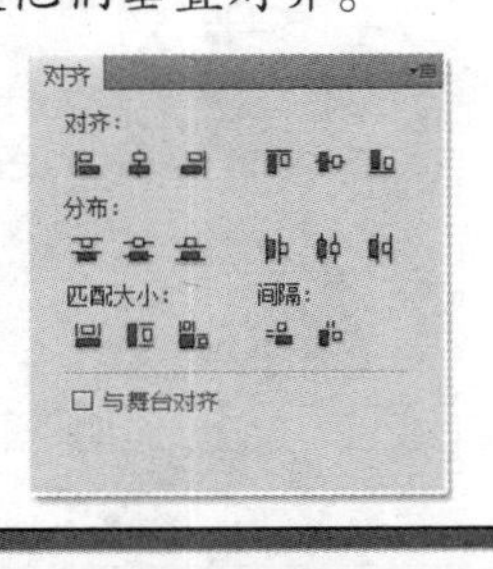

注意

在创建传统运动引导动画之前，必须将运动对象转换为元件。

提示

对象运动的轨迹，与【铅笔工具】所绘线条的样式无关，包括颜色、精细和类型等。

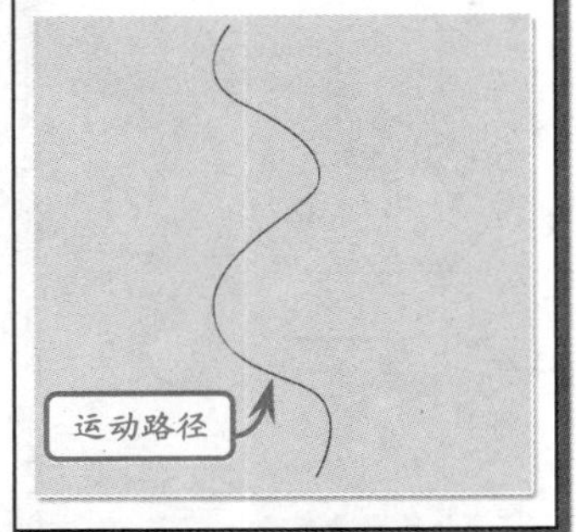

补间动画。

提示

将图形元件移动至运动路径附近时，其中心点将自动吸附到路径上面。另外，使用【任意变形工具】可以调整元件中心点的位置。

STEP|07 选择第1帧，在【属性】检查器中设置“大雪花”图形元件的Alpha透明度为“0%”。然后在第10帧处插入关键帧，更改其Alpha透明度为“100%”。

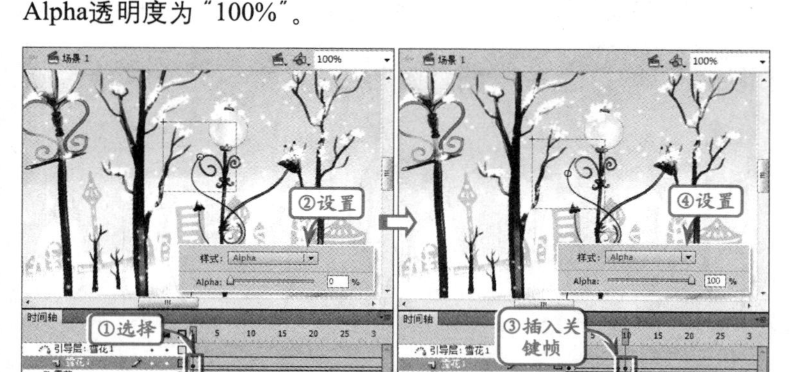

STEP|08 新建“雪花2”图层，在舞台的右上角绘制一个中型“雪花”，并将其转换为“中雪花”图形元件。然后，使用相同的方法添加运动引导层，并绘制运动路径。

提示

中型“雪花”比刚才绘制的“雪花”略小，但是一定要将其转换为图形元件，这样才可以创建运动引导动画。

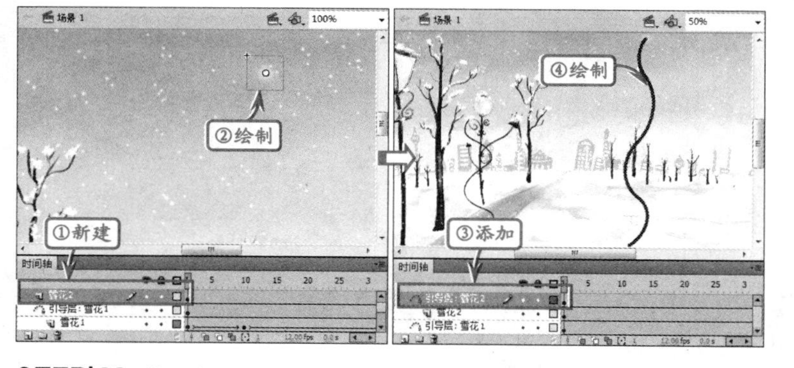

STEP|09 使用相同的方法，在第1帧至第159帧处之间制作“中雪花”图形元件的运动引导动画。然后，在第8帧处插入关键帧，设置第1帧处元件的Alpha透明度为“0%”，第8帧处Alpha透明度为“100%”

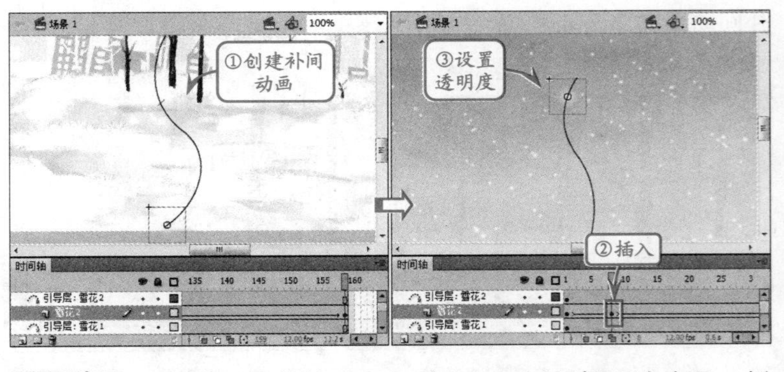

提示

在创建运动引导动画时，同样是将“中雪花”图形元件放置在运动路径的开始端和结束端。

STEP|10 为了使下雪的效果更加形象，可以根据上述步骤，新建多个普通图层和传统运动引导层，通过绘制不规则的运动路径，制作“雪花”向下飘落的运动引导动画。

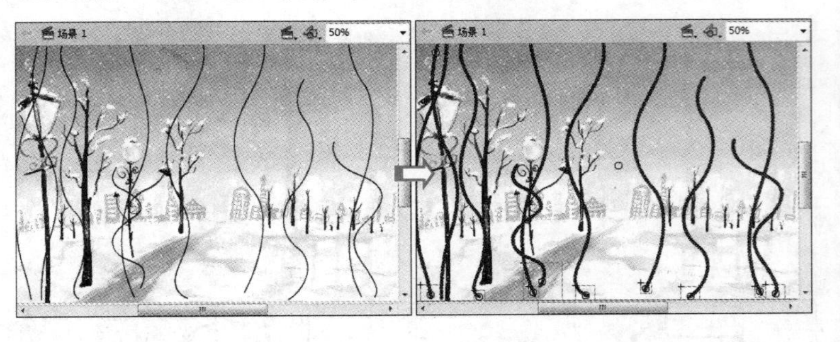

9.8 高手答疑

版本：Flash CS6

Q&A

问题1：使用【任意变形工具】是否可以编辑补间的运动路径？如果可以，则如何操作？

解答：使用【任意变形工具】可以用来编辑补间动画的运动路径。

选择【工具】面板中的【任意变形工具】，然后单击补间动画的运动路径，注意不要单击补间目标实例。

使用【任意变形工具】对运动路径进行缩放、倾斜或旋转等操作。

问题2：如果删除补间动画中的运动路径？

解答：使用【选取工具】在舞台上单击运动路径以将其选中，然后按 Delete 键即可。

Q&A

问题3：在补间动画中，如何复制补间范围？

解答：如果要直接复制某个补间范围，可以在按住 Alt 键的同时将该范围拖到时间轴中的新位置，或复制并粘贴该范围。

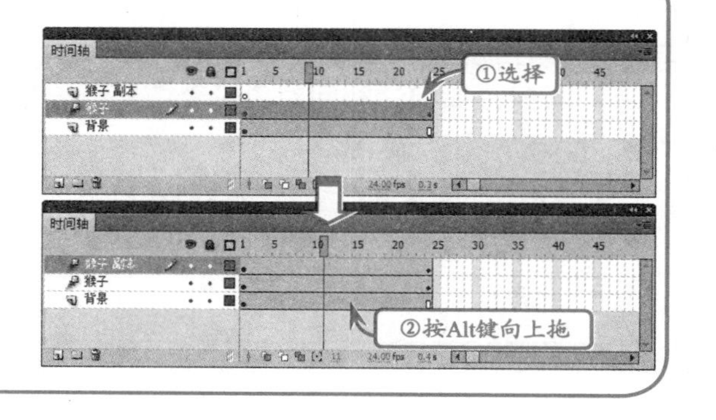

Q&A

问题4：如果创建的补间动画范围并不符合要求，那么如何添加或删除其中的某个或某些帧？

解答：如果要从某个范围删除帧，在按住 Ctrl 键的同时拖动，以选择帧。然后右击任意帧，在弹出的菜单中执行【删除帧】命令。

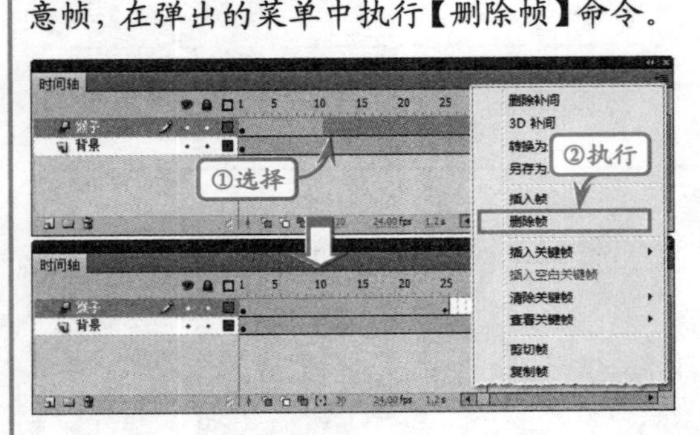

如果要从某个范围剪切帧，在按住 Ctrl 键的同时拖动，来选择帧。然后，右击任意一帧，在弹出的菜单中执行【剪切帧】命令。

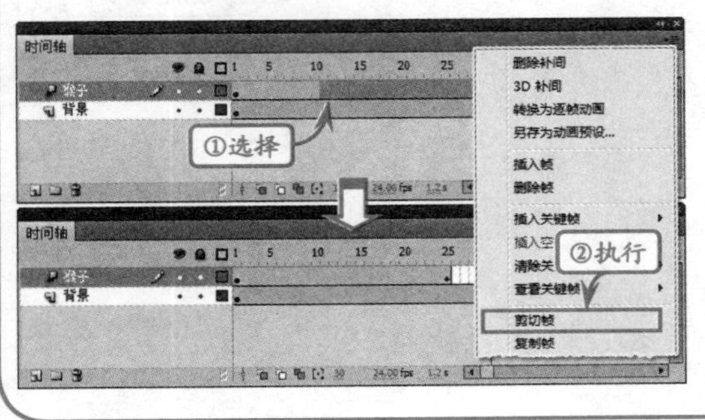

如果要将帧粘贴到现有的补间范围，在按住 Ctrl 键的同时拖动，来选择要替换的帧。然后右击任意一帧，在弹出的菜单中执行【粘贴帧】命令。

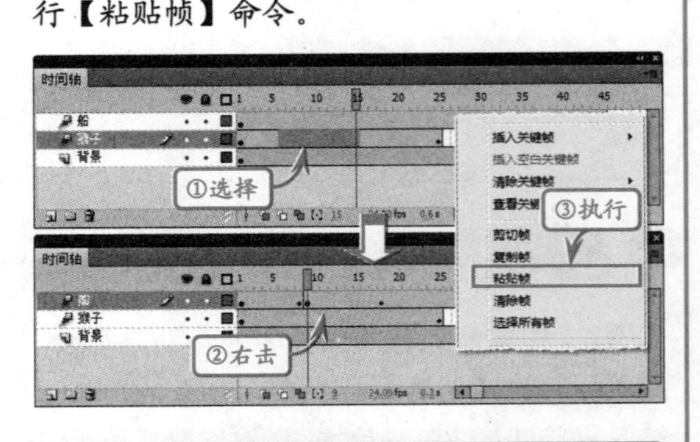

提示

将整个范围粘贴到另一个范围上将替换整个第二个范围。

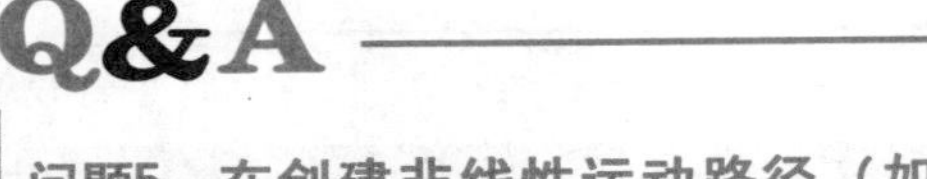

问题5：在创建非线性运动路径（如圆）时，如何让补间对象沿着该路径移动时进行旋转？

解答：如果想要使相对于该路径的方向保持不变，可以在【属性】检查器中启用【调整到路径】选项。

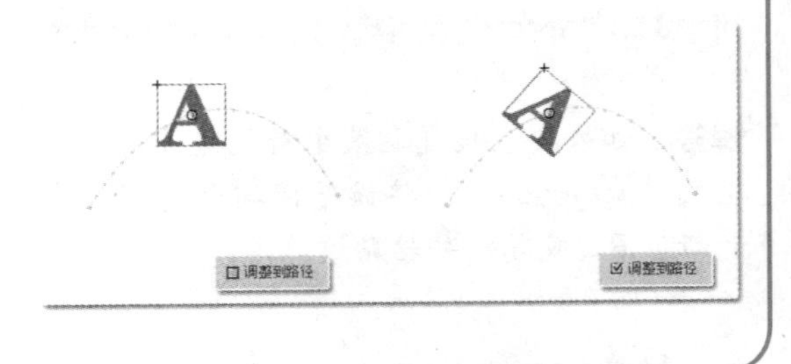

Q&A

问题6：如何制作补间旋转动画？

解答：首先创建补间动画，然后选择任意一个补间帧，在【属性】检查器【旋转】下拉列表中选择旋转的方向，并在其右面输入旋转的次数。

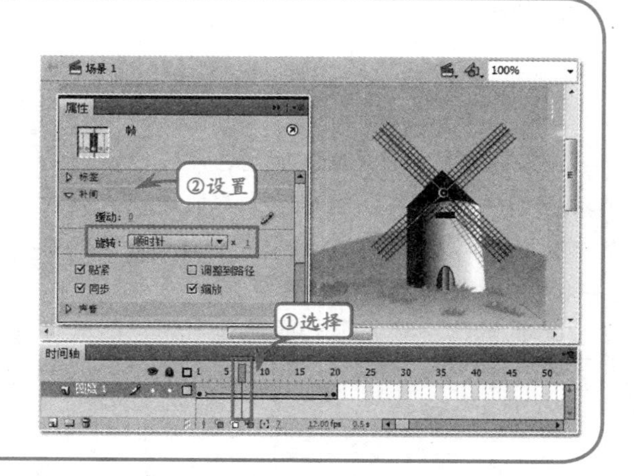

Q&A

问题7：在补间形状动画中，如何控制图形之间对应部位的变形？也就是说，让一个图形上的某一点变换到另一个图形上的某一点，使得对象之间的变形过渡具有一定的规律。

解答：使用补间形状动画中的形状提示，可以解决这一问题。形状提示包含从a到z的字母（最多可以使用26个字母），用于标识起始形状和结束形状中相对应的点。

首先选择补间形状动画的起始关键帧，执行【修改】|【形状】|【添加形状提示】命令，添加形状提示，此时图形上出现一个写着字母a的红色形状提示。然后，将该形状提示拖放到指定的位置。

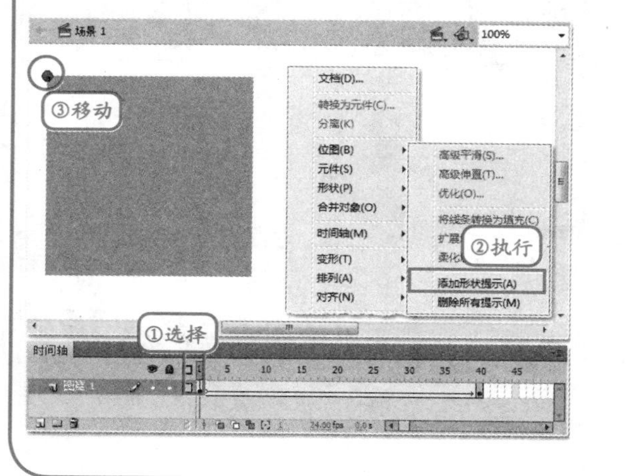

选择结束关键帧，图形上会出现另一个红色的形状提示a，将它移动到图形变形的目标位置，此时形状提示变成绿色。

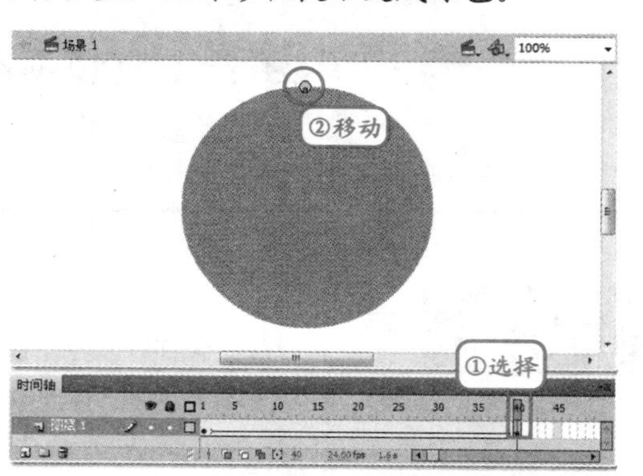

使用相同的方法添加其他形状提示。最后预览效果，可以看到由正方形到圆形的补间形状动画是按照所添加提示点的顺序变化的。

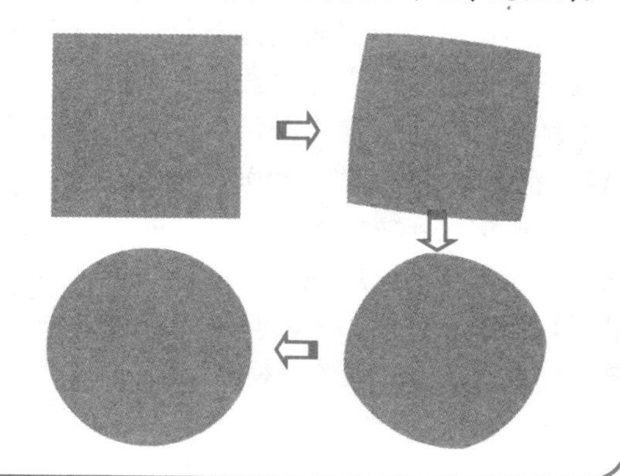

Q&A

问题8：如何清除一段补间动画中的某一类补间动作？

解答：在制作补间动画时，通常的步骤是先创建补间，然后再插入各种类型动作的关键帧。因此，在删除某个类型的动作时，只需要将其所属的关键帧删除即可。

例如，清除某个补间动画中的“缩放”补间动作，可在Flash文档中，先选中补间动画的末尾关键帧。

然后，即可在该关键帧处右击，执行【清除关键帧】|【缩放】命令，清除缩放的补间动作。

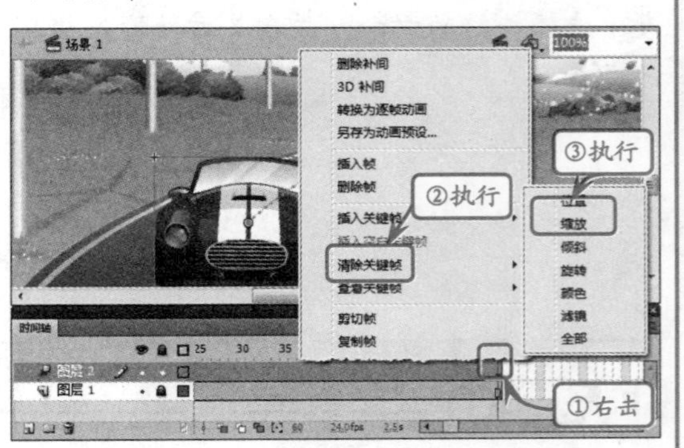

9.9 高手训练营

版本：Flash CS6

1．复制粘贴传统补间动画的属性

使用【粘贴动画】命令可复制传统补间，并且可只粘贴要应用于其他对象的特定属性。

在包含要复制的传统补间中选择帧。所选的帧必须位于同一图层上，但它们的范围不必只限于一个传统补间，可选择一个补间、若干空白帧或者两个或更多补间。然后，执行【编辑】|【时间轴】|【复制动画】命令。

选择接收所复制的传统补间的元件实例。然后，执行【编辑】|【时间轴】|【选择性粘贴动画】命令，在弹出的对话框中选择要粘贴到该元件实例中的特定传统补间属性。

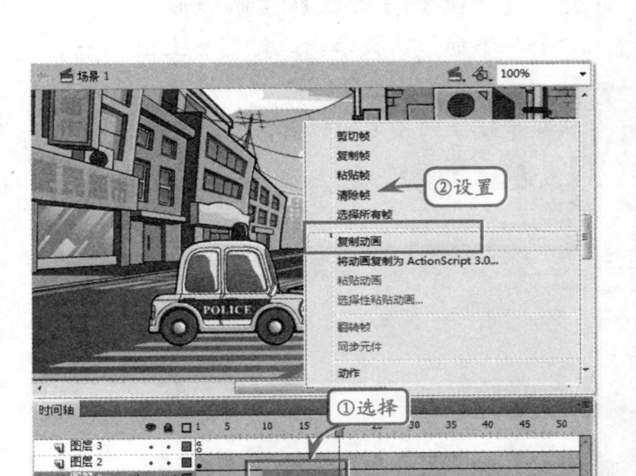

在【粘贴特殊动作】对话框中，传统补间属性包括以下几种。

● **X位置**

对象在x方向上移动的距离。

● **Y位置**

对象在y方向上移动的距离。

● **水平缩放**

在水平方向(X)上对象的当前大小与其自然大小的比值。

● **垂直缩放**

指定在垂直方向(Y)上对象的当前大小与其自然大小的比值。

● **旋转和倾斜**

对象的旋转和倾斜，必须将这两个属性同时应用于对象。倾斜是旋转度量（以度为单位），同时应用旋转和倾斜时，这两个属性会相互影响。

● **颜色**

所有颜色值（如“色调”、“亮度”和Alpha）都可以应用于对象。

● **滤镜**

所选范围的所有滤镜值和更改。如果对对象应用了滤镜，则会粘贴该滤镜（不改动其任何值），并且它的状态（启用或禁用）也将应用于新的对象。

● **混合模式**

应用对象的混合模式。

● **覆盖目标缩放属性**

如果未选中，则指定相对于目标对象粘贴所有属性。如果选中，此选项将覆盖目标的缩放属性。

● **覆盖目标的旋转和倾斜属性**

如果未选中，则指定相对于目标对象粘贴所有属性。如果选中，所粘贴的属性将覆盖对象的现有旋转和缩放属性。

2．可视化编辑位置补间动作

Flash CS6提供了位置补间动画的运动轨迹线，允许用户使用鼠标调节补间元件的运动轨迹，轻松地制作弧线运动轨迹的动画。

在可视化编辑位置补间动作时，首先应创建关键帧，并为关键帧中的补间元件创建补间动画，并为元件的尾关键帧设置好位移。此时，场景中将显示一条元件的运动轨迹线，其中，圆点代表元件的补间帧。

单击【选择工具】，将鼠标悬停到元件的运动轨迹上方，待鼠标光标转变为，即可拖曳元件的运动轨迹，使元件按照弧线运动。

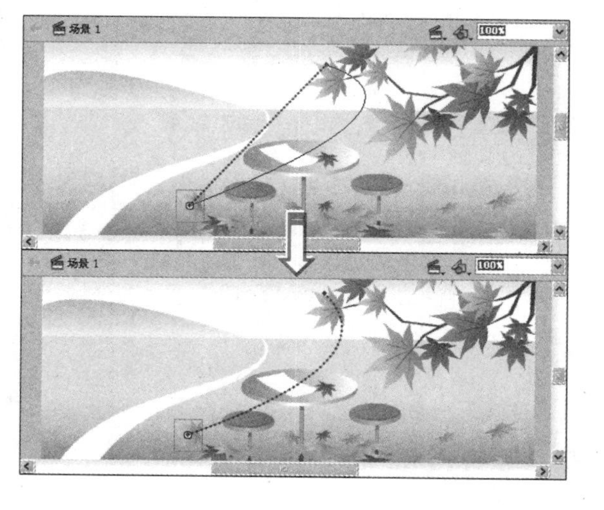

用户也可以在【时间轴】面板中为元件多创建几个关键帧，然后就可以为元件运动轨迹线添加一些端点。使用鼠标拖曳这些断点，可以使元件以更复杂的轨迹进行运动。

除此之外，用户还可以在【工具】面板中选择【转换锚点】工具，随意单击运动轨迹上的点，然后选择【选择工具】，拖曳运动轨迹上的锚点，使元件按照折线轨迹运动。

3. 设置补间形状动画

Flash CS6不仅允许用户制作补间形状动画，还支持设置补间形状的“缓动”和“混合”等属性，使补间形状动画更加丰富多彩。

在Flash中选择补间形状所在的帧，然后在【属性】检查器的【缓动】文本框中输入数值（其值范围是-100到100），即可更改动画的缓动效果。

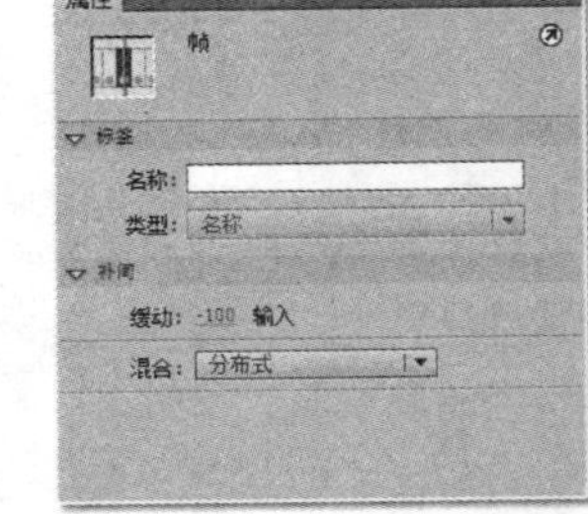

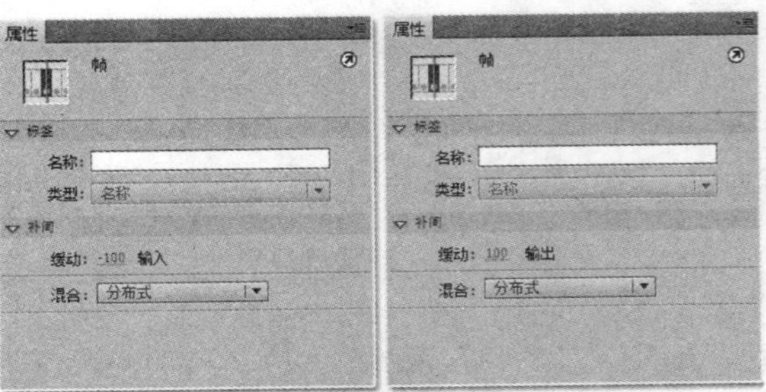

在【混合】下拉列表中包含有两个选项：分布式和角形，用于设置变形的过渡模式。其中，“分布式”选项可使补间帧的形状过渡更加光滑。“角形”选项可使补间的形状保持棱角，适用于有尖锐棱角的图形变换。

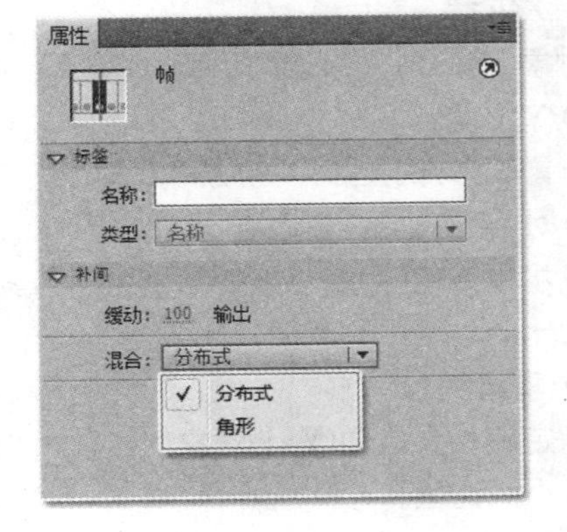

10 设计动画特效

在制作Flash动画时，经常需要为其添加一些特效，这样可以使动画所表现的效果更加逼真、美观。其中，Flash提供的色彩效果可以为动画中的角色调整颜色和透明度等。而使用动画编辑器和动画预设，可以使动画具有更强的视觉效果。

本章节将详细介绍色彩效果中的各个选项，以及动画预设的使用方法，让用户可以在原有动画的基础上制作更加漂亮逼真的动画。

10.1 色彩效果

版本：Flash CS6

色彩效果是动画中较常用的一种特效方式。Flash允许用户为按钮、图形及影片剪辑3种元件应用色彩效果。

Flash为用户提供了4种色彩效果。用户可以在选择元件后，在【属性】检查器的【色彩效果】选项卡中，设置元件的色彩效果。

1. 亮度

亮度主要用于调节元件的相对亮度和暗度，其度量范围从黑到白，范围是−100%到100%，默认值为0%。

在【色彩效果】的【样式】下拉列表中选择“亮度”后，会出现一个带有滑块的滚动条。拖动该滑块或在右侧的输入文本框中输入百分比值，即可调节元件的亮度。

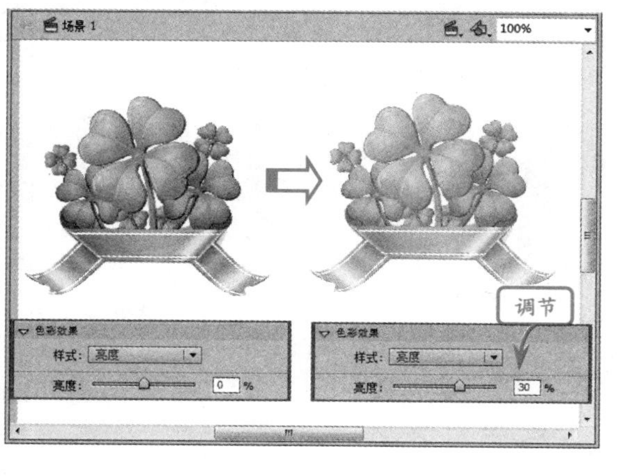

2. 色调

色调选项用于为使用相同色相的实例着色，度量范围是从透明(0%)到完全饱和(100%)。

在【色彩效果】选项的【样式】下拉列表中选择“色调”选项，此时将会出现一个【颜色拾取器】按钮和【色调】、【红】、【绿】、【蓝】4个滑块。

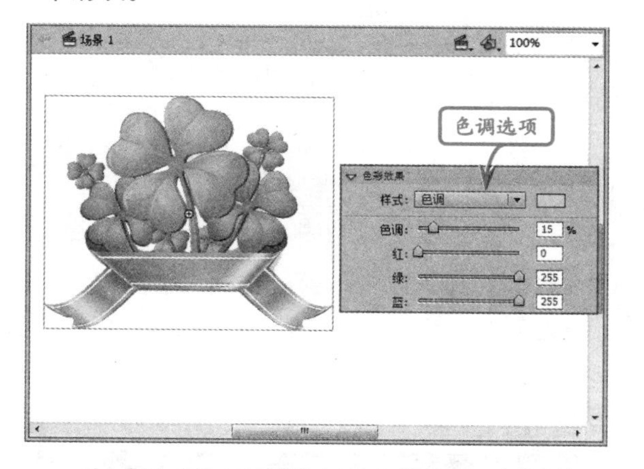

在【样式】下拉列表下方包含有4个滑块，并在每个滑块右侧显示一个输入文本框。各滑块和输入文本框的作用如下。

- 色调　着色的颜色饱和度/透明度，范围是0到100%。当色调为0%时，着色完全透明；当色调为100%时，着色完全不透明。

- 红　着色的颜色中红色的值，范围是0到255。
- 绿　着色的颜色中绿色的值，范围是0到255。
- 蓝　着色的颜色中蓝色的值，范围是0到255。

提示

颜色拾取器和【红】、【绿】、【蓝】3个滑块都可以设置着色的颜色。将【红】、【绿】和【蓝】3个滑块的值分别转换为16进制，然后连接在一起就是着色的RGB颜色值。

单击【样式】下拉列表右侧的【颜色拾取器】按钮，在弹出的【颜色】面板中可以选择一种色调颜色。

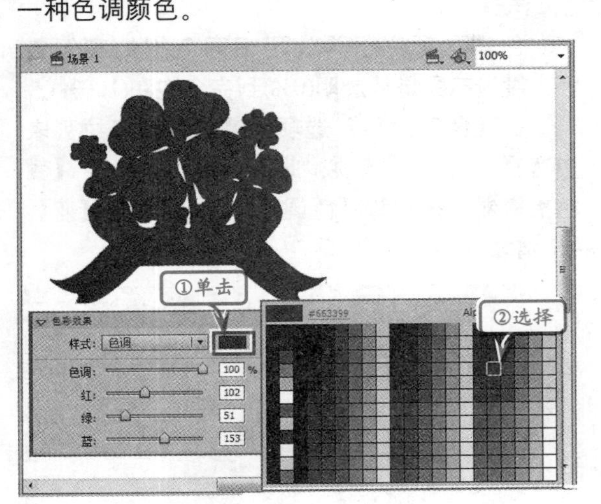

除此之外，还可以通过拖动【红】、【绿】和【蓝】3个选项的三角形滑块，或者直接在其右侧的文本框中输入颜色数值，来改变元件实例的色调。

提示

当通过拖动滑块或者直接输入数值改变色调时，【颜色拾取器】所显示的颜色也随之改变。

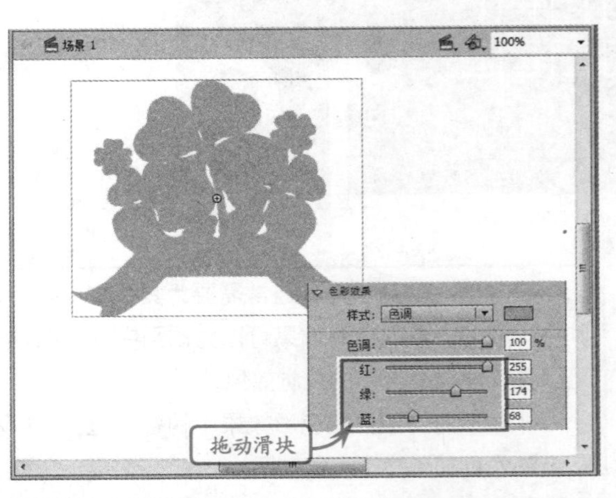

当色调设置完成后，可以通过拖动【色调】选项的三角形滑块，或者直接在其右侧的文本框中输入百分比，来改变实例色调的饱和度。

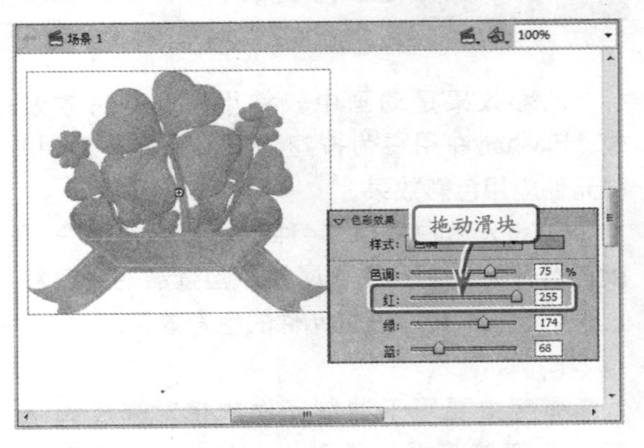

3. 高级

该选项用来分别调整元件中红、绿、蓝和透明度的值。选择该选项后，【样式】下拉列表下方将会出现8个输入文本框，可分别设置【红】、【绿】、【蓝】和Alpha的值。

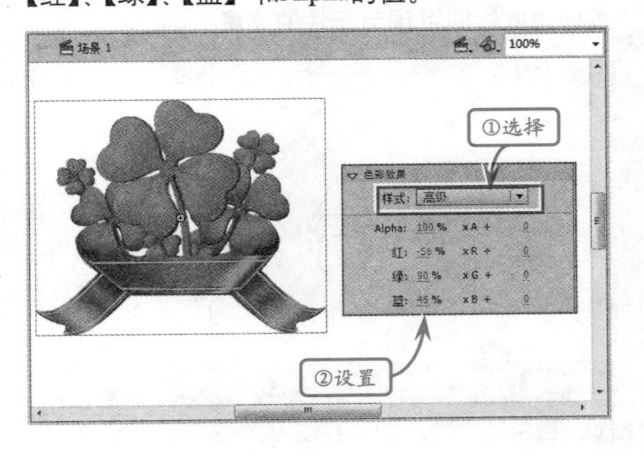

4．Alpha

该选项用于设置元件的透明度，其值范围是0%到100%，默认为100%。

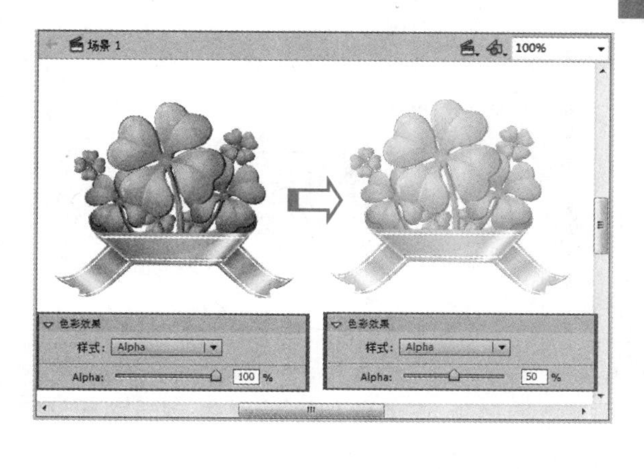

10.2 滤镜

版本：Flash CS6

滤镜是Flash动画中一个重要的组成部分，用于为动画添加简单的特效，如投影、模糊、发光和斜角等，使动画表现得更加丰富、真实。

1．投影滤镜

投影滤镜是模拟对象投影到一个表面的效果。要想添加投影滤镜，首先选择一个对象，然后单击【属性】检查器中的【添加滤镜】按钮，在弹出的菜单中执行【投影】命令即可。

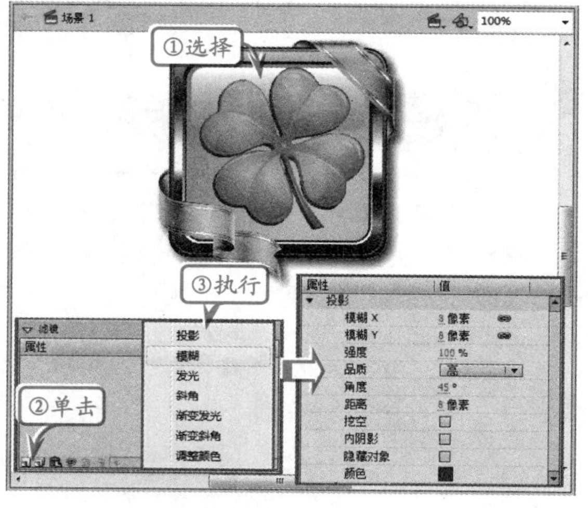

在添加投影滤镜后，可以通过【滤镜】选项组中的参数来更改投影的效果，其中常用选项的说明如下。

- 模糊　该选项用于控制投影的宽度和高度。
- 强度　该选项用于设置阴影的明暗度，数值越大，阴影就越暗。
- 品质　该选项用于控制投影的质量级别，设置为“高”则近似于高斯模糊，设置为“低”可以实现最佳的回放性能。
- 颜色　单击此处的色块，打开【颜色拾取器】，可以设置阴影的颜色。
- 角度　该选项用于控制阴影的角度，在其中输入一个值或单击角度选取器并拖动角度盘。
- 距离　该选项用于控制阴影与对象之间的距离。
- 挖空　选择此复选框，可以从视觉上隐藏源对象，并在挖空图像上只显示投影。
- 内侧阴影　启用此复选框，可以在对象边界内应用阴影。
- 隐藏对象　启用此复选框，可以隐藏对象并只显示其阴影，从而可以更轻松地创建逼真的阴影。

2．模糊滤镜

模糊滤镜可以柔化对象的边缘和细节。将模糊应用于对象，可以让它看起来好像位于其他对象的后面，或者使对象看起来好像是运动的。

在添加模糊滤镜效果后，默认的参数，即可得到模糊效果。

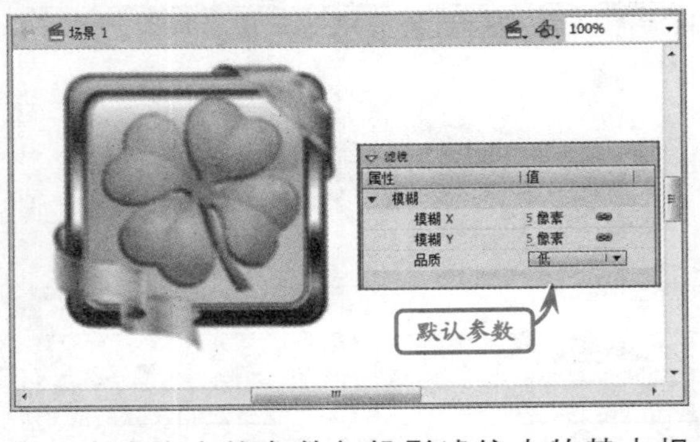

该滤镜中的参数与投影滤镜中的基本相同，只是后者模糊的是投影效果，前者模糊的是对象本身。

3．发光滤镜

添加发光滤镜后，发现其中的参数与投影滤镜的基本相似，只是没有【距离】、【角度】等参数。其默认发光颜色为红色。

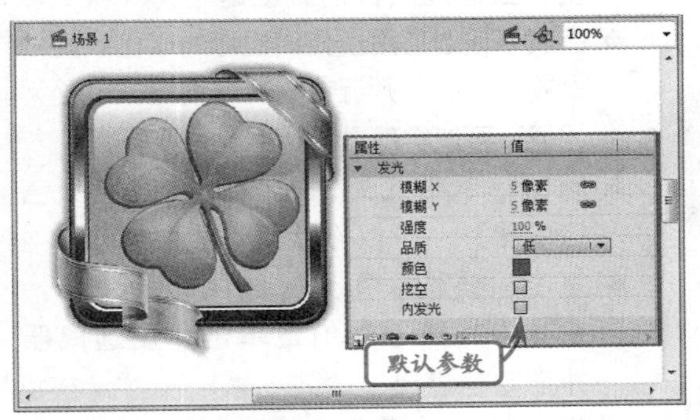

在参数列表中，唯一不同的是【内发光】选项，启用该选项后，即可将外发光效果更改为内发光效果。

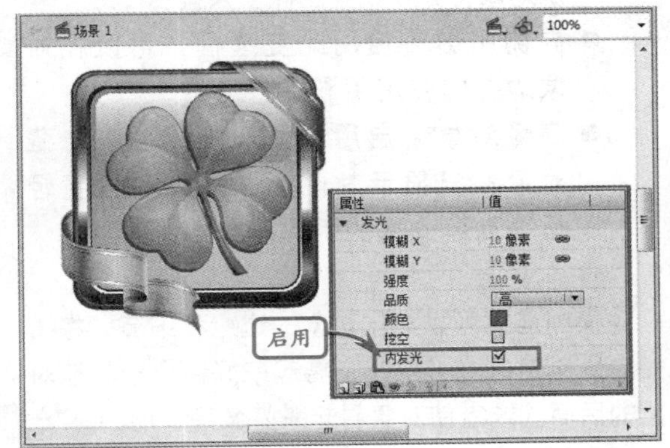

4．渐变发光滤镜

渐变发光与发光滤镜有所不同，其发光颜色是渐变颜色，而不是单色。在默认情况下，其效果与投影相似，但是发光颜色为渐变颜色。

渐变发光颜色与【颜色】面板中渐变颜色的设置方法相同。但是，渐变发光要求渐变开始处颜色的Alpha值为0，并且不能移动此颜色的位置，但可以改变该颜色。

在渐变发光滤镜中，还可以定义发光效果。只要在【类型】下拉列表中，选择不同的子选项即可。默认情况下为“外侧”。

5．斜角滤镜

斜角滤镜可以向对象应用加亮效果，使其看起来凸出于背景表面。在Flash中，此滤镜功能多用于按钮元件。

斜角滤镜的参数在投影的基础上，添加了【阴影】和【加亮显示】颜色控件。如果设置这两个颜色控件，那么会得到不同的立体效果。

斜角滤镜的选项大部分与投影滤镜重复，然而有些选项属于斜角滤镜独有，如下所示。

- 加亮显示　单击右侧的色块，即可打开颜色拾取器，选择为斜角加亮的颜色。
- 类型　设置斜角滤镜出现的位置，包括内侧、外侧和全部等3种。

通过【类型】下拉列表中的选项，可以设置为不同的立体效果。

6．渐变斜角滤镜

应用渐变斜角可以产生一种凸起效果，使得对象看起来好像从背景上凸起，且斜角表面有渐变颜色。渐变斜角要求渐变中间有一种颜色的Alpha值为0。

渐变斜角滤镜中的参数，只是将斜角滤镜中的【阴影】和【加亮显示】颜色控件，替换为【渐变颜色】控件。所以渐变斜角立体效果，是通过渐变颜色来实现的。

7．调整颜色滤镜

调整颜色滤镜的作用是设置对象的各种色彩属性，在不破坏对象本身填充色的情况下，转换对象的颜色，以满足动画的需求。

在调整颜色滤镜中，包含以下4个选项。

- **亮度**

调整对象的明亮程度，其值范围是−100到100，默认值为0。当亮度为−100时，对象被显示为全黑色；当亮度为100时，对象被显示为白色。

- **对比度**

调整对象颜色中黑到白的渐变层次，其值范围是−100到100，默认值为0。对比度越大，则从黑到白的渐变层次就越多，色彩越丰富。反之，则会使对象给人一种灰蒙蒙的感觉。

- **饱和度**

调整对象颜色的纯度，其值范围是−100

到100，默认值为0。饱和度越大，则色彩越丰富，如饱和度为-100，则图像将转换为灰度图。

● 色相

色彩的相貌，用于调整色彩的光谱，使对象产生不同的色彩，其值范围是-180到180，默认值为0。例如，原对象为红色，将对象的色相增加60，即可转换为黄色。

10.3 动画编辑器 版本：Flash CS6

通过【动画编辑器】面板可以查看所有补间属性及其属性关键帧，它还提供了向补间添加特效的功能，在制作效果复杂的动画时非常有用。

1．添加和删除属性关键帧

在【动画编辑器】面板中，将播放头拖动至要添加关键帧的位置。然后，单击【添加或删除关键帧】按钮，即可在当前位置添加关键帧，且该按钮显示为一个黄色的菱形图标。

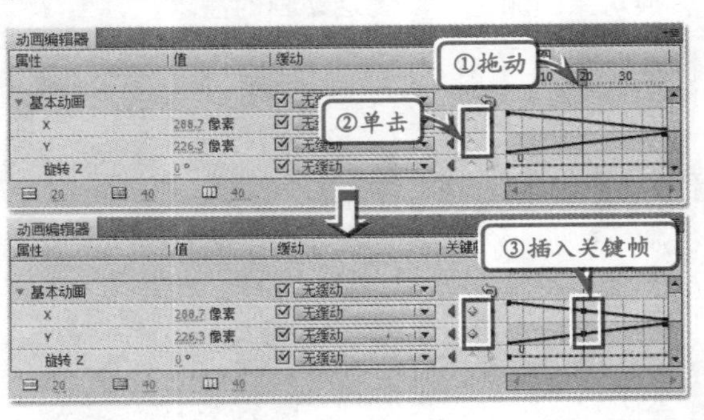

如果想要删除某一个关键帧，首先将播放头拖动至该关键帧的位置，然后，单击【添加或删除关键帧】按钮，即可删除当前位置的关键帧，且该按钮图标还原为默认的尖三角图标。

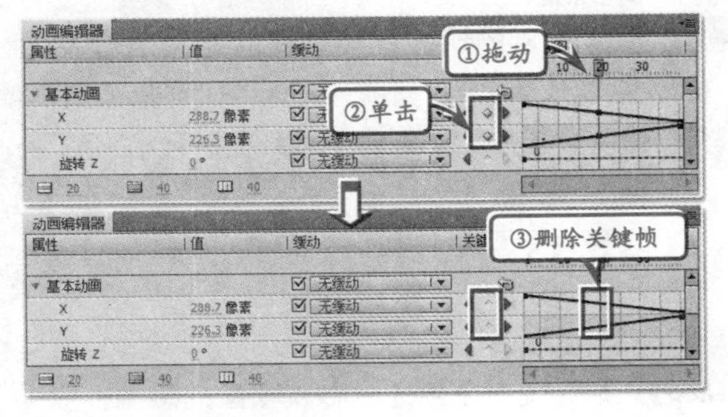

2．移动属性关键帧

如果想要将属性关键帧移动至补间内的其他帧处，只需要在X或Y轴曲线中选择该关键帧的节点，然后向左或向右拖动至目标位置。

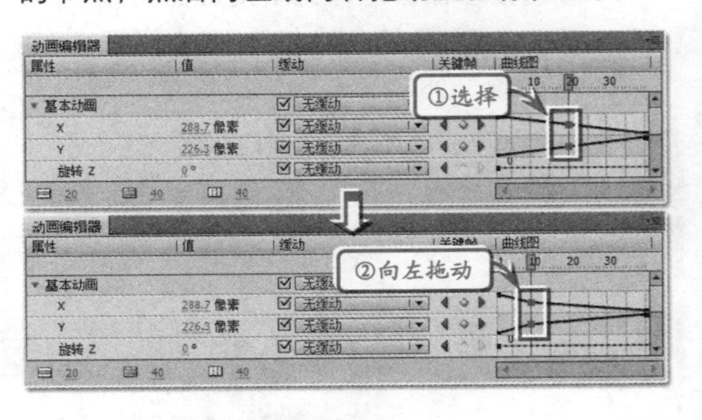

3．改变元件实例的位置

通过向上或者向下调节X或Y轴曲线中关键帧节点的垂直位置，可以改变该关键帧处元件实例的位置。

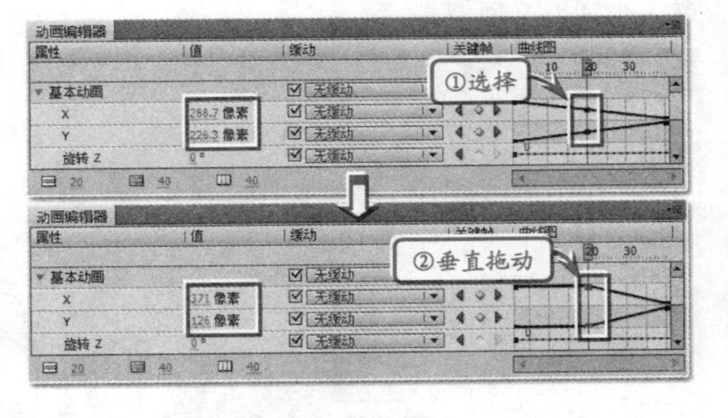

4．转换元件实例形状

在【动画编辑器】面板中可以更改元件实例的倾斜角度和缩放比例。

打开【转换】选项，在【倾斜X】和【倾斜Y】选项输入数值，或者向上或向下拖动曲线图中关键帧节点，可以改变元件实例的倾斜角度。

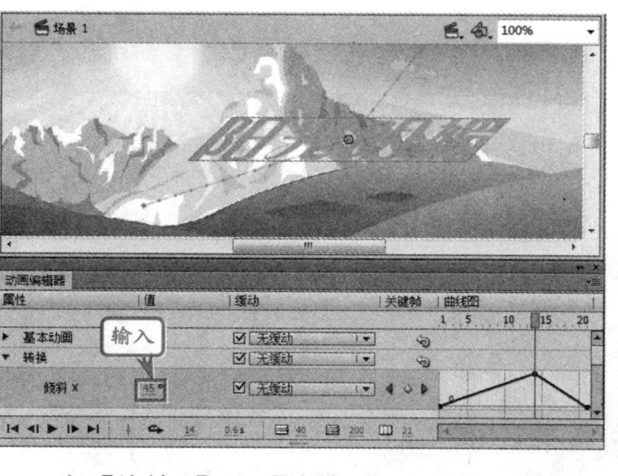

在【缩放X】和【缩放Y】选项的右侧输入百分比，或者向上或向下拖动曲线图中关键帧节点，即可改变元件实例的缩放百分比。

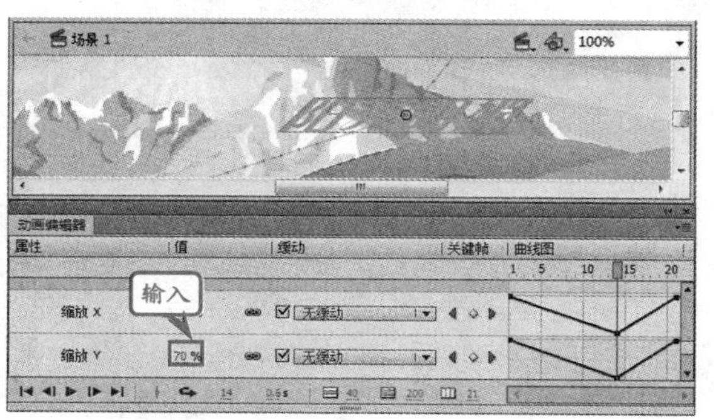

5. 添加和删除色彩效果

在【动画编辑器】面板的【色彩效果】选项中，可以为元件实例调整Alpha、亮度、色调和高级颜色。

单击【色彩效果】右侧的加号按钮，在弹出的菜单中选择想要更改的选项（如色调），然后在出现的列表中设置着色颜色和色调数量。

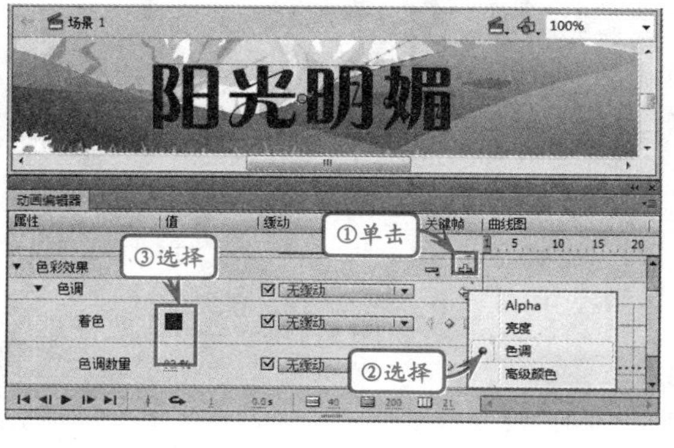

6. 添加和删除滤镜效果

单击【滤镜】选项右侧的【添加滤镜】按钮，在弹出的菜单中选择任意滤镜效果（如模糊）选项，为选择的元件实例添加相应的滤镜效果。

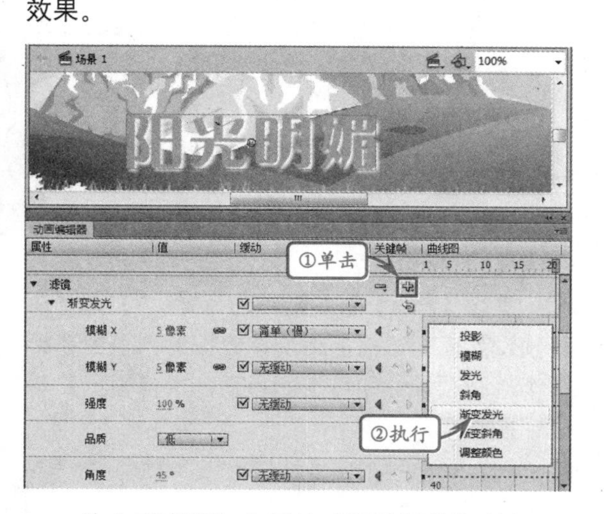

单击【滤镜】右侧的【删除滤镜】按钮，在弹出的菜单中选择相应的滤镜选项（如已经添加的模糊滤镜），即可为元件实例删除该滤镜效果。

7. 为补间添加缓动效果

为补间动画添加缓动效果，可以改变补间中元件实例的运动加速度，使运动过程更加逼真。

在【缓动】下拉菜单中，预置有“简单（慢）”的缓动效果，并提供了缓动的强度百分比。除此之外，用户还可单击【添加缓动】按钮，在弹出的菜单中选择其他类型的缓动效果。

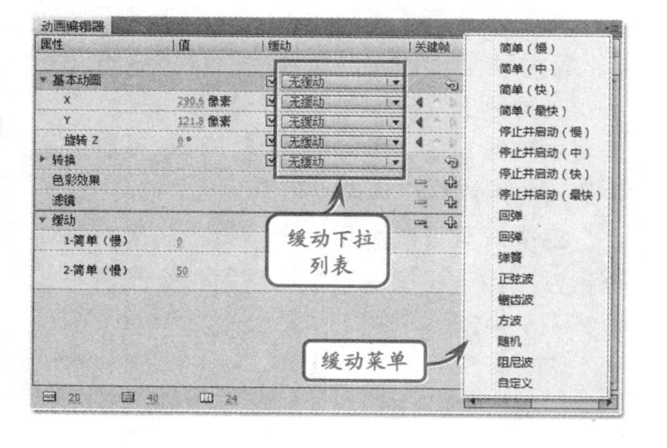

10.4 动画预设

版本：Flash CS6

动画预设是Flash中预配置的补间动画，可以将其直接应用于舞台上的对象，以实现指定的动画效果，而无需用户重新设计。

1．预览动画预设

Flash随附的每个动画预设都可以在【动画预设】面板中查看其预览效果。这样，可以了解在将动画应用于FLA文件中的对象时所获得的结果。

执行【窗口】|【动画预设】命令，打开【动画预设】面板。然后，从该面板的列表中选择一个动画预设，即可在面板顶部的【预览】窗格中播放。

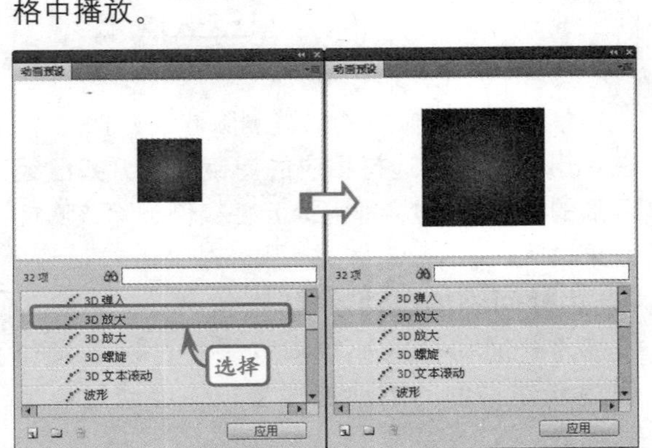

> **提示**
>
> 如果想要停止播放预览，可以单击【动画预设】面板外的任意区域。

2．应用动画预设

在舞台上选择了可补间的对象（元件实例或文本字段）后，即可单击【动画预设】面板中的【应用】按钮来应用预设。

每个对象只能应用一个预设，如果将第二个预设应用于相同的对象，则第二个预设将替换第一个预设。

在舞台上选择一个可补间的对象。如果将动画预设应用于无法补间的对象，则会显示一个对话框，允许将该对象转换为元件。

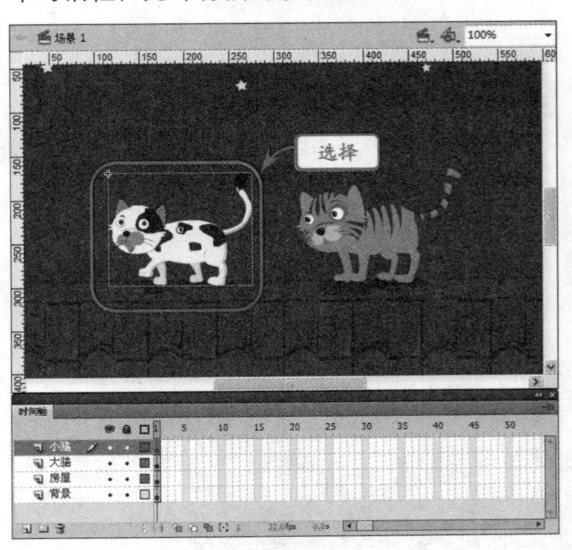

在【动画预设】面板中选择一个预设，然后单击面板中的【应用】按钮，或者执行面板菜单中【在当前位置应用】命令，将该动画预设应用到舞台的元件实例中。

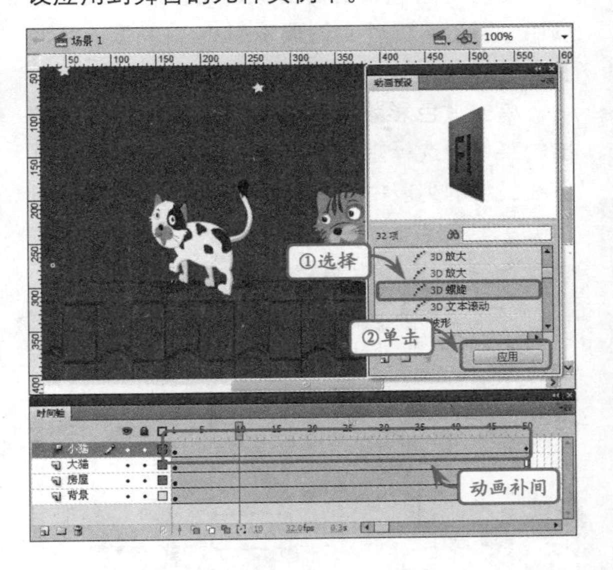

10.5 练习：设计网站进入动画

版本：Flash CS6
downloads/第10章/01

在Flash中，用户通过将多种特效和补间动画结合起来使用，可以制作出效果更加丰富多彩的动画。本练习将利用滤镜、色彩效果等制作一个网站进入动画。

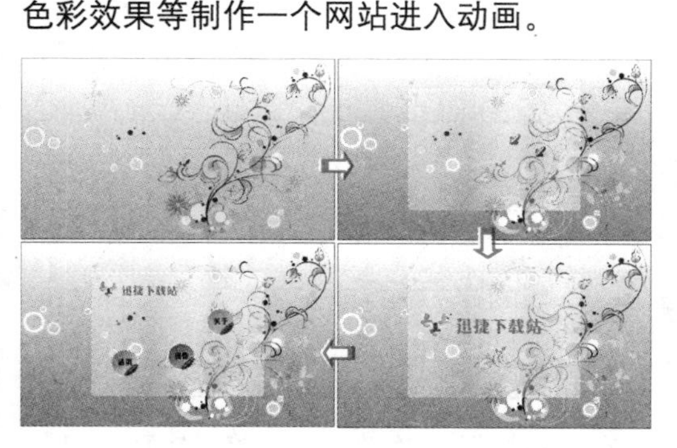

练习要点

- Flash滤镜
- 色彩效果
- 使用滤镜
- 动画预设

提示

网站的进入动画主要应用于网页中，因此，其尺寸需要使用标准网页的大小。

操作步骤

STEP|01 新建文档，在【文档设置】对话框中设置舞台的【尺寸】为“1003像素×600像素”。然后，在图层的第25帧处插入关键帧，执行【文件】|【导入】|【打开外部库】命令，打开“素材.fla”文件，将“背景”影片剪辑拖入到舞台中。

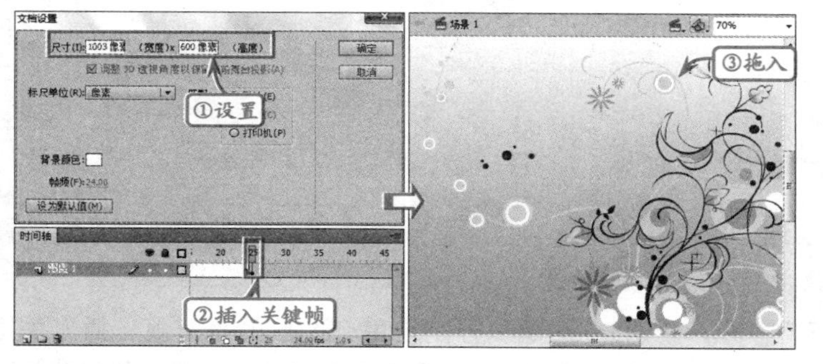

提示

动画总长240帧/10秒。其中第1秒的24帧预留给加载影片的进度条使用。

提示

在拖入“背景”影片剪辑后，在该图层的第240帧处插入普通帧，以延长背景所显示的时间。

STEP|02 选择第25帧，在【属性】检查器中设置“背景”影片剪辑的Alpha为0。右击该帧，执行【创建补间动画】命令，创建补间动画。然后，右击第48帧，执行【插入关键帧】|【颜色】命令，在【属性】检查器中更改其Alpha为100。

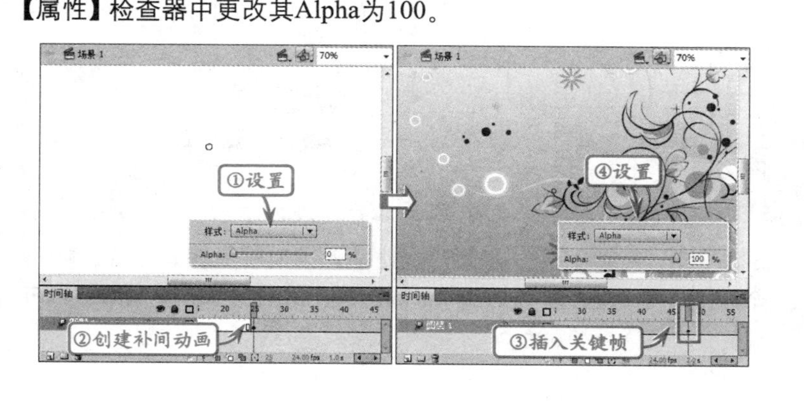

提示

用户也可以使用传统补间动画来制作“背景”影片剪辑的显示动画。

STEP|03 新建图层2，将“进度条”影片剪辑拖入到舞台，在第1帧至第48帧之间制作渐隐的补间动画。新建图层3，在“进度条”上面绘制一个矩形，并转换为影片剪辑，在第1帧至第24帧之间制作横向变宽的补间动画。然后，将图层3转换为遮罩层。

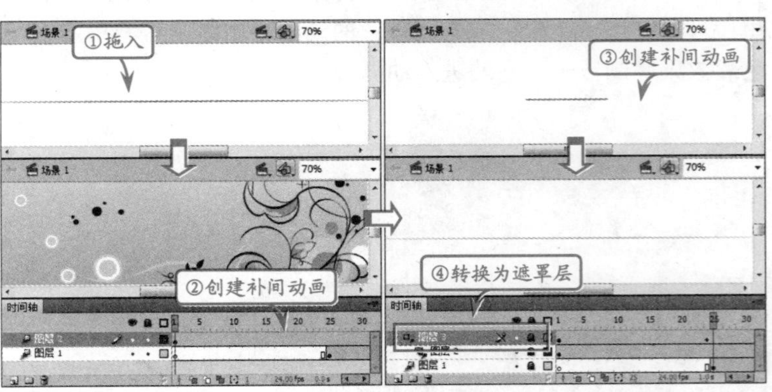

STEP|04 新建图层4，在第49帧插入关键帧，并将“矩形背景”影片剪辑拖曳到影片的中心位置，在【属性】检查器中为其添加投影和模糊滤镜。然后在第49至第72帧之间创建补间动画，制作影片剪辑由模糊到清晰的动画。

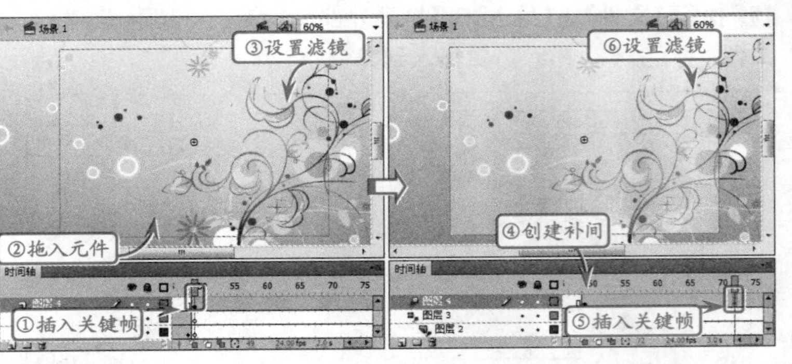

STEP|05 新建3个图层，分别在每个图层的第73帧出插入关键帧，将“箭头”影片剪辑拖入到舞台的右上方。然后创建补间动画，在第96帧处插入关键帧，将“箭头”移动到舞台的左下方。

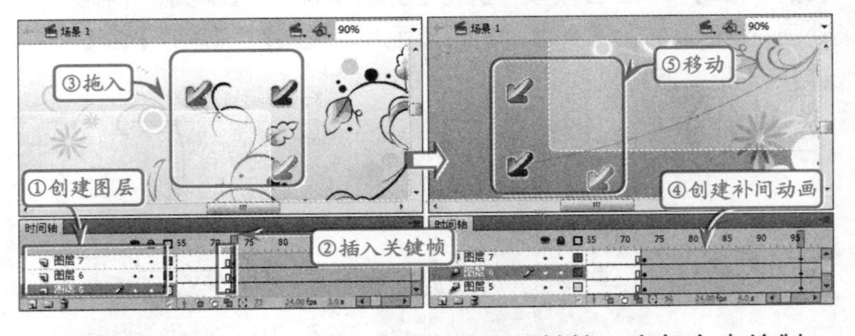

STEP|06 新建图层，在第73帧处插入关键帧，在舞台中绘制一个矩形，与“矩形背景”影片剪辑的大小和位置相同。然后，右击

提示

制作加载进度的动画，需要先为图层2导入“进度条”影片剪辑，然后在图层3中绘制一个同样大小的遮罩层，制作遮罩层逐渐由中间向两边延伸的动画。

提示

在第49帧处，元件的【模糊X】和【模糊Y】值为255，在第72帧处，元件的【模糊X】和【模糊Y】值为0。

提示

在制作3个“箭头”影片剪辑自“矩形背景”影片剪辑的右上方向左下方移动的动画时，需要使用【选择工具】，将元件的运动轨迹由直线修改为曲线。

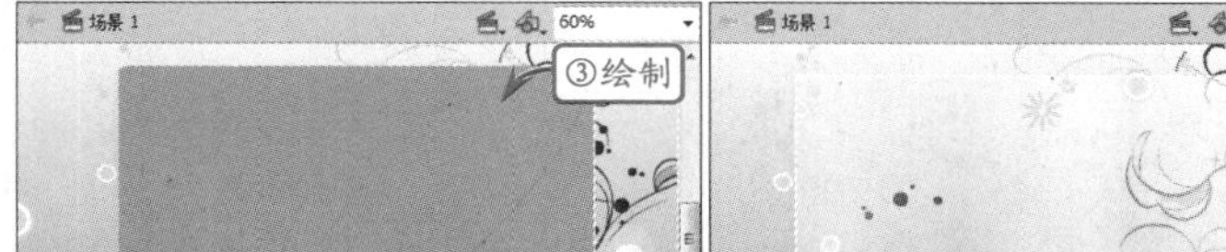

该图层，执行【创建遮罩层】命令，将其转换为遮罩层。

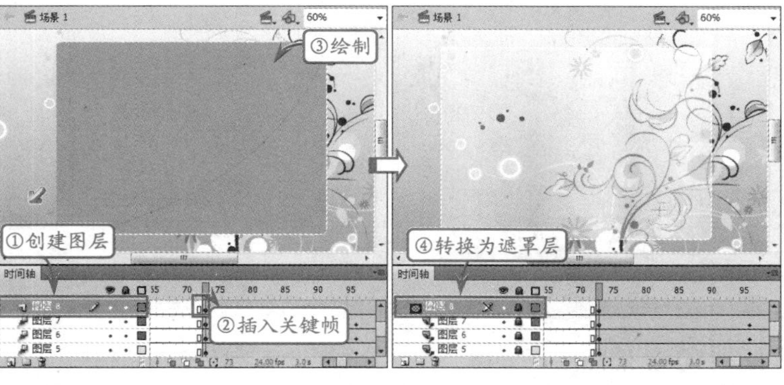

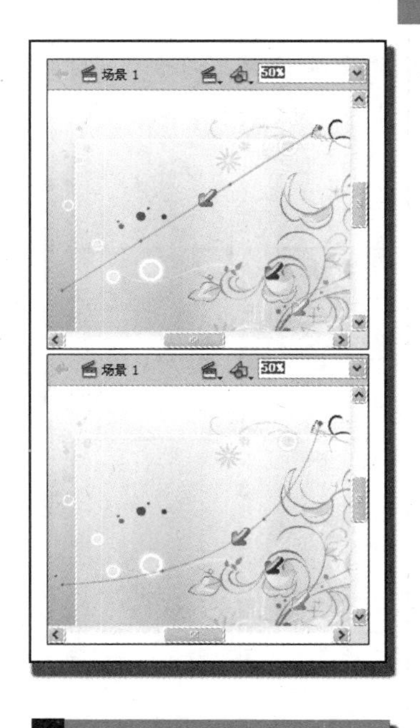

STEP|07 新建图层，在第109帧处插入关键帧，拖入“向下箭头”影片剪辑。然后，在【动画预设】面板中选择“从顶部飞入”选项，将其应用到该影片剪辑，并删除图层第193帧之后的所有帧。

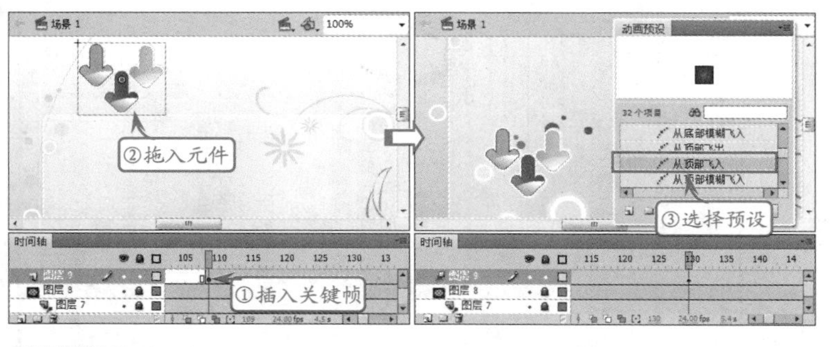

> **提示**
>
> 将“箭头”影片剪辑所在图层转换为被遮罩层。

STEP|08 新建图层，在第121帧处插入关键帧，在舞台中输入“迅”字，并为其添加“模糊”滤镜，设置【模糊X】和【模糊Y】均为255。然后创建补间动画，选择第144帧，更改文本的【模糊X】和【模糊Y】均为0。

> **提示**
>
> “迅”文本的字体为“方正粗活意简体”，大小为60点，颜色为“天蓝色”（#3299FF）。

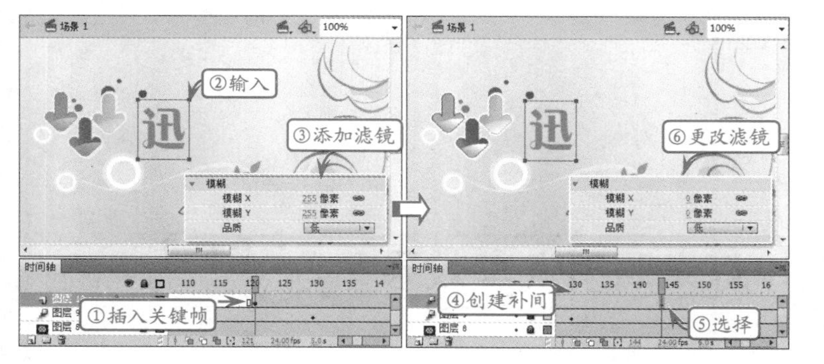

STEP|09 新建图层16，在第193帧处插入关键帧，将logo影片剪辑拖入到舞台的左上方。然后创建补间动画，在第216帧处插入“位置”和“缩放”关键帧，制作logo影片剪辑自舞台中心向左上方移动的动画。

> **提示**
>
> 用同样的方式，制作其他4个文本的显示动画，分别放置在图层11、图层12、图层13和图层14中。

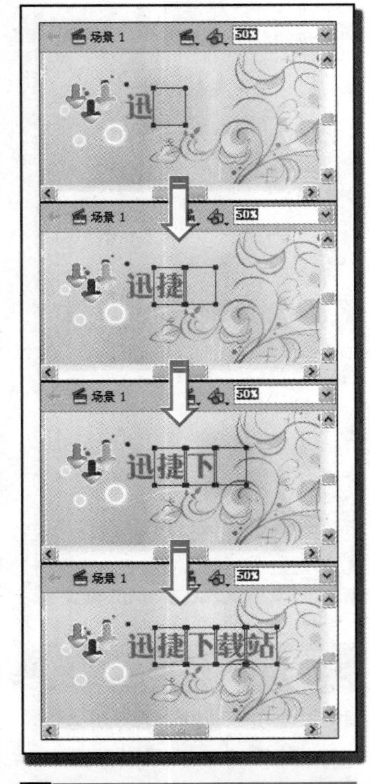

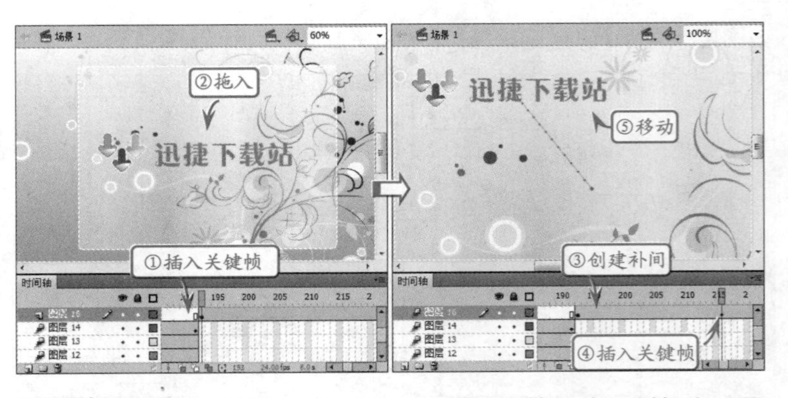

STEP|10 新建图层17、18、19，分别将3个按钮拖入到相应图层的舞台中，制作3个按钮自舞台右上方移动到中间的动画。然后，新建图层20，在第240帧处插入关键帧，在【动作】面板中输入“stop();”命令。

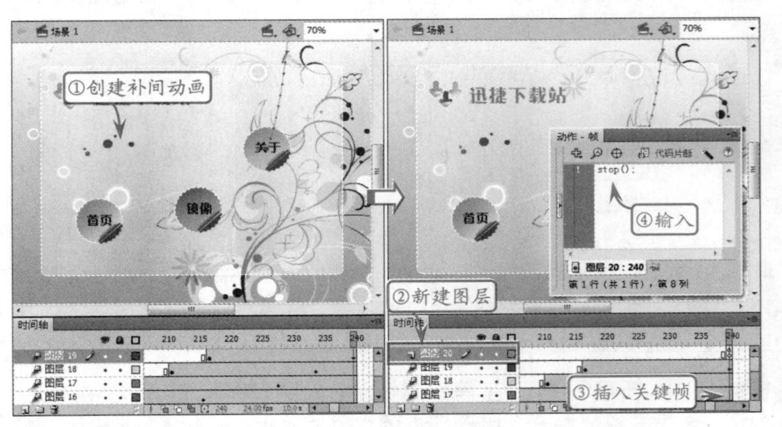

提示

“首页”按钮在“图层17”，自第205帧开始移动，到第228帧停止。“镜像”按钮在“图层18”自第211帧开始移动，到第234帧停止。“关于”按钮在“图层19”第217帧开始移动，到第240帧停止。

“stop();”语句的作用是停止影片的播放。

10.6 练习：制作灯光照射汽车效果

版本：Flash CS6
downloads/第10章/02

在绘制漫画风格的汽车之前，首先应绘制汽车的各种局部结构图，然后再为其填充颜色，最后调整汽车的色彩效果。本例为汽车的各部分组件添加色彩效果，模拟灯光照射汽车产生的图像。

练习要点

- 添加背景
- 添加文本
- Flash滤镜
- 色彩效果

操作步骤

STEP|01 执行【文件】|【打开】命令，在弹出的对话框中打开"素材.fla"文件。然后，双击舞台中的"悍马汽车"影片剪辑元件进入编辑环境。

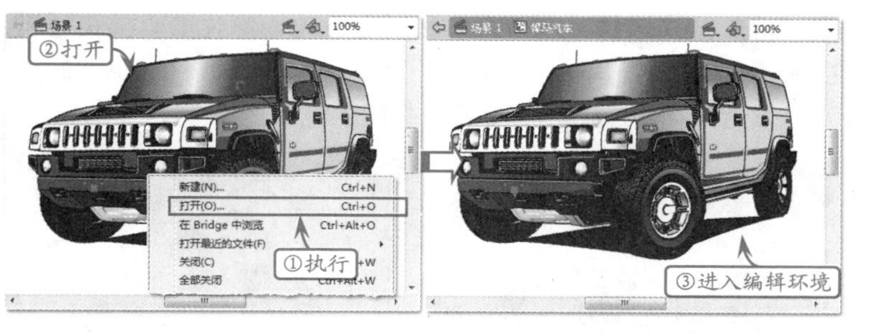

提示

右击影片剪辑元件，在弹出的菜单中执行【编辑】、【在当前位置编辑】或【在新窗口中编辑】命令，也可以进入其编辑环境。

STEP|02 在"车厢侧面"图层中选择"车厢侧面"影片剪辑，在【属性】检查器的【色彩效果】选项卡中，选择【样式】为Alpha，并设置其值为"60%"。然后选择"前玻璃"影片剪辑，设置其Alpha为"50%"。

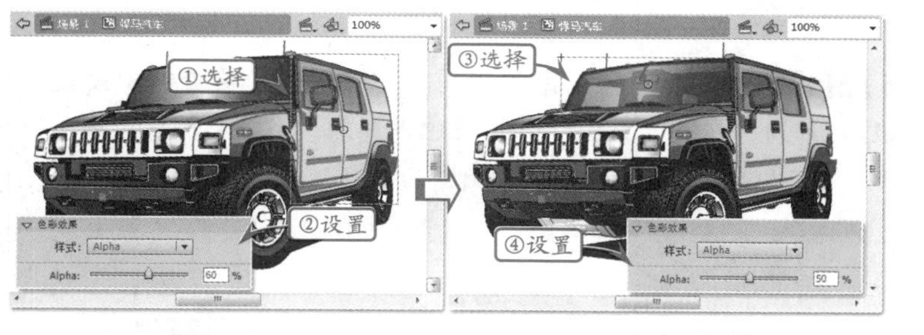

提示

将"前玻璃"影片剪辑设置为半透明，可以显示车厢内部的陈设。

STEP|03 选择"前盖板"影片剪辑，在【属性】检查器中设置Alpha透明度为"60%"。然后，选择"车体轮廓"影片剪辑，使用同样的方式设置其透明度为"60%"。

提示

调整影片剪辑的透明度可以使其具有被灯光照射的效果。

STEP|04 选择“车灯与进气口”影片剪辑，在【属性】检查器中选择【样式】为“色调”，单击颜色块打开调色板，选择“黄色”（#FFFF00）。然后，在下面设置【色调】为“20%”。

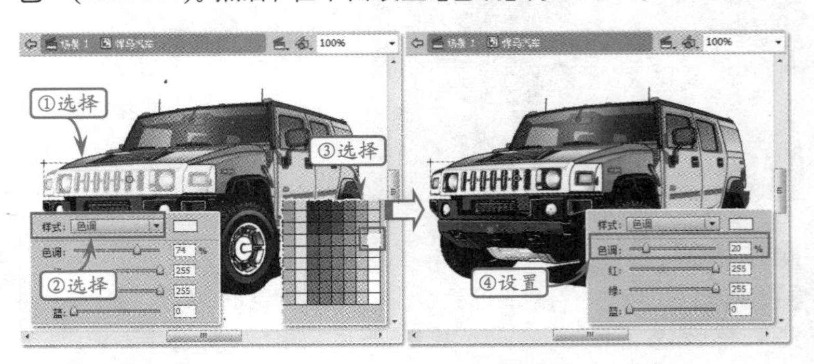

STEP|05 分别选择“左前轮”和“左后轮”影片剪辑，在【属性】检查器中设置其【色调】为“黄色”（#FFFF00），【色调】为10%。然后选择“右前轮”，并设置相同的色调值。

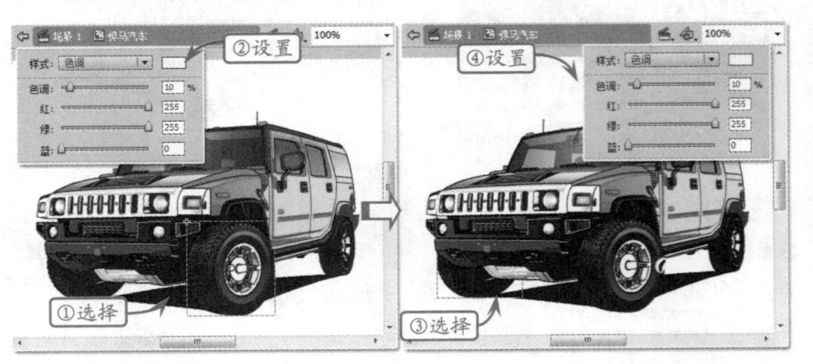

STEP|06 选择“底盘”影片剪辑，在【属性】检查器中设置其【色调】为“黄色”（#FFFF00），【色调】为“20%”。然后选择“投影”影片剪辑，设置其Alpha透明度为“70%”。

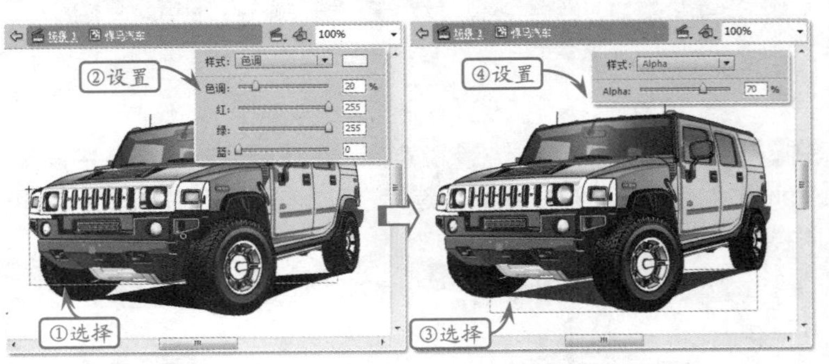

STEP|07 选择“阴影”影片剪辑，在【属性】检查器中添加“发光”滤镜，并设置【模糊X】、【模糊Y】和【强度】等参数。然后使用相同的方法，为其添加“模糊”滤镜。

提示

在调色板中可以设置颜色的透明度。

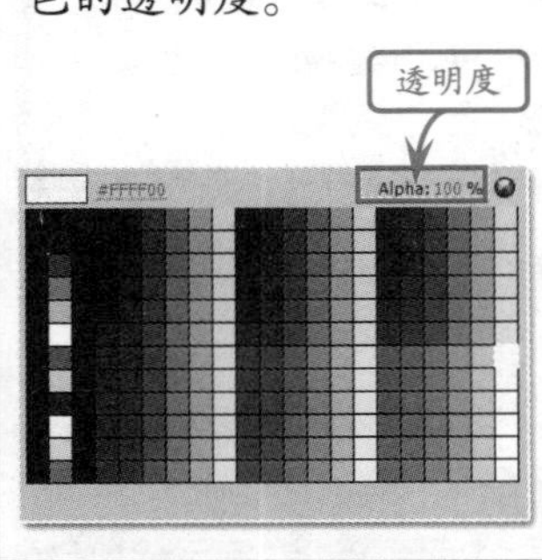

提示

将“汽车轮胎”的色调设置为黄色，使其产生灯光照射的效果。

提示

【色调】的数值越小，其表现的颜色越浅。

提示

降低“投影”影片剪辑的透明度，可以使汽车的投影表现得更加真实。

提示

在“发光”滤镜中，设置【模糊X】和【模糊Y】为“30像素”，【强度】为“200%”，【颜色】为“黄色”（#FFFF00）。在“模糊”滤镜中，设置【模糊X】和【模糊Y】为“10像素”。

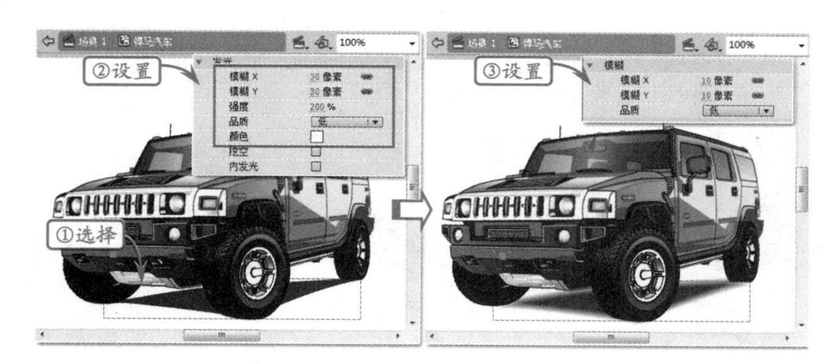

STEP|08 单击编辑栏处的“场景1”文字，返回场景。然后，在“汽车”图层的下面新建“背景”图层，使用【矩形工具】在舞台中绘制一个黄色（#FFFF00）的矩形。

①单击

③绘制

②新建

提示

绘制的矩形可以填充任意颜色，但是其大小要求与舞台相同。

提示

选择【颜料桶工具】，单击矩形的中心点向左下角拖动，即可将发光区域显示在汽车的后面。

STEP|09 打开【颜色】面板，选择【颜色类型】为“径向渐变”，在下面调整渐变颜色，并使用【颜料桶工具】为矩形填充渐变色。然后，通过【渐变变形工具】调整渐变颜色的范围和位置。

③填充

①选择

②设置

④调整

提示

通过拖动【渐变变形工具】的中心点，可以调整整个渐变颜色的位置。通过拖动周围的控制点，可以调整颜色的范围和形状。

STEP|10 新建“透明条”图层，使用【矩形工具】在舞台上绘制一个灰色的矩形。然后打开【颜色】面板，选择【颜色类型】为“性线渐变”，在下面设置渐变色，并使用【颜料桶工具】为其填充渐变色。

提示

使用【渐变变形工具】调整渐变色的位置和范围。

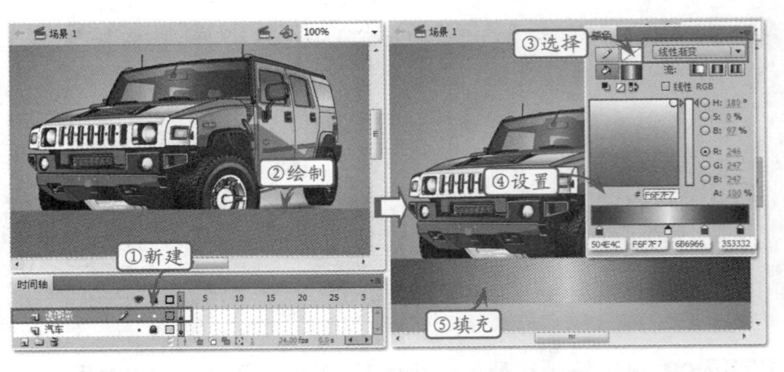

STEP|11 选择渐变矩形，执行【修改】|【转换为元件】命令，将其转换为“透明条”影片剪辑元件。然后，在【属性】检查器中设置其Alpha透明度为“60%”。

> **提示**
> 在矩形上面使用【颜料桶工具】从左向右拖动。

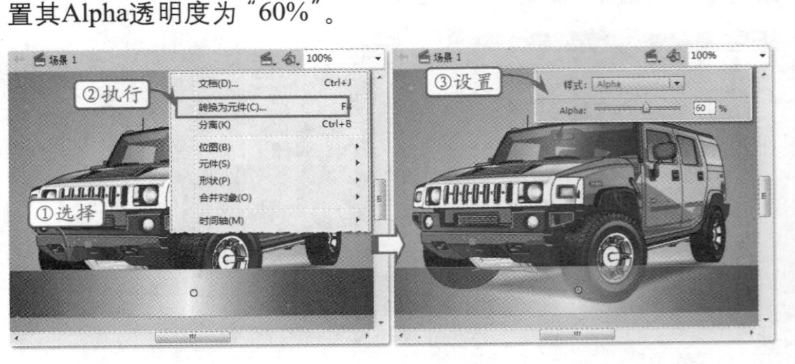

STEP|12 新建“文字”图层，在透明条的上面输入“悍马”文本，在【属性】检查器中设置其【系列】、【大小】为“40点”和【颜色】为“白色”（#FFFFFF)。然后，继续输入Hummer文本，设置其【系列】为“Century Gothic”，【样式】为“Bold Italic”，【大小】为“40点”，【颜色】为“白色”（#FFFFFF)，【字母间距】为10。

> **提示**
> 在【样式】下拉列表中可以设置文字的倾斜属性。

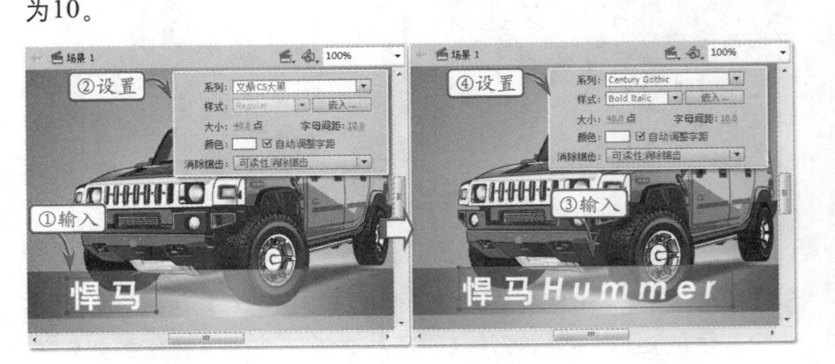

STEP|13 选择文字，在【属性】检查器中添加“发光”滤镜，并设置【模糊X】和【模糊Y】均为“40像素”，【颜色】为“黄色”(#FFFF00)。然后再添加一个“发光”滤镜，设置【模糊X】和【模糊Y】均为“10像素”，【颜色】为“红色”(#FF0000)。

> **提示**
> 使用【文本】单击舞台中的文字，可以在其中继续输入文字。

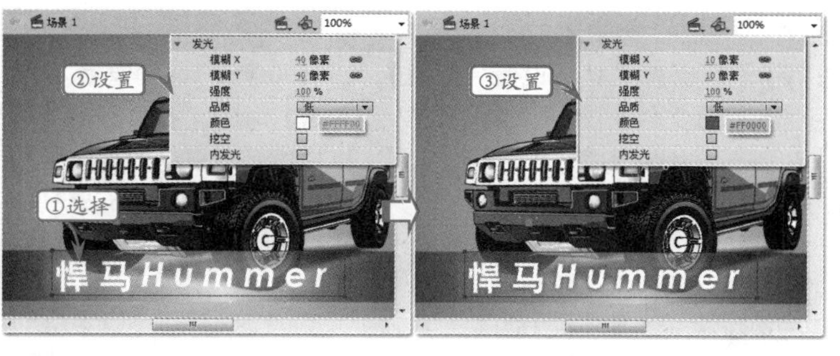

STEP|14 为文字添加“斜角”滤镜，设置【阴影】为“灰色”（#999999）。然后，继续添加“投影”滤镜，设置【模糊X】和【模糊Y】均为“20像素”，【颜色】为“黄色”（#FFFF00）。

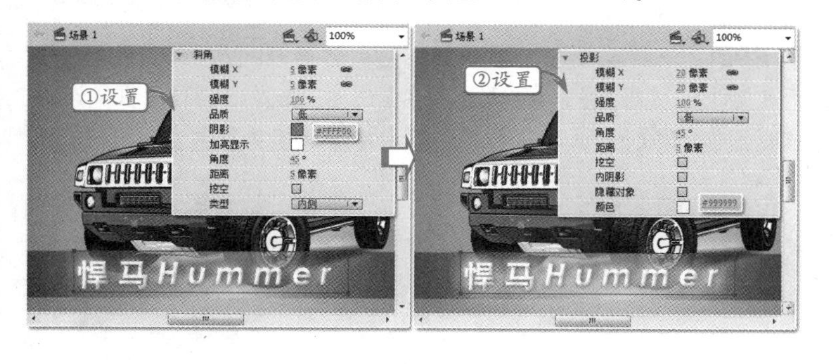

提示

在相同的一段文字中，如果想要设置为多种样式，可以部分选择文本，再在【属性】检查器中进行设置。

10.7 练习：制作图片展示动画

版本：Flash CS6
downloads/第10章/03

为了在固定区域中展示尽可能多的图片，布局模式较为灵活，越来越多的设计者采用Flash制作图片展示动画。与纯网页的图片展示相比，其布局方式以及图片与图片之间的过渡效果更加灵活。本练习将制作一个Flash图片展示动画。

练习要点

- 导入外部图像
- 应用动画预设
- 新建图层
- 移动补间路径

操作步骤

STEP|01 新建文档，设置【尺寸】为“600像素×440像素”。然后，执行【文件】|【导入】|【导入到舞台】命令，在打开的【导入到舞台】对话框中选择“相框.psd”，将其导入到文档的舞台中。

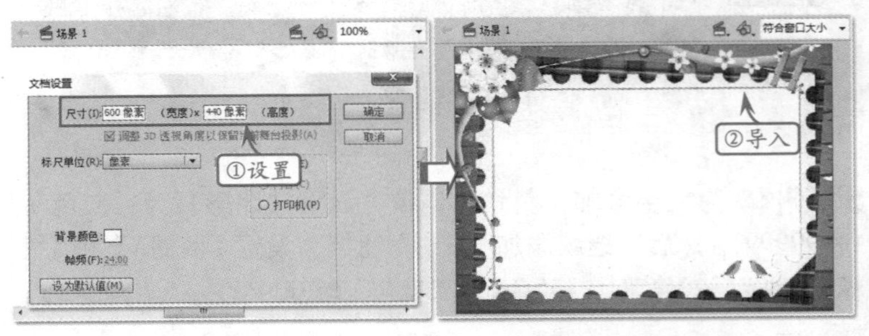

STEP|02 选择该图层的第250帧，插入普通帧。然后新建图层，执行【文件】|【导入】|【导入到舞台】命令，在弹出的对话框中选择素材图像“001.jpg”，将其导入到舞台中并转换为影片剪辑元件。

STEP|03 选择舞台中的“图片01”影片剪辑，执行【窗口】|【动画预设】命令，打开【动画预设】对话框。选择“默认预设”文件夹中的“2D放大”选项，单击对话框底部的【应用】按钮。

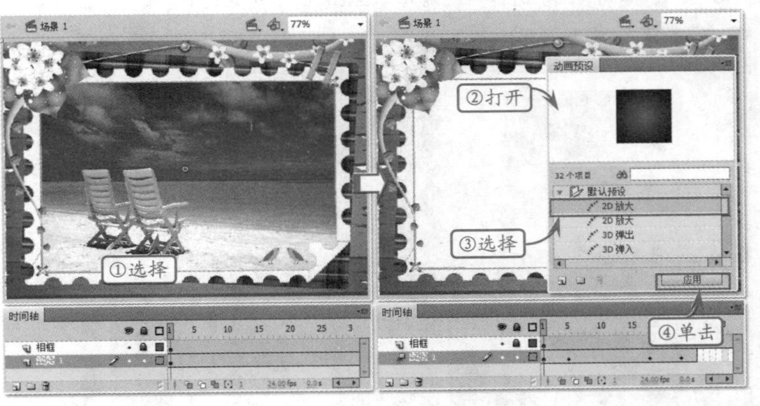

STEP|04 选择图层1的最后一帧，插入普通帧。新建图层，在第46帧处插入关键帧。将“002.jpg”素材图片导入到舞台，转换为影

> **提示**
> 执行【文件】|【导入】|【导入到舞台】命令，可以将图像导入到舞台。而执行【文件】|【导入】|【导入到库】命令，可以将图像导入到【库】面板。

> **提示**
> 在【文档属性】对话框中还可以设置文档的帧频和背景颜色等属性。

> **提示**
> 将“相框”图像导入到舞台后，在【属性】检查器中设置X和Y坐标均为0。

> **提示**
> 将“001.jpg”图像导入到舞台后，在【属性】检查器中设置X和Y坐标均为0。

> **提示**
> 新建图层，其默认的帧数为250。

> **提示**
> 在选择“图片01”影片剪辑之前，务必要将“相框”图层锁定，否则无法选中。

片剪辑，并设置其X和Y坐标为0,233。然后，选择【动画预设】对话框中的“从底部飞入”选项，单击【应用】按钮，并延长该图层至最后一帧。

> **提示**
>
> 设置影片剪辑的初始坐标为0,233，则应用“从底部飞入”的动画预设后，其最终坐标为0,0。

STEP|05 新建图层，在第91帧处插入关键帧，将“003.jpg”素材图片导入到舞台中，设置其坐标为0,−193。然后，选择【动画预设】对话框中的“从顶部飞入”选项，单击【应用】按钮，并延长该图层至最后一帧。

> **提示**
>
> 应用动画预设后，确定影片剪辑补间动画的最后一帧的坐标为0,0。

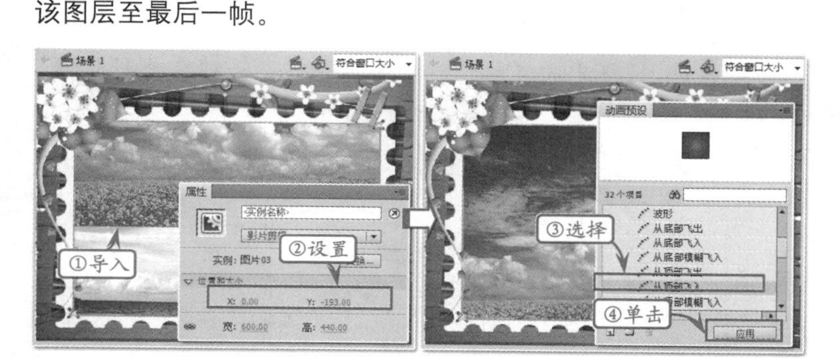

STEP|06 新建图层，在第141帧处插入关键帧，将“004.jpg”素材图片导入到舞台中，设置其坐标为320,0。然后，选择【动画预设】对话框中的“从右飞入”选项，单击【应用】按钮，并延长该图层至最后一帧。

> **提示**
>
> 设置“图片03”影片剪辑的坐标为0,−193，这样在应用“从顶部飞入”动画预设后，其动画最后一帧时影片剪辑的坐标正好为0,0。

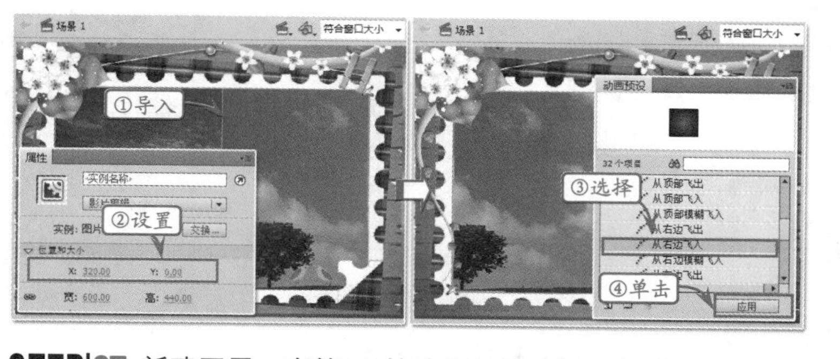

STEP|07 新建图层，在第191帧处插入关键帧，将“005.jpg”素材图片导入到舞台中，设置其坐标为−307,0。然后，选择【动画预设】对话框中的“从左飞入”选项，单击【应用】按钮，并延长该图层至最后一帧。

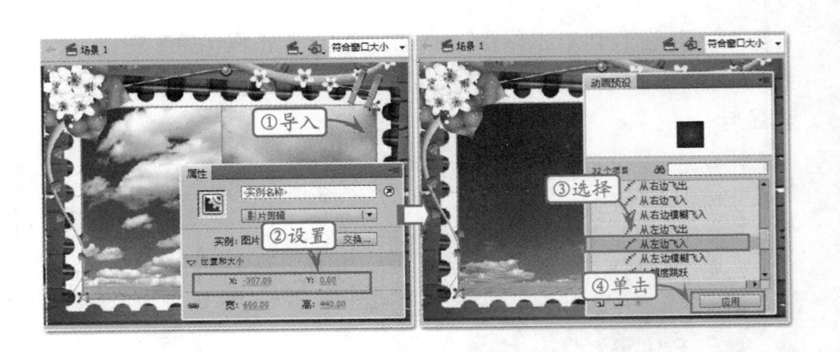

10.8 高手答疑

版本：Flash CS6

Q&A

问题1：为了使投影的效果表现得更加真实，是否可以倾斜对象的投影？如果可以，那么将如何操作？

解答：可以对对象的投影进行倾斜操作。首先复制舞台中的对象，选择对象副本，使用【任意变形工具】使其倾斜。

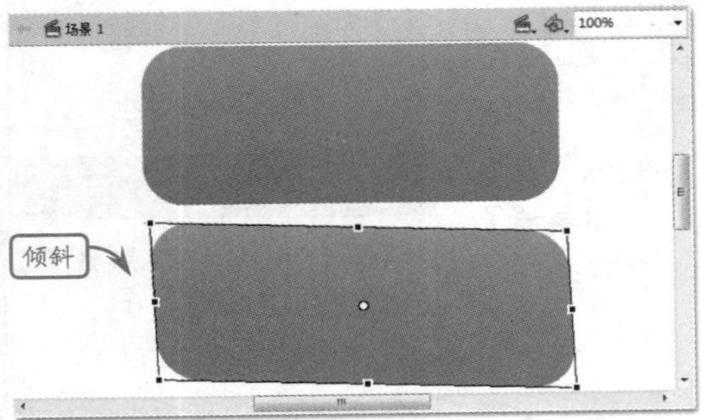

选择对象的副本，在【滤镜】选项中为其添加“投影”滤镜。

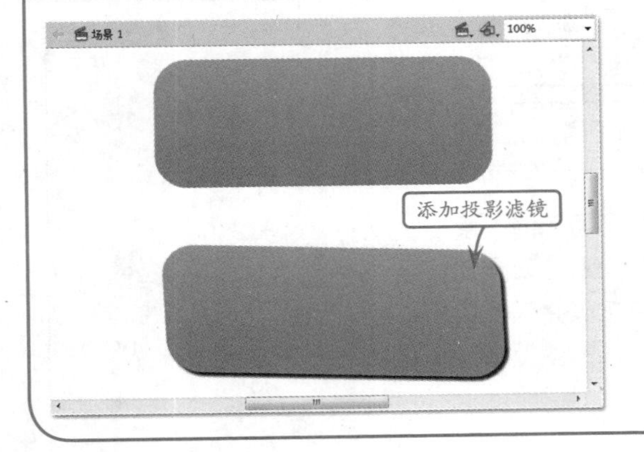

在【滤镜】面板中，启用“投影”滤镜中的【隐藏对象】启选框，将对象的副本隐藏，但是其投影依然可见。

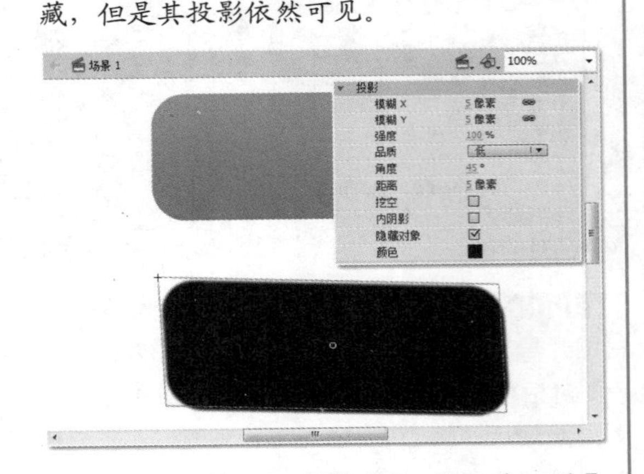

执行【修改】|【排列】|【下移一层】命令，可将对象副本及其投影放置在原始对象的下面。继续调整“投影”滤镜的设置和倾斜的角度，直到获得所需效果为止。

Q&A

问题2：如何启用或禁用应用于对象的某个滤镜或者所有滤镜？

解答：在【滤镜】面板中选择要禁用的滤镜，然后单击底部的【启用或禁用滤镜】按钮，即可禁用该滤镜，舞台中对象的滤镜效果将不可见。另外，在【滤镜】面板中，滤镜的名称为斜体，且在其右侧显示一个红叉。

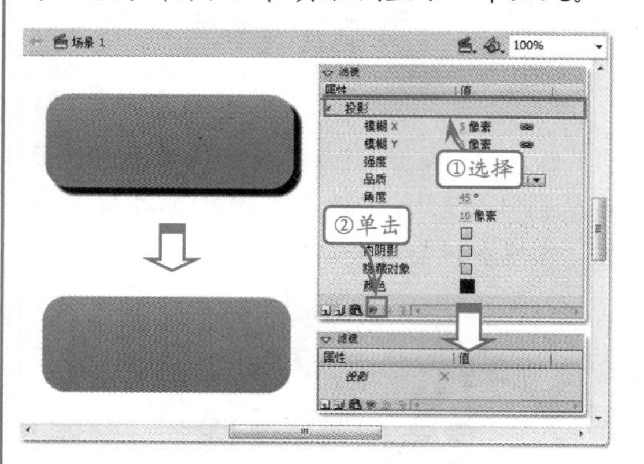

在【滤镜】面板中选择要启用的滤镜，同样单击底部的【启用或禁用滤镜】按钮，即可重新启用该滤镜，舞台中对象的滤镜效果为可见状态。在【滤镜】面板中，可以重新定义滤镜的选项。

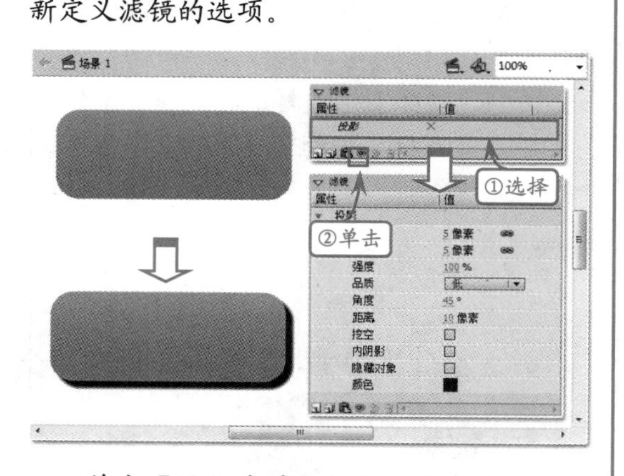

单击【添加滤镜】按钮，然后在弹出的菜单中执行【启用全部】或【禁用全部】命令，可以启用或禁用所有滤镜。

Q&A

问题3：如何根据类别将创建的自定义预设动画分组？

解答：单击【动画预设】面板底部的【新建文件夹】按钮，在列表中新建一个文件夹，此时可以输入文件夹的名称。

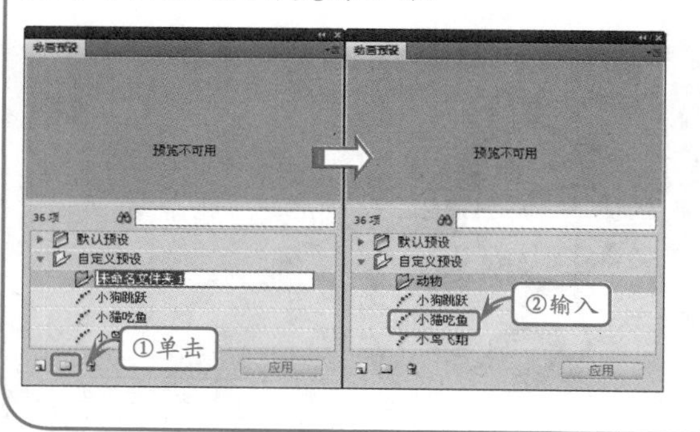

然后，选择列表中想要分类存放的动画预设，并拖动到文件夹上，此时放开鼠标即可将这些动画预设移动至该文件夹中。

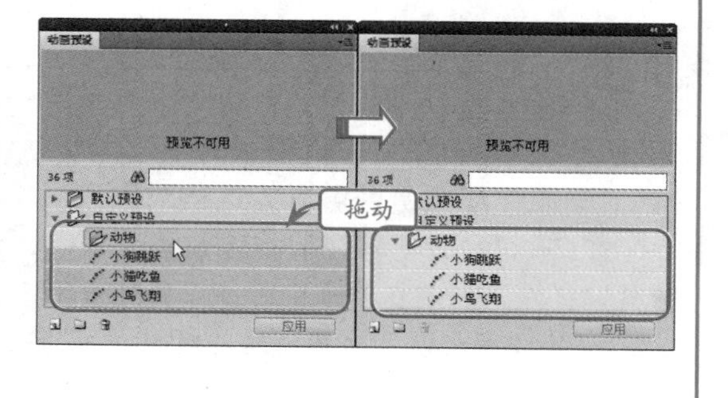

Q&A

问题4：在为影片剪辑实例应用了3D平移或3D旋转效果后，是否还可以为其应用其他效果，如色彩效果和滤镜等？

解答：为影片剪辑实例应用了3D平移或3D旋转效果后，并不会影响再次为其添加其他的效果。

例如，使用【3D旋转工具】调整舞台中的某一影片剪辑实例的Y轴，其使与观察者产生一定的角度。

选择该影片剪辑实例，在【属性】检查器中选择【样式】为“色调”，并调整红、绿和蓝3种颜色。调整完成后，影片剪辑实例的Y轴并没有还原。

除此之外，为影片剪辑实例添加滤镜效果，也不会影响3D效果。选择影片剪辑实例，在【属性】检查器中添加投影滤镜。

Q&A

问题5：在某一影片剪辑中包含有多个对象，那么是否可以为这些对象应用不同的3D平移或3D旋转效果？

解答：可以，但是在为每个对象应用3D平移或3D旋转效果之前，必须将这些对象转换为影片剪辑实例。

例如，在“卡通”影片剪辑中，将其两个子对象转换为影片剪辑。

选择【3D平移工具】或【3D旋转工具】，分别为各个影片剪辑实例应用不同的3D平移或3D旋转效果。

返回场景。此时可以发现，“卡通”影片剪辑实例并没有因为更改了内容，而影响到3D旋转效果。

Q&A

问题6：如何使用Flash的辅助线？

解答：Flash的辅助线使用方法与Photoshop的参考线类似，在Flash中，执行【视图】|【标尺】命令，打开Flash的【标尺栏】，即可按住鼠标左键，从【标尺栏】将辅助线拖曳到舞台中。

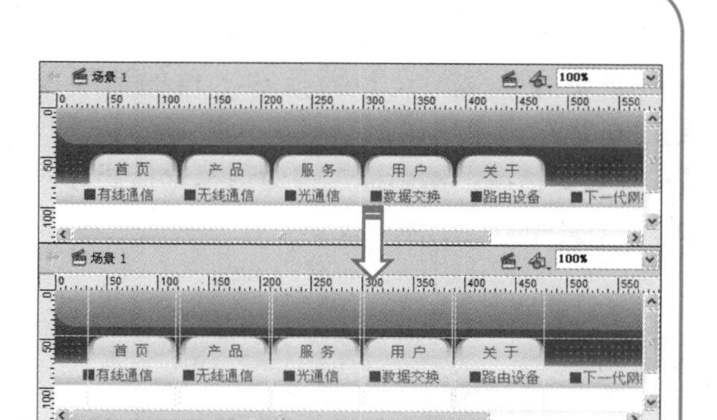

10.9 高手训练营

版本：Flash CS6

1. 保存自定义动画预设

如果创建自己的补间，或对从【动画预设】面板应用的补间进行更改，可将它另存为新的动画预设。新预设将显示在【动画预设】面板中的【自定义预设】文件夹中。

如果想要将自定义补间另存为预设，首先选择时间轴中的补间范围、舞台中应用了自定义补间的对象或舞台上的运动路径。

单击【动画预设】面板中的【将选区另存为预设】按钮，或者右击补间范围从弹出的菜单中执行【另存为动画预设】命令，可将当前动画另存为新的动画预设。

2．导入动画预设

Flash的动画预设都是以XML文件的形式存储在本地计算机中。可以将导入外部的XML补间文件添加到【动画预设】面板中。

单击【动画预设】面板右上角的选项按钮，在弹出的菜单中执行【导入】命令，打开【打开】对话框。然后通过该对话框选择要导入的XML文件。

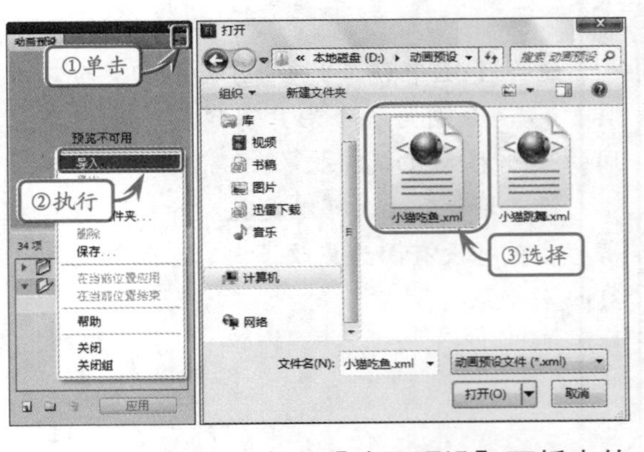

导入完成后，会在【动画预设】面板中的【自定义预设】文件夹中显示刚才导入的自定义动画预设。

3D 及骨骼动画

近年来随着计算机软、硬件技术的发展，产生了许多新兴的技术，如三维动画就是其中一种。由于三维动画技术可以模拟真实物体，并且其精确性、真实性和无限的可操作性，目前广泛应用于医学、教育、军事和娱乐等诸多领域。

因此，目前更多的设计类软件都增添了对三维动画设计的支持。如Adobe Flash CS6软件中，增添了操作三维动画的一些工具等。

11.1 平移3D图形

版本：Flash CS6

使用【3D平移工具】可以在3D空间中移动影片剪辑实例的位置，这样使影片剪辑实例看起来离观察者更近或更远。

单击【工具】面板中的【3D平移工具】按钮，然后选择舞台中的影片剪辑实例。此时，该影片剪辑的X、Y和Z3个轴将显示在实例的正中间。其中，X轴为红色、Y轴为绿色，而Z轴为一个黑色的圆点。

【3D平移工具】的默认模式是全局。在全局3D空间中移动对象与相对舞台移动对象等效。在局部3D空间中移动对象与相对父影片剪辑（如果有）移动对象等效。

如果要切换【3D平移工具】的全局模式和局部模式，可以在选择【3D平移工具】的同时单击【工具】面板【选项】部分中的【全局】切换按钮。

如果要通过【3D平移工具】拖动来移动影片剪辑实例，首先将指针移动到该实例的X、Y或Z轴控件上，此时在指针的尾处将会显示该坐标轴的名称。

X和Y轴控件是每个轴上的箭头。使用鼠标按控件箭头的方向拖动其中一个控件，即可沿所选轴（水平或垂直方向）移动影片剪辑实例。

Z轴控件是影片剪辑中间的黑点，上下拖动该黑点即可在Z轴上移动对象，此时将会放大或缩小所选的影片剪辑实例，以产生离观察者更近或更远的效果。

除此之外，在【属性】面板的【3D定位和视图】选项中输入X、Y或Z的值，也可以改变影片剪辑实例在3D空间中的位置。

通过双击Z轴控件，可以将轴控件移动到多个所选影片剪辑实例的中心。按住 Shift 键并双击其中一个实例，可将轴控件还原到该实例。

11.2 旋转3D图形

版本：Flash CS6

使用【3D旋转工具】可以在3D空间中旋转影片剪辑实例，这样通过改变实例的形状，使之看起来与观察者之间形成某一个角度。

单击【工具】面板中的【3D旋转工具】按钮，然后选择舞台中的影片剪辑实例。此时，3D旋转控件会出现在该实例上。其中，X轴为红色，Y轴为绿色，Z轴为蓝色，使用橙色的自由旋转控件可同时绕X和Y轴旋转。

【3D旋转工具】的默认模式为全局。在全局3D空间中旋转对象与相对舞台移动实例等效。在局部3D空间中旋转实例与相对父影片剪辑（如果有）移动实例等效。如果要切换【3D旋转工具】的全局模式和局部模式，可以在选择【3D旋转工具】的同时单击【工具】面板【选项】部分中的【全局】切换按钮。

如果要通过【3D旋转工具】拖动来放置影片剪辑实例，首先将鼠标移动到该实例的X、Y、Z轴或自由旋转控件上，此时在鼠标指针的尾处会显示该坐标轴的名称。

拖动一个轴控件可以使所选的影片剪辑实例绕该轴旋转，例如左右拖动X轴控件可以绕X轴旋转，上下拖动Y轴控件可以绕Y轴旋转。

拖动Z轴控件可以使影片剪辑实例绕Z轴旋转进行圆周运动，而拖动自由旋转控件（外侧橙色圈），可以使影片剪辑实例同时绕X和Y轴旋转。

在舞台上选择一个影片剪辑，3D旋转控件将显示为叠加在所选实例上。如果这些控件出现在其他位置，可以双击该控件的中心点以将其移动到选定实例的正中心。

如果想要相对于影片剪辑实例重新定位旋转控件的中心点，可以单击并拖动中心点至任意位置。这样，在拖动X、Y、Z轴或自由拖动控件时，将使实例绕新的中心点旋转。例如将旋转控件的中心点拖动至影片剪辑实例的左下角，然后顺时针拖动Z轴控件，即可以新的中心点旋转。

执行【窗口】|【变形】命令，打开【变形】面板。然后，选择舞台上的一个影片剪辑实例，在【变形】面板【3D旋转】选项中输入X、Y和Z轴的角度，也可以旋转所选的实例。

在舞台中选择多个影片剪辑实例，3D旋转控件将显示为叠加在最近所选的实例上。然后，使用【3D旋转工具】旋转其中任意一个实例，其他的实例也将以相同的方式旋转。

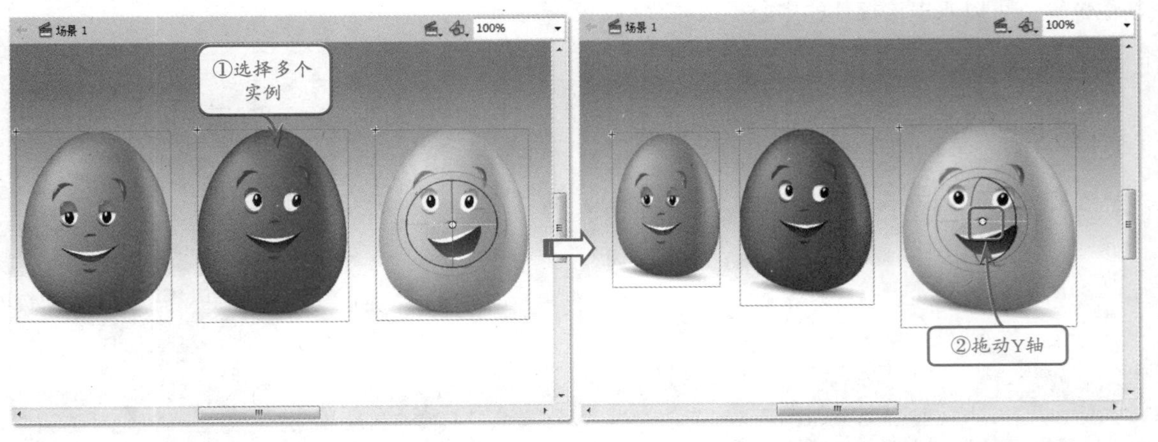

选择舞台上的所有影片剪辑实例，通过双击Z轴控件，可以让中心点移动到影片剪辑组的中心。按住 Shift 键并双击其中一个实例，可将轴控件还原到该实例。

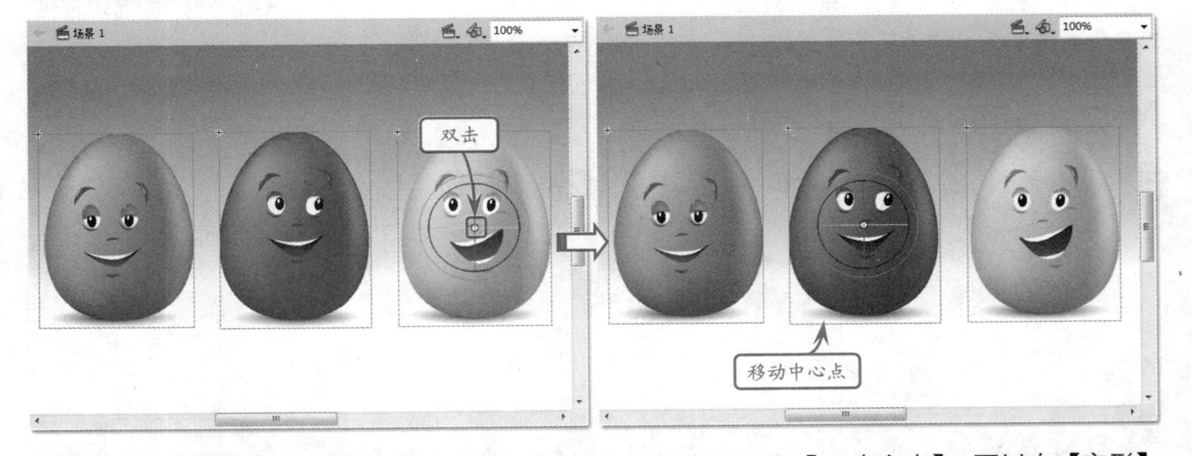

所选实例的旋转控件中心点的位置在【变形】面板中显示为【3D中心点】，可以在【变形】面板中修改中心点的位置。例如，设置影片剪辑组旋转控件的中心点X为300，Y为150，Z为50。

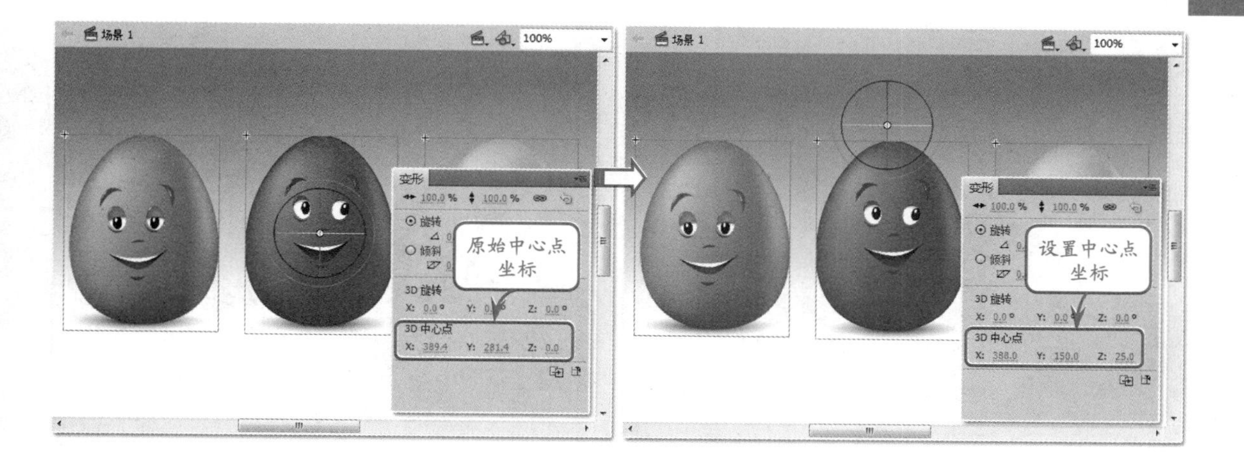

11.3 调整透视角度和消失点

版本：Flash CS6

当用户需要调整3D影片剪辑的外观视角和Z轴方向时，可以通过调整透视角度和消失点实现。

1．调整消失点

在Flash中，消失点属性控制舞台上影片剪辑对象的Z轴方向，所有影片剪辑的Z轴都朝着消失点后退。

例如，将消失点定位在舞台的左下角(205,356)，则增大影片剪辑的Z轴值，可使影片剪辑远离观察者并向着舞台的右上角移动。减小影片剪辑的Z轴值，则向相反的方向移动。

2．调整透视角度

在Flash中，透视角度属性控制3D影片剪辑视图在舞台上的外观视角。增大或减小透视角度将影响3D影片剪辑的外观尺寸及其相对于舞台边缘的位置。

增大透视角度可使影片剪辑对象看起来更接近观察者，减小透视角度可使影片剪辑对象看起来更远。

透视角度属性会影响应用了3D平移或旋转的所有影片剪辑。默认透视角度为55°，其范围为1°到180°。如果要在【属性】检查器中查看或设置透视角度，必须在舞台上选择一个3D影片剪辑。此时，对透视角度所做的更改在舞台上立即可见。

11.4 向元件添加骨骼

版本：Flash CS6

通过骨骼工具可以向影片剪辑、图形和按钮实例添加IK骨骼，使元件与元件之间连接在一起，共同完成某一动作。

例如，舞台中存在一个由多个元件实例组成的人物角色。选择【骨骼工具】按钮，单击要成为骨架的元件实例的头部或根部。然后，拖动到另一个元件实例，即可将两个元件连接在一起。

提示

在拖动时，将显示骨骼。释放鼠标后，在两个元件实例之间将显示实心的骨骼。每个骨骼都具有头部、圆端和尾部（尖端）。

如果要连接其他骨骼，使用【骨骼工具】从第一个骨骼的尾部拖动到下一个元件实例即可。在经过现有骨骼的头部或尾部时，指针会发生改变。

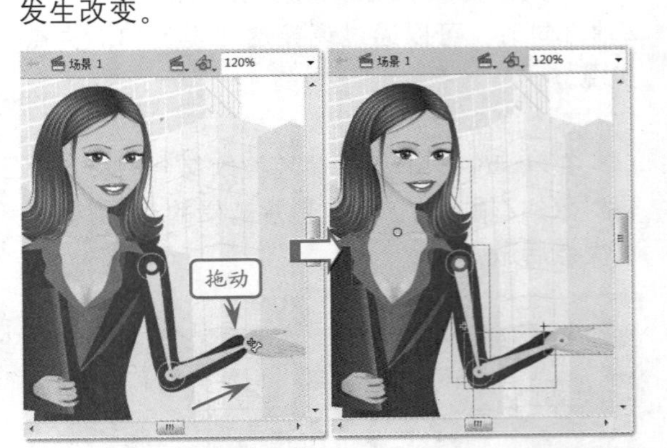

提示

为便于将新骨骼的尾部拖到所需的特定位置，可以执行【视图】|【贴紧】|【贴紧至对象】命令。

添加骨骼后，使用【任意变形工具】按钮单击元件实例，会显示一个圆点，该圆点为骨骼的附加点。

在向实例添加骨骼后，Flash将每个实例移动到时间轴中的新图层，即骨架图层。与给定骨架关联的所有骨骼和元件实例都驻留在该图层中。

11.5 编辑骨骼

版本：Flash CS6

在Flash中，不仅允许用户为Flash元件添加骨骼，还提供了便捷的骨骼编辑工具，帮助用户方便地编辑已添加的骨骼。

除此之外，Flash CS6还提供了IK骨骼速度的设置项目，帮助用户建立更加完善的骨骼运动系统。

1．快速选择骨骼

Flash CS6提供了便捷的骨骼选定工具，允许用户选择同级别以及不同级别的各种骨骼组件，帮助用户设置骨骼组件的属性。

在Flash影片中，使用鼠标单击任意一组骨骼，即可在【属性】面板中通过骨骼级别按钮切换选择其他骨骼。

根据骨骼的级别，可以使用的IK骨骼级别按钮主要包括4种，说明如下。

IK 骨骼级别按钮	作用
⇦	选择上一个同级 IK 骨骼
⇨	选择下一个同级 IK 骨骼
⇩	选择子级 IK 骨骼
⇧	选择父级 IK 骨骼

2．设置骨骼运动速度

在默认情况下，连接在一起的IK骨骼，其子级和父级的相对运动速度是相同的。如果用户需要逼真地模拟动物的运动，还需要设置IK骨骼的反向运动速度。

在Flash中，选择父级IK骨骼，在【属性】检查器中可设置【速度】为“10%”。

同理，用户也可以设置子级IK骨骼的相对运动速度，使子级IK骨骼与父级IK骨骼之间的异步运动差更大。

提示

在【属性】检查器中，【速度】属性是一种相对速度。因此，减小父级骨骼的【速度】与增大子级骨骼的【速度】效果是相同的。

3．连接方式与约束

在Flash CS6中绘制角色，并将角色的躯干、大腿、小腿和双脚分别转换为元件，然后即可为角色添加骨骼，以设置连接方式与约束。

● 启用/禁用连接方式

Flash CS6的IK骨骼主要有3种连接方式，即旋转、X平移和Y平移等。其中，X平移指元件在水平方向进行的平移，Y平移指元件在垂直方向上进行的平移。

如果用户需要开启水平平移或垂直平移，以及关闭默认的旋转连接，则可通过【属性】面板中的相应选项卡进行设置。

例如，关闭旋转连接，为角色开启水平平移连接，则用户可以先选择角色的IK骨骼，然后，在【属性】面板中的【连接：旋转】选项卡中单击【启用】的复选框，将对号消除。

然后，再在【属性】面板中的【连接：X平移】选项卡中单击【启用】复选框，保持选中。最后，即可操作角色的这一骨骼，进行水平平移运动。

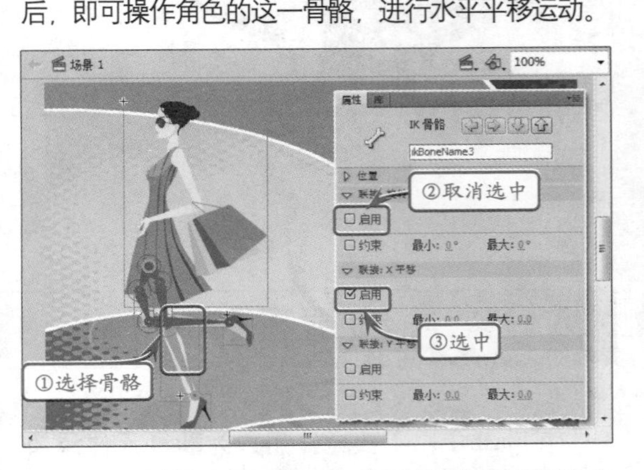

用同样的方式，用户也可选择Y平移的启用，为骨骼添加垂直平移的连接。

● 约束骨骼

在默认情况下，已连接的骨骼可以进行任意幅度的运动。但是，通过【属性】检查器中的【约束】选项，可以约束骨骼旋转和平移的幅度，以限制骨骼的运动。

例如约束旋转的骨骼。首先，在Flash文档中选择已添加旋转连接方式的骨骼。然后，在【属性】检查器中打开【连接：旋转】选项卡，启用【约束】复选框，并在右侧的文本框中输入骨骼旋转的最小角度和最大角度。

在为骨骼设置约束后，骨骼之间的联接节点就会由圆形变为约束的角度，两个骨骼直角的夹角将无法超过该角度。

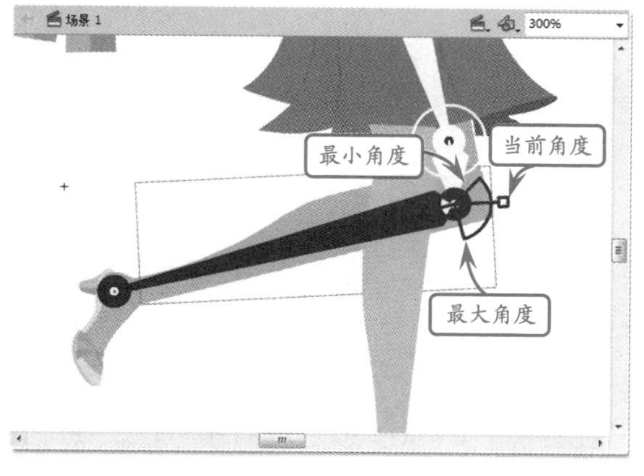

4．制作IK形状

IK形状是由矢量图形和IK骨骼组成的。以一个蝴蝶翅膀为例，先绘制蝴蝶的两只翅膀矢量图形，然后选中一只蝴蝶翅膀，即可使用【骨骼工具】为这只蝴蝶翅膀添加IK骨骼，将其转换为IK形状。

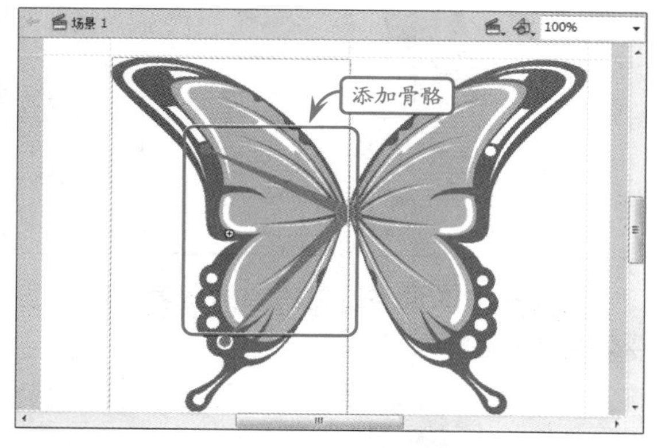

用同样的方式，为蝴蝶的另一只翅膀添加骨骼。然后，使用鼠标拖曳骨骼，控制蝴蝶的翅膀变形。

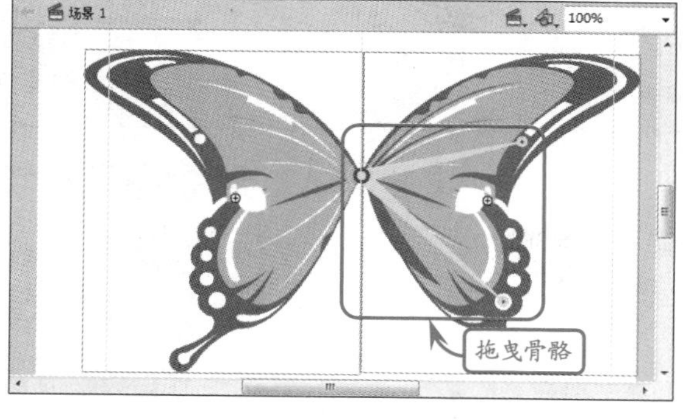

5．绑定形状

Flash CS6允许用户将矢量形状的部分局部端点与IK骨骼绑定，以防止IK骨骼在为矢量图形变形时，影响这部分的形状。

在Flash文档中为矢量图形创建IK骨骼。然后，选择【工具】面板中【绑定工具】，单击矢量图形，此时将会显示IK形状中的端点。

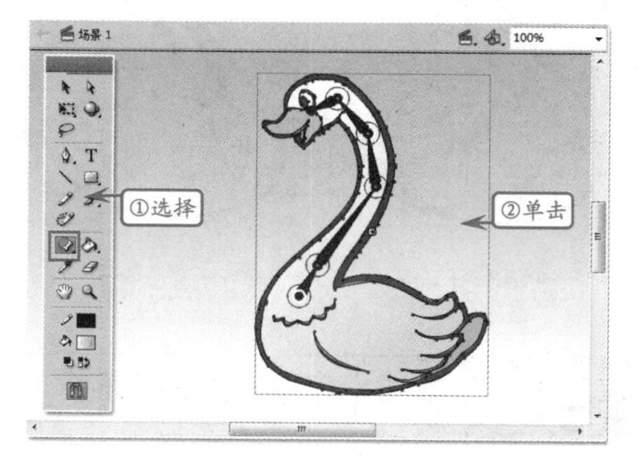

使用【绑定工具】选择IK形状中的端点，然后，从端点向骨骼的节点方向拖曳，将端点与节点绑定。

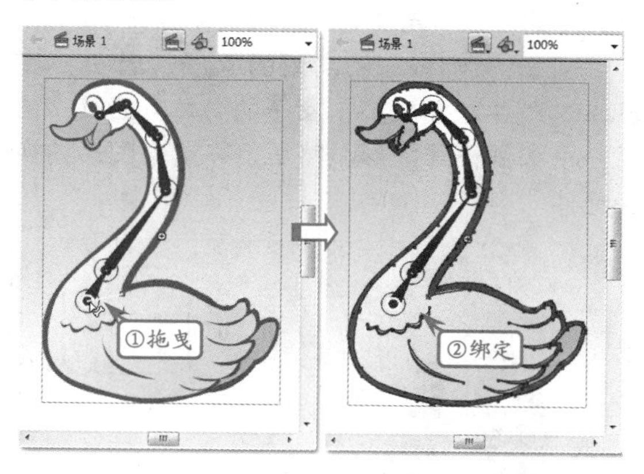

如果要加亮显示已连接到骨骼的控制点，可以使用【绑定工具】单击该骨骼。

在将端点与骨骼绑定后，拖曳骨骼时，该端点附近的图形填充和笔触将保持与骨骼的相对距离不变。

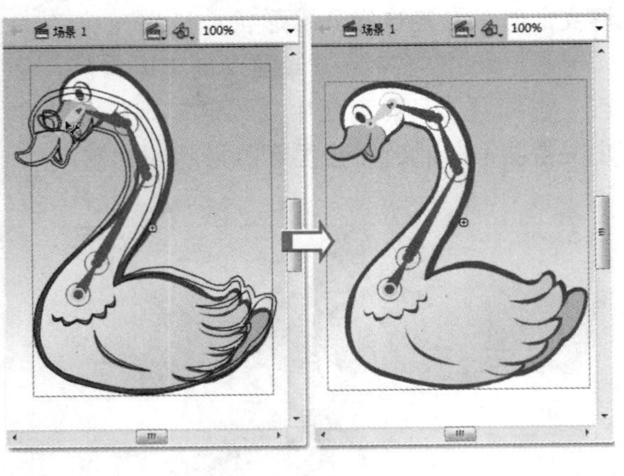

11.6 创建骨骼动画

版本：Flash CS6

IK骨骼动画就是使用【骨骼工具】将各种影片剪辑元件连接在一起，然后控制影片剪辑元件的位置、角度等而形成的动画。

例如，制作一个饮酒的女子。首先，在Flash文档中绘制桌椅、女子的身体、后臂、前臂、手和酒杯等图形。然后，将这些图形转换为元件。

选择【骨骼工具】，自女子的身体开始，制作IK骨骼，将女子身体、后臂、前臂、手和酒杯用骨骼连接起来。

为每一节IK骨骼设置约束的角度，以防止骨骼的旋转过于灵活。

在【时间轴】面板中选中名为“骨架_1”的骨骼图层中第50帧，右击，执行【插入帧】命令，插入骨骼动作的普通帧。

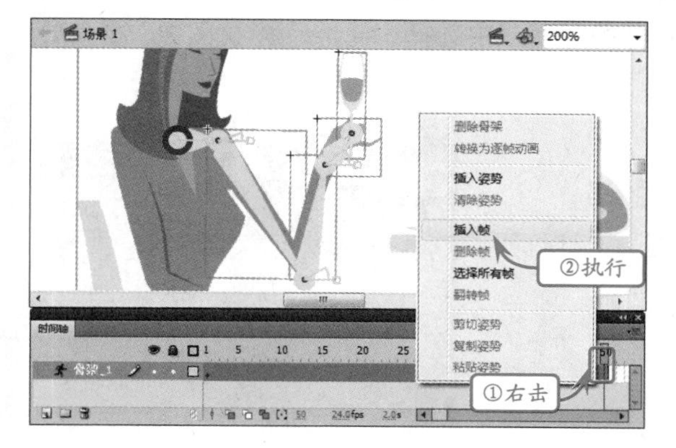

再次选中第50帧，右击，执行【插入姿势】命令，插入一个骨骼动作的关键帧。

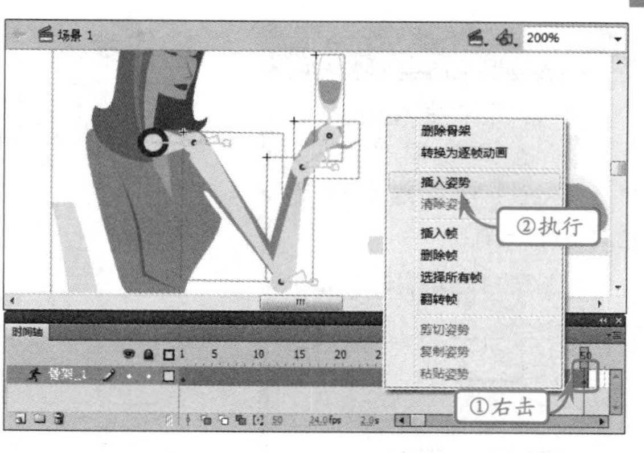

在第50帧中调节各骨骼的位置，将酒杯对准女子的口部，即可完成饮酒的动画。

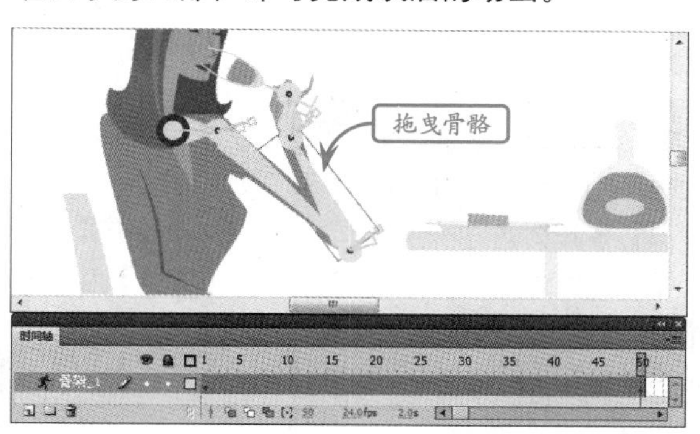

11.7 练习：设计3D相册

版本：Flash CS6
downloads/第11章/01

在Flash中，使用3D功能不仅可以将对象以3D的方式展现在舞台上，还可以控制各种对象进行3D的动作，例如3D旋转和3D平移等。本练习将使用Flash的3D旋转功能，结合【动画编辑器】面板，制作一个3D旋转的相册。

练习要点

- 创建影片剪辑
- 3D旋转
- 3D补间
- 动画编辑器

提示

执行【文件】|【导入】|【导入到库】命令，将素材图像导入到【库】面板。然后，再将其拖入到舞台上。

操作步骤

STEP|01 新建文档，在【文档属性】对话框中设置【尺寸】为"500像素×400像素"。然后，执行【文件】|【导入】|【导入到舞台】命令，在打开的对话框中选择"bg.jpg"素材图像，将其导入到舞台。

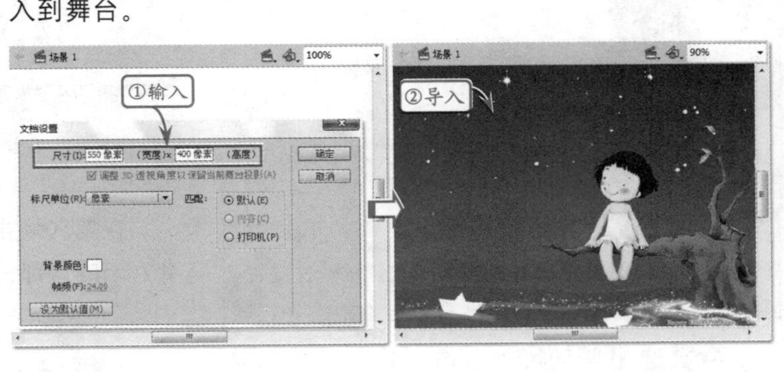

提示

将素材图像导入到舞台后，选择该图像，在【属性】检查器中设置其坐标为0,0。

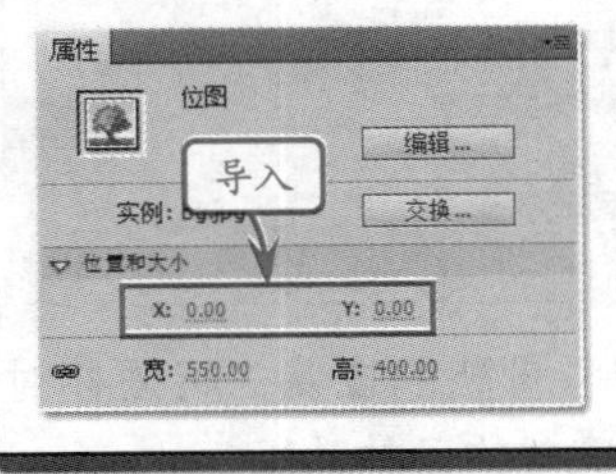

STEP|02 执行【文件】|【导入】|【导入到库】命令，将图片01.jpg~图片04.jpg导入到【库】面板。然后执行【插入】|【新建元件】命令，在弹出的对话框中输入【名称】为"图片1"，并选择【类型】为"影片剪辑"。

提示

执行【文件】|【导入】|【导入到库】命令后，在打开的对话框中可以同时选择多个素材图片，将它们一起导入到【库】面板。

STEP|03 进入"图片1"影片剪辑的编辑模式，单击【工具】面板中的【基本矩形工具】按钮，在【属性】检查器中设置【笔触颜色】为"灰色"(#CCCCCC)，【填充颜色】为无，【矩形边角半径】为10。然后，在舞台中绘制一个矩形，并设置其X和Y坐标均为0。

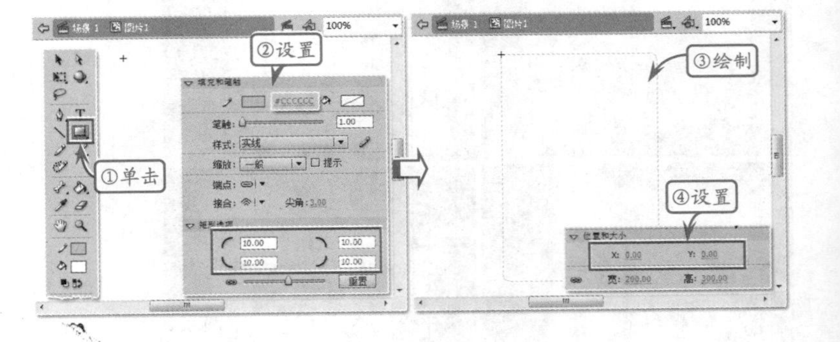

提示

矩形的4个边角半径默认为相同。取消【将边角半径控件锁定为一个控件】按钮，可以对每一个边角单独设置半径。

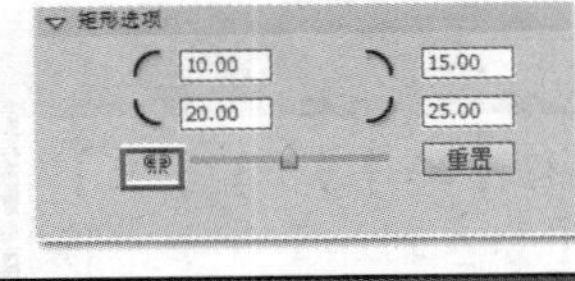

STEP|04 新建图层，在【库】面板中选择“图片01”图像，将其拖入到舞台中。然后，在【属性】检查器中设置其X和Y坐标均为10。

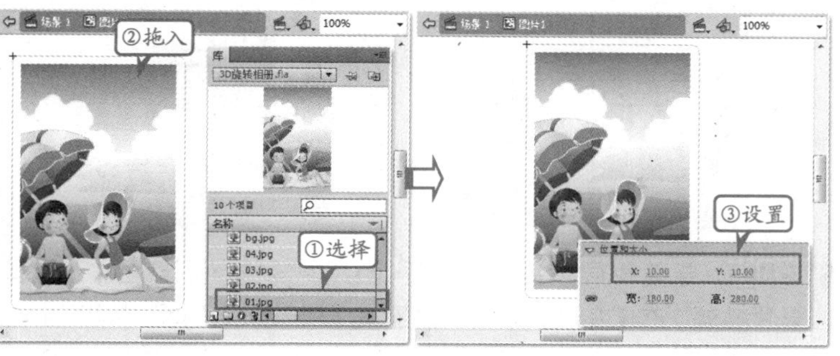

STEP|05 使用相同的方法，创建名称为“图片2”、“图片3”和“图片4”影片剪辑。然后，将它们拖入到相应的影片剪辑中。

STEP|06 新建“相册”影片剪辑，将“图片4”影片剪辑拖入到舞台中。选择该影片剪辑，在【变形】面板中设置【3D旋转】的X、Y和Z坐标分别为0、90和0。然后，在【属性】检查器中设置【3D定位和查看】的X、Y和Z坐标分别为0、−150和200。

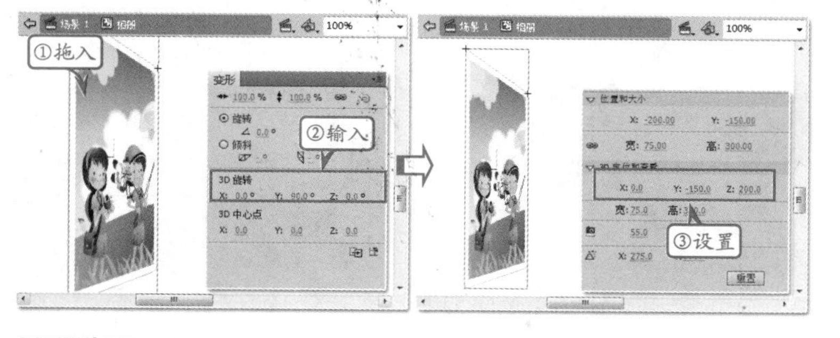

STEP|07 新建图层，将“图片3”影片剪辑拖入到舞台中。选择该影片剪辑，在【变形】面板中设置【3D旋转】的X、Y和Z坐标分别为0、90和0。然后，在【属性】检查器中设置【3D定位和查看】的X、Y和Z坐标分别为0、−150和0。

提示

绘制完圆角矩形后，在【属性】检查器中设置其【宽】为200，【高】为300。

提示

设置平面中心点，可以选择【任意变形工具】，然后用鼠标拖曳元件中心的圆形标志。设置3D中心点，需要在【变形】面板中设置【3D中心点】的坐标。

提示

“图片4”影片剪辑的X坐标为−200，Y坐标为−150。

提示

在【变形】面板中，设置【3D中心点】的X、Y和Z坐标均为0。

提示

“图片3”影片剪辑的X坐标为0，Y坐标为−150。

STEP|08 新建图层，将“图片2”影片剪辑拖入到舞台中。选择该影片剪辑，在【变形】面板中设置其【3D旋转】的X、Y和Z坐标均为0。然后，在【属性】检查器中设置其【3D定位和查看】的X、Y和Z坐标分别为0、−150和0。

STEP|09 新建图层，将“图片1”影片剪辑拖入到舞台中。选择该影片剪辑，在【变形】面板中设置其【3D旋转】的X、Y和Z坐标均为0。然后在【属性】检查器中，设置其【3D定位和查看】的X、Y和Z坐标分别为-200、−150和0。

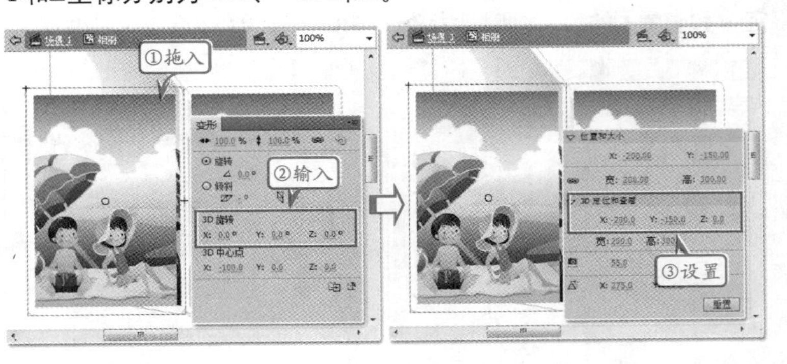

STEP|10 返回场景。新建图层，将“相册”影片剪辑拖入到舞台中。然后，在【属性】检查器中设置其X和Y坐标均为0，【3D定位和查看】选项中的X、Y和Z坐标为275、200和0。

提示

在制作元件在平面中旋转时，需要设置元件的中心点。在制作元件的3D旋转时，需要设置元件的3D中心点。

提示

将影片剪辑分别放置在不同的图层中，其目的是便于编辑各个影片剪辑。用户也可将这些影片剪辑放置在同一个图层中。

提示

在插入完成4个图层后，需要注意各个图层之间的顺序，以防止因图层顺序影响影片的效果。

提示

单击【场景】工具栏中的“场景1”文字，可以退出元件的编辑状态，返回到场景。

> **提示**
>
> 选择第50帧，按 F9 快捷键，也可以插入普通帧。

STEP|11 分别选择图层1和图层2的第50帧，执行【插入】|【时间轴】|【帧】命令，插入普通帧。然后，右击图层2的第1帧，在背景处的菜单中执行【创建补间动画】命令，创建补间动画。再次右击第1帧，执行【3D补间】命令。

> **提示**
>
> 在为元件所在的补间动画中添加【3D补间】后，Flash将自动为元件添加由红线和绿线组成的3D坐标轴。

STEP|12 右击图层2的第50帧，执行【插入关键帧】|【旋转】命令，插入3D补间的尾关键帧。然后打开【动画编辑器】面板，在面板中设置【基本动画】选项中的【旋转Y】为360°，即可完成3D旋转相册的制作。

> **提示**
>
> 在【动画编辑器】面板中，用户既可以编辑平面的动画，也可以编辑关于3D的各种补间动画。

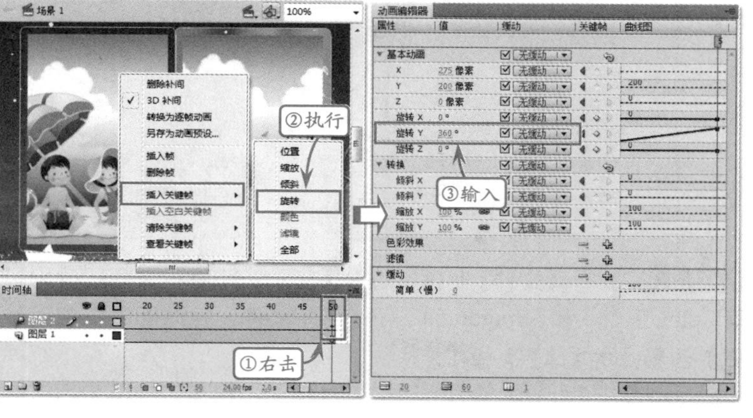

> **提示**
>
> 拖曳【动画编辑器】面板中的各种线形图，可以方便地控制各种元件，按照无规律的方式进行旋转运动。

11.8 练习：制作金龙戏珠动画

版本：Flash CS6
downloads/第11章/02

练习要点

- 打开外部库
- 使用【骨骼工具】
- 设置约束旋转
- 使用ActionScript
- 设置实例名称

提示

在【属性】面板中单击【属性】选项卡中的【编辑】按钮，同样也可以打开【文档属性】对话框，修改影片的大小和背景颜色。

IK骨骼在动画制作中具有很多强大的功能，其不仅可以制作关于骨骼的补间动画，还可以制作具有交互性和约束性的骨骼动画。在为骨骼添加约束后，可以限制骨骼的动作幅度，使动画更加逼真。

本节将为多个影片剪辑元件添加IK骨骼，将其连接在一起，然后为骨骼添加约束，限制骨骼的旋转角度。最后，为骨骼的末尾添加鼠标按下、鼠标弹起、鼠标滑开的事件，控制龙的各骨骼运动情况。

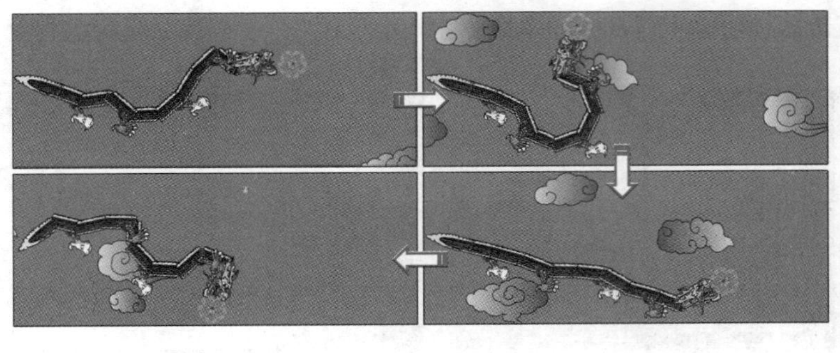

操作步骤

STEP|01 在Flash中执行【文件】|【新建】命令，在【新建文档】对话框中选择【Flash文件（ActionScript3.0）】选项，单击【确定】按钮，创建一个空白Flash文档。然后，右击舞台，执行【文档属性】命令，在弹出的【文档属性】对话框中设置影片的【尺寸】为770像素×300像素，背景颜色为橙色（#FF6633）。

提示

在设置文档的【尺寸】和【背景颜色】后，即可单击【确定】按钮，应用更改。

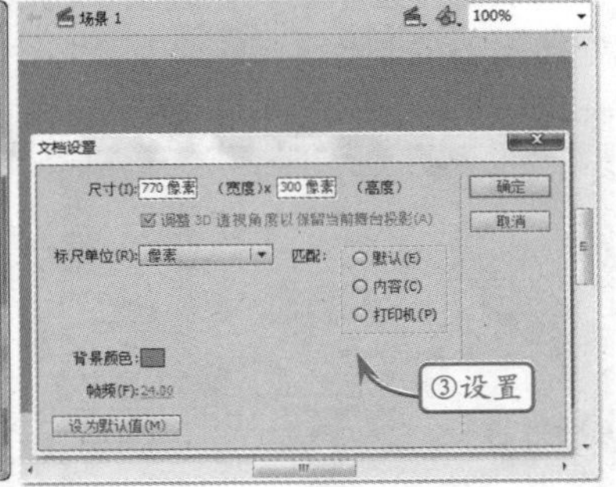

STEP|02 执行【文件】|【导入】|【打开外部库】命令，分别打开“clouds.fla”和“dragon.fla”等外部库文件，将外部库中的元件拖曳到影片的【库】面板中。

提示

名为“clouds.fla”的外部库文件中存放着影片中使用的云的图像以及云飞行的影片剪辑，“dragon.fla”外部库文件中存放着绘制的龙躯体的各部分元件，以及旋转的龙珠。

STEP|03 选中cloudsfly元件，将其拖曳到舞台中，设置元件的坐标。然后，新建图层，分别将龙的各部分元件拖曳到舞台中，并排列好顺序。最后，将龙珠所在的dragonBall元件拖曳到舞台中，放到龙头的口部。

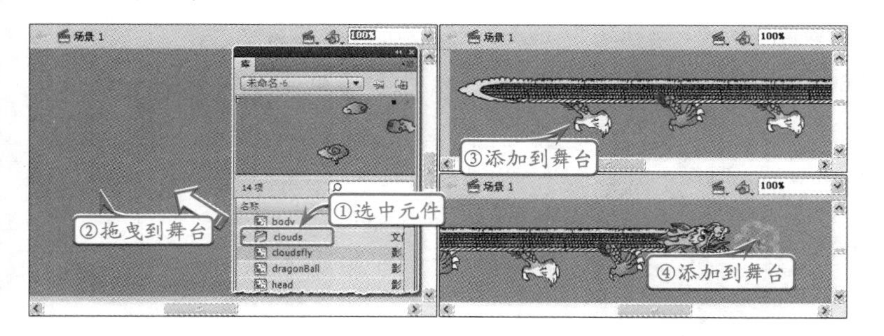

STEP|04 在【工具】面板中选择【骨骼工具】，然后，选中龙的尾巴tail元件，为tail元件和其右侧的肢干元件body添加IK骨骼。然后，用同样的方式，将组成龙的各元件用IK骨骼连接起来。

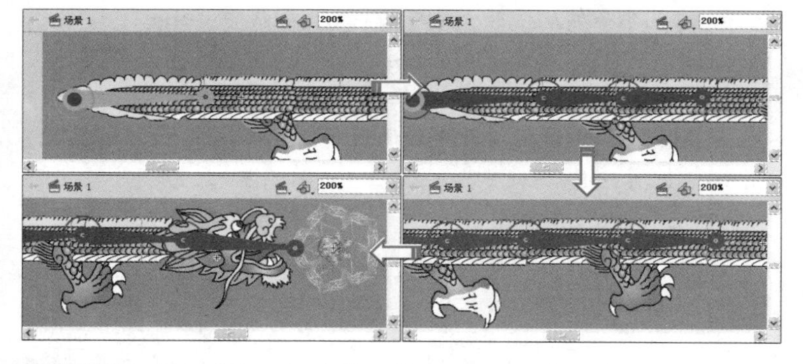

STEP|05 在完成添加骨骼的工作后，即可在【工具】面板中单击【选择工具】，选中头部head元件和龙珠dragonBall元件之间连接的骨骼。然后在【属性】面板中打开【联接：旋转】选项卡，选中【约束】，设置【最大】为90。用同样的方式，设置每一个IK骨骼的约束。

提示

将龙的各部分元件添加到舞台时，需要注意顺序，应先添加尾巴tail元件，然后再依次添加body元件、leftCraw元件、body元件、rightCraw元件、body元件、leftCraw元件、body元件、rightCraw元件、body元件、head元件和DragonBall元件等。

提示

在使用IK骨骼连接各元件时，Flash会自动把新连接的元件排列顺序提前。为保证龙的各IK骨骼可以灵活地旋转，应将连接骨骼的节点都设置为元件的右侧。

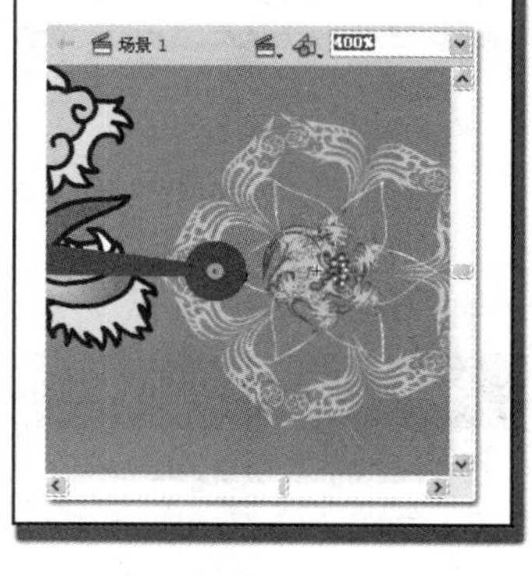

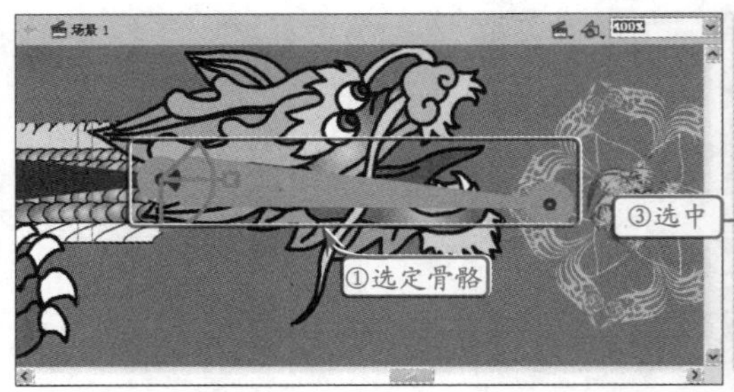

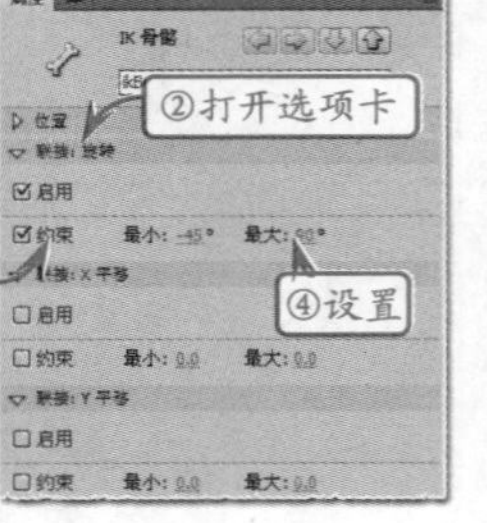

STEP|06 选择IK骨骼所在的图层，然后在【属性】面板中设置【选项】|【类型】为“运行时”。单击龙珠，在【属性】面板中设置其实例名称为ball。然后，选中已无元件的图层1中第1帧，执行【窗口】|【动作】命令，在弹出的【动作-帧】面板中输入控制的ActionScript脚本。

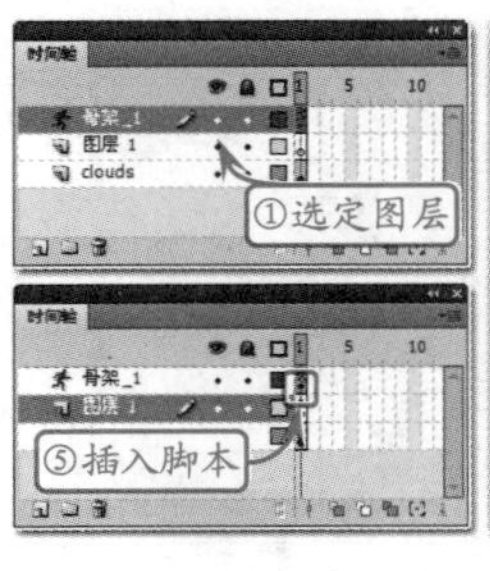

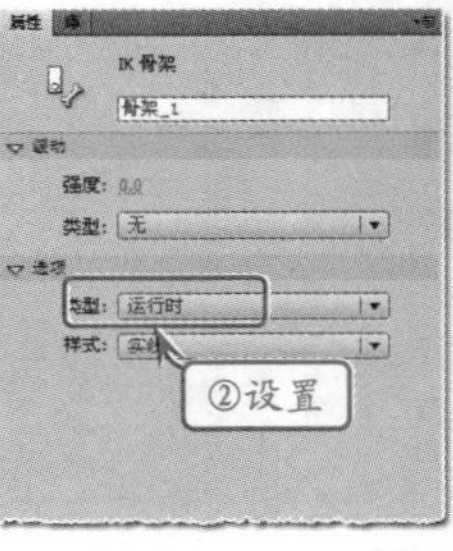

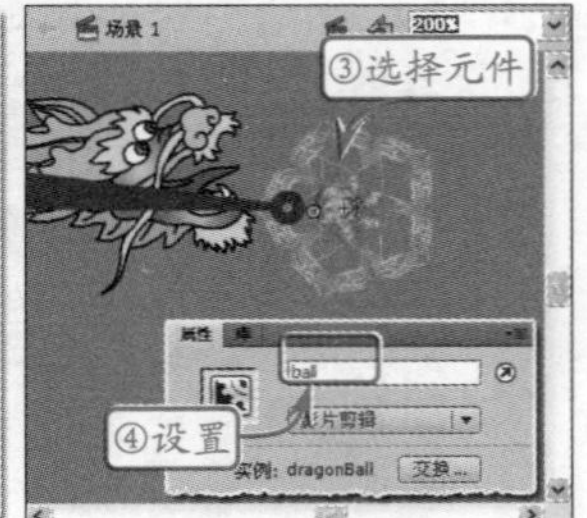

代码如下：

```
ball.addEventListener (MouseEvent.MOUSE_
DOWN,moveBall) ;
//为龙珠添加鼠标按下事件的监听，调用moveBall函数
ball.addEventListener (MouseEvent.MOUSE_
OUT,putBall) ;
//为龙珠添加鼠标滑开事件的监听，调用putBall函数
ball.addEventListener(MouseEvent.MOUSE_
UP,putBall);
//为龙珠添加鼠标弹起事件的监听，调用putBall函数
function moveBall(event:MouseEvent=null):void{
  //自定义moveBall函数，函数参数为鼠标事件，默认值为空
  ball.startDrag();
  //为龙珠的元件应用拖曳方法
}
function putBall(event:MouseEvent=null):void{
  //自定义putBall函数，函数参数为鼠标事件，默认值为空
  ball.stopDrag();
  //为龙珠的元件应用停止拖曳的方法。
}
```

提示

当【属性】面板中设置【选项】|【类型】为“创作时”时，IK骨骼中的元件将无法被脚本代码控制，约束也无法起作用。而当其为“运行时”时，Flash将允许ActionScript脚本代码控制骨骼中的元件。
为IK骨骼设置的各种约束在脚本控制的动画中同样起作用。

提示

addEventListener()方法的作用是为各种对象和实例添加事件监听行为。它具备两个参数，第一个参数为事件类型及具体事件的常量，第二个参数为调度的事件函数。

提示

在函数的参数后添加等号，可为函数的参数设置一个默认值。当参数不可用时，函数仍然可用。

11.9 高手答疑

版本：Flash CS6

Q&A

问题1：对于应用了3D平移或旋转的影片剪辑实例，在更改其内容时，是否会影响到这些3D属性？

解答：在更改影片剪辑实例的内容时，已经应用了的3D平移或旋转将不会受到任何影响。

例如，选择舞台中名称为“小女孩”的影片剪辑实例。然后，按住 Shift 键不放，并使用【3D旋转工具】沿顺时针方向拖动Z轴，使其向右倾斜45°。

双击该影片剪辑实例，进入到该实例的编辑环境。然后，删除“小女孩”手中盘子上的“食物”。

返回场景。此时可以发现，“小女孩”影片剪辑实例并没有因为更改了其内容，而影响到3D旋转效果。

Q&A

问题2：如何使动画倒放？即交换补间动画的前后位置？

解答：倒放是指将添加IK骨骼制作的补间动画的首关键帧和尾关键帧交换，以将动画按照相反的时间轴顺序播放。

Flash CS6提供了十分简便的方式帮助用户进行倒放。在Flash影片中，单击两个IK骨骼姿势之间任意的帧，然后即可选择所有帧，右击执行【翻转帧】命令，将骨骼动画倒放。

11.10 高手训练营

版本：Flash CS6

1．向形状添加骨骼

通过骨骼可以移动形状的各个部分并对其进行动画处理，而无需绘制形状的不同版本或创建补间形状，为设计者制作动画提高了效率。

选择舞台中的形状，使用【骨骼工具】在形状内单击并拖动到形状内部的其他位置，即创建了第1个骨骼。

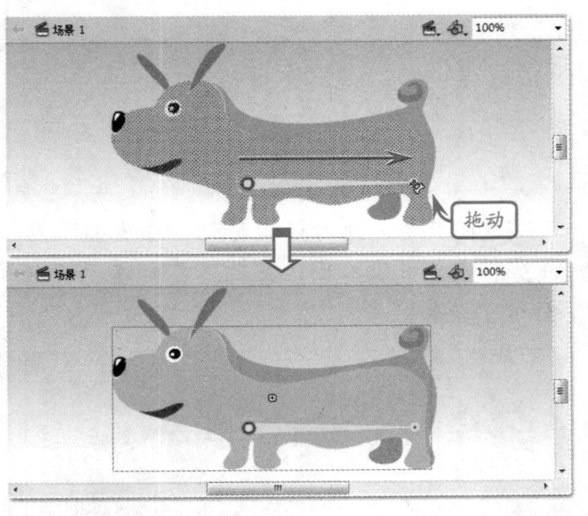

如果要添加其他骨骼，请从第1个骨骼的尾部拖动到形状内的其他位置。

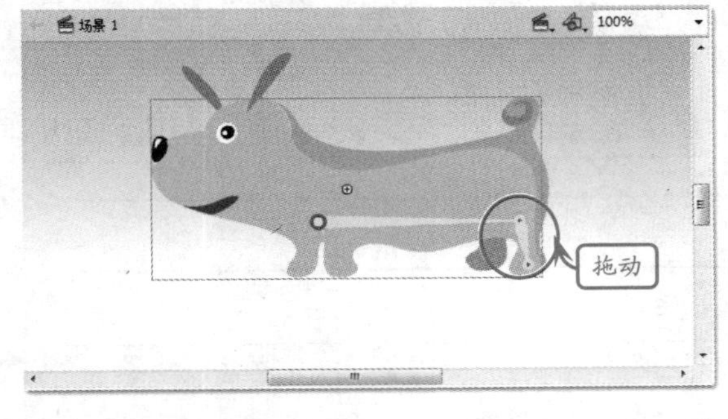

如果要创建分支骨架，单击希望分支开始的现有骨骼的头部，然后拖动以创建新分支的第一个骨骼。

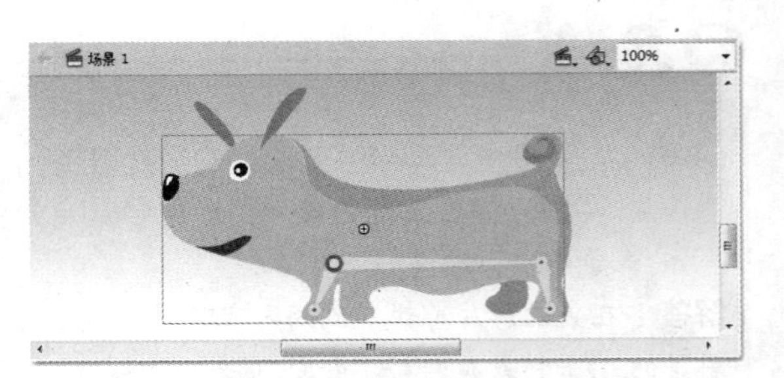

2．添加形状与影片剪辑骨骼的区别

IK形状是通过IK骨骼来控制形状的变化，其作用的范围是在图形内部，使未绑定的形状端点根据骨骼的运动趋势发生改变。

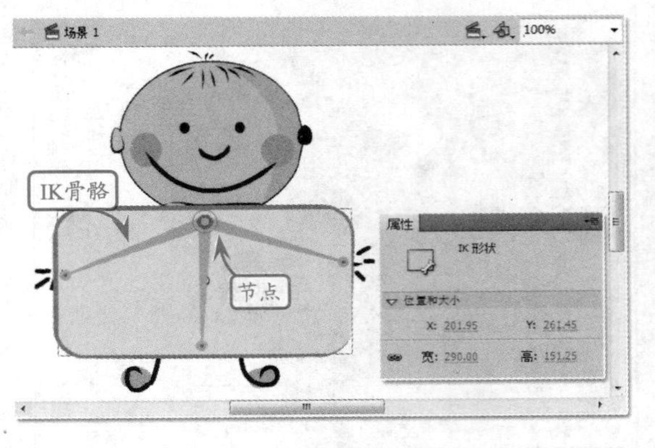

IK骨骼绑定影片剪辑后，可以通过IK骨骼控制多个元件之间的相对位置以及旋转角度，其作用的范围是在元件外部。

12 Flash 组件

ActionScript3.0的组件类似于Xhtml中的表单，都是为用户提供交互性体验的工具。使用ActionScript3.0的组件，可以创建各种RIA(富互联网应用)的Flash程序。ActionScript语言还可以定制组件的各种参数，使组件更加个性化，以符合设计者多种多样的要求。

12.1 认识Flash组件

版本：Flash CS6

Flash中的组件类似XHTML中的表单项目，是为用户提供交互性体验的重要工具。在各种Flash游戏以及RIA富互联网应用程序中，组件是非常重要的组成部分。

1．认识Flash CS6组件面板

在Flash文档中，执行【窗口】|【组件】命令，打开【组件】面板。该面板分为Flex、User Interface（用户界面）和Video（视频）3组组件。

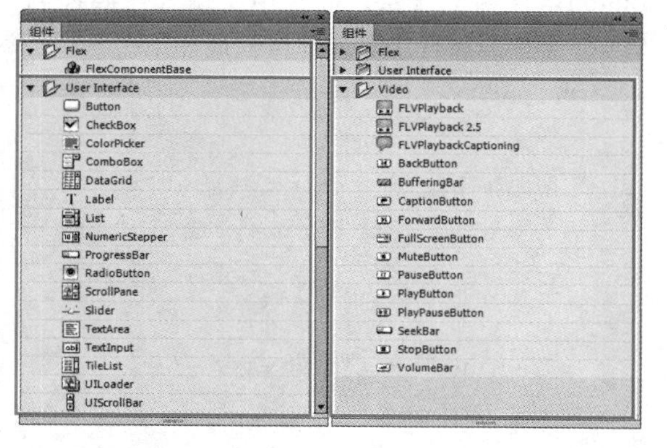

User Interface和Video的功能介绍如下。

- User Interface组件提供了菜单、列表、单选框、复选框等组件。
- Video组件可以轻松地将视频播放器包括在Flash应用程序中，方便播放通过HTTP渐进式下载的Flash视频文件。

2．添加Flash组件

在Flash动画中使用ActionScript组件通常有两种方法。一种是将组件直接拖至舞台，一种是使用代码进行创建。

● 将组件直接拖至舞台

在Flash CS6中，可以通过图形化界面的操作，将组件添加到影片中，并设置组件的各种属性。图形化界面操作的优点是比较直观，用户可方便地调整组件的位置。但生成影片的文件较大，并且不利于ActionScript进行控制，不适用于复杂的Flash程序。

例如，首先应在Flash CS6中执行【窗口】|【组件】命令，打开【组件】面板。将需要使用的组件拖至【库】面板中。

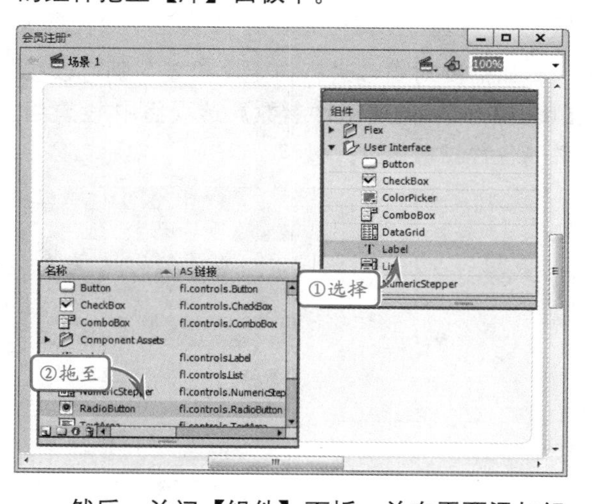

然后，关闭【组件】面板。并在需要添加组件的帧位置，将【库】面板中的组件拖至舞台。

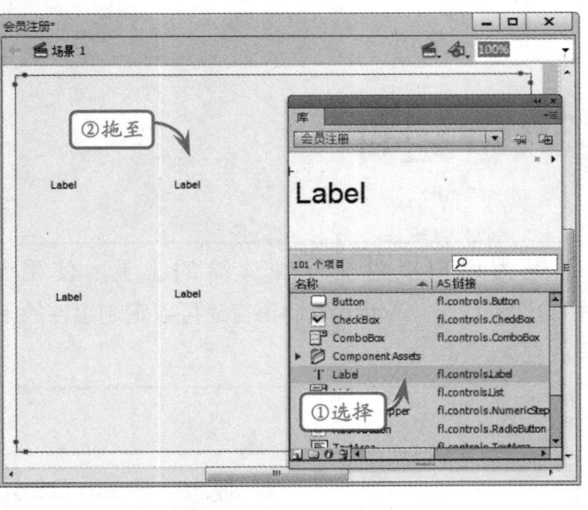

将组件拖至舞台中后，即可通过【属性】面板设置组件的基本属性，如大小、位置、色彩样式以及显示方法等。

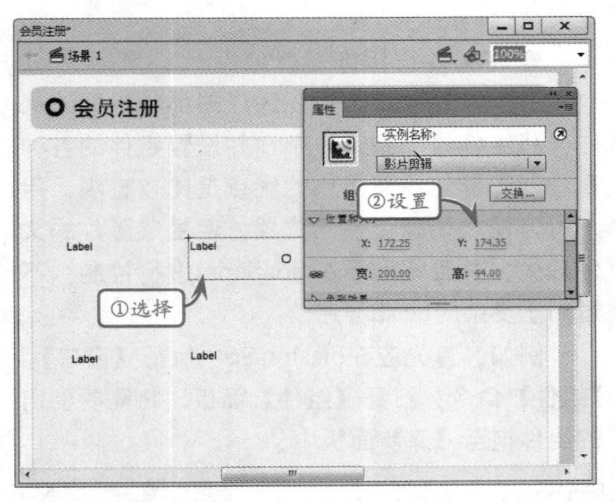

如需要对组件进行自定义设置，则可以在【属性】面板的【组件参数】选项组中,设置组件的各种脚本参数。

除【属性】面板外，还可以双击组件，在组件的元件中对其进行自定义设置。例如，设置组件中文本的样式、组件的颜色等。

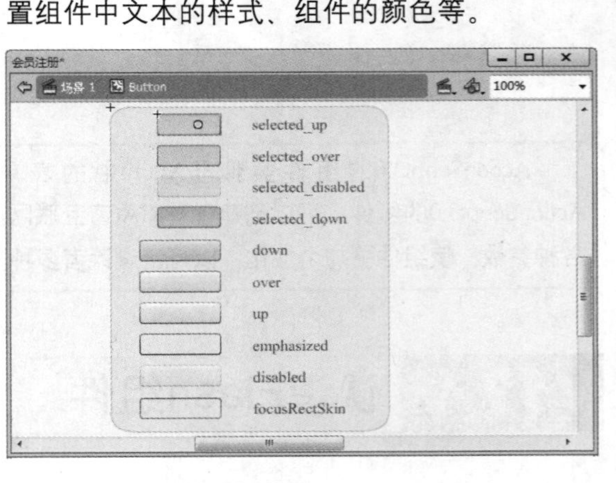

● **用代码创建组件**

除使用界面操作的方式创建组件外，还可以用ActionScript脚本代码编写组件，并对组件的各种属性进行设置。在使用ActionScript脚本代码编写组件时，同样需要先将【组件】面板中的组件拖至【库】面板中。然后即可在影片的帧中或外部类中编写代码。

以Flash中最常见的Button组件为例，将Button组件拖至【库】面板中，输入代码控制Button组件的属性。其外部类代码如下：

```
package
{
  import fl.controls.Button;
  import flash.display.MovieClip;
  public class a extends MovieClip
  {
     public function a()
     {
          var btn1:Button =new
          Button();
          //将按钮组件实例化
          btn1.x = 300;
          //定义按钮组件的横坐标
          位置
          btn1.y = 200;
          //定义按钮组件的纵坐标
```

```
            位置
            btn1.height=30;
            //定义按钮组件的高度
            btn1.width=120;
            //定义按钮组件的宽度
            btn1.label="确定";
            //定义按钮组件中显示的
            标签文本
            stage.addChild(btn1);
            //将按钮组件添加到舞台
            中
        }
    }
}
```

在默认情况下，Flash CS6中所有组件的文本样式均为“黑色”；字体为“宋体”；字号为10号。如需要改变某个组件的文本样式，可以创建一个TextFormat类的对象，然后通过TextFormat对象设置组件中文本的样式。其外部类代码如下：

```
package
{
  import flash.text.TextFormat;
  //导入TextFormat文本格式类
  import flash.display.MovieClip;
  public class a extends MovieClip
  {
      public function a(){
      var btnStyle:TextFormat
      = new TextFormat();
      //创建一个文本格式类的对象
      btnStyle
      btnStyle.font="微软雅黑";
      //定义文本的字体为"微软雅黑"
      btnStyle.size=12;
      //定义文本字体的大小为12px
      btnStyle.color=0xff0000;
      //定义文本字体的颜色为红色
      (#FF0000)
      btnStyle.align="center";
      //定义文本的对齐方式为居中对齐
      btn1.setStyle("textForm
      at",btnStyle);
      //将创建的文本格式对象应用于
      btn1按钮对象
      }
  }
}
```

3．设置组件属性和参数

每个组件都具有参数，通过设置这些参数可以更改组件的外观和行为。参数是组件的类的属性，显示在【属性】面板中。

● **在【属性】面板中设置组件属性**

在舞台中选择组件的一个实例，在【属性】面板中可以设置该组件的实例名称、位置、大小和色彩效果等属性。

例如，选择舞台中的按钮，设置其【实例名称】为myButton；【宽度】为200；【混合】为“减去”等，即可改变该按钮的外观。

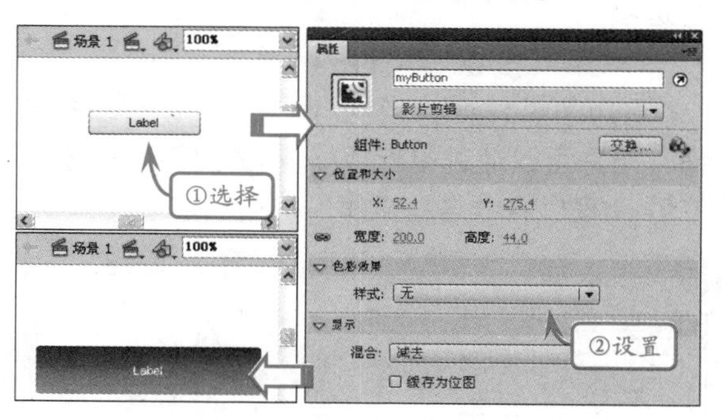

● **在【属性】中面板中设置组件参数**

在舞台中选择组件的一个实例，在【属性】面板中可以设置该组件的标签名称、标签位置等参数。例如，选择舞台中的按钮，在【属性】面板中选择【组件参数】选项组。在该面板中输入label参数的值为“确定”，并选择seleted参数的值为true。

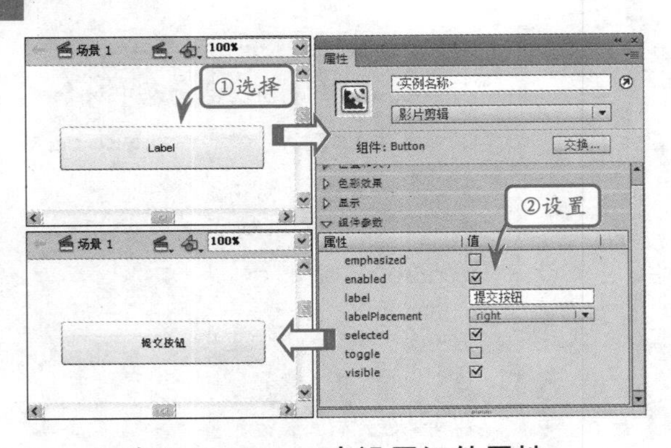

● 在ActionScript中设置组件属性

在ActionScript 3.0中，可以使用点（.）运算符访问舞台中对象或实例的属性或方法。

点语法表达式以实例的名称开头，后面跟着一个点，最后以要指定的属性结尾。例如，设置CheckBox（复选框）实例myCheckBox的width属性，使其宽度为50像素。

```
myCheckBox.width = 50;
```

使用if语句判断myCheckBox的selected属性是否为true，这样可以检查用户是否已经选中该复选框。

```
if (myCheckBox.selected ==
true) {
  trace("复选框处于选中状态！ ");
}
```

12.2 选择类组件

版本：Flash CS6

Flash CS6中预置了4种常用的选择类组件，包括按钮、复选框、单选按钮和颜色拾取按钮，用于从给定的列表中选择一个或多个选项。

1．Button（按钮）组件

Button组件是一个可调整大小的矩形按钮，用户可以通过鼠标或Space键按下该按钮，在Flash程序中做启动操作。

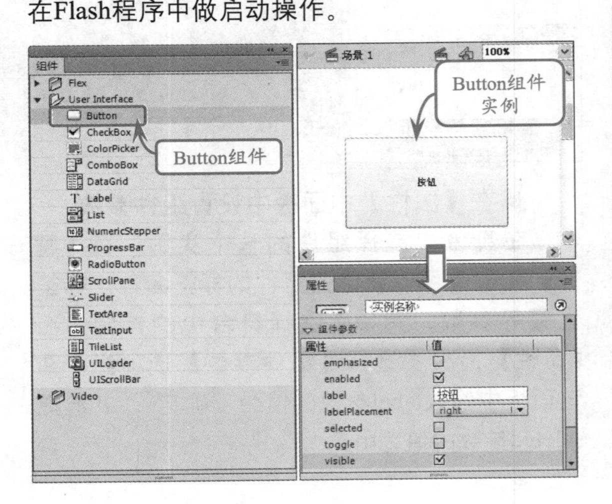

提示

Button是许多表单和Web应用程序的基础部分。每当用户启动一个事件时，都可以使用按钮实现。例如，大多数表单都有“提交”按钮。

在Button组件实例的【属性】面板中的参数名称及说明如下。

参数名称	说　明
emphasized	布尔值，指示当按钮处于弹起状态时，Button 组件周围是否绘有边框
enabled	布尔值，指示组件能否接受用户输入
label	指定按钮的文本标签
labelPlacement	标签相对于指定图标的位置
selected	布尔值，指示切换按钮是否已切换至打开或关闭位置
toggle	布尔值，指示按钮能否进行切换
visible	布尔值，指示当前组件实例是否可见

在ActionScript中，创建按钮组件则需要先将组件拖动到库中，然后再通过代码创建对象实例。例如，用ActionScript创建一个名为

newbtn的按钮，需要首先在包中导入按钮类，如下所示。

```
import fl.controls.Button
```

在导入按钮类后，即可在自定义类和函数中创建新的按钮对象实例，如下所示。

```
var newbtn:Button=new Button();
```

在默认状态下，创建的Button组件是矩形的按钮。在按钮组件上可以显示文本标签、图标等。如需要通过按钮组件触发事件，必须将监听事件的函数与按钮组件相关联。例如，监听click（鼠标单击）事件，其代码如下所示。

```
newbtn01.addEventListener
(MouseEvent.CLICK,clkbtn);
```

在上面的代码中，newbtn01是触发事件的按钮，addEventListener是为按钮添加事件监听器。MouseEvent为鼠标事件，CLICK为单击，clkbtn为触发的自定义函数名称。

例如，通过控制鼠标对按钮单击实现播放影片剪辑，可先将影片剪辑拖动到舞台中，并将按钮组件Button添加到库中，然后即可在AS文件中添加如下代码。

```
package {
  import flash.display.Sprite;
  //导入sprite基类
  import fl.controls.Button;
  //导入按钮类
  import flash.events.Event;
  //导入事件类
  import flash.display.MovieClip;
  //导入影片剪辑类
  import flash.events.MouseEvent;
  //导入鼠标事件类
  public class playmc extends
  Sprite {
    //创建自定义类playmc
      public function playmc
      ():void {
      //创建自定义函数playmc()
      mymc.stop();
      //停止影片剪辑mymc的自动播放
      var playbtn:Button=new
      Button;
      //创建按钮playbtn
      playbtn.setSize (80,30);
      //定义按钮playbtn的大小
      playbtn.x=220;
      //定义按钮playbtn的横坐标位置
      playbtn.y=280;
      //定义按钮playbtn的纵坐标位置
      addChild(playbtn);
      //定义按钮playbtn在影片中可视
      playbtn.addEventListener
      (MouseEvent.CLICK,playmymc);
      //定义按钮playbtn在鼠标单击时
      的事件函数为playmymc
      function playmymc (event:
      MouseEvent):void{
        //定义事件函数playmymc
        mymc.play();
        //播放影片剪辑mymc
        }
      }
    }
}
```

提示

> 在使用ActionScript创建Button实例之前，必须将Button组件拖入到【库】面板中。

2. CheckBox（复选框）组件

CheckBox组件是一个可以启用或未启用的方框。当它被启用后，框中会出现一个复选标记。

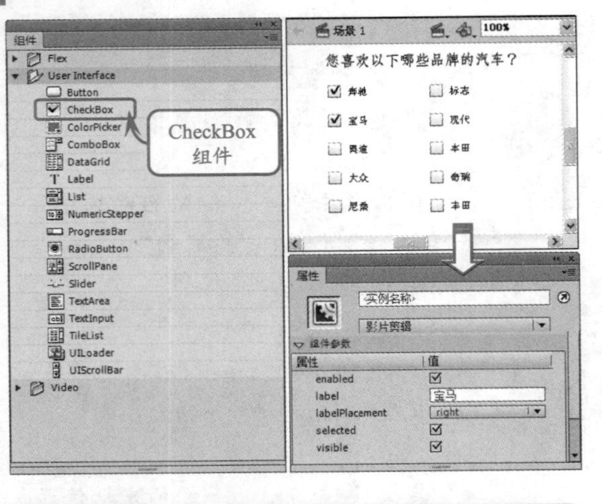

提示

在CheckBox组件实例的【属性】面板中，其参数的说明与Button组件实例的参数相同。

Flash CS6还为CheckBox组件提供了上、下、左、右4种标签显示方式，用户可以通过设置labelPlacement的top、bottom、left和right 4个参数来实现想要的标签显示效果。

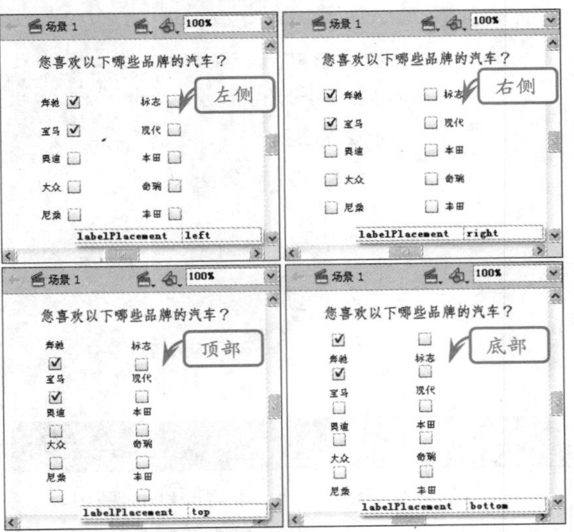

使用ActionScript在舞台中创建一个CheckBox组件实例，并分别设置其文本标签、启用状态和位置，代码如下所示。

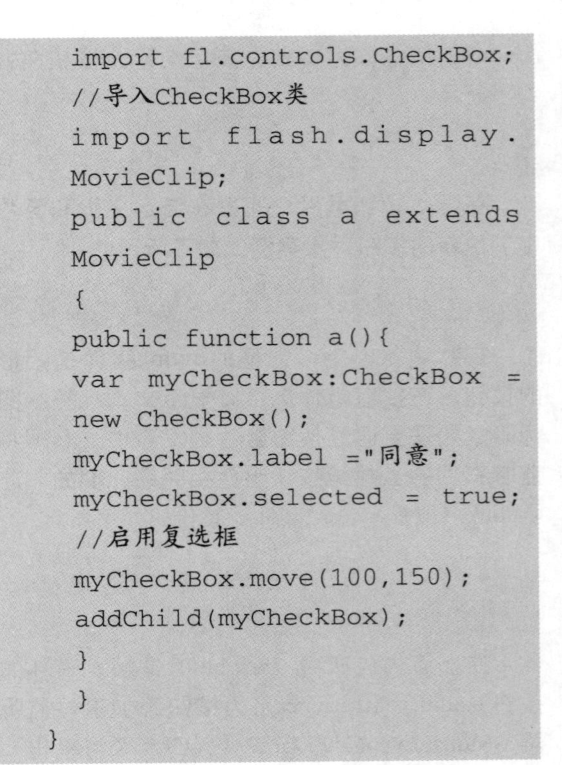

```
package
{
  import fl.controls.CheckBox;
  //导入CheckBox类
  import flash.display.
  MovieClip;
  public class a extends
  MovieClip
  {
  public function a(){
  var myCheckBox:CheckBox =
  new CheckBox();
  myCheckBox.label ="同意";
  myCheckBox.selected = true;
  //启用复选框
  myCheckBox.move(100,150);
  addChild(myCheckBox);
  }
  }
}
```

3. RadioButton（单选按钮）组件

使用RadioButton组件可以强制用户在一组选项中只能选择一项。该组件必须用于至少有两个RadioButton实例的组中。

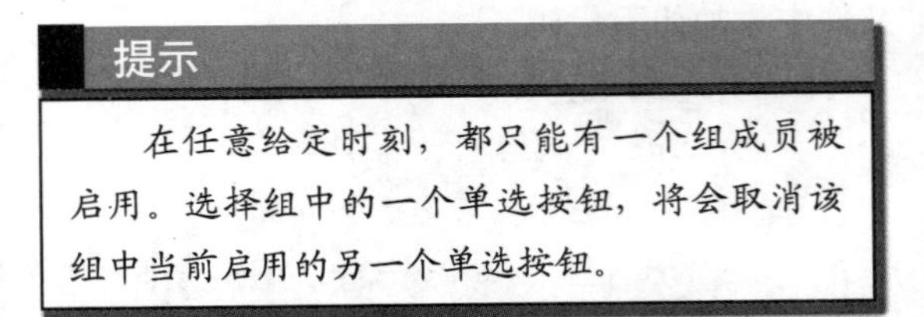

提示

在任意给定时刻，都只能有一个组成员被启用。选择组中的一个单选按钮，将会取消该组中当前启用的另一个单选按钮。

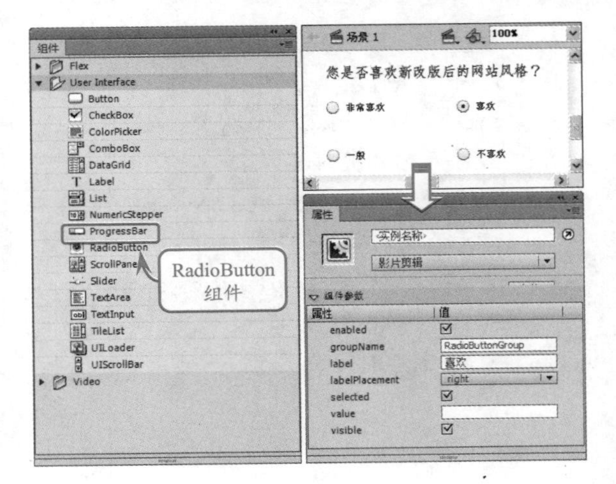

在RadioButton组件的【属性】面板中，其特殊参数的名称及说明如下。

参数名称	说　明
groupName	指定单选按钮组的组名
value	与单选按钮关联的用户定义值

使用ActionScript在舞台中创建一组RadioButton组件实例，并分别设置各个实例的组名、文本标签、启用状态和位置，如下所示。

```
package
{
  import fl.controls.RadioButton;
  //导入RadioButton类
  import flash.display.
  MovieClip;
  public class a extends MovieClip
  {
  public function a(){
  //第1个RadioButton组件实例
  var aRadioButton:RadioButton
  = new RadioButton();
  aRadioButton.label = "同意";
  //文本标签
  aRadioButton.groupName
  ="viewGroup";  //组名
  aRadioButton.selected =
  true;  //启用单选按钮
  aRadioButton.move(100,150);
  addChild(aRadioButton);
  //第2个RadioButton组件实例
  var bRadioButton:RadioButton
  = new RadioButton();
  bRadioButton.groupName =
  "viewGroup";  //组名
  bRadioButton.label = "不同意
  "; //文本标签
  bRadioButton.move(150,150);
  addChild(bRadioButton);
  }
  }
}
```

提示

这两个单选按钮必须设置为相同的组名，这样才能够将它们作为同一单选按钮组，即只能启用它们其中的一项。

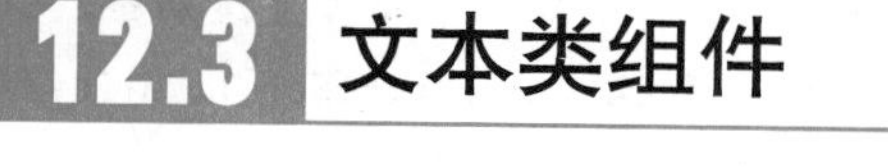

12.3 文本类组件

版本：Flash CS6

虽然Flash CS6具有功能强大的文本工具，但是通过文本类组件可以更加快捷、更加规范地创建文本区域。

1. 单行文本组件（Label）

单行文本组件显示单行文本，通常用于标识网页上的其他元素或活动，允许使用HTML标签更改文本样式。

在【属性】面板中，单行文本组件的特殊参数说明如下。

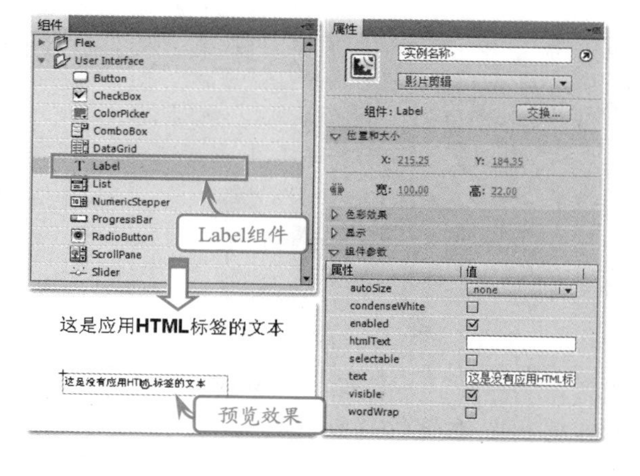

参数名称	说　明
autoSize	指定调整标签大小和对齐标签的方式，以适合其 text 属性的值
condenseWhite	指示是否从包含 HTML 文本的 Label 组件中删除额外空白，如空格和换行符
htmlText	指定由 Label 组件显示的文本，包括表示该文本样式的 HTML 标签
selectable	布尔值，指示文本是否可选
text	指定由 Label 组件显示的纯文本
wordWrap	布尔值，指示文本字段是否支持自动换行

使用ActionScript在舞台中创建一个Label组件实例，并为其设置大小和位置，指定显示带有HTML格式的文本，如下所示。

```
package
{
  import fl.controls.Label;
  //导入Label类
  import flash.display.MovieClip;
  public class a extends MovieClip
  {
  public function a(){
  var myLabel:Label = new Label();
  myLabel.width = 200; //Label
  实例的宽度
  myLabel.height = 50; //Label
  实例的高度
  myLabel.move(50,200); //指定
  实例位置
  myLabel.htmlText="<font
  size='20' color='#FF0000'>
  为自己的理想而奋斗！ </font>";
  //带有HTML格式的文本
  addChild(myLabel);
  }
  }
}
```

2. 多行文本组件（TextArea）

多行文本组件是一个带有边框和可选滚动条的多行文本字段，可以通过HTML语言在该组件中显示文本和图像。

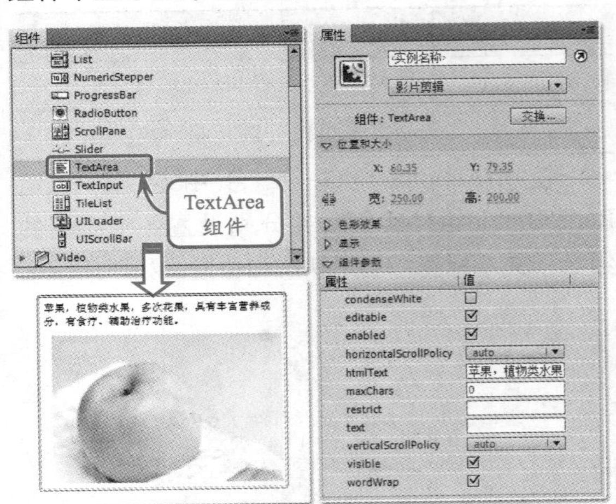

在【属性】面板中，文本域组件的特殊参数说明如下。

参数名称	说　明
editable	布尔值，指示用户能否编辑组件中的文本
maxChar	指定用户可以在文本字段中输入的最大字符数
restrict	指定文本字段从用户处可接受的字符串

提示

如果文本超出了文本区域的水平或垂直边界，则会自动出现水平和垂直滚动条，除非其关联的属性 horizontalScrollPolicy和verticalScrollPolicy设置为off。

使用ActionScript在舞台中创建一个TextArea组件实例，为其指定默认显示的文本内容，并限制用户可输入的最大字符数及启用自动换行，如下所示。

```
package
{
  import fl.controls. TextArea;
  //导入TextArea类
  import flash.display.MovieClip;
  public class a extends MovieClip
```

```
    {
    public function a(){
    var myTextArea:TextArea =
    new TextArea();
    myTextArea.setSize(400,200);
    //指定TextArea实例的大小
    myTextArea.move(50,50);
    myTextArea.maxChars = 200;
    //限制可输入的最大字符数为200
    myTextArea.wordWrap = true;
    //启用自动换行
    myTextArea.htmlText = "请在<i>这里</i>输入您的<font color='#0000FF'>留言内容</font>！";
    addChild(myTextArea);
    }
    }
}
```

3．文本框组件（TextInput）

文本框组件是单行文本组件，除了可以用作普通的文本输入框外，还可以用作遮蔽文本的密码输入框。

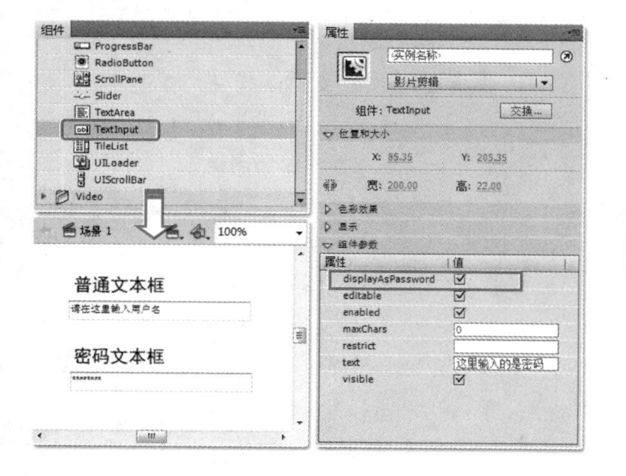

在【属性】面板中，文本框组件包含一个特殊的displayAsPassword参数，该参数为布尔值，指示当前创建的文本框组件实例用于包含密码还是文本。

使用ActionScript在舞台中创建一个TextInput组件实例，指定其为密码文本框，并限制最多可输入16个字符，如下所示。

```
package
{
  import fl.controls.TextInput;//导入TextInput类
  import flash.display.MovieClip;
  public class a extends MovieClip
  {
  public function a(){
  var myTextInput:TextInput =
  new TextInput();
  myTextInput.setSize(100,20);
  //指定TextInput实例的大小
  myTextInput.move(50,50);
  myTextInput.maxChars = 16;
  myTextInput.displayAsPassword
  = true;
  addChild(myTextInput);
  }
  }
}
```

12.4 列表类组件

版本：Flash CS6

列表类组件可以将同一类别的信息组织在一起，并按照指定的方式显示在文档中，可以方便用户查看和选择相关的信息。

1．列表框组件（List）

列表框组件是一个可滚动的单选或多选列表框，列表还可显示图形及其他组件。

在【属性】面板中，单击dataProvider参数字段右侧的按钮打开【值】对话框，该对话框用于添加显示在列表中的项。

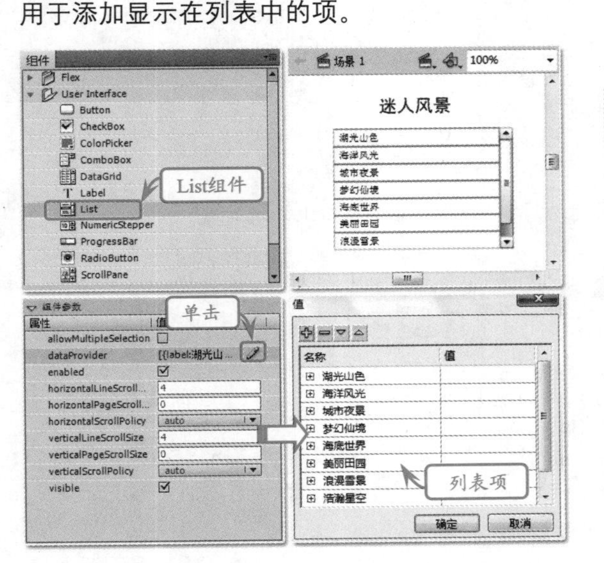

在【属性】面板中，列表框组件特殊参数的说明如下。

参数名称	说　明
allowMultipleSelection	布尔值，指定能否一次选择多个列表项目
dataProvider	指定项目列表中的项名称及其值
horizontalLineScrollSize	指定当单击滚动箭头时要在水平方向上滚动的像素数
horizontalPageScrollSize	指定按滚动条轨道时，水平滚动条上滚动滑块要移动的像素数
verticalLineScrollSize	指定当单击滚动箭头时要在垂直方向上滚动的像素数

续表

参数名称	说　明
verticalPageScrollSize	指定按滚动条轨道时，垂直滚动条上滚动滑块要移动的像素数
verticalScrollPolicy	指定水平滚动条的状态：始终打开、始终关闭和自动打开

使用ActionScript在舞台中创建一个List组件实例，并为其指定列表项的名称和值，如下所示。

```
package
{
  import fl.controls. List;
  //导入List类
  import flash.display.MovieClip;
  public class a extends MovieClip
  {
  public function a(){
  var myList:List = new List();
  myList.allowMultipleSelection
  = true;
  //指定用户可多项选择
  myList.addItem({label:"万里长
  城",value:"changcheng"});
  myList.addItem({label:"桂林山
  水",value:"guilin"});
  myList.addItem({label:"杭州西
  湖",value:"xihu"});
  myList.addItem({label:"北京故
  宫",value:"gugong"});
  //定义列表中的项和值
  addChild(myList);
  }
  }
}
```

2．下拉列表组件（ComboBox）

下拉列表组件允许用户从下拉列表中进行单项选择。下拉列表由3个子组件构成：BaseButton、TextInput和List组件。

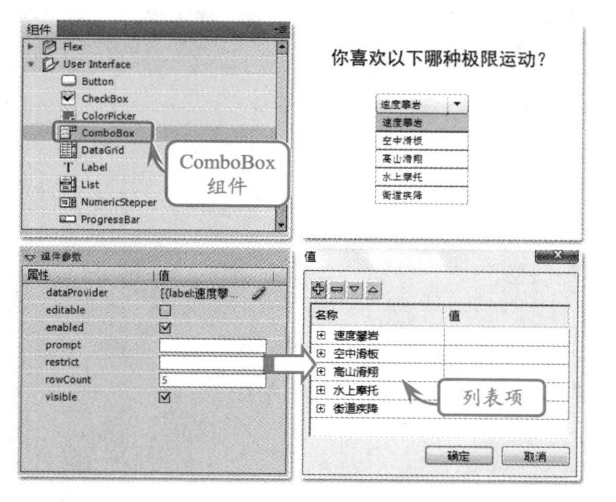

在【属性】面板中，下拉列表组件的特殊参数说明如下。

参数名称	说　　明
editable	布尔值，指定ComboBox组件为可编辑还是只读
prompt	指定对ComboBox组件的提示
rowCount	指定没有滚动条的下拉列表中可显示的最大行数

使用ActionScript在舞台中创建一个ComboBox组件实例，并为其指定列表项的名称和值，如下所示。

```
package
{
  import fl.controls.
  ComboBox;
  //导入ComboBox类
  import flash.display.
  MovieClip;
  public class a extends
  MovieClip
  {
  public function a(){
  var myComboBox:ComboBox =
  new ComboBox();
    myComboBox.addItem({label:"
    网页",value:"web"});
    myComboBox.addItem({label:"
    平面",value:"planar"});
    myComboBox.addItem({label:"
    电脑",value:"computer"});
    myComboBox.addItem({label:"
    工程",value:"project"});
    //定义下拉列表中的项和值
    addChild(myComboBox);
    }
    }
}
```

3．数据表组件（DataGrid）

数据表组件可以将数据显示在行和列构成的网格中，这些数据来自数组或DataProvider可以解析为数组的外部XML文件。

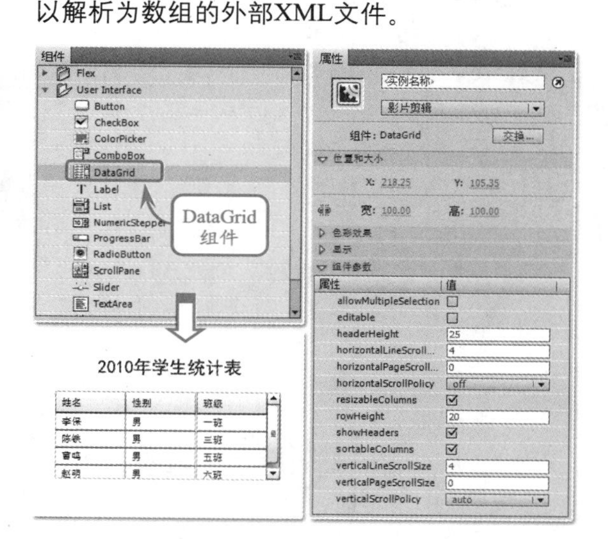

在【属性】面板中，数据表组件的特殊参数说明如下。

参数名称	说　　明
headerHeight	以像素为单位指定数据表标题的高度
resizableColumns	布尔值，指定用户能否更改列的尺寸
rowHeightNumber	以像素为单位指定数据表组件中每一行的高度
showHeaders	布尔值，指定数据表组件是否显示列标题

续表

参数名称	说　　明
sortableColumns	布尔值，指定用户能否通过单击列标题单元格，对数据提供者中的项目进行排序

使用ActionScript在舞台中创建一个DataGrid组件实例，并为其指定列名称和数据源，如下所示。

```
package
{
  import fl.controls. DataGrid;
  //导入DataGrid类
  import fl.data.DataProvider;
  import flash.display.MovieClip;
  public class a extends MovieClip
  {
  public function a(){
  var  myDataGrid:DataGrid  =
  new DataGrid();
  myDataGrid.columns  =  ["姓名",
  "性别","工作组"];
  //定义列名称
  addChild(myDataGrid);
  var arr:Array = new Array();
  arr.push({姓名:"李军",性别:"男",
  工作组:"网页组"});
  arr.push({姓名:"张芳",性别:"女",
  工作组:"基础组"});
  arr.push({姓名:"陈民",性别:"男",
  工作组:"平面组"});
  arr.push({姓名:"李莉",性别:"女",
  工作组:"动画组"});
  myDataGrid.dataProvider  =
  new DataProvider(arr);
  //指定arr数组为myDataGrid实例
  的数据源
  }
  }
}
```

4. 项目列表组件（TileList）

项目列表组件由一个列表组成，该列表由通过数据提供者提供的数据的若干行和列组成。

项目是指在项目列表单元格中存储的数据单元。项目源自数据提供者，通常有一个label属性和一个source属性。

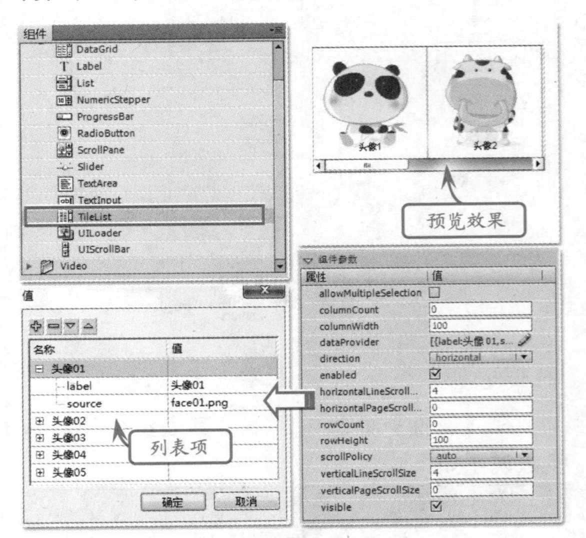

在【属性】面板中，项目列表组件的特殊参数说明如下。

参数名称	说　　明
columnCount	指定在列表中至少可见的列数
columnWidth	以像素为单位指定应用于列表中列的宽度
rowHeight	以像素为单位指定应用于列表中每一行的高度
scrollPolicy	指定项目列表组件的滚动方式

使用ActionScript在舞台中创建一个TileList组件实例，设置其行高和列宽，并为其指定数据源，如下所示。

```
package
{
  import fl.controls. TileList;
  //导入TileList类
  import fl.data.DataProvider;
  import flash.display.MovieClip;
  public class a extends MovieClip
  {
```

```
public function a(){
var arr:Array = new Array();
arr.push({label:"头  像1",
source:"image01.png"});
arr.push({label:"头  像2",
source:"image02.png"});
arr.push({label:"头  像3",
source:"image03.png"});
arr.push({label:"头  像4",
source:"image04.png"});
arr.push({label:"头  像5",
source:"image05.png"});
var myTileList:TileList =
new TileList();
myTileList.dataProvider =
new DataProvider(arr);
//指定arr数组为myTileList实例
的数据源
myTileList.columnWidth =
128;  //指定列宽为128px
myTileList.rowHeight = 128;
//指定行高为128px
myTileList.columnCount = 2;
//指定可见列数为2
myTileList.rowCount = 1;
//指定可见行数为1
addChild(myTileList);
}
}
}
```

12.5 控制类组件

版本：Flash CS6

控制类组件可以通过自身的调整对相关联的元素进行调整，如用户可以通过数字微调组件设置日期。

1. 数字微调组件（NumericStepper）

数字微调组件允许用户逐个通过一组经过排序的数字。该组件由一组向上箭头和向下箭头按钮及旁边的文本框和文本框中的数字组成。

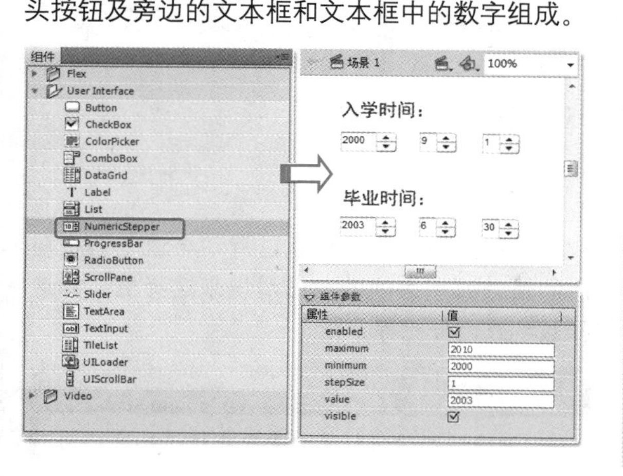

在【属性】面板上，数字微调组件的特殊参数说明如下。

参数名称	说　明
maximum	指定数值序列中的最大值
minimum	指定数值序列中的最小值
stepSize	指定一个非零数值，该值描述值与值之间的变化单位
value	指定数字微调组件的当前值

使用ActionScript在舞台中创建一个NumericStepper组件实例，设置其可选的最大值和最小值，为指定值与值之间的变化单位，如下所示。

```
package
{
  import fl.controls.
  NumericStepper;
  //导入NumericStepper类
```

```
    import flash.display.MovieClip;
    public class a extends MovieClip
    {
    public function a(){
    var myNS:NumericStepper =
    new NumericStepper();
    myNS.maximum = 100;   //指定数值序列的最大值为100
    myNS.minimum = 0;   //指定数值序列的最大值为0
    myNS.value = 60;   //指定实例默认显示的数值为60
    myNS.stepSize = 1;   //值与值之间的变化单位为1
    addChild(myNS);
    }
    }
}
```

2. 加载进度组件（ProgressBar）

加载进度组件用于显示内容的加载进度，当内容较大且可能延迟应用程序的执行时，显示进度可以让用户明确知道已加载的进度。

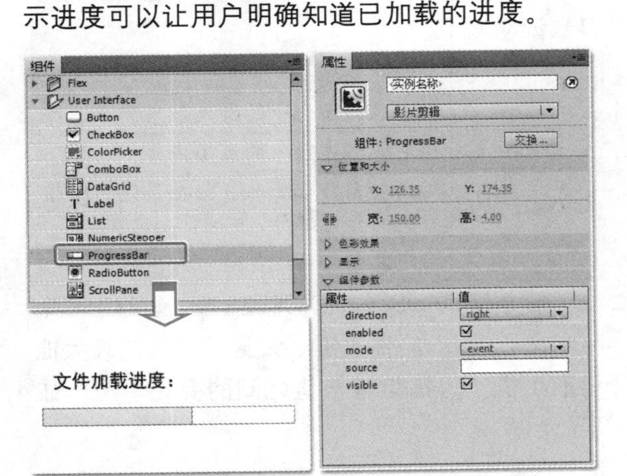

在【属性】面板上，加载进度组件的特殊参数说明如下。

参数名称	说　　明
direction	指定进度栏的填充方向
mode	指定用于更新进度栏的方法
source	指定加载的内容，ProgressBar 将测量对此内容的加载操作的进度

使用ActionScript在舞台中创建一个ProgressBar组件实例，设置其大小、最大值和最小值，并指定加载一个外部文件，如下所示。

```
package
{
    import fl.controls.ProgressBar;
    //导入ProgressBar类
    import flash.display.MovieClip;
    public class a extends MovieClip
    {
    public function a(){
    var dataPath:String = "happy.mp3";
    var loader:URLLoader = new URLLoader();
    loader.load(new URLRequest(dataPath));
    //加载外部文件
    var myPB:ProgressBar = new ProgressBar();
    myPB.source = loader;
    myPB.setSize(300,20); //指定进度栏的大小
    myPB.maximum=100; //进度栏的最大值
    myPB.minimum=0; //进度栏的最小值
    addChild(myPB);
    }
    }
}
```

3. 滑块组件（Slider）

滑块组件允许用户通过滑动与值范围相对应的轨道端点之间的图形滑块来选择值，如选择数字或百分比等。

提示

滑块组件的当前值由滑块在轨道端点之间或在此滑块组件的最小值与最大值之间的相对位置决定。

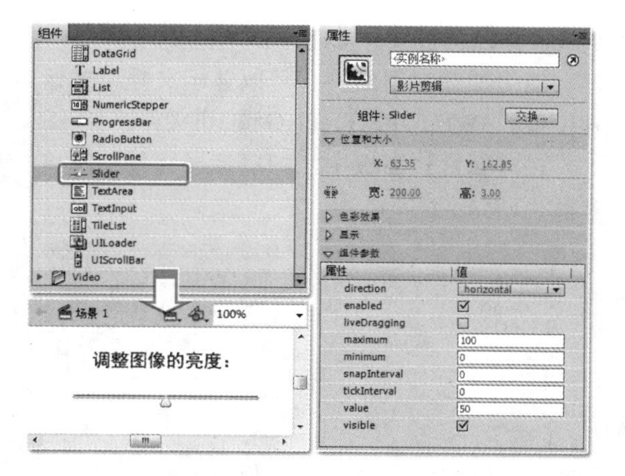

在【属性】面板中，滑块组件的特殊参数说明如下。

参数名称	说　明
direction	指定滑块的方向
maximum	滑块组件实例所允许的最大值
minimum	滑块组件实例所允许的最小值
snapInterval	指定用户移动滑块时值增加或减小的量
tickInterval	相对于组件最大值的刻度线间距
value	指定滑块组件的当前值

使用ActionScript在舞台中创建一个Slider组件实例，并设置其最大值、最小值、默认值及增加或减少的量，如下所示。

```
package
{
  import fl.controls. Slider;
  //导入Slider类
    import flash.display.
    MovieClip;
    public class a extends
    MovieClip
    {
    public function a(){
    var mySlider:Slider = new
    Slider();
    mySlider.maximum = 100;   //
    指定滑块的最大值为100
    mySlider.minimum = 0;   //指
    定滑块的最小值为0
    mySlider.value = 50;   //指定
    滑块的默认值为50
    mySlider.setSize(200,10);
    mySlider.snapInterval = 2;
    //指定每次增加的量为2
    addChild(mySlider);
    }
    }
}
```

提示

使用ActionScript可以使滑块的值影响另一个对象的行为。例如，可以将滑块与图片关联，根据滑块的相对位置或值来缩小或放大图片。

12.6 容器类组件

版本：Flash CS6

容器类组件可以将外部的文本文件、图像文件和视频等加载到组件内部。

1．卷轴加载容器组件（ScrollPane）

如果某些内容对于它们要加载到其中的区域而言过大的话，可以使用卷轴加载容器组件来显示这些内容。

在【属性】面板中，卷轴加载容器组件的特殊参数说明如下。

参数名称	说　明
scrollDrag	指定当用户在滚动窗格中拖动内容时是否发生滚动
source	指定以下内容：绝对或相对 URL、库中影片剪辑的类名称、对显示对象的引用或者与组件位于同一层上的影片剪辑的实例名称

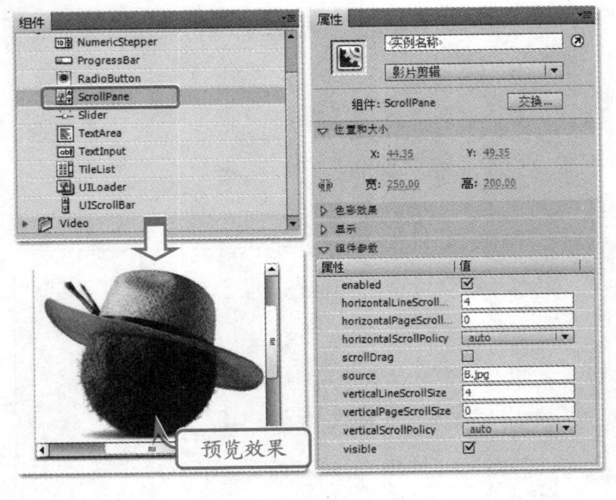

使用ActionScript在舞台中创建一个ScrollPane组件实例，为其加载一张尺寸较大的图像，如下所示。

```
package
{
  import fl.controls. ScrollPane;
  //导入ScrollPane类
  import flash.display.MovieClip;
  public class a extends MovieClip
  {
  public function a(){
  var mySP:ScrollPane = new
  ScrollPane();
  mySP.setSize(400,300);
  mySP.source = "image.jpg";
  //指定内容图像
  mySP.scrollDrag = true;  //
  允许拖动窗格时发生滚动
  addChild(mySP);
  }
  }
}
```

2．加载容器组件（UILoader）

使用加载容器组件，可以显示文档中或远程位置的SWF、JPEG、PNG和GIF文件。

在【属性】面板中，加载容器组件的特殊参数说明如下。

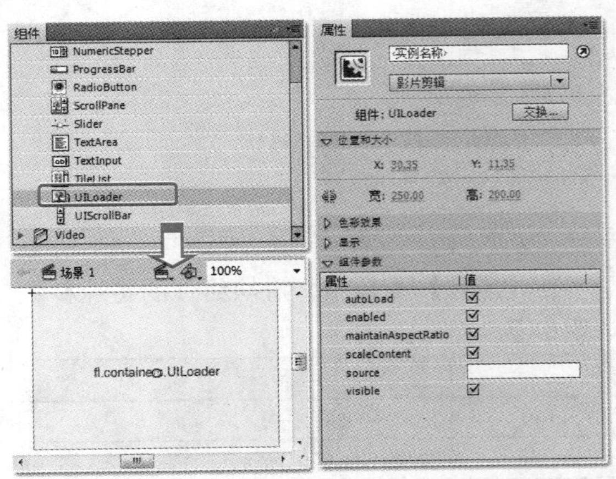

参数名称	说　　明
autoLoad	指定UILoader实例是否自动加载指定的内容
maintainAspectRatio	指定是要保持原始图像中使用的高宽比，还是调整为UILoader组件的当前宽度和高度
scaleContent	指定是否要将图像自动缩放到UILoader实例的大小

12.7 练习：制作心理测试程序

版本：Flash CS6
downloads/第12章/01

心理测试是通过一系列的手段，将人的某些心理特征数量化，来衡量个体心理因素水平和个体心理差异的一种科学测量方法。本练习将制作一个Flash版的心理测试程序，可以根据用户的选择显示相应的心理测试结果。

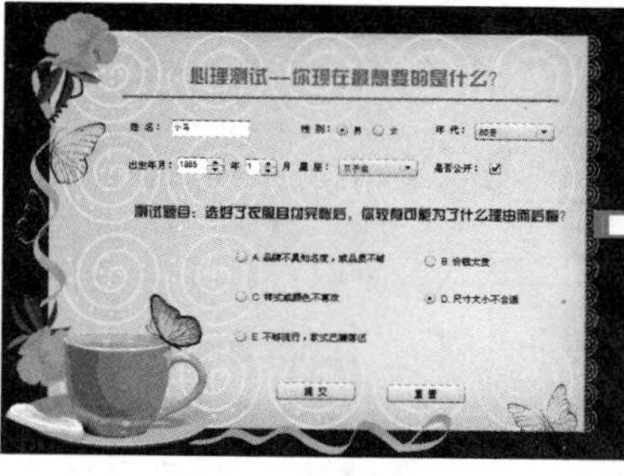

练习要点

- 使用ComboBox组件
- 使用CheckBox组件
- 使用NumericStepper组件
- 使用RadioButton组件
- 跳转帧

操作步骤

STEP|01 新建800×590像素的空白文档，执行【文件】|【导入】|【导入到舞台】命令，将“bg.ai”背景图像导入到舞台中。然后新建图层，使用【文本工具】T在舞台的顶部输入标题文字，并在其下面绘制一条直线。

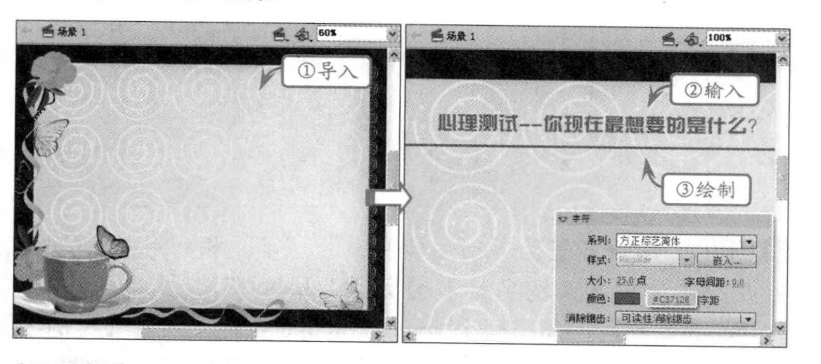

提示

绘制直线之前，在【属性】检查器中设置【笔触颜色】为“#C37128”，【笔触大小】为3。

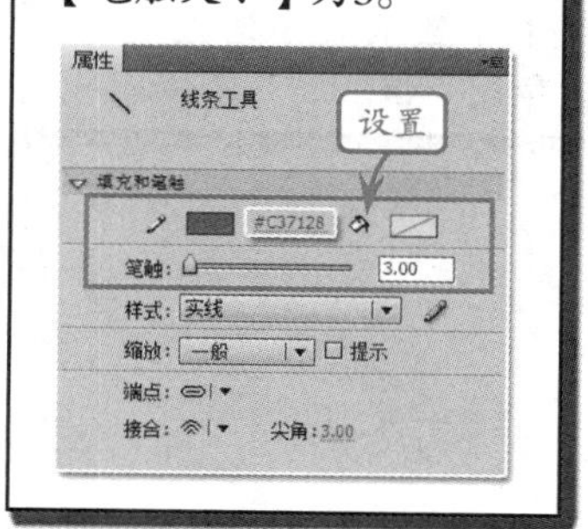

STEP|02 打开【组件】面板，将Label组件拖入到舞台，在【属性】检查器中设置其【实例名称】为“Label_0”，label参数为“姓名：”。然后，在其右侧创建实例名称为NameTI的TextInput组件。

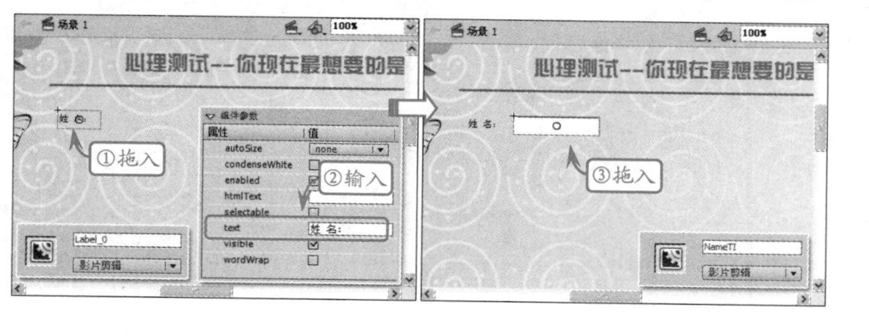

提示

将“男”单选按钮组件的selected参数设置为true，则在Flash预览时默认为选中状态。

STEP|03 创建【实例名称】为“Label_1”的Label组件，设置其label参数为“性别：”。然后，在其右侧拖入两个RadioButton组件，设置【实例名称】分别为MaleRB和FemaleRB，并设置groupName、label和selected等参数。

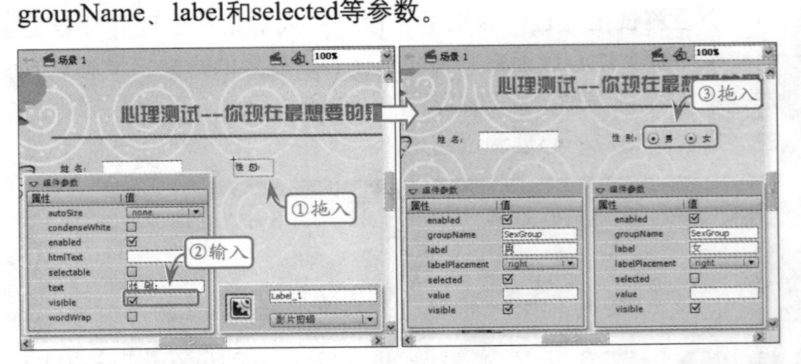

> **提示**
>
> 将“男”和“女”单选按钮组件的groupName参数设置为SexGroup，表示这两个单选按钮为同一组，且只能选择其中的一个。

STEP|04 创建【实例名称】为“Label_2”的Label组件，设置其label参数为“年代：”。然后，在其右侧创建一个ComboBox组件，设置【实例名称】为YearCB，并在【组件】选项中单击dataProvider参数右侧的按钮，在弹出的【值】对话框中输入列表项目名称和值。

> **提示**
>
> dataProvider参数用于为ComboBox组件（下拉列表）定义列表项目。

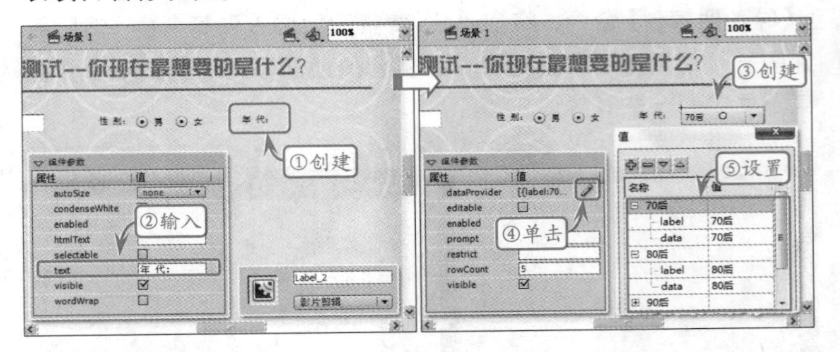

STEP|05 创建标签为“出生年月：”、“年”和“月”的Label组件，并设置【实例名称】分别为“Label_3”、“Label_4”和“Label_5”。然后，创建两个NumericStepper组件，设置【实例名称】分别为YearNS和MonNS，并设置maximum和minimum参数。

> **提示**
>
> maximum和minimum参数表示NumericStepper组件可显示数字的最大值和最小值。

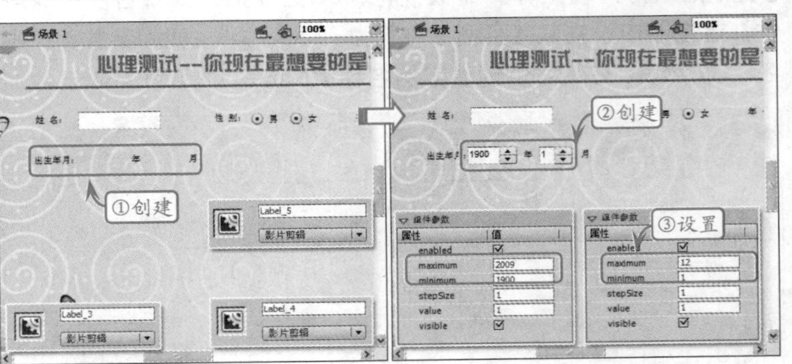

STEP|06 使用相同的方法，创建“星座”ComboBox组件，设置其【实例名称】为ConsCB，并定义其列表项目。然后，创建label参数为“是否公开”的Label组件，并在其右侧创建一个CheckBox组件，设置其【实例名称】为PublicCB，并启用selected复选框。

> **提示**
>
> CheckBox组件的selected参数设置为true，表示该复选框默认为选中状态。

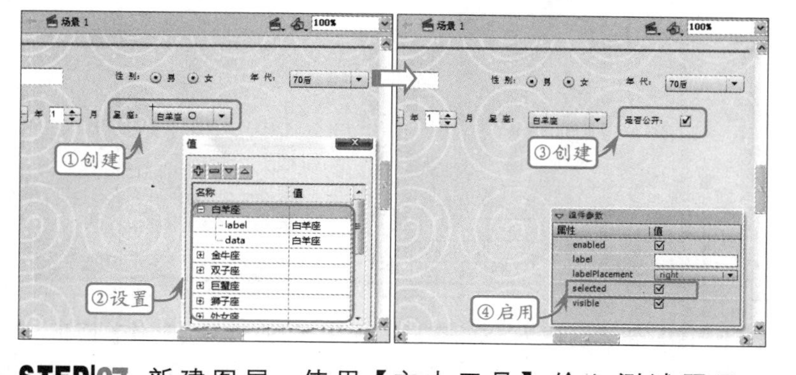

STEP|07 新建图层，使用【文本工具】输入测试题目，在其下面创建5个RadioButton组件，设置【实例名称】为“RB_0”～“RB_4”，以及各个组件的label参数为测试题目的可选答案。然后，创建两个Button组件，设置【实例名称】分别为Submit和Reset。

> **提示**
>
> 这两个Button组件的label参数分别为“提交”和“重置”。“提交”按钮用于跳转帧，以根据用户的选择显示测试结果，“重置”按钮用于初始化个人信息及答案。

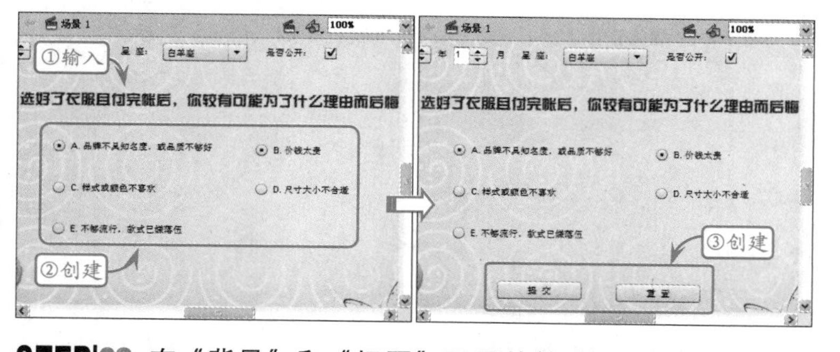

> **提示**
>
> 新插入的Label组件用于动态地显示用户的个人信息。

STEP|08 在“背景”和“标题”图层的第2帧处分别插入普通帧，在“资料”图层的第2帧处插入关键帧。然后，将Label组件右侧的其他组件删除，并更换为Label组件，设置【实例名称】为“Intro_0”～“Intro_5”。

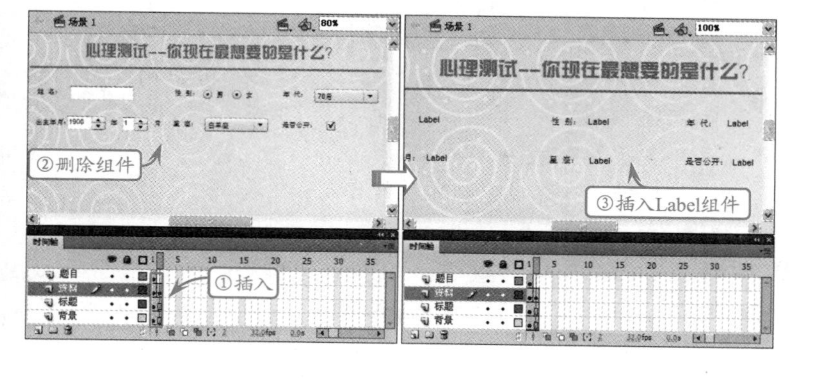

> **提示**
>
> 单击“返回”按钮，可跳转至动画的第1帧，以重新开始心理测试。

STEP|09 在“题目”图层的第2帧处插入空白关键帧，创建一个Label组件，设置其【宽度】为400；【高度】为175；【实例名称】为Answer。然后，在其右下角创建一个Button组件，设置其【实例名称】为Return；label参数值为“返回”。

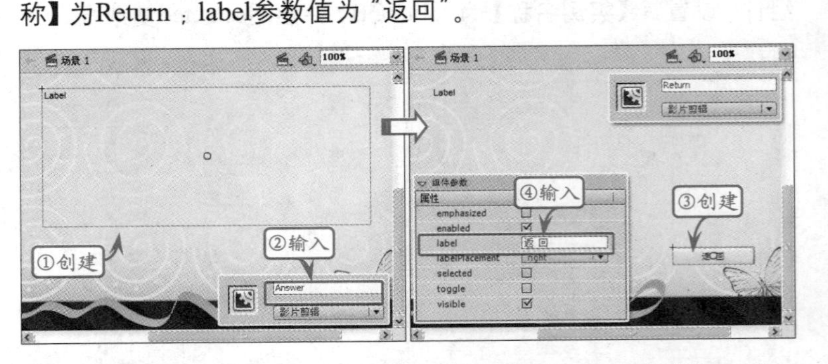

STEP|10 新建名称为AS的图层，在第1帧处打开【动作】面板，首先输入“stop();”命令，使动画默认停止在第1帧处。然后通过for语句将舞台中的Label实例和RadioButton实例存储到数组中，并为这些实例的标签文字应用样式。

```
stop(); //停止播放动画
var labelArr:Array = new Array();
//创建数组用于存储舞台中的组件实例
for(var i:int = 0; i < 8; i ++){
labelArr.push (this ["Label_"+i]);
}
//将Label组件实例存储到数组中
for(var j:int = 0; j < 5; j ++){
labelArr.push(this ["RB_"+j]);
}
//将RadioButton组件实例存储到数据中
var format: TextFormat = new TextFormat();
format.size = 12;
//创建文字大小样式
for(var k:int = 0; k < labelArr.length; k
++){
labelArr[k].setStyle ("textFormat", format)
}
//为数组中所有的组件实例应用文字样式
Submit.setStyle ("textFormat", format);
Reset.setStyle ("textFormat", format);
//为"提交"和"重置"按钮应用文字样式
```

技巧

由于舞台中Label组件和RadioButton组件的实例名称为一系列编号，因此可以通过循环语句将其存储到数组中。

提示

Array.push()方法表示在Array数组的末尾添加新元素。

提示

如果想要知道单选按钮是否被选中，需要通过if语句判断单选按钮的selected属性是否为true。如果为true，表示单选按钮处于选中状态。

STEP|11 侦听“提交”和“重置”按钮的鼠标单击事件。如果单击“提交”按钮，将会把用户输入的个人信息及选择的答案存储到相应的变量中，并跳转至第2帧。如果单击“重置”按钮将会初始化测试题目。

```
Submit.addEvent-Listener(MouseEvent.
CLICK,onSubmit);
Reset.addEvent-Listener(MouseEvent.
CLICK,onReset);
//侦听"提交"和"重置"按钮的鼠标单击事件
var Name:String;
var Sex:String;
var Year:String;
var Birthday: String;
var Cons:String;
var Public:String;
var num:int;
//创建用于存储信息的变量
function onSubmit
(event: MouseEvent): void{
 Name = NameTI.text;
 if(MaleRB.selected == true){
  Sex = "男";
 }else{
  Sex = "女";
 }
 Year = YearCB.value;
 Birthday  = YearNS.value+"年"+MonNS.value
+"月";
 Cons = ConsCB.value;
 if(PublicCB.selected == true){
  Public="公开";
 }
 Loop:for(var s:int = 0; s < 6 ; s ++){
  if(this["RB_" + s].selected == true){
   num = s;
   break Loop;
  }
 }
 //获取输入的个人信息及选择的答案
```

提示

通过value属性可以获取组件实例中指定的值。

提示

break Loop用于直接跳出引用Loop标签的语句，即当if语句满足条件时退出for循环。

提示

text属性用于设置Label组件显示的纯文本。

```
  gotoAndStop(2); //跳转并停止在第2帧
}
function onReset
(event: MouseEvent): void{
  Loop:for(var i:int = 0; i < 5; i ++){
    if(this ["RB_" + i].selected == true){
      RB_0.selected = true;
      //第1个单选按钮设置为选中状态
      break Loop;   //跳出for循环
    }
  }
}
```

> **提示**
> htmlText属性用于设置Label组件显示的包括HTML标签的文本。

STEP|12 在AS图层的第2帧处插入关键帧，打开【动作】面板，将变量中存储的用户个人信息显示在相应的Label组件中。然后根据用户选择的答案，将相应的测试结果显示在下面的Label组件中，并应用新的文字样式。

```
var IntroArr:Array = new Array();
for(var m:int = 0; m < 6; m ++){
  IntroArr.push(this["Intro_"+m]);
}
//将Label组件实例存储到数组中
for(var n:int = 0; n < IntroArr.length; n
++){
  IntroArr[n].setStyle ("textFormat",
format)
}
//为Label组件实例应用文字样式
Intro_0.text = Name;
Intro_1.text = Sex;
Intro_2.text = Year;
Intro_3.text = Birthday;
Intro_4.text = Cons;
Intro_5.text = Public;
//将个人信息显示在Label组件实例中
var AnswerArr:Array = new Array();
//创建数组用于存储不同选择的测试结果AnswerArr[0]
= "你选择了A：品牌不具知名度，或品质不够好。";
AnswerArr[1] ="你选择了B：价钱太贵";
```

> **提示**
> TextFormat对象的leading属性用于表示行与行之间的垂直距离。

```
AnswerArr[2] ="你选择了C：样式或颜色不喜欢。";
AnswerArr[3] ="你选择了D：尺寸大小不合适。";
AnswerArr[4] ="你选择了E：不够流行，款式已嫌落伍。";
Answer.htmlText = AnswerArr[num];
//将相应的测试结果显示在Answer实例中
var tf:TextFormat = new TextFormat();
tf.size = 16;
tf.bold = true;
tf.leading = 6;
Answer.setStyle("textFormat",tf);
Return.addEventListener(MouseEvent.CLICK,onReturn);
function onReturn(event:MouseEvent):void{
  gotoAndStop(1);  跳转至第1帧
}
```

12.8 练习：制作会员注册页

版本：Flash CS6
downloads/第12章/02

对于很多网站来说，会员注册页是必不可少的，通过该页面用户可以将自己的个人信息（如用户名、密码、联系方式等）提交给网站，以实现用户与网站之间的交互。在Flash网站中，使用组件同样可以实现这样的功能，且界面也更加美观。

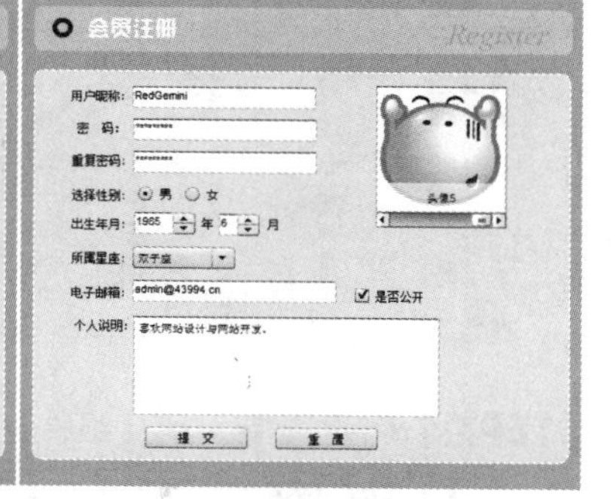

练习要点

- 绘制圆角矩形
- 输入文本
- 使用文本输入框
- 使用单选按钮
- 使用数字微调组件
- 使用下拉列表
- 使用复选框

操作步骤

STEP|01 新建文档，在【文档设置】对话框中设置舞台【尺寸】为“550像素×500像素”，【背景颜色】为“蓝色”（#66CCFF）。然后，在舞台的顶部一个浅蓝色（#93E4FF）的圆角矩形。

提示

在绘制圆角矩形之前，选择【矩形工具】，在【属性】检查器中禁用【笔触】，设置【填充颜色】为“浅蓝色”（#93E4FF），【边角半径】为10。

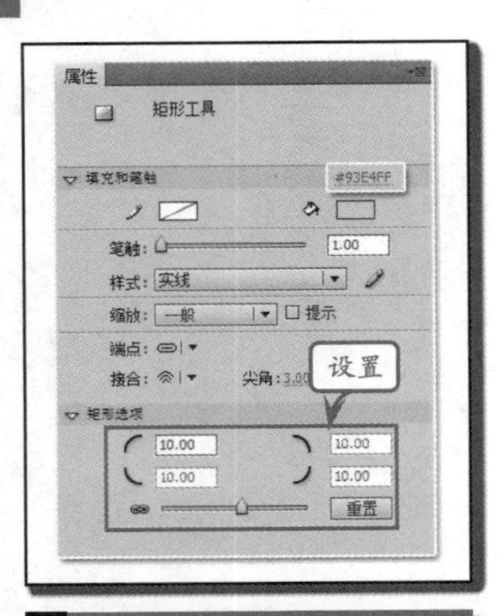

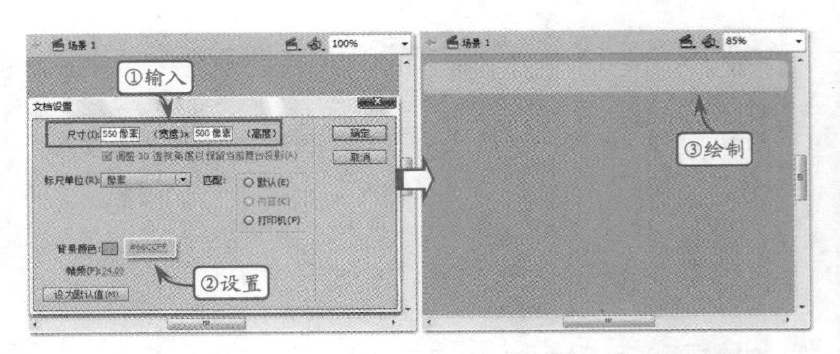

STEP|02 选择【椭圆工具】，在【属性】检查器中禁用【笔触】，并设置【填充颜色】为“深蓝色”（#333366），【内径】为50，在圆角矩形的左侧绘制一个环形。然后，使用【文本工具】在其右侧输入“会员注册”文字，并设置文字的字体、大小和颜色。

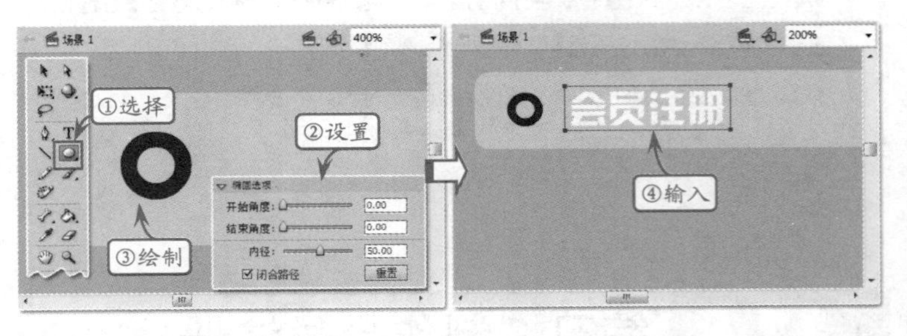

提示

使用【椭圆工具】绘制环形，必须在绘制前设置内径的大小，而使用【基本椭圆工具】绘制环形，可以在绘制后再调整内径的大小。

STEP|03 使用【文本工具】在圆角矩形的右侧输入Register，在【属性】检查器中设置其【系列】为“Times New Roman”，【样式】为Italic，【大小】为“30点”，【颜色】为“蓝色”（#66CCFF）。然后选择【矩形工具】，在舞台中绘制一个边角半径为10px的圆角矩形。

提示

选择“会员注册”文字，在【属性】检查器中设置【系列】为“汉仪菱心体简”；【大小】为“22点”；【颜色】为“白色”（#FFFFFF）。

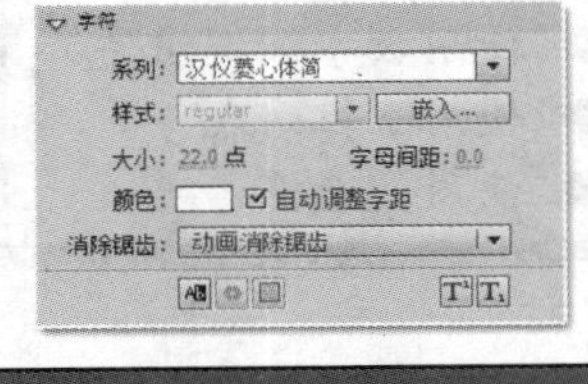

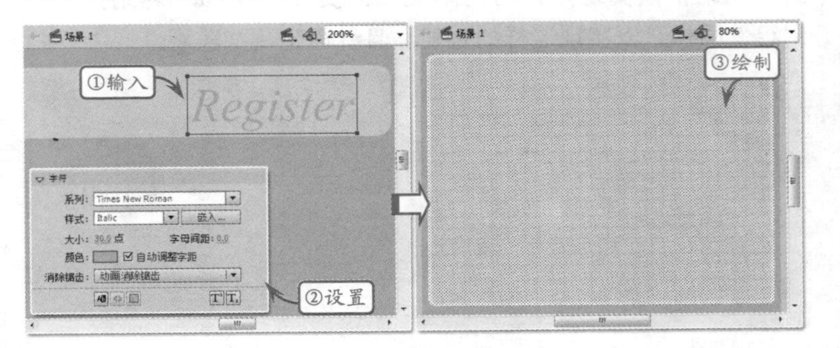

STEP|04 新建图层，从【组件】面板中将Label组件拖入到舞台上，在【属性】检查器中设置其【实例名称】为User，【组件参数】的text参数为“用户昵称：”。然后，其右侧拖入一个TextInput组件实例，并设置其【宽】为180。

提示

在绘制圆角矩形之前，在【属性】检查器中设置【笔触颜色】为“白色”（#FFFFFF）；【填充颜色】为“浅蓝色”（#CAF3FF），【笔触高度】为1，【矩形边角半径】为10。

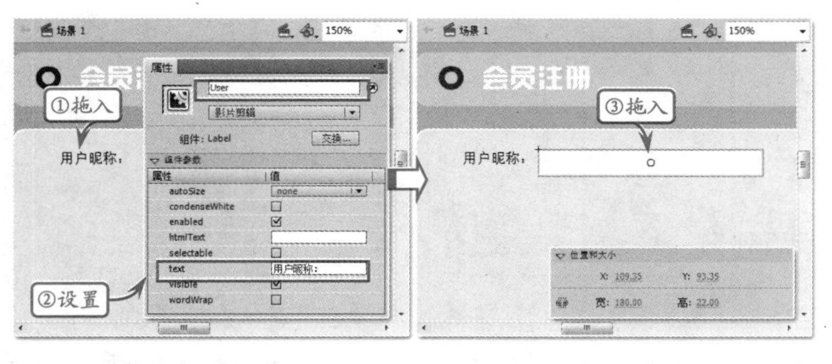

STEP|05 使用相同的方法，从【库】面板中将Label和TextInput组件拖入到舞台上，并分别设置Label的【实例名称】为PWD和PWD2，text参数为“密码：”和“重复密码：”。

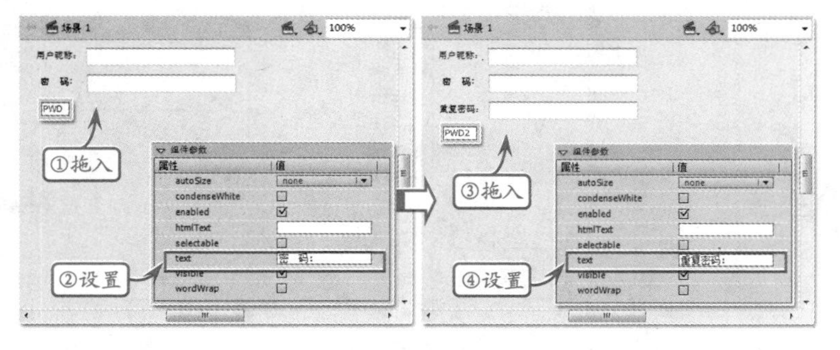

STEP|06 在舞台中拖入Label组件实例，设置其text参数为“选择性别：”。然后，在其右侧拖入2个RadioButton组件实例，设置【实例名称】分别为Boy和Girl；label参数为“男”和“女”。另外，启用“男” RadioButton组件实例的selected参数。

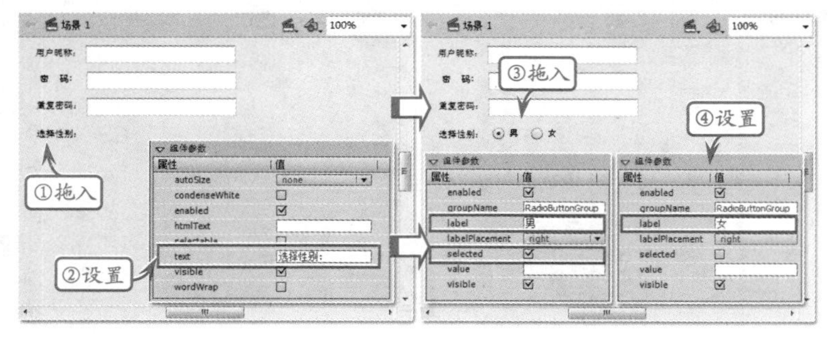

STEP|07 在舞台中拖入Label组件实例，设置其text参数为“出生年月：”。然后，在其右侧拖入2个NumericStepper组件实例和2个Label组件实例，并设置NumericStepper组件实例的maximum参数为2010和12，minimum参数为1900和1，value为1985和1。

提示

设置Label组件实例的【宽】为55，使其与文字的长度基本相同。

提示

为组件实例设置实例名称，其目的是通过ActionScript代码定义其文字样式，如大小等。

提示

在【属性】检查器中设置“选择性别：” Label组件实例的【实例名称】为Sex。

提示

为RadioButton组件实例启用selected参数，则使该组件实例默认为被勾选。

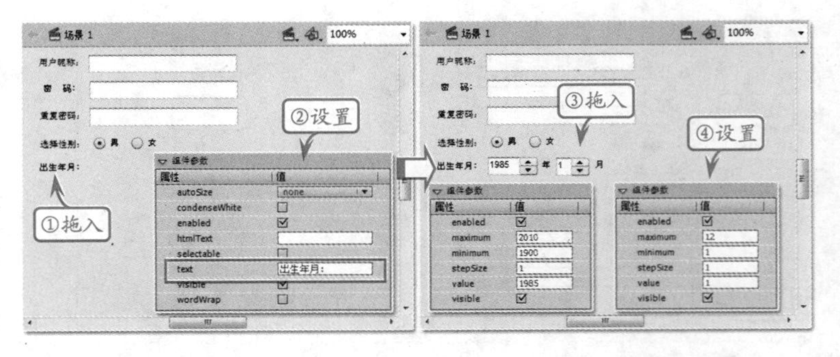

STEP|08 在舞台中再次拖入Label组件实例，在【属性】检查器中设置其text参数为“所属星座：”。然后，在其右侧拖入ComboBox组件实例，设置其菜单项目为12星座名称。

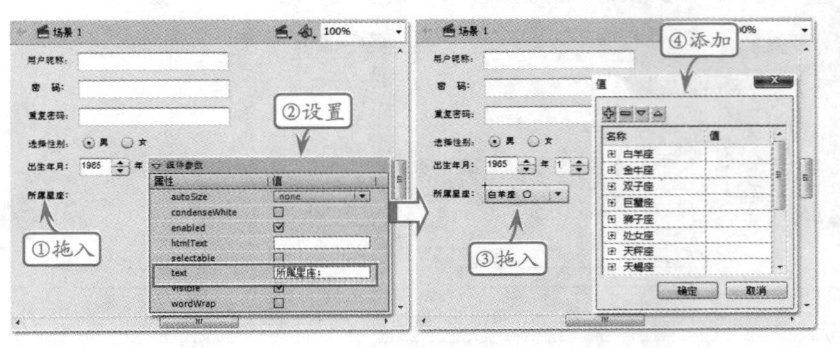

STEP|09 在舞台中拖入Label组件实例，设置其text参数为“电子邮箱：”，并在其右侧拖入TextInput组件实例，设置其【宽】为200。然后，在右侧再拖入CheckBox组件实例和Label组件实例，并使Label组件实例的显示内容为“是否公开”。

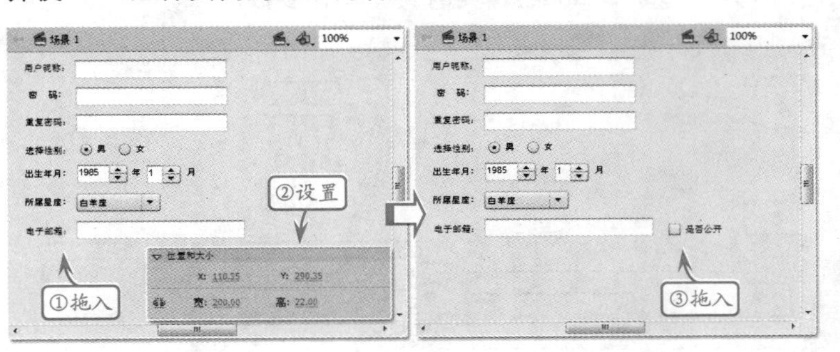

STEP|10 在舞台中拖入Label组件实例，设置其text参数为“个人说明：”。然后，在其右侧拖入一个TextArea组件实例，并设置其【宽】为300，【高】为100。

提示

在【属性】检查器中设置“出生年月：”Label组件实例的【实例名称】为Birthday。

提示

在【属性】检查器中设置右侧2个Label组件实例的【实例名称】分别为Year和Month，text参数为“年”和“月”。

提示

在【属性】检查器中设置“所属星座：”Label组件实例的【实例名称】为Cons。

提示

在【属性】检查器的【组件参数】选项中，单击dataProvider参数右侧的按钮，可以打开【值】对话框。

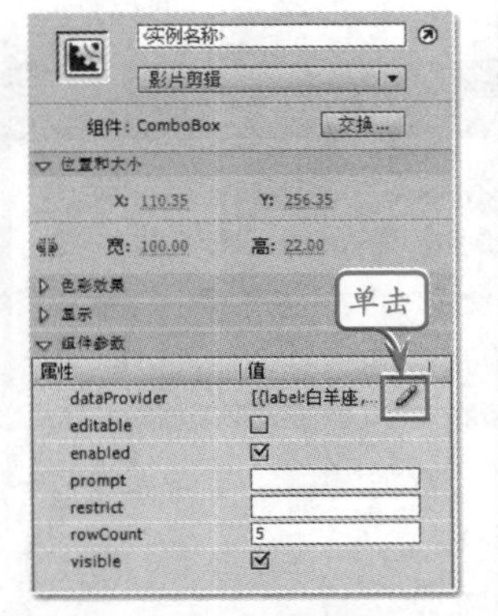

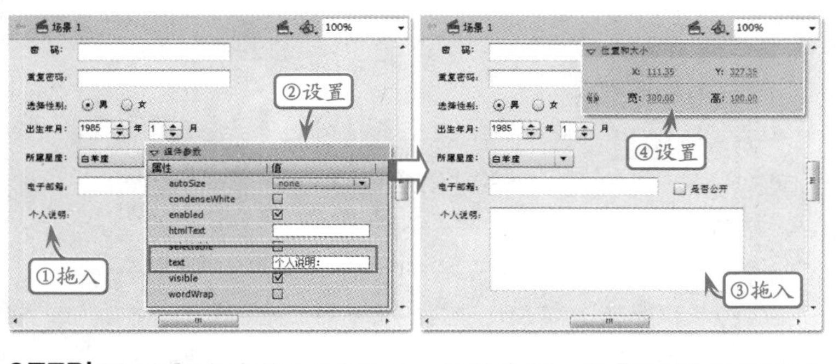

> **提示**
>
> 在【属性】检查器中设置“电子邮箱：”Label组件实例的【实例名称】为email。TextInput组件实例的【宽】为200。“是否公开”Label组件实例。【实例名称】为Is。

STEP|11 在舞台中拖入2个Button组件实例，在【属性】检查器中设置【实例名称】分别为Submit和Reset，label参数为“提 交”和“重置”。然后，在右上角拖入一个TileList组件实例，在【组件参数】选项中设置columnWidth和rowHeight均为128，columnCount和rowCount均为1。

> **提示**
>
> 在【属性】检查器中设置“个人说明：”，Label组件实例的【实例名称】为Intro。

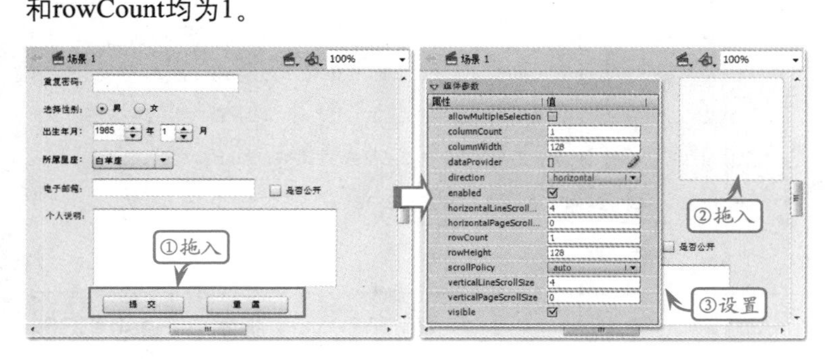

> **提示**
>
> 在【属性】检查器中设置TileList组件实例的【实例名称】为faceImg。

STEP|12 新建图层，打开【动作】面板，通过TileList对象的addItem()方法为组件实例添加5张图片，并指定图片的名称。然后，创建名称为txtFormat的文本样式，并将其应用到舞台中的所有Label组件。

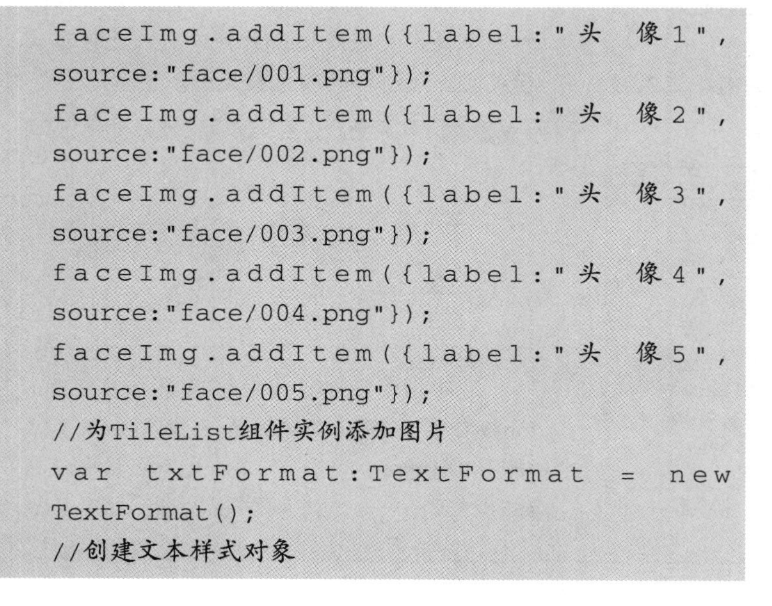

```
faceImg.addItem({label:"头 像1",
source:"face/001.png"});
faceImg.addItem({label:"头 像2",
source:"face/002.png"});
faceImg.addItem({label:"头 像3",
source:"face/003.png"});
faceImg.addItem({label:"头 像4",
source:"face/004.png"});
faceImg.addItem({label:"头 像5",
source:"face/005.png"});
//为TileList组件实例添加图片
var txtFormat:TextFormat = new
TextFormat();
//创建文本样式对象
```

> **提示**
>
> TileList组件实例必须通过ActionScript代码才可显示内容。

> **提示**
>
> addItem()方法中包含有两个参数：label表示图片的标签名称，source表示图片的来源。

```
txtFormat.size = "12";
//定义文本的大小
User.setStyle("textFormat",txtFormat);
PWD.setStyle("textFormat",txtFormat);
PWD2.setStyle("textFormat",txtFormat);
Sex.setStyle("textFormat",txtFormat);
Boy.setStyle("textFormat",txtFormat);
Girl.setStyle("textFormat",txtFormat);
Birthday.setStyle("textFormat",txtFormat);
Year.setStyle("textFormat",txtFormat);
Month.setStyle("textFormat",txtFormat);
Cons.setStyle("textFormat",txtFormat);
email.setStyle("textFormat",txtFormat);
Is.setStyle("textFormat",txtFormat);
Intro.setStyle("textFormat",txtFormat);
Submit.setStyle("textFormat",txtFormat);
Reset.setStyle("textFormat",txtFormat);
```

12.9 高手答疑

版本：Flash CS6

Q&A

问题1：如何更改按钮（Button）组件在不同状态下的外观样式？

解答：双击舞台中Button组件实例，进入该实例的外观调色板。

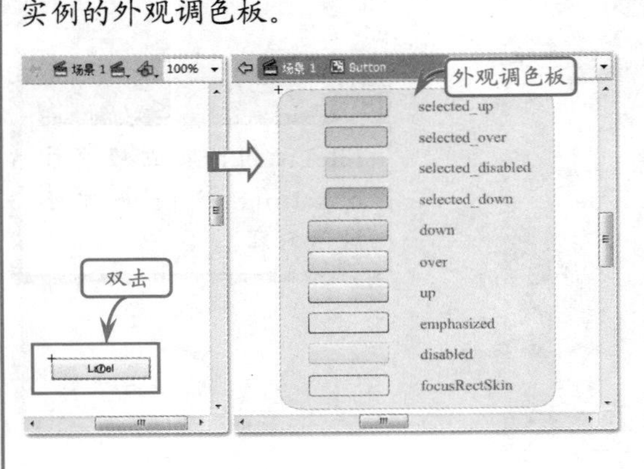

例如，更改按钮组件实例鼠标按下状态的外观样式：双击down外观，进入元件编辑模式，更改图形的颜色及大小。

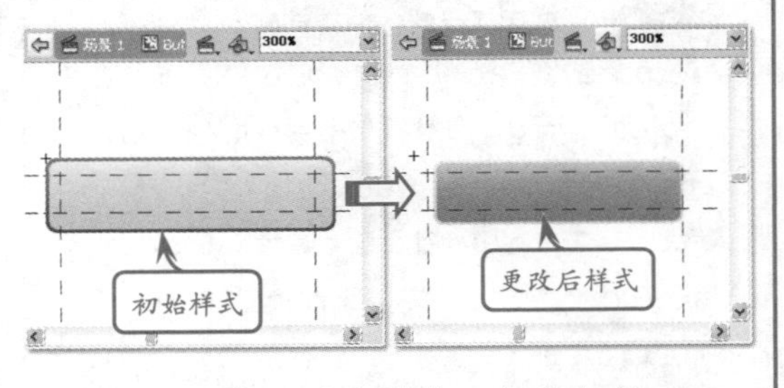

返回场景，测试影片，当鼠标按下Button按钮时，可以发现样式已经发生改变。使用相同的方法，还可以更改其他状态下按钮的样式。

Q&A

问题2：为什么创建了两组单选按钮，却只能从两组中选择其中的一个选项?

解答：在创建单选按钮时，其默认的组名（groupName属性）为RadioButtonGroup，即具有相同组名的单选按钮为一组。

因此，如果想要创建另外一组单选按钮，就必须为单选按钮定义不同的组名。

例如创建两组单选按钮，定义它们的组名分别为colorGroup和styleGroup，此时发现可以分别选择两组单选按钮中的一项。

```
package
{
  import fl.controls.
  RadioButton;
  //导入RadioButton类
  import flash.display.
  MovieClip;
  public class a extends
  MovieClip
  {
  public function a(){
  var color1:RadioButton = new
  RadioButton();
color1.groupName = "colorGroup";
//定义color1单选按钮的组名为
colorGroup
color1.label = "黑色";
color1.move(100,20);
addChild(color1);
var color2:RadioButton = new
RadioButton();
color2.groupName="colorGroup";
//定义color2单选按钮的组名为
colorGroup
color2.label = "红色";
color2.move(150,20);
addChild(color2);
var style1:RadioButton = new
RadioButton();
style1.groupName="styleGroup";
//定义style1单选按钮的组名为
styleGroup
style1.label = "现代";
style1.move(100,40);
addChild(style1);
var style2:RadioButton = new
RadioButton();
style2.groupName="styleGroup";
//定义style2单选按钮的组名为
styleGroup
style2.label = "古典";
style2.move(150,40);
addChild(style2);
  }
  }
}
```

12.10 高手训练营

版本：Flash CS6

1. 组件体系结构

ActionScript 3.0用户界面（UI）组件是作为基于FLA的组件实现的，但Flash CS6同时支持基于SWC和FLA的组件。

● **基于FLA的组件**

ActionScript 3.0用户界面组件是具有内置外观的基于FLA（.fla）的文件，可以通过在舞台上双击组件访问此类文件以对其进行编辑。

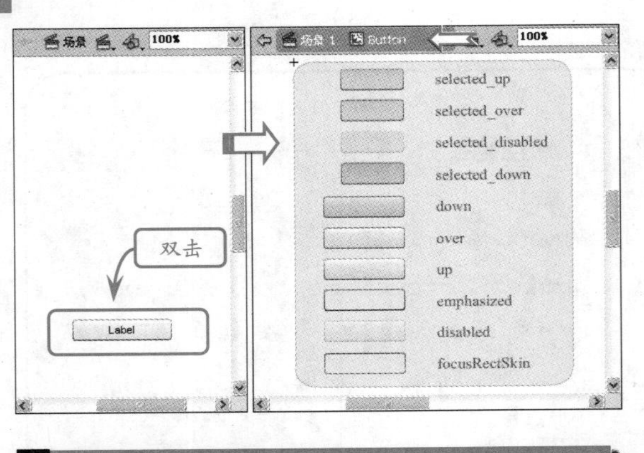

提示

这种组件的外观及其他资源位于时间轴的第2帧上。双击这种组件时，Flash将自动跳到第2帧。

● **基于SWC的组件**

基于SWC的组件也有一个FLA文件和一个ActionScript类文件，但它们已编译并导出为SWC。

SWC文件是一个由预编译的Flash元件和ActionScript代码组成的包，使用它可避免重新编译不会更改的元件和代码。

FLVPlayback和FLVPlaybackCaptioning组件是基于SWC的组件，它们具有外部外观，而不是内置外观，也就是说，用户无法直接在组件内部进行修改。

2. ColorPicker（颜色拾取按钮）组件

ColorPicker组件在方形按钮中默认显示单一颜色，并允许用户从样本列表中选择颜色。

用户单击按钮时，样本面板中将出现可用的颜色列表，同时出现一个文本字段，显示当前所选颜色的十六进制值。

提示

除了通过单击面板中的颜色样本外，还可以在文本字段中输入颜色的十六进制值来选择颜色。

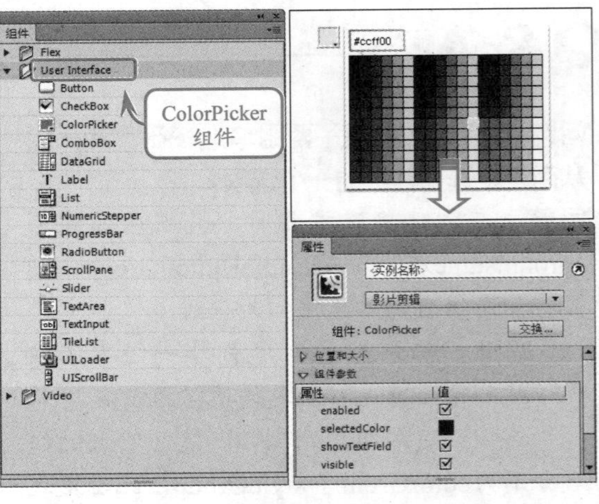

在ColorPicker组件的【面板】面板中，其特殊参数的名称及说明如下。

参数名称	说　　明
selectedColor	指定调色板中当前加亮显示的样本颜色
showTextField	布尔值，指示是否显示 ColorPicker 组件的内部文本字段

使用ActionScript在舞台中创建一个ColorPicker组件实例，并为其指定默认显示的颜色样本，及显示组件内部的文本字段，如下所示。

```
package
{
  import fl.controls. ColorPicker;
  //导入ColorPicker类
  import flash.display.MovieClip;
  public class a extends
  MovieClip
  {
  public function a(){
  var myColorPicker: Color-
  Picker = new ColorPicker();
myColorPicker.selectedColor =
0xFF6600;
//默认加亮显示的颜色样本
myColorPicker.showTextField =
true;
//显示组件内部的文本字段
```

```
myColorPicker.move(100,150);
addChild(myColorPicker);
  }
  }
}
```

3. UIScrollBar（滚动条）组件

使用UIScrollBar组件可以将滚动条添加到文本字段中，只需拖到文本字段的边框位置即可。

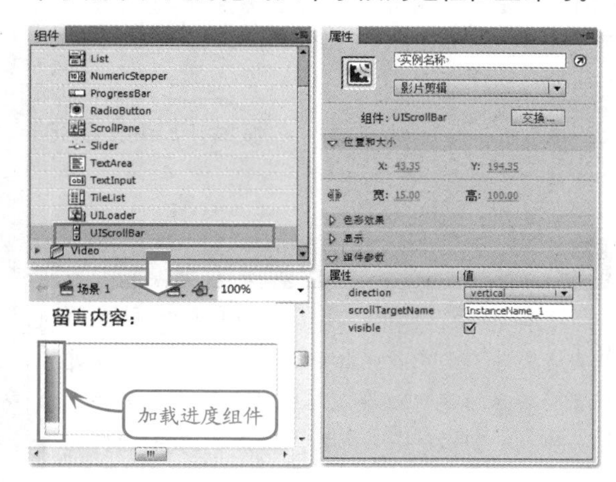

提示

如果滚动条的长度小于其滚动箭头的总尺寸，则滚动条将无法正确显示。一个箭头按钮将隐藏在另一个的后面。

在【属性】面板中，滚动条组件的特殊参数说明如下。

参数名称	说　明
direction	指定滚动条是水平还是垂直滚动
scrollTargetName	指定注册到 ScrollBar 组件实例的 TextField 组件实例

使用ActionScript在舞台中创建一个UIScrollBar组件实例，并将其注册到一个TextField实例中，如下所示。

```
package
{
  import fl.controls. UIScrollBar;
  //导入UIScrollBar类
  import flash.display.
  MovieClip;
  public class a extends MovieClip
  {
  public function a(){
  var myTextField:TextField =
  new TextField();
  myTextField.wordWrap = true;
  myTextField.width = 160;
  myTextField.height = 120;
  myTextField.border = true;
  addChild(myTextField);
  var vScrollBar:UIScrollBar =
  new UIScrollBar();
  vScrollBar.scrollTarget =
  myTextField;
  //将vScrollBar实例注册到文本字
  段中
  vScrollBar.height =
  myTextField. height;
  vScrollBar.move(myTextField.
  x+myTextField.width,
  myTextField.y);  //定 义
  vScrollbar实例的位置
  addChild(vScrollBar);
  }
  }
}
```

提示

如果调整滚动条的尺寸，以至没有足够的空间留给滚动框（滑块），则Flash会使滚动框变为不可见。

13 处理声音

在Flash中，用户既可以导入外部声音文件，也可以使用共享库中的声音文件。通过在Flash影片中使用声音可以增强导航元素（如按钮的交互性）。同时，利用声音淡入淡出功能还可以调整音轨使其更加优美。另外，通过给网页添加背景音乐，可以让网站访问者在漫游网站的同时，欣赏优雅的背景音乐。

13.1 导入声音文件

版本：Flash CS6

Flash CS6提供多种使用声音的方式，可以使声音独立于时间轴连续播放，也可以使用时间轴将动画与音轨保持同步。

Flash的声音分为事件声音和音频流两种类型。事件声音必须完全下载后才能开始播放，除非明确停止，否则它将一直连续播放。而音频流在前几帧下载了足够的数据后就开始播放，可以与时间轴同步以便在网站中播放。

1. 声音的采样比率

Flash可以导入采样比率为11kHz、22kHz或44kHz的8位或16位的声音。如果声音的记录格式不是11kHz的倍数，那么它将重新采样。在导出时，Flash会把声音转换成采样比率较低的声音。

由于声音在存储和使用时需要占用大量的磁盘空间和内存，所以在向Flash中添加声音效果时，最好导入16位22kHz单声道声音。

2. 导入外部声音

用户可以将外部的声音文件导入到Flash的【库】面板中，在文档中使用该声音。

首先执行【文件】|【导入】|【导入到库】命令，打开【导入到库】对话框。然后，选择并打开所需的声音文件，即可将其添加到【库】面板。

提示

在Flash CS6中，可以导入WAV和MP3格式的声音文件。如果系统上安装了QuickTime 4或更高的版本，还可以导入其他格式的声音文件，如Sound Designer Ⅱ和只有声音的QuickTime影片和Sun AU等。

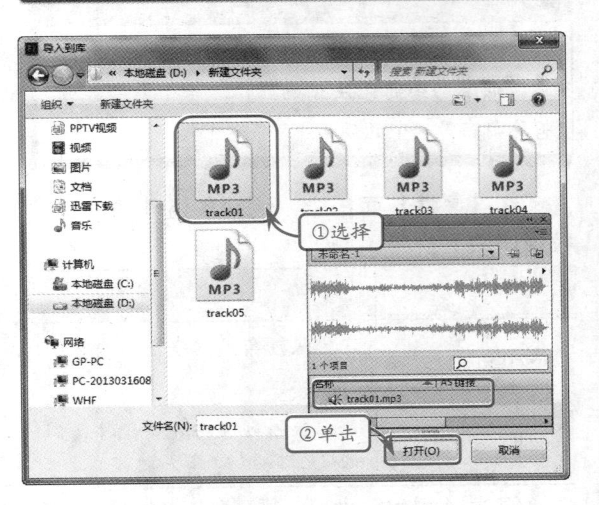

3. 导入公用库声音

用户还可以通过Flash中附带的【公用库】向【库】面板添加内置的声音。

执行【窗口】|【公用库】|【声音】命令，打开【公用库】面板。然后将所需的声音文件拖入到【库】面板中即可。

提示

要在Flash文档之间共享声音，可以把声音包含在【公用库】中。当添加该声音时，直接将其从公用库中拖入到当前文档的【库】中。

13.2 为影片添加声音

版本：Flash CS6

将声音从【库】面板添加到影片中并放置在单独的图层后，用户便可听到声音的原始效果。

如果想要声音变得更加优美，可以通过【属性】检查器中【声音】选项，为声音制作淡入淡出或者音量由高到低等效果。除此之外，还可以控制声音在某个时间播放或停止。

1．为影片添加声音

为影片添加声音，不仅可以丰富内容，还可以在欣赏画面时聆听优美的音乐。

首先，将声音文件导入到【库】面板。然后创建一个新图层，将声音文件从【库】面板中拖入到舞台，即可在当前的图层中添加声音。

2．为按钮添加声音

为按钮元件添加声音，首先要进入该元件的编辑环境，然后在任意空白关键帧上添加声音，它对应于要添加声音的按钮状态。

例如在按下按钮时播放声音。首先进入按钮元件的编辑环境，新建一个图层，用于放置声音。

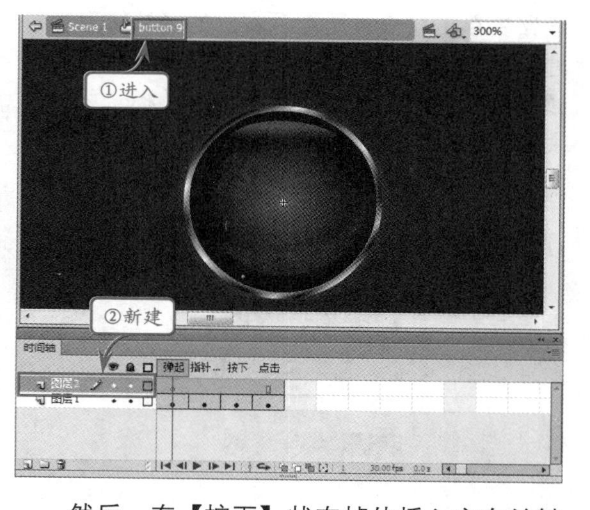

然后，在【按下】状态帧处插入空白关键帧，将声音文件从【库】面板拖入到舞台中，即可使按钮在按下时播放声音。

提示

当“图层 1”上存在帧时，新建图层中也会相应地存在空白帧，所以在为【按下】帧添加声音时，【点击】帧会附属于前一帧的属性，也会具有声音。为了避免这一情况发生，需要在【点击】帧处插入空白关键帧。

13.3 编辑音频

版本：Flash CS6

在Flash CS6中，使用【编辑封套】对话框可以对声音进行控制，如定义声音的播放起点、声音的大小以及声音的长短等。

选择声音图层的任意一帧，在【属性】检查器中单击【效果】选项右侧的【编辑声音封套】按钮，打开【编辑封套】对话框。在音频时间线上通过拖动起点和终点游标，可以改变音频的起点和终点。

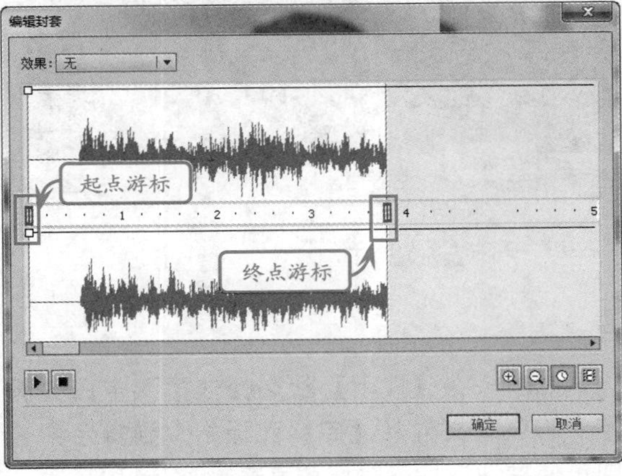

如果要改变音频的幅度，可以单击幅度包络线来创建控制柄，然后拖动幅度包络线上的控制柄，可以改变音频上不同点的高度。

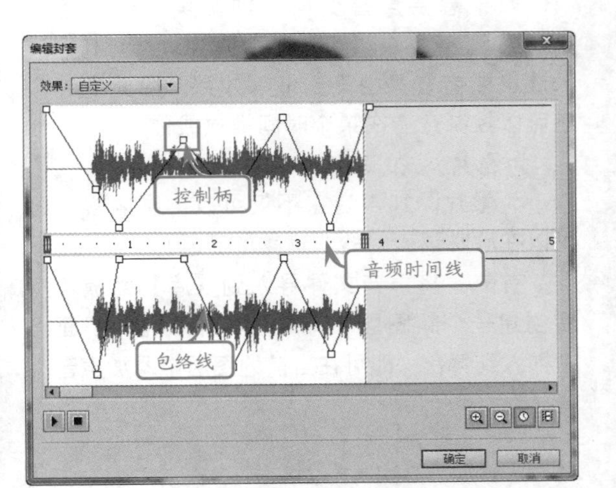

【编辑封套】对话框包括了许多按钮，它们的含义及功能如下。

图标	名称	功能
■	停止声音	终止播放
▶	播放声音	测试效果
🔍+	放大	放大窗口内音频的显示
🔍-	缩小	缩小窗口内音频的显示
🕓	秒	时间线以秒为单位进行显示
帧图标	帧	时间线以帧为单位进行显示

将声音添加到音频层上指定的关键帧，就可以为关键帧上的动画配音，并且能够控制关键帧的音频的播放和停止时间。

要使音频与场景中的某个事件配合，可以先选择该事件发生的起始关键帧作为音频的起始关键帧，再将声音添加到该帧上。然后，在音频层的时间轴上再创建一个关键帧，作为声音的终点关键帧，此时在音频层的时间轴中将出现音频线。

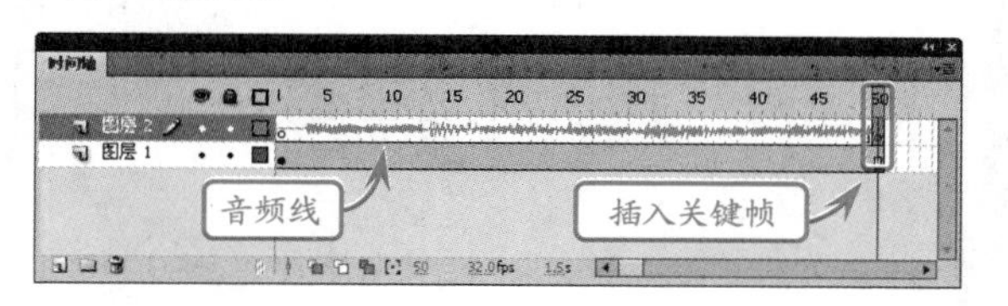

选择终点关键帧，在【属性】面板的【名称】下拉列表框中选择与起点关键帧相同的声音文件，然后，在【同步】下拉列表框中选择【停止】选项。这样在播放动画时，播放到该终点帧处，声音就会停止播放。

13.4 压缩和输出声音文件

版本：Flash CS6

将声音导入到Flash后，文件的体积将相应地增大。为了尽可能减小文件的体积，而又不影响声音的质量，可以压缩声音文件。

在Flash中，如果需要设置单个声音的导出属性，可以在【库】面板中，双击声音元件的图标，打开【声音属性】对话框。

在【声音属性】对话框中可以设置单个音频的输出质量，如果声音文件已经在外部编辑过，则单击【更新】按钮。

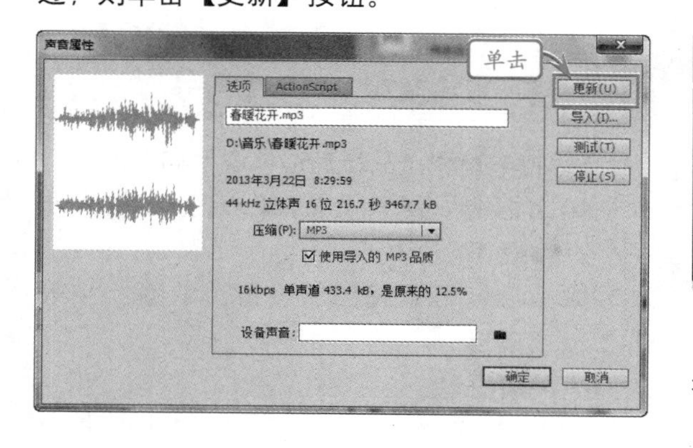

如果没有定义个别音频和输出属性，Flash将会按照【发布设置】对话框中的设置来发布动画音频。

执行【文件】|【发布设置】命令，在弹出的对话框中打开Flash选项卡，即可查看音频文件的默认输出设置。

单击【音频流】或【音频事件】链接，打开【声音设置】对话框。在该对话框中可以设置音频文件的压缩方式、比特率和品质等属性。

> **提示**
>
> 通过设置这些参数，可以在本地计算机上创建一个容量较大的高保真有声动画，而在互联网上则可以创建一个容量较小的低保真有声动画。

在【声音属性】对话框的【压缩】下拉列表框中，各个压缩方式的功能说明如下。

1．ADPCM

该选项用于设置8位或者16位声音数据的压缩。例如导出单击按钮这样的短声音时，可以使用ADPCM设置。

在【压缩】列表框中选择ADPCM时，会显示采样率、ADPCM位等选项。

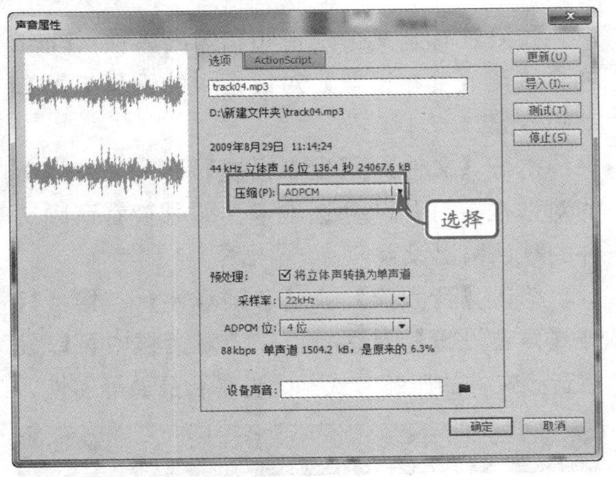

ADPCM压缩方式的各个选项介绍如下。

- 启用【将立体声转换为单声道】复选框，可以将混合立体声转换为单声。
- 【采样率】下拉列表框用于控制声音的保真度和文件大小。
- ADPCM位决定在ADPCM编码中使用的位数。其中，2位是最小值，其音效最差；5位是最大值，其音质最好。

2．MP3

该选项可以使音频输出为MP3压缩格式，并且可以输出较长的流式音频（如音乐声道）。

在【声音属性】对话框中，启用【使用导入的MP3品质】复选框，系统将使用该MP3导入前的原有品质以及默认的比特率。

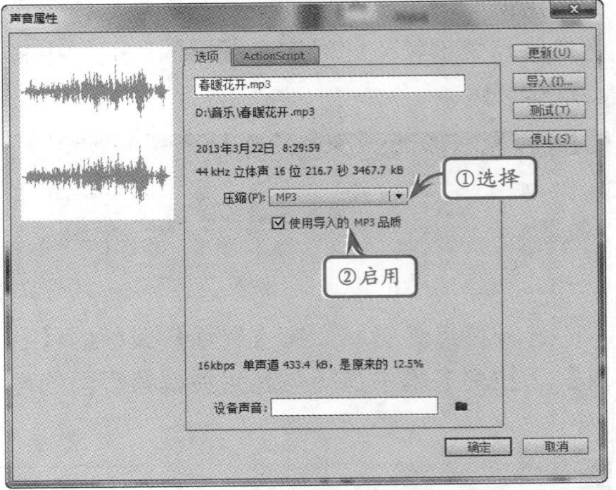

该复选框被禁用后，系统将新增加【比特率】和【品质】选项。

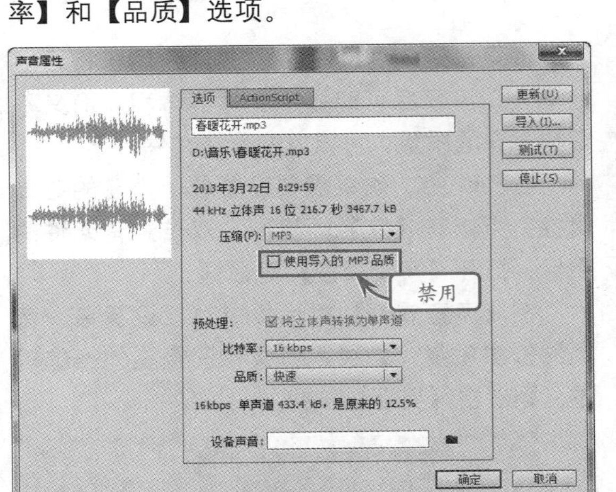

【比特率】和【品质】选项说明如下。

- 比特率　用来设置MP3音频的最大传输速率。
- 品质　可以将品质设置为快速、中等和最佳。

3．RAW和语音

【RAW】选项在导出声音时不进行压缩，当选择该选项时，【声音属性】对话框只能设置

【预处理】和【采样率】两个选项。

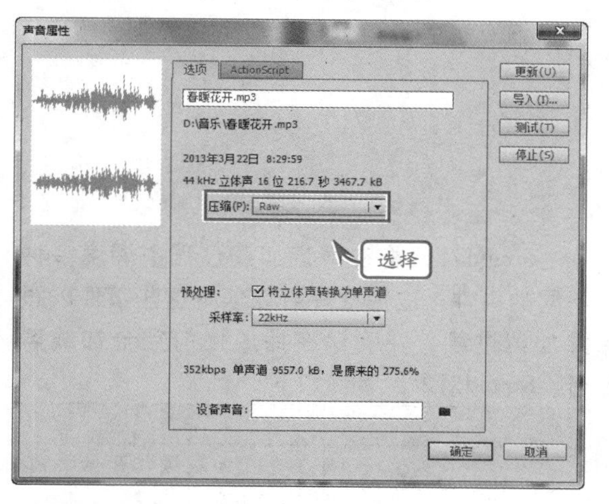

提示

【RAW】选项采样率和ADPCM选项的采样率是相同的。

选择【语音】选项，可以使用一个特别适合于语音的压缩方式来导出声音。当选择该选项时，【声音属性】对话框将出现如下选项。

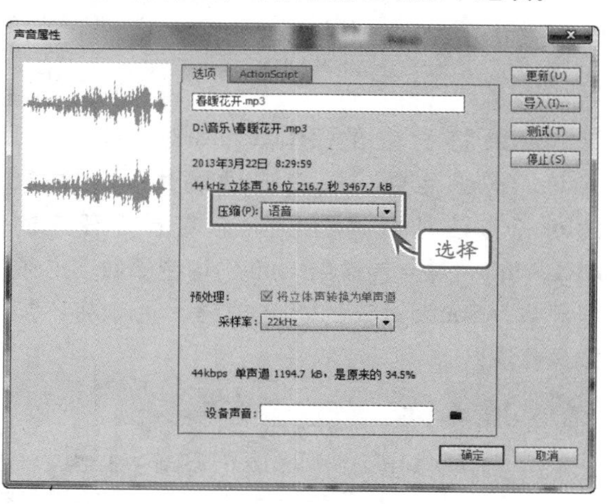

13.5 加载外部声音

版本：Flash CS6

在ActionScript 3.0中，创建Sound类的实例，可以加载并触发特定声音资源的回放。

应用程序无法重复使用Sound对象来加载多种声音。如果它要加载新的声音文件，则应创建一个新的Sound对象。

```
import flash.media.Sound;
//导入Sound类
var sound:Sound = new Sound
(stream, context);
```

Sound()构造函数可以接受以上两个可选参数，详细介绍如下。

- **stream** 包含有外部声音文件URL地址的URLRequest对象。
- **context** 声音数据保留在Sound对象的缓冲区中的最小毫秒数。在开始回放以及在网络中断后继续回放之前，Sound对象将一直等待直至至少拥有这一数量的数据为止。默认值为1000（1秒）。

例如，Flash应用程序加载外部music.mp3文件，并设置缓冲时间为5秒。

```
package {
  import flash.net.URLRequest;
  import flash.media.Sound;
  import flash.display.
  MovieClip;
  public class a extends
  MovieClip{
  public function a(){
  var num:int = 5000;
  //定义缓冲时间为5000毫秒，即5秒
var req:URLRequest = new
URLRequest ("music.mp3");
  //创建包含声音文件URL地址的
  URLRequest对象
```

```
    var sound:Sound = new Sound
    (req,num);
    }
    }
}
```

如果将有效的URLRequest对象传递到Sound()构造函数，则将自动调用Sound对象的load()方法加载声音流。如果未将有效的URLRequest对象传递到Sound()构造函数，必须自己调用Sound对象的load()方法，否则将不加载声音流。

```
package {
    import flash.net.URLRequest;
    import flash.media.Sound;
    import flash.display.
    MovieClip;
    public class a extends
    MovieClip{
    public function a(){
  var req:URLRequest = new
  URLRequest("music.mp3");
```

```
    var sound:Sound = new Sound();
    sound.load(req);//加载外部声音文
    件
      }
      }
    }
```

Sound对象将在声音加载过程中调度多种不同的事件。应用程序可以侦听这些事件以跟踪加载进度，并确保在播放之前完全加载声音。Sound对象的事件如下。

事　件	描　述
open（Event.OPEN）	在声音加载操作开始之前进行调度
progress（ProgressEvent.PROGRESS）	从文件或流接收数据时，在声音加载过程中定期进行调度
id3 (Event.ID3)	当存在可用于 mp3 声音的 ID3 数据时进行调度
complete（Event.COMPLETE）	在加载了所有声音资源后进行调度
ioError（IOErrorEvent.IO_ERROR）	在以下情况下进行调度：找不到声音文件，或者在收到所有声音数据之前加载过程中断

13.6 练习：制作音乐贺卡

版本：Flash CS6
downloads/第13章/01

练习要点

- 绘制矩形
- 设置笔触样式
- 创建补间形状动画
- 使用遮罩层
- 导入声音
- 应用声音
- 设置声音参数

电子贺卡由于其方便性、环保性等特点，已成为当今非常流行的沟通方式。简易的电子贺卡只需包含背景图像和祝福语即可，当然也可以在其中添加优美的背景音乐以及简单的动画。

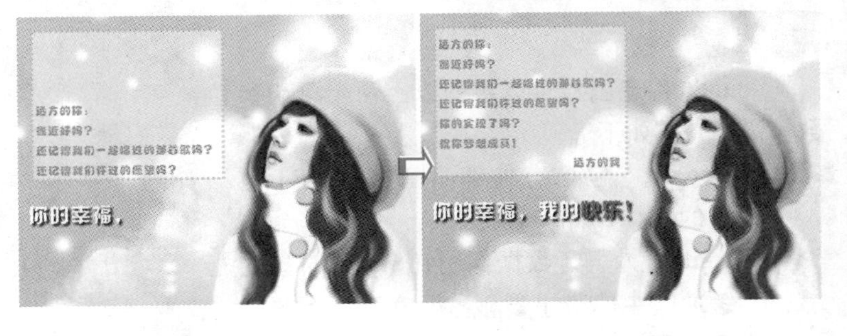

操作步骤

STEP|01 新建文档，在【文档设置】对话框中设置舞台的【尺

寸】为“600像素×450像素”。然后，执行【文件】|【导入】|【导入到舞台】命令，将外部的“背景.jpg”素材图像导入到舞台。

STEP|02 新建“祝福语”影片剪辑，使用【矩形工具】绘制一个带有边框线的白色（#FFFFFF）矩形。然后，在【属性】检查器中设置矩形的Alpha透明度为“50%”，【笔触大小】为5，【笔触样式】为“点状线”。

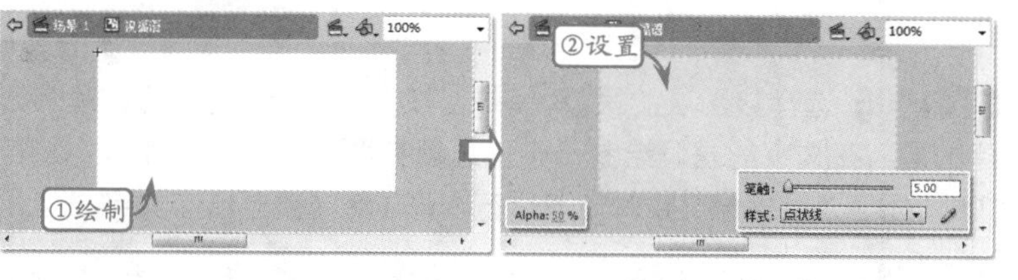

STEP|03 新建“文字”图层，在矩形的下面输入文字，并在【属性】检查器中设置文字的字体、大小和颜色等参数。然后，在第500帧处插入帧，右击该帧创建补间动画，并将文字移动到矩形的上面。

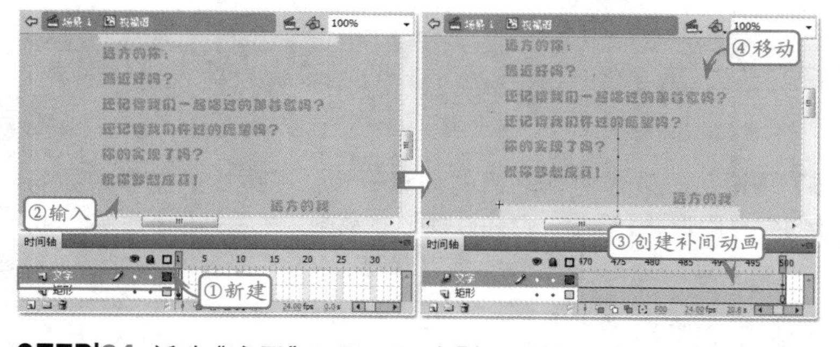

STEP|04 新建“遮罩”图层，通过【复制帧】和【粘贴帧】命令将“矩形”图层中的内容复制到该图层中。然后，右击该图层，在弹出的菜单中执行【遮罩层】命令，将其转换为遮罩图层。

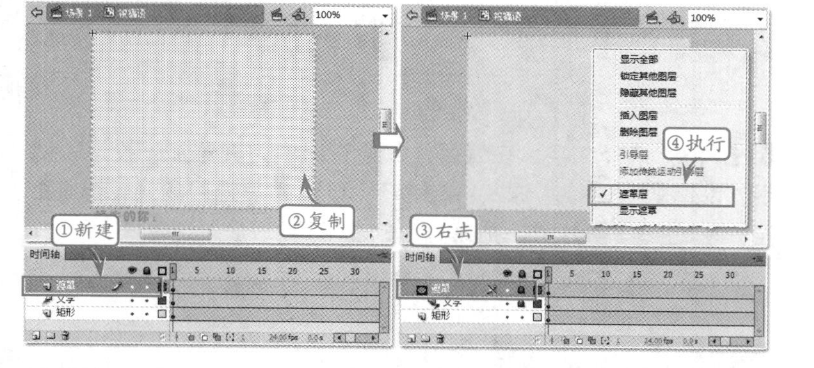

STEP|05 返回场景。新建图层，将“祝福语”影片剪辑拖入到舞台的左上角，并设置其【实例名称】为zhufu。然后，新建“主题”影片剪辑，在舞台中输入“你的幸福，我的快乐！”文本，并设置文本的字体、大小和颜色。

提示

舞台的大小与将要导入的素材图像相同。导入素材图像后，在【属性】检查器中设置其X坐标和Y坐标均为0。

提示

在【属性】检查器中，设置文字的【系列】为“汉仪黑咪体简”，【颜色】为“蓝色”（#2BB0F1），【大小】为“16点”。

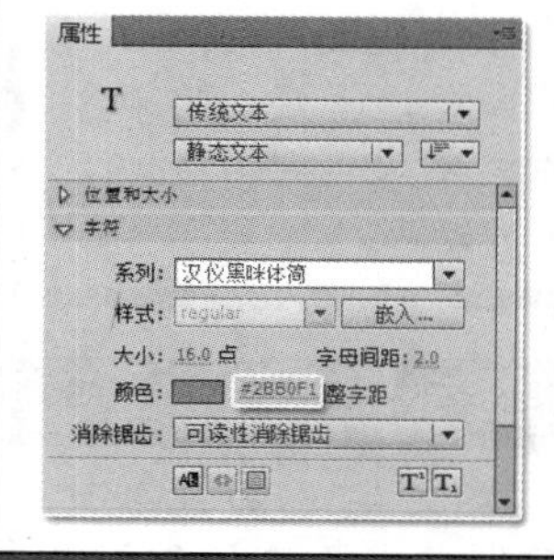

提示

选择文字，然后按住Shfit键的同时向上移动文字，即可沿垂直方向移动。

提示

右击“矩形”图层的第1帧，在弹出的菜单中执行【复制帧】命令。然后右击“遮罩”图层的第1帧，在弹出的菜单中执行【粘贴帧】命令，即可将帧中的所有内容复制到其他帧中。

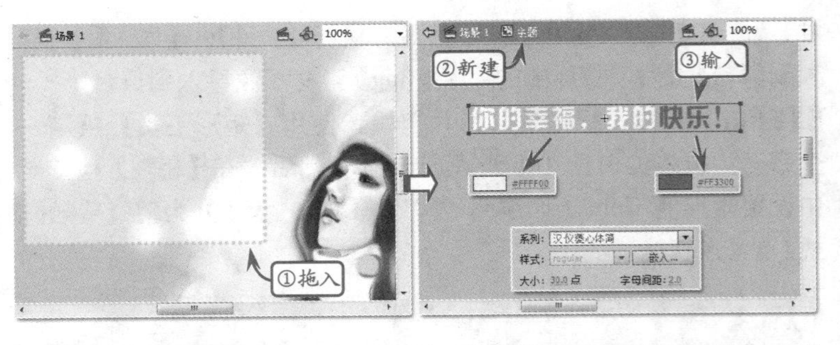

STEP|06 选择该图层的第150帧处，按 F5 快捷键插入普通帧。新建图层，在文字的左侧绘制一个任意填充颜色的矩形。然后，在第100帧处插入关键帧，并对矩形进行变形，使其覆盖所有文字。

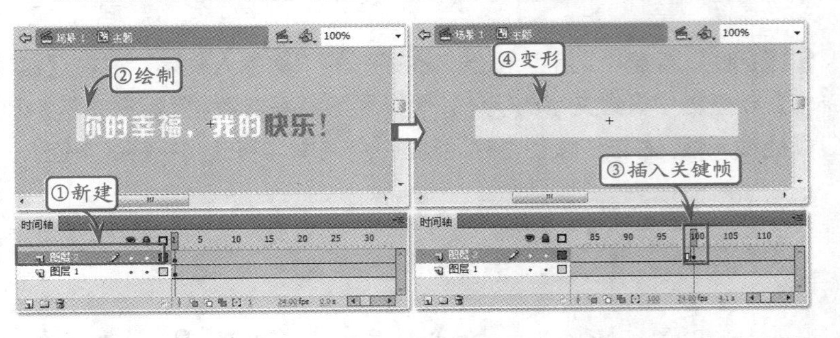

STEP|07 右击这两帧之间的任意一帧，在弹出的菜单中执行【创建补间形状】命令，创建补间形状动画。然后，右击图层2，执行【遮罩层】命令，将其转换为遮罩图层。

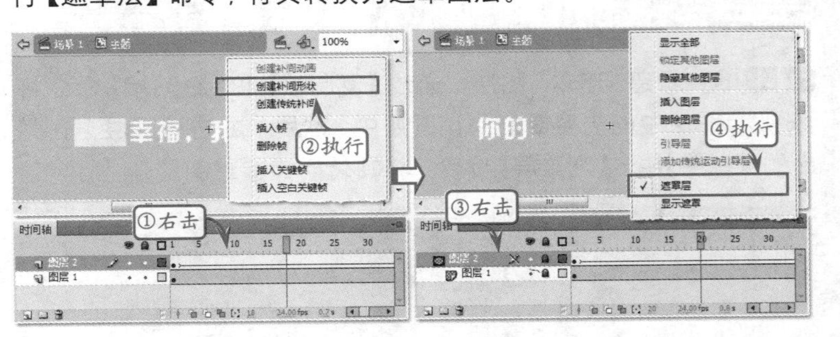

STEP|08 选择文字，在【属性】检查器中为其添加“投影”滤镜，设置【颜色】为“深灰色”(#333333)。然后返回场景，新建图层，将“主题”影片剪辑拖入舞台的左下角。

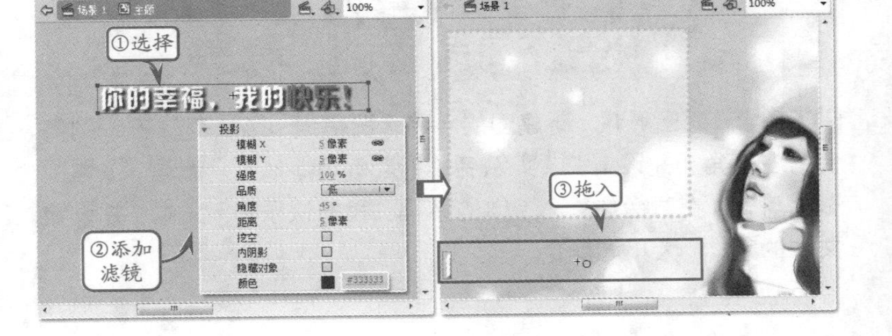

提示

选择文字，打开【对齐】面板，使其相对于舞台水平和垂直对齐。

提示

使用【任意变形工具】选择矩形，然后按住 Shfit 键的同时向右拉伸该矩形，即可以矩形的左边线为基准向右延长。

提示

通过结合使用形状补间动画和遮罩层，可以制作文字从左到右逐渐显示的动画。

提示

在为文字添加滤镜之前，首先要将包含文字的图层解除锁定。

提示

在为文字添加滤镜之前，首先要将包含文字的图层解除锁定。

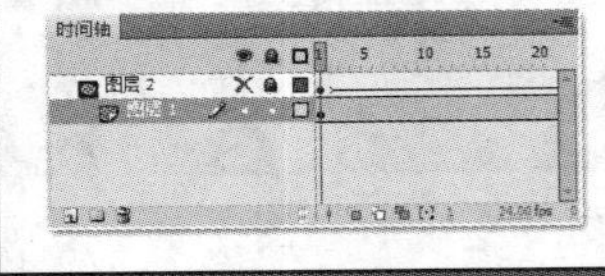

提示

选择包含声音的图层，可以在【属性】检查器中设置声音的效果、同步等参数。

STEP|09 将外部“sound.wav”声音文件导入到【库】面板。新建“音乐”图层，将该声音拖入到舞台。然后，新建名称为ActionScript的图层，打开【动作】面板，在其中输入鼠标控制祝福语滚动的代码。

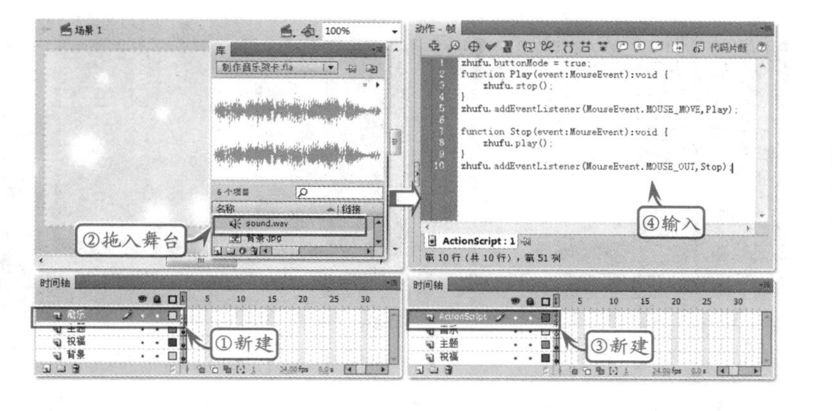

提示

用户可以将多个声音放在同一个图层上，也可以放在包含其他对象的图层上。但是，对于初学者来说，建议将每个声音放在一个独立的图层上，使每个图层作为一个独立的声音通道。当播放影片时，所有层上的声音混合在一起。

13.7 练习：制作新年贺卡

版本：Flash CS6
downloads/第13章/02

使用ActionScript3.0脚本语言，用户可以方便地控制各种声音的播放与停止，同时，还可为一个Flash影片加载多个声音，并控制多个声音的切换。本节将通过ActionScript的声音类，制作一个音乐贺年卡动画。

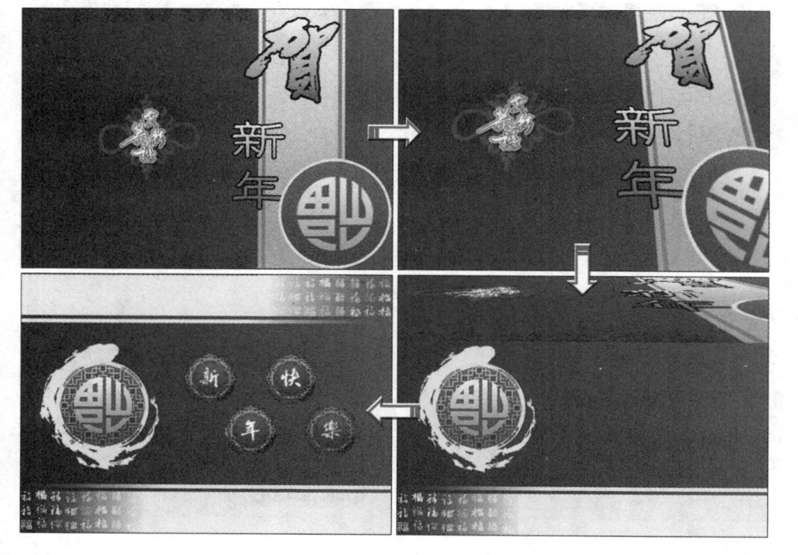

练习要点

- 加载外部声音
- 播放声音
- 切换声音
- 停止声音播放

提示

在实例中，先制作贺年卡进入舞台的补间动画，然后，再通过脚本加载5首贺新春的歌曲。将其中第一首作为整个贺卡的默认背景音乐。
在贺卡的动画设计中，可以使用【3D平移工具】和【3D旋转工具】制作贺卡翻开的动画，然后再在翻开的贺卡中制作按钮进入的动画，并通过脚本为这些按钮添加鼠标单击事件，播放指定的声音。

操作步骤

STEP|01 在Flash中执行【文件】|【新建】命令，创建宽550像素×400像素的空白文档。

STEP|02 执行【打开外部库】命令，打开“res.fla”外部库文件，导入素材元件和素材图像。在“图层 1”中将background影片剪辑元件拖曳到舞台中，然后制作该元件自舞台左侧向舞台中移动的补间动画。

STEP|03 新建“图层 2”，在第216帧处插入关键帧，然后，将barbg元件拖曳到影片中，制作金色的竖幅下坠的位置补间动画。

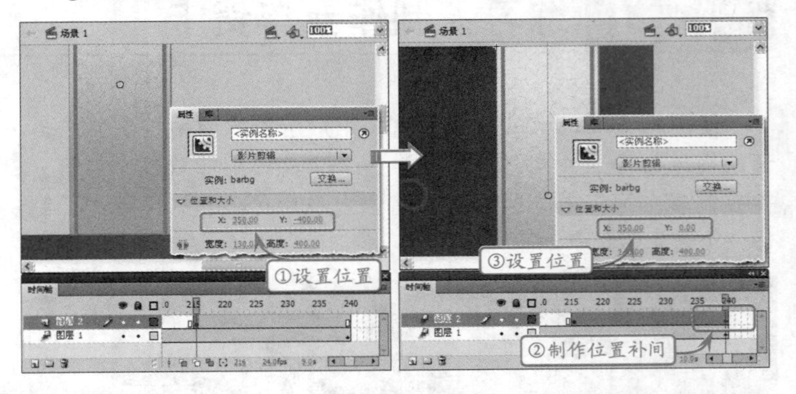

STEP|04 分别为“图层1”和“图层2”的第360帧处插入普通帧，然后新建“图层3”，在第241帧处创建关键帧，将heword元件拖曳到舞台中。在【变形】面板中设置其缩放为800%，透明度为0，添加模糊滤镜，设置水平和垂直模糊值为255。

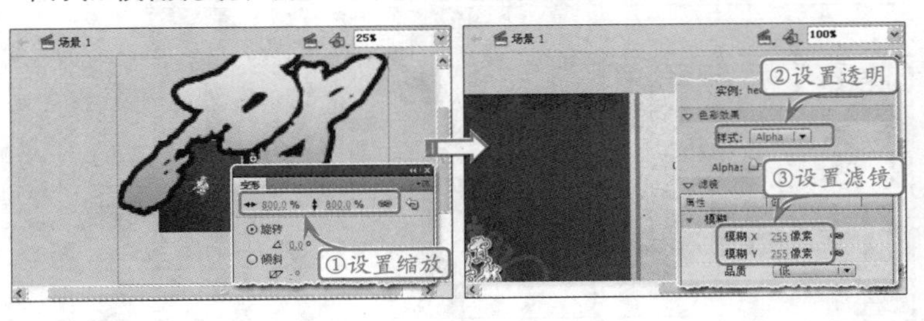

STEP|05 在“图层 3”中，选择第288帧，插入帧，创建补间，并添加关于颜色、滤镜和缩放的关键帧，制作“贺”字从放大、模糊和透明的状态转变为正常状态的动画。最后，选择第360帧，插入普通帧。

提示

使用Flash CS6制作由脚本控制的动画，用户可将代码写在独立的AS文件中，也可以将其写在时间轴上。

提示

将代码写在时间轴上时，应先为当前元件添加实例名称，然后才能在之后的帧中引用元件，否则将提示错误。

提示

其中，第1帧的background元件横坐标为-275px，第240帧的background元件横坐标为275px。

提示

其中，第216帧的barbg元件纵坐标为-400px，第240帧的barbg元件纵坐标为0px。

注意

barbg元件的坠落并非从background元件的补间动画结束时开始，而是在background元件动画进行时就开始了。两个元件的补间动画同时结束。

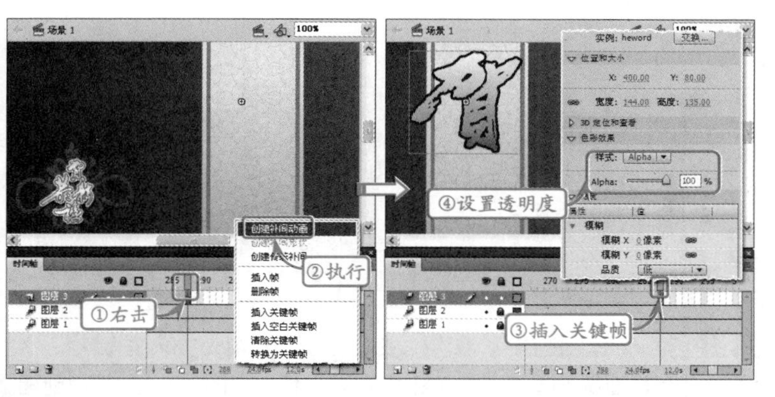

STEP|06 新建“图层 4”图层，选择第289帧，将其转换为关键帧。从【库】面板中，将xinnian元件拖曳到舞台中，制作元件透明度从0%到100%之间变化的颜色补间动画。然后，在“图层4”第360帧处插入普通帧。

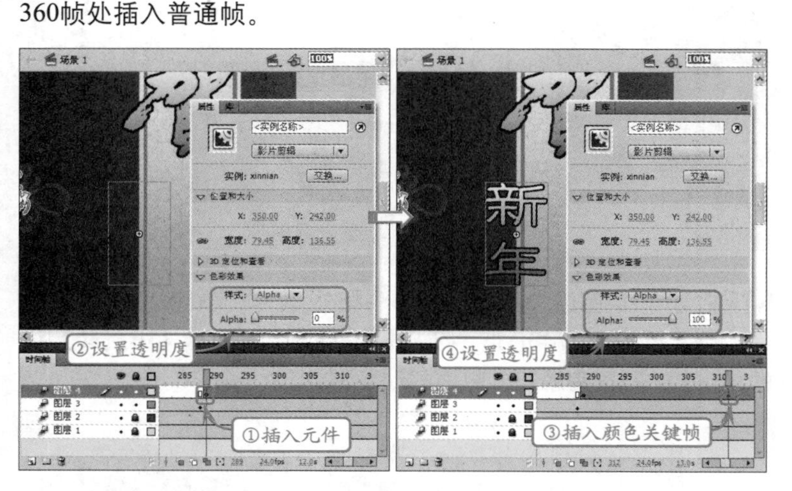

STEP|07 新建“图层5”，在图层第313帧处插入关键帧，将furtuneMovie元件拖曳到舞台中。然后，制作元件以抛物线的方式缩小移动到舞台右下角的补间动画。在【属性】面板中，设置furtuneMovie元件的实例名称为furtuneMovie。

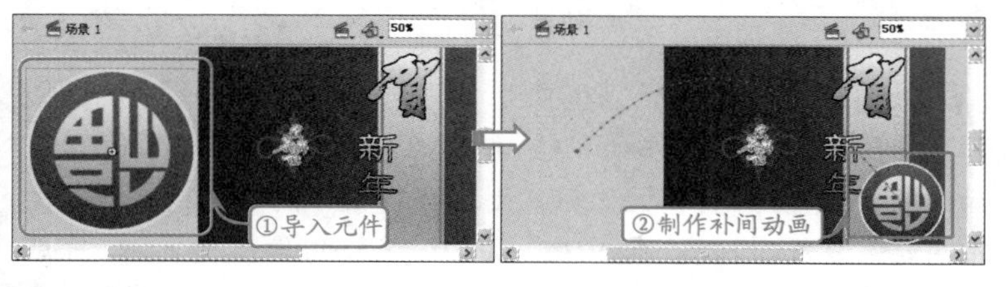

STEP|08 新建“图层 6”图层，并在图层第361帧处插入关键帧，在【库】面板中将light位图、background2影片剪辑元件以及upsideFortune元件拖曳到舞台的相应位置。然后，选择“图层 6”第500帧，插入普通帧，作为贺卡的封底。

提示

设置“贺”字的透明度和模糊滤镜的目的是制作“贺”字从隐藏到显示的动画。如果不先为元件添加色彩效果和滤镜，将无法为其添加颜色和滤镜的补间关键帧。

提示

在制作“贺”字的动画时，还需要在【变形】面板中将其缩放值由800%修改为100%。

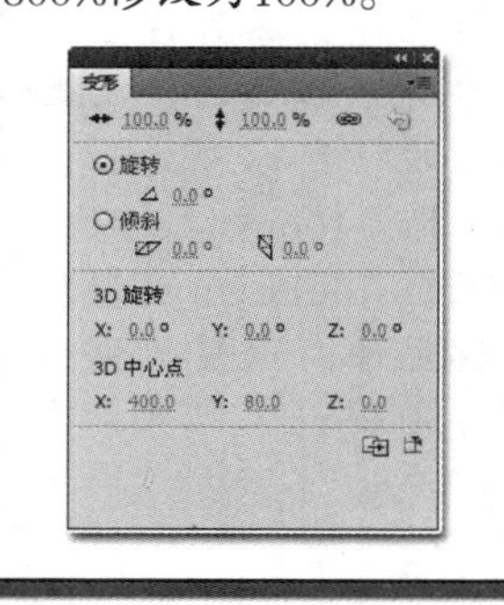

注意

xinnian元件的坐标位置为横坐标350px，纵坐标242px，在第289帧处的元件透明度为0%，在第312帧处的元件透明度为100%。

注意

fu元件的初始横坐标为−169px，初始纵坐标为212px。补间动画结束点为第360帧，在该帧中，fu元件的横坐标为465px，纵坐标为315px，缩放比率为50%。

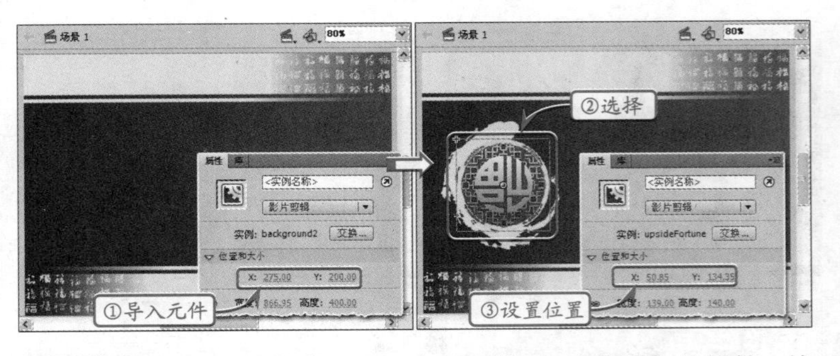

STEP|09 新建"图层 7"图层，在图层第361帧处插入关键帧，然后从【库】面板中导入cover影片剪辑元件。在图层上右击，创建补间动画，然后在创建3D补间。选中元件，选择【3D旋转工具】，将元件的3D中心点拖曳到影片的X轴上。

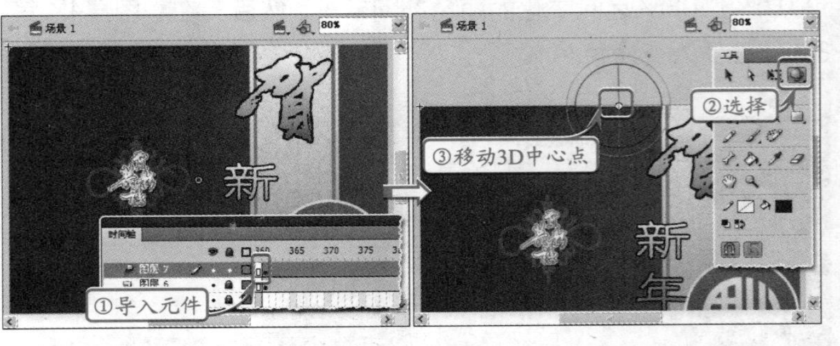

STEP|10 在"图层 7"图层中第384帧处插入【旋转】关键帧，然后，选中元件的3D中心点，打开【变形】面板，设置【3D旋转】中的X为-90，即可完成翻开封面的动画制作。

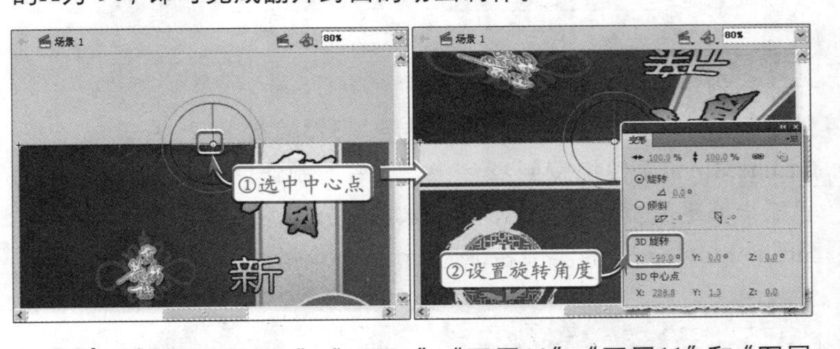

STEP|11 新建"图层8"、"图层9"、"图层10"、"图层11"和"图层12"，等5个图层，制作xinMC、nianMC、kuaiMC、leMC等按钮元件以及seal影片剪辑元件依次出现在舞台中的动画，并分别为按钮元件设置xinBtn、nianBtn、kuaiBtn和leBtn等实例名称，完成动画部分的制作。

提示

在制作fu元件移动到舞台右下角的动画时，可使用【选择工具】拖曳元件的移动轨迹，使元件按照抛物线的方式进行移动。同时，还可在【属性】面板中设置元件顺时针旋转1次。

提示

先导入background2影片剪辑元件，然后再导入名为light的位图，设置位图的横坐标为26px，纵坐标为106px。最后，导入upsideFortune影片剪辑元件，设置其横坐标为50.85px，纵坐标为134.35px。

提示

在制作贺卡时，本节使用Flash的【3D旋转工具】创建3D补间，以制作贺卡封面打开的动画。
在制作3D补间时，需要先创建普通的补间动画，然后才可应用3D补间，制作3D补间动作。

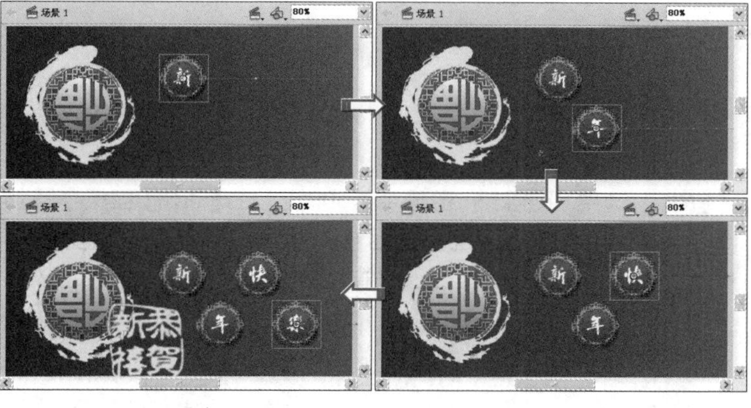

STEP|12 新建“图层13”图层，选中第1帧，然后打开【动作】面板，为影片添加背景音乐，并加载影片需要播放的几首音乐。

```
var soundRequest1:URLRequest=new
URLRequest("mp3/track01.mp3");
var soundRequest2:URLRequest=new
URLRequest("mp3/track02.mp3");
var soundRequest3:URLRequest=new
URLRequest("mp3/track03.mp3");
var soundRequest4:URLRequest=new
URLRequest("mp3/track04.mp3");
var soundRequest5:URLRequest=new
URLRequest("mp3/track05.mp3");
//实例化各种声音请求对象
var mainSound:Sound=new Sound
(soundRequest1);
//加载第一个声音
var currentSoundChannel=mainSound.play();
//播放加载的声音
```

STEP|13 选中“图层13”图层中第360帧，然后在【动作】面板中添加stop()方法，暂停影片播放。同时，为fortuneMovie按钮元件添加鼠标单击事件，控制影片继续播放。

```
stop();
  //暂停动画播放
fortuneMovie.addEventListener(MouseEvent.
CLICK,playNextFrame);
//为福字添加鼠标单击事件
function playNextFrame(event:MouseEvent=nu
ll):void {
```

提示

除了从【变形】面板中设置旋转角度以外，用户还可以按住元件的3D轴线控制元件的旋转。

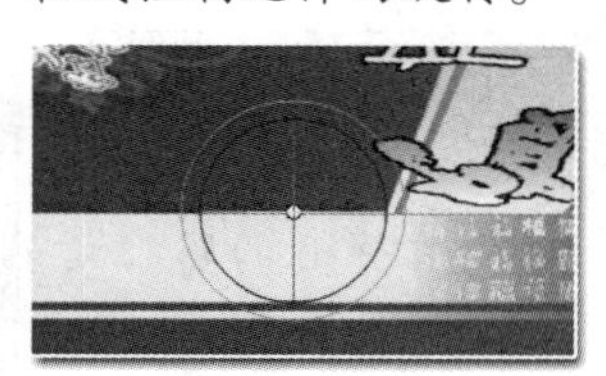

在3D轴线中，红色代表X轴，绿色代表Y轴，蓝色代表Z轴。拖动轴线，同样也可以控制元件在3D空间中旋转。

提示

在制作xinMC等按钮元件的自右向左移动的动画时，可以使用【从右边飞入】的动画预设。然后将每个飞入动画使用的帧数调整为24帧。即xinMC飞入的动画是从第385帧到第408帧，nianMC飞入的动画是从第408帧到第431帧，依此类推。

注意

在制作完成xinMC等按钮元件飞入的动画后，即可从第477帧开始，制作seal元件从大变小的动画，完成动画部分的制作。

```
//福字的鼠标单击事件
  play();
  //继续播放
}
```

STEP|14 选中“图层13”图层中第500帧，在【动作】面板中添加stop()方法，暂停影片播放。然后使用switch…case语句，分别为xinBtn、nianBtn、kuaiBtn和leBtn等按钮元件添加鼠标单击事件。

```
stop();//停止播放
xinBtn.addEventListener(MouseEvent.
CLICK,playNewTrack);
nianBtn.addEventListener(MouseEvent.
CLICK,playNewTrack);
kuaiBtn.addEventListener(MouseEvent.
CLICK,playNewTrack);
leBtn.addEventListener(MouseEvent.
CLICK,playNewTrack);
//为新年快乐等4个按钮添加鼠标单击事件
function playNewTrack(event:MouseEvent=nul
l):void {
  //鼠标单击按钮的事件
  currentSoundChannel.stop();
  //暂停当前声音的播放
  switch (event.target.name) {
    //判断被单击的按钮实例名称
    case "xinBtn":
    //当实例名称为"xinBtn"时
      mainSound=new Sound(soundRequest2);
      //选择第2个请求的声音
      break;      //中止
```

提示

加载外部声音的方式是先实例化URLRequest对象，建立声音的路径请求。然后实例化Sound对象，加载请求，最后，通过实例化Cannel对象来执行play()方法，播放声音。

提示

为函数的参数设置默认值为null，可以防止在某些特殊情况下不输入函数参数造成的错误。大多数对象参数都可以设默认值为null。

13.8 高手答疑

版本：Flash CS6

Q&A

问题1：如何为Flash文档中的声音设置淡入、淡出等特殊效果？

解答：将声音文件导入到Flash影片后，选择音频图层中的任意一帧，在【属性】检查器的【效果】下拉列表中选择其中一种特殊效果，包括左声道、右声道、向右淡出、向左淡出、淡入和淡出等。

Q&A

问题2：是否可以指定声音在Flash影片循环播放的次数？

解答：将声音导入到Flash影片后，在【属性】检查器中可以为播放声音指定循环的次数，其中包括无限次循环播放。'

如果选择为“重复”，则可以在其右侧输入循环播放的具体次数。

问题3：将声音文件导入到Flash文档的【库】面板后，是否可以在使用之前先对该声音进行测试？

解答：将外部的声音文件导入到【库】面板后，选择该声音，将会在预览窗口中显示该声音的音频图。单击右上角的【播放】按钮，即可以对该声音进行测试。

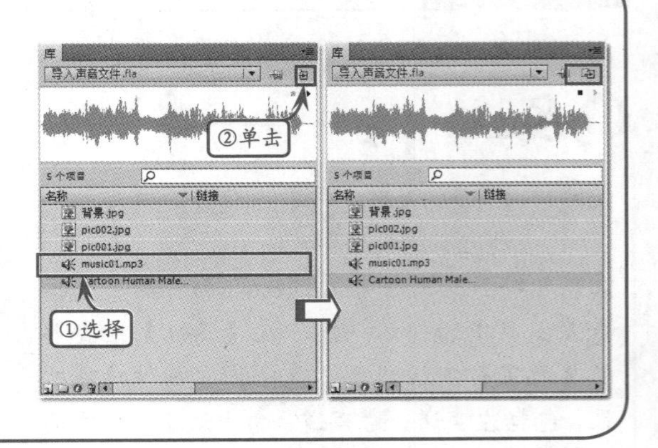

13.9 高手训练营

版本：Flash CS6

1．监视声音加载过程

在加载较大的声音文件时，尽管Flash Player允许应用程序在完全加载声音之前播放声音，但可能需要向用户指示已加载了声音数据以及总数据。

Sound类通过调度ProgressEvent.PROGRESS事件，可以使声音加载进度显示变得相对简单。

例如，在加载外部的music.mp3文件时，通过触发事件调用onLoadProgress()函数，以显示声音文件已加载的百分比。

```
package {
  import flash.events.
  ProgressEvent;
  import flash.net.URLRequest;
  import flash.media.Sound;
  import flash.display.
  MovieClip;
  public class a extends
  MovieClip{
  public function a(){
var sound:Sound = new Sound();
sound.addEventListener
(ProgressEvent.PROGRESS,
onLoadProgress);
//侦听声音文件的加载进度事件
sound.addEventListener
(IOErrorEvent.IO_ERROR,
onIOError);
//侦听声音文件的加载错误事件
var req:URLRequest = new
URLRequest("music.mp3");
sound.load(req);
  }
function onLoadProgress(event:
ProgressEvent):void{
  var loadedPct:uint =
  Math.round(100 * (event.
  bytesLoaded / event.
  bytesTotal));
  //计算声音文件已加载的百分比
  trace("声音已加载"+ loadedPct+
  "%.");
}
function onIOError (event:
IOErrorEvent){
  ]trace("该声音文件无法加载： " +
```

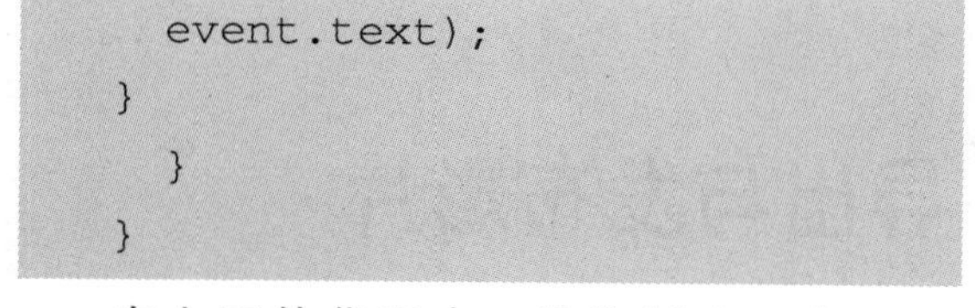

```
        event.text);
    }
        }
    }
```

在上面的代码中，首先创建一个Sound对象，然后在该对象中添加侦听器以侦听ProgressEvent.PROGRESS事件。

在调用Sound.load()方法并从声音文件接收第一批数据后，将会发生ProgressEvent.PROGRESS事件并调用onSoundLoadProgress()函数。

2．控制声音播放

在开始加载声音文件后，为Sound对象调用play()方法可以播放加载的声音。play()方法的基本形式如下。

```
sound.play(startTime,loops,snd
Transform);
```

play()方法可以接受以上3个可选参数，其详细介绍如下。

● startTime

播放声音的起始位置（以毫秒为单位）。

loops

定义在声道停止播放之前，声音循环回startTime值的次数。该参数的最小值为0，即播放一次。如果传递的值为负数，仍然播放一次。

● sndTransform

分配给该声道的初始SoundTransform对象。

play()方法返回一个SoundChannel对象，用于控制一种声音的播放。可以将该对象的position属性视为播放头，以指示所播放声音在数据中的当前位置。

14 导出与发布影片

当Flash影片制作完成后，用户可以将整个影片及影片中所使用的素材导出，使其能够在其他应用程序中继续使用。同时，可以将整个影片导出为单一的格式，如Flash影片、位图图像、单一的帧或图像文件、不同格式的活动和静止图像等。除此之外，用户还可以将影片直接发布为其他格式的文件，如GIF、HTML和AVI等。

14.1 可导出的文件格式

版本：Flash CS6

在Flash中，可以将其内容和图像导出为数十种不同类型的文件，以满足用户的各种需求。可导出的文件类型说明如下。

文件类型	扩展名
Flash 影片	*.swf
EPS 3.0 序列文件	*.eps
QuickTime	*.mov
Adobe Illustrator 序列文件	*.ai
Windows AVI	*.avi
DXF 序列文件	*.dxf
GIF 动画、GIF 序列文件	*.gif
位图序列文件	*.bmp
WAV 音频	*.wav
JPEG 序列文件	*.jpg
EMF 序列	*.emf
PNG 序列文件	*.png
WMF 序列文件	*.wmf

Flash中的影片将导出为序列文件，而图像则导出为单个文件。下面将详细介绍其中一些常见的文件类型。

1．Flash影片（*.SWF）

这种格式的图像只能用Flash自带的播放程序Flash Player进行播放，会在最大程度上保证图像的质量和体积，其参数设置的对话框与发布文档时使用的选项相同。

2．Windows AVI（*.avi）

该格式是标准的Windows影片格式，它是一种用于在视频编辑应用程序中打开Flash动画的格式。

当选择导出为Windows AVI格式后，单击【保存】按钮，将会弹出【导出Windows AVI】对话框。在该对话框中可以设置AVI文件的尺寸、视频格式等参数。

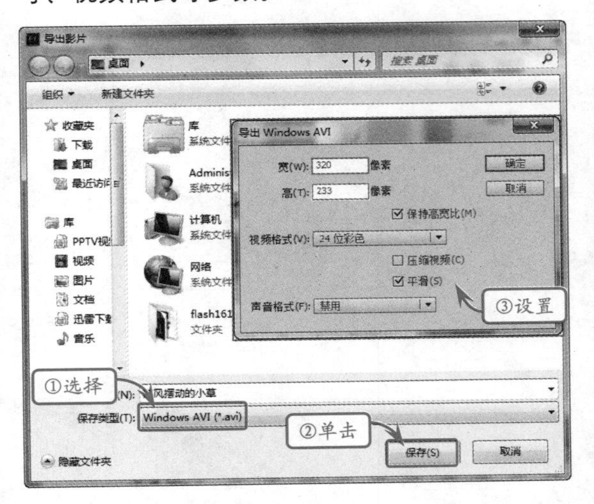

在【导出Windows AVI】对话框中，各个选项的介绍如下。

- 宽与高　指定导出的AVI影片的大小，以像素为单位。如果启用【保持高宽比】复选框，则可以确保所设置的尺寸与原始图片保持相同的纵横比。

- 视频格式　选择颜色的深度。某些应用程序不支持Windows 32位图像格式，如果在使用此格式时将会出现问题，但可以使用较早的24位格式。
- 压缩视频　启用该复选框，将会弹出一个对话框，用于选择标准的AVI压缩选项。
- 平滑　对导出的AVI影片应用消除锯齿效果。
- 声音格式　设置音轨的采样比率、大小等格式。采样比率和大小越小，导出的文件就越小，但是这样可能会影响声音品质。

3. QuickTime（*.mov）

这是苹果公司所制定的一种动画格式，可以在QuickTime 10影片中联合使用Flash的交互式功能与QuickTime的多媒体和视频功能，只要用QuickTime 10插件即可观看影片。

当选择导出为QuickTime格式后，单击【保存】按钮，将会弹出【QuickTime Export 设置】对话框。在该对话框中可以设置影片停止导出的位置或时间，以及存储临时数据的位置。

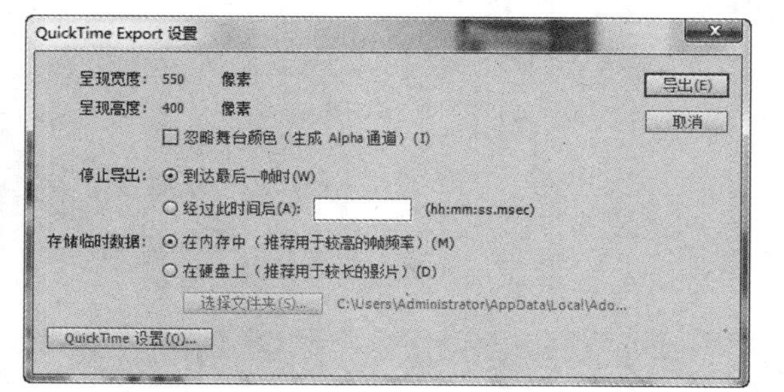

在【QuickTime Export 设置】对话框中，各个选项的介绍如下。

- 忽略舞台颜色/生成Alpha通道　使用舞台颜色创建一个Alpha通道。
- 到达最后一帧时　将整个Flash文档导出为影片文件。
- 经过此时间后　要导出的Flash文件的持续时间（格式为：小时:分钟:秒:毫秒）。
- 存储临时数据　指定存储临时数据的位置。
- QuickTime设置　打开QuickTime高级设置对话框。

4. WAV音频（*.wav）

选择该文件格式，不仅会将当前文档中的声音文件导出为单个WAV文件，而且可以指定新文件的声音格式。

在【导出Windows WAV】对话框的【声音格式】列表框中，可以确定导出声音的采样频率、比特率以及立体声或者单声。启用【忽略事件声音】复选框，可以从导出的文件中排除事件声音。

5. EPS 3.0序列文件（*.eps）

此格式是一种可以在排版程序中使用的格式，既可以存储矢量图、位图，又可以存储矢量图和位图的混合文件，EPS是保存打印前色彩的最好的文件类型。

6. 位图序列文件（*.bmp）

bmp是一个跨平台的图像格式，采用Microsoft技术创建，可用于DOS、Windows NT或者OS/2操作系统中的计算机上，此格式不支持Alpha通道。

当选择导出为BMP格式后，单击【保存】按钮，将会弹出【导出位图】对话框。在该对话框中可以设置图像的尺寸、分辨率等参数。

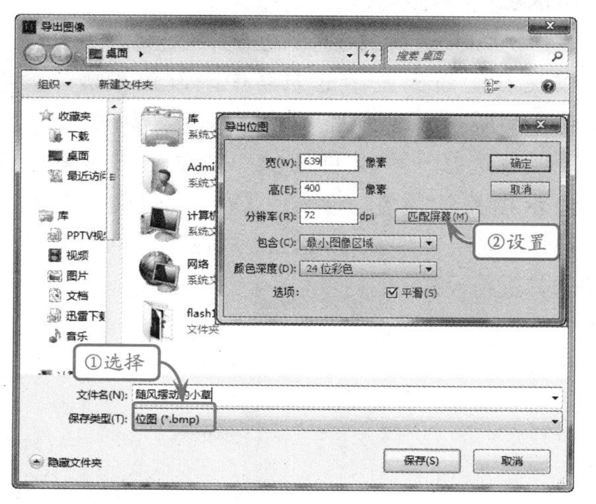

在【导出位图】对话框中，各个选项的详细介绍如下。

- 宽与高　设置导出的位图图像的大小，以像素为单位。指定的大小和原始图像始终具有相同的高宽比。
- 分辨率　设置导出的位图图像的分辨率，以每英寸点数（dpi）为单位，并根据绘画的大小自动计算宽度和高度。
- 包含　指定存储文档的区域。
- 颜色深度　选择图像的位深度。
- 平滑　对导出的位图应用消除锯齿效果。

7. Adobe Illustrator序列文件（*.ai）

Adobe Illustrator格式是Flash和其他绘图应用程序之间进行绘图交换的理想格式。这种格式支持对曲线、线条样式和填充信息之间非常精确的转换。

14.2 预览与发布动画

版本：Flash CS6

执行【文件】|【发布预览】命令，并从子菜单中选择一种文件类型，即可输出到指定的浏览器上进行预览。同时，Flash在指定目录中创建该类型的文件。

在发布动画之前，可执行【文件】|【发布设置】命令打开【发布设置】对话框，在其中设置相应的发布属性。

当在对话框中完成所需的设置后，只需单击【发布】按钮，就可以将Flash影片发布为指定格式的文件。

如果想要发布成为其他格式的文件，可以在对话框左侧的【发布】选项组和【其他格式】选项组中启用该格式的复选框，此时对话框的右侧将显示该格式的相关属性。

例如，选择【HTML包装器】复选框，可以在右侧面板显示的内容中，设置模板、大小、品质、窗口模式、缩放和对齐等属性。

每选择一种文件格式，对话框右侧就会显示相关的属性。但是，【Win放映文件】和【MAC放映文件】选项没有属性，因而不需要对其进行设置。

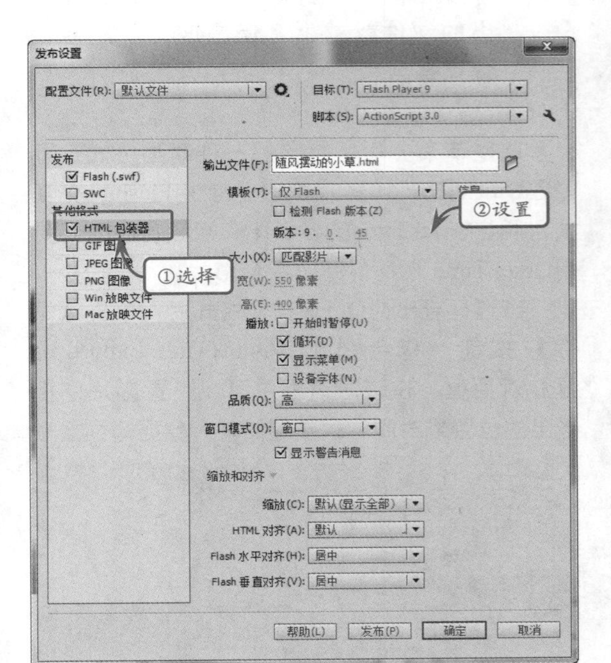

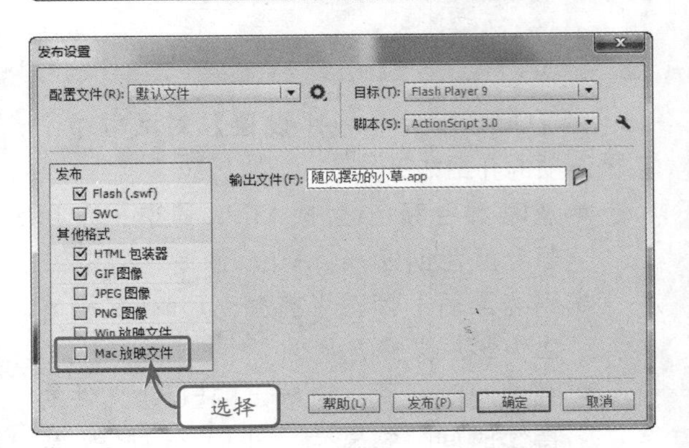

在【发布设置】对话框的【输出文件】中文本框中，用户可以手动设置各种格式文件的名称，也可以通过单击文件夹按钮来选择文件的路径。例如，设置【GIF图像】格式文件的输出文件及路径。

在完成各个选项的设置后，单击【发布】按钮，将会按照所设置的设属性发布动画。

除此之外，还可以单击【确定】按钮，关闭对话框，先不发布。在以后执行【文件】|【发布】命令，将会按照预先的设置发布动画。

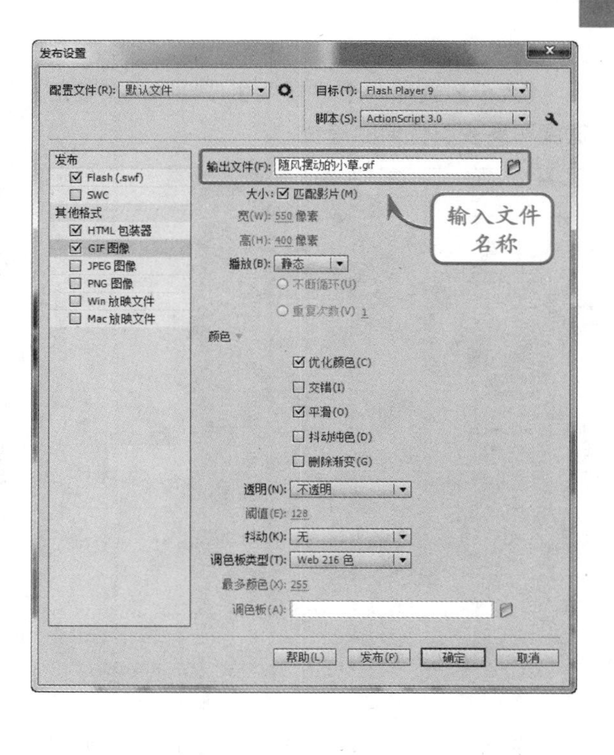

14.3 发布网页文档

版本：Flash CS6

如果想要在Internet上浏览Flash动画，就必须创建包含有动画的HTML文件，并设置浏览器的属性。

在【发布设置】对话框的HTML选项卡中，可以设置动画在HTML文件中的模板、尺寸、品质、窗口模式等属性。

在该对话框中，用户可以通过各个选项的选择以及参数设置，控制所需生成的HTML文件。

1．模板

在【模板】列表框中，可以设定使用何种已经安装的模板。如果没有选择任何模板，Flash将使用名为Default.html的文件作为模板；如果该文件不存在，Flash将使用列表中的仅Flash模板。

当单击右侧的【信息】按钮，将会显示所选模板的信息。

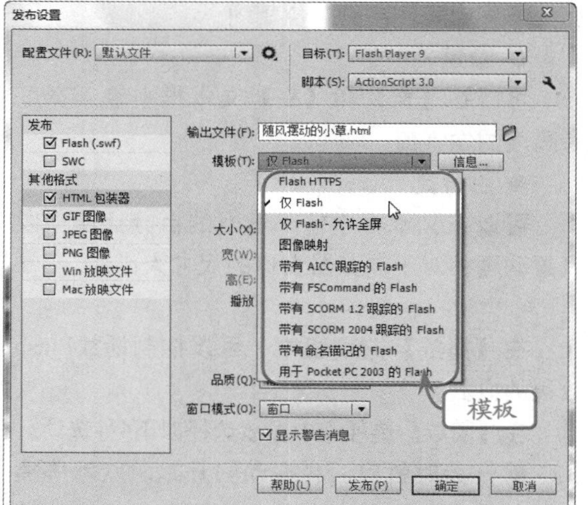

2. 大小

【大小】选项用于设置所生成HTML文件的宽度和高度属性值的单位。

在【大小】下拉列表中包括选项的介绍如下：

● **匹配影片**

默认选项，指定发布的HTML文件大小的度量与原动画作品的单位相同。

● **像素**

可以在【宽】和【高】文本框中输入宽度和高度的像素值。

● **百分比**

可以在文本框中输入适当的百分比值，以设置动画相对于浏览器窗口的尺寸大小。

3. 播放

在【播放】选项组中，可以控制播放Flash效果的方式。

在【回放】选项组中可以选择以下4种选项。

● 开始时暂停　将在动画开始时就暂停播放，直到用户再次单击影片中的播放按钮或者选择菜单中的【播放】命令。

● 循环　重复播放影片，默认为选中状态。

● 显示菜单　当用户右击影片时，将显示一个快捷菜单，默认为选中状态。

● 设备字体　可以使消除锯齿的系统字体替换未安装在用户系统上的字体，使用设备字体能使小号字体清晰易辨，并且可以减小影片文件的大小。

4. 品质

【品质】选项用来设置消除锯齿功能的程度。

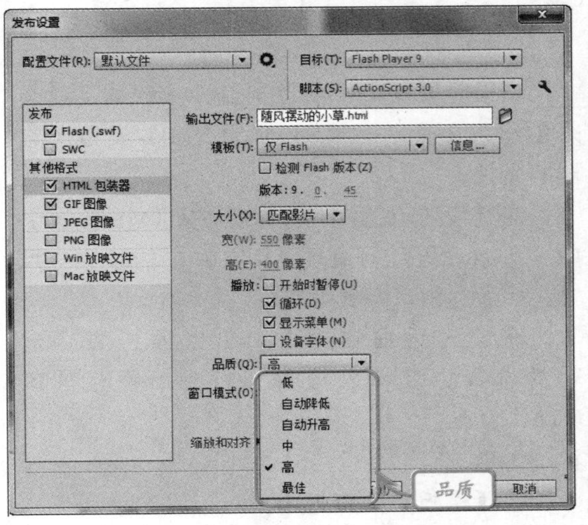

在【品质】下拉列表中可以选择以下6个选项。

● 低　不进行任何消除锯齿功能的处理。

● 自动降低　在播放动画时，会尽可能打开消除锯齿功能，以提高图形的显示质量。

● 自动升高　在播放动画时，自动牺牲

图形的显示质量以保证播放的速率。

- 中　可以运用一些消除锯齿功能，但是不会平滑位图。
- 高　播放动画时打开消除锯齿功能，并且如果动画影片中不包含动画时，将对位图进行处理，这是系统的默认选项。
- 最佳　在播放动画时自动提供最佳的图形显示质量，并且不考虑播放速率。

5. 窗口模式

【窗口模式】选项用来设置在IE浏览器中预览发布动画作品时，动画显示与网页上其他内容的显示关系。

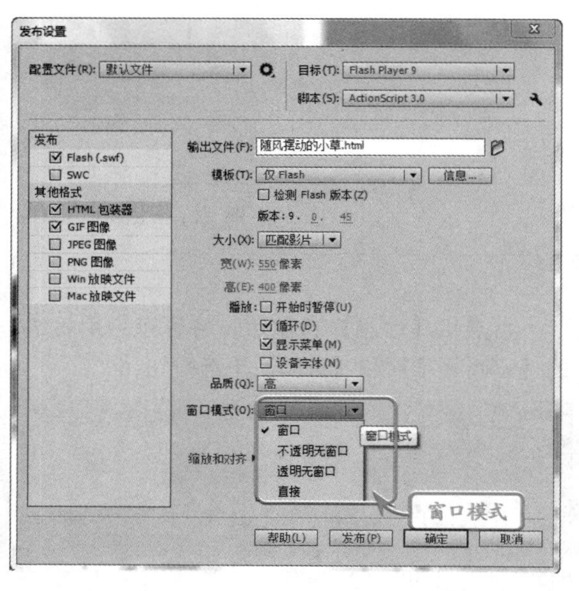

在【窗口模式】下拉列表中可以选择以下4个选项。

- 窗口　将使动画在网页中指定的位置播放。
- 不透明无窗口　使动画的效果遮住网页上动画后面的内容。
- 透明无窗口　将使得网页上动画中的透明部分显示网页的内容与背景。
- 直接　使用最快、最直接的路径将图形推送至屏幕，这有利于视频播放。

6. HTML对齐

【HTML对齐】选项用来设置Flash动画在浏览器中播放时的位置。其中选择【默认】选项，可以使影片在浏览器窗口内居中显示。

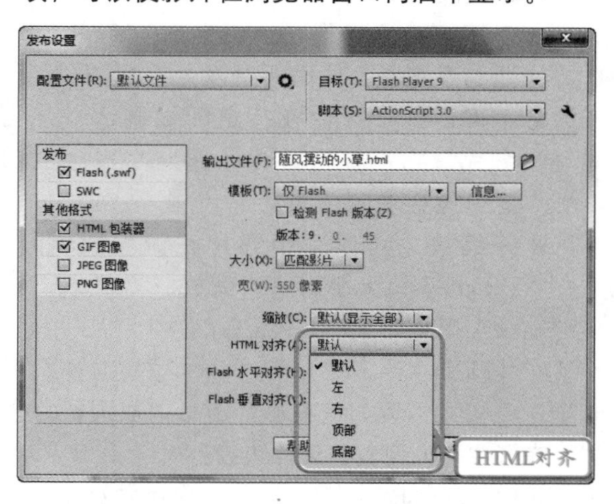

选择【左】、【右】、【顶部】以及【底部】选项，会使影片与浏览器窗口的相应边缘对齐，并且在需要时裁剪其余的3边。

7. 缩放

【缩放】选项用来设置Flash动画被如何放置在指定长宽尺寸的区域中，该设置只有在输入的长宽尺寸与原Flash动画尺寸不相同时才起作用。

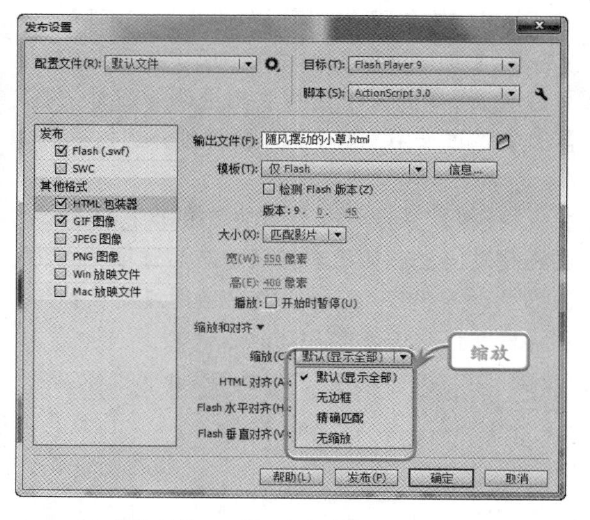

在【缩放】下拉列表中可以选择以下4个选项。

- 默认（显示全部）　可以在指定的区域显示整个影片，并且不会发生扭曲，同时保持影片的原始高宽比，边框可能会出现在影片的两侧。

- 无边框　可以对影片进行缩放，以使它填充指定的区域，并且保持影片的原始高宽比，同时不会发生扭曲。
- 精确匹配　可以在指定区域显示整个影片，它不保持影片的原始高宽比，这可能会发生扭曲。
- 无缩放　可以禁止影片在调整Flash Player窗口大小时进行缩放。

8．Flash水平对齐和Flash垂直对齐

在【Flash水平对齐】和【Flash垂直对齐】选项中，可以设置如何在影片窗口内放置影片以及在必要时如何裁剪影片边缘。

其中，【Flash水平对齐】对齐包括左对齐、居中对齐、右对齐选项；【Flash垂直对齐】对齐包括顶部对齐、居中对齐和底部对齐选项。

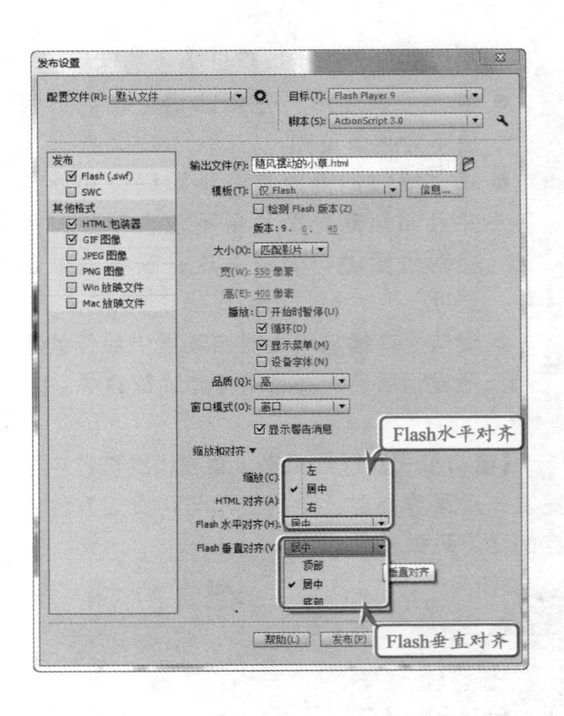

14.4 发布GIF动画

版本：Flash CS6

GIF动画文件是目前网络上较为流行的一种动画格式，它体积小，可以在网络中快速播放。

在【发布设置】对话框的GIF选项卡中，可以设置GIF的大小、回放和透明等属性。在【GIF】选项卡中，各个选项的详细介绍如下。

1．播放

【播放】选项用于选择发布的图形是静态的还是动画的。如果选择【静态】选项，则将发布为静态的GIF图形；如果启用【动画】选项，将发布为动态的GIF动画。

当启用【动画】选项后，将可以启用右边的【不断循环】和【重复】单选按钮。

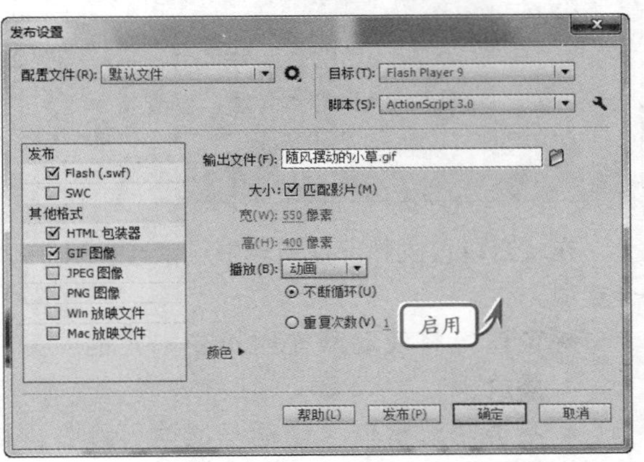

启用【不断循环】单选按钮，将会进行无限次循环播放；如果启用【重复次数】单选按钮，则可以按照文本框中输入的次数重复播放。

2．外观选项

在GIF图像中提供了5个复选框，用于设置发布的GIF动画的外观。各个选项的说明如下。

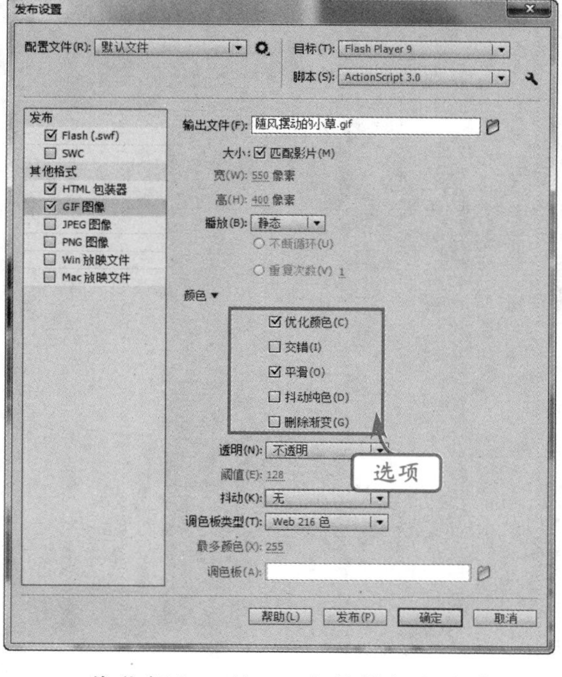

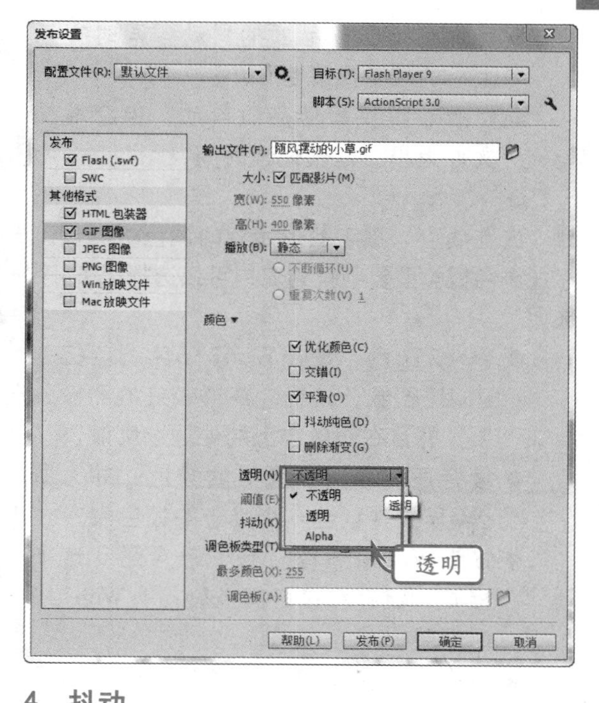

- 优化颜色　从GIF文件的颜色表中删除任何未使用的颜色。
- 交错　下载导出的GIF文件时，在浏览器中逐步显示该文件。
- 平滑　使用消除锯齿功能，生成更高画质的图形。
- 抖动纯色　用于确定是否对色块进行抖动处理。
- 删除渐变　用渐变色中的第1种颜色将SWF文件中的所有渐变填充转换为纯色。

3．透明

该选项指定GIF动画背景的透明度以及将Alpha设置转换为GIF的方式。

在【透明】下拉列表中可以选择以下3个选项。

- 不透明　使背景成为纯色。
- 透明　使背景透明。
- Alpha　设置局部透明度。

4．抖动

该选项用来指定如何组合可用颜色的像素，来模拟当前调色板中没有的颜色。抖动可以改善颜色品质，但是也会增加文件大小。

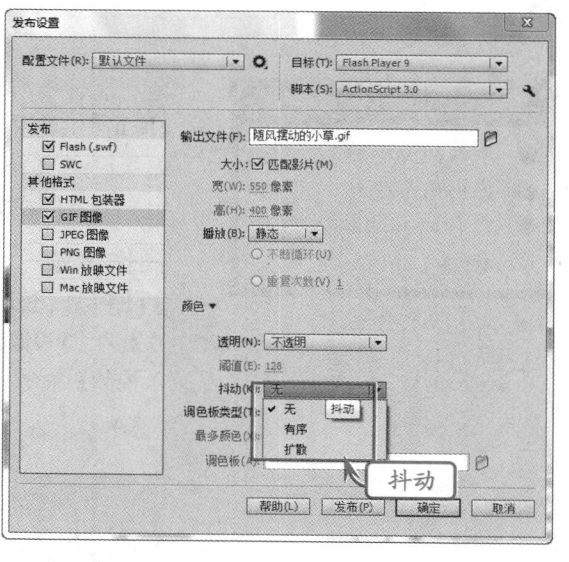

在【抖动】下拉列表中可以选择以下3个选项。

- 无　关闭抖动，并用基本颜色表中最接近指定颜色的纯色替代该表中没有的颜色。

- 有序　提供高品质的抖动，同时文件大小的增长幅度也最小。
- 扩散　提供最佳品质抖动，但会增加文件大小、延长处理时间。

5．调色板类型

该选项可以指定图形用到的调色板类型。在【调色板类型】下拉列表中可以选择以下4个选项。

- Web216色　使用Web216色调色板创建GIF图像，这样会获得较好的图像品质，并且在服务器上的处理速度最快。
- 最合适　分析图像中的颜色，并为所选GIF文件创建一个唯一的颜色表。
- 接近Web最适色　与“最合适”选项相同，但会将接近颜色转换为Web216色调色板。
- 自定义　指定已针对所选图像进行优化的调色板。

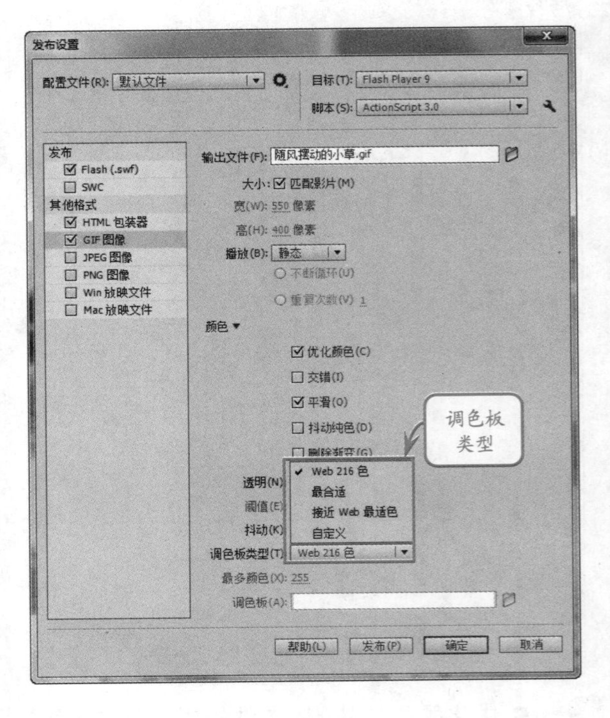

14.5 导入和导出FLV视频

版本：Flash CS6
downloads/第14章/01

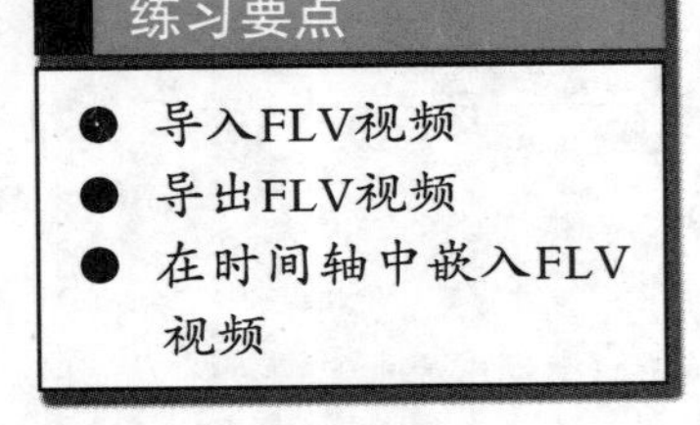

练习要点

- 导入FLV视频
- 导出FLV视频
- 在时间轴中嵌入FLV视频

在制作动画过程中，有时会需要使用外部的视频文件，而Flash提供的导入FLV视频文件功能正好可以满足这一点。另外，如果Flash文档中已经存在有FLV视频，也可以通过命令将其导出，以方便在其他的文档中重复使用。

操作步骤

STEP|01 新建文档，在【文档设置】对话框中设置舞台的【尺寸】为“500像素×400像素”。然后，执行【文件】|【导入】|【导入视频】命令，打开【导入视频】对话框。

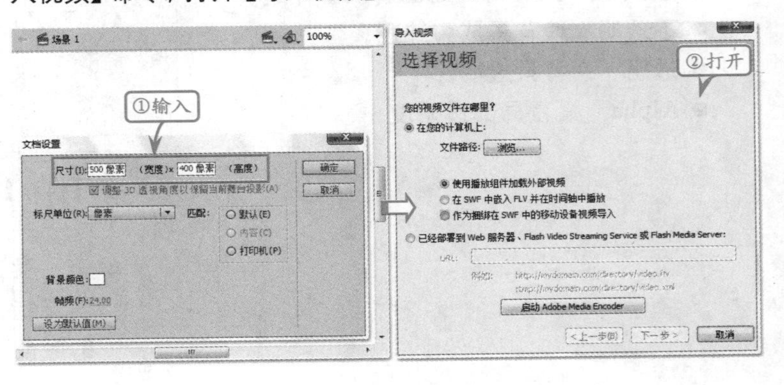

STEP|02 在该对话框中，启用【在SWF中嵌入FLV并在时间轴中播放】单选按钮。然后，单击【文件路径】选项右侧的【浏览】按钮，在弹出的【打开】对话框选择需要导入的FLV视频文件。

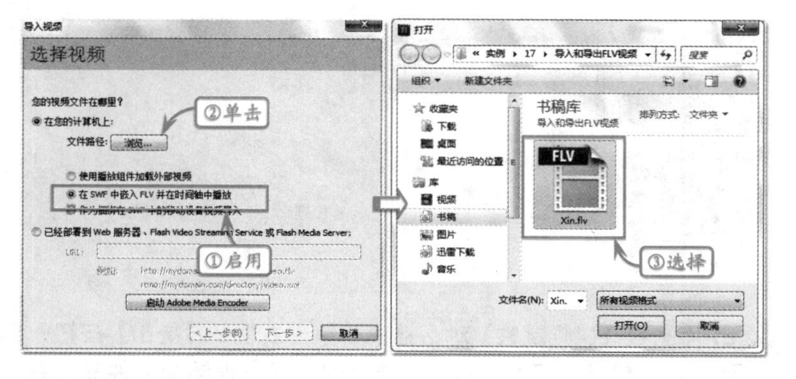

STEP|03 选择FLV视频文件后，将会在【导入视频】对话框的【文件路径】选项中显示该视频文件的路径。然后单击【下一步】按钮，打开【嵌入】选项，在【符号类型】下拉列表中选择【嵌入的视频】选项，启用其他所有的复选框，并单击【下一步】按钮。

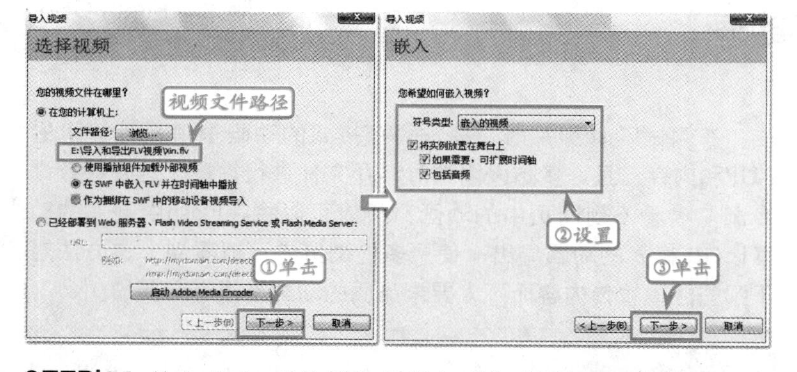

STEP|04 单击【下一步】按钮后进入【完成视频导入】选项，该选项显示外部FLV视频的路径以及其他相关信息，此时直接单击【完成】按钮即可。然后，外部的FLV视频已经添加到Flash的时间轴上。

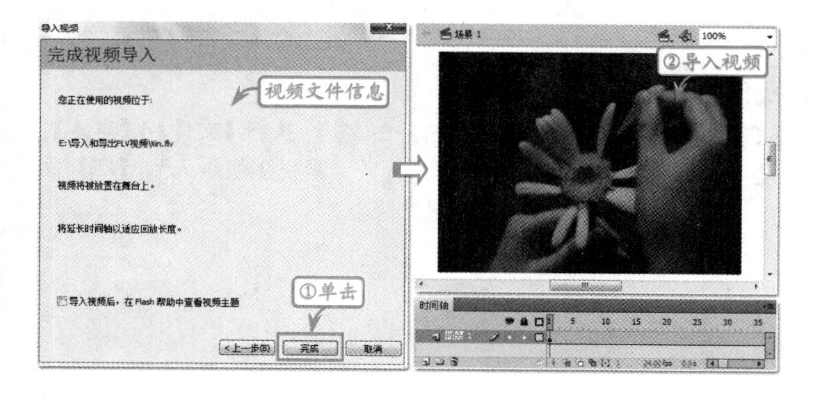

> **注意**
>
> 选择的视频文件必须是FLV格式，否则将无法进行下一步。

> **提示**
>
> 将视频导入到时间轴，这样可以在时间轴上线性播放视频剪辑。

> **提示**
>
> 良好的习惯是将视频置于影片剪辑实例中，这样可以使用户获得对内容的最大控制。

> **提示**
>
> 如果仅需要将视频导入到【库】面板中，可以禁用【将实例放置在舞台上】复选框。

提示

在默认情况下，Flash会扩展时间轴，以适应要嵌入的视频剪辑的回放长度。

STEP|05 执行【窗口】|【库】命令打开【库】面板。然后，右击该面板中的"xin.flv"视频文件，在弹出的菜单中执行【属性】命令，打开【视频属性】对话框。

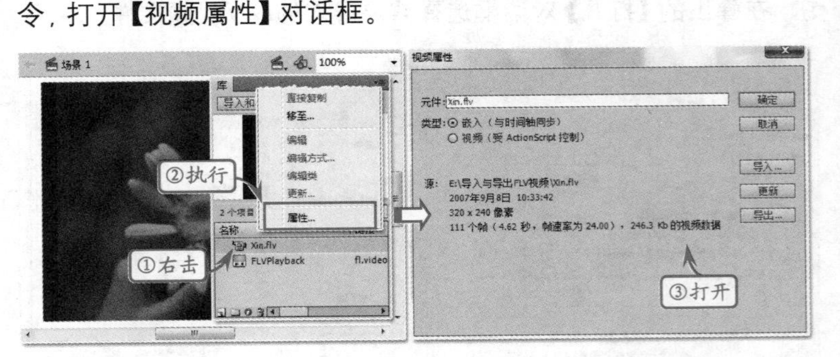

提示

导出的格式只有FLV一种，因此在输入文件名称时可以选择添加后缀名。

STEP|06 在【视频属性】对话框中，单击右侧的【导出】按钮，打开【导出FLV】对话框。然后，选择保存导出视频的文件夹，并在【文件名】右侧的文本框中输入"new_Xin"，单击【保存】按钮即可。

14.6 导出GIF动画

版本：Flash CS6
downloads/第14章/02

练习要点

- 导入序列图像
- 导入到库
- 导出GIF动画

在测试Flash影片时，播放SWF格式的动画很消耗计算机的CUP和内存，且许多防火墙都对SWF文件进行拦截，这将导致许多浏览者看不到网页中的动画，所以可以将在Flash中制作的动画以GIF格式的动画导出，使更多的浏览者可以看到，该方法对于那些注重宣传内容而不太要求品质的动画是很有必要的。

操作步骤

提示

由于"背景"图像的尺寸较大，因此只需要将其覆盖整个舞台即可。

STEP|01 新建470×470像素的空白文档，执行【文件】|【导入】|【导入到库】命令，将外部的"背景"素材图像导入到【库】面板。然后，将该背景图像拖入到舞台中。

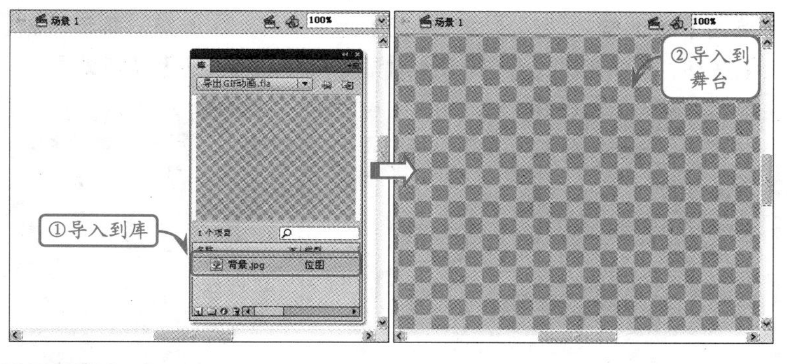

STEP|02 新建“角色”图层，执行【文件】|【导入】|【导入到库】命令，打开【导入】对话框。在该对话框中选择全部素材图像，并单击【打开】按钮。然后，导入的所有素材图像都将显示在库面板中，并且在库面板中，通过单击图像名称，可以查看相应的图像内容。

> **提示**
>
> 由于“背景”图像的尺寸较大，因此只需要将其覆盖整个舞台即可。

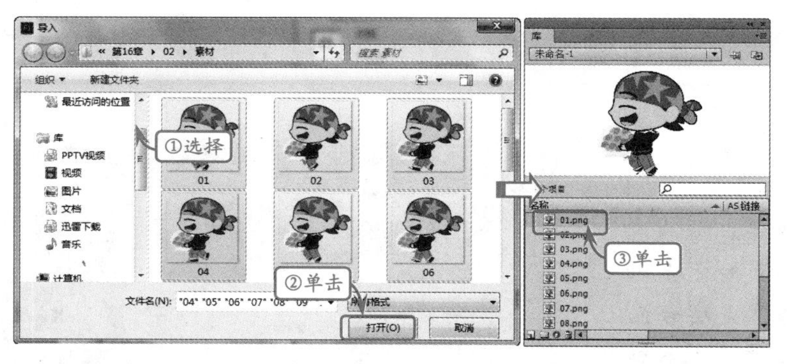

STEP|03 将导入的外部的素材图像以逐帧的形式添加到舞台上，形成一个连续的逐帧动画。然后选择“背景”图层，在第14帧处插入普通帧。

> **技巧**
>
> 当所导入的文件名以数字结尾，并且在同一文件夹中还有其他按顺序编号的文件时，Flash当会询问是否导入序列中的所有图像。

STEP|04 执行【文件】|【导出】|【导出影片】命令，在弹出的【导

> **技巧**
>
> 在【导出GIF】对话框中，单击【匹配屏幕】按钮，Flash将会自动设置GIF的尺寸大小。

出影片】对话框中选择【保存类型】为“GIF动画”。然后单击【保存】按钮，在弹出的【导出GIF】对话框中单击【确定】按钮即可。

14.7 高手答疑

版本：Flash CS6

Q&A

问题1：如何将Flash影片发布为JPEG格式的文件？

解答：使用JPEG格式可将图像保存为高压缩比的24位位图。通常，GIF格式对于导出线条绘画效果较好，而JPEG格式更适合显示包含连续色调（如照片、渐变色或嵌入位图）的图像。

执行【文件】|【发布设置】命令，打开【发布设置】对话框。在该对话框的【格式】选项卡中启用【JPEG图像】复选框，来设置JPEG图像属性。

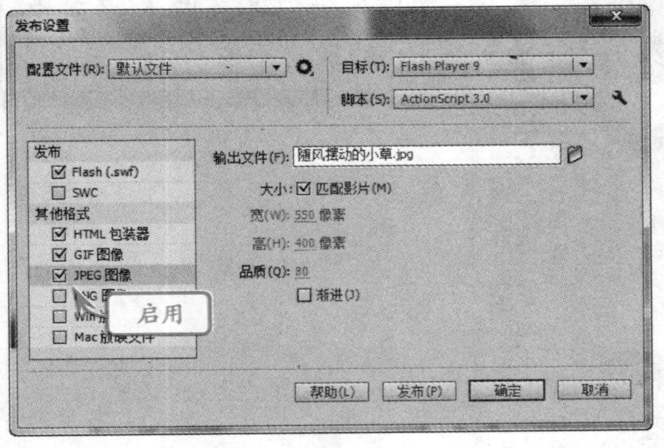

打开JPEG选项卡，设置JPEG格式文件的尺寸和品质等属性。设置完成后，单击【发布】按钮即可。

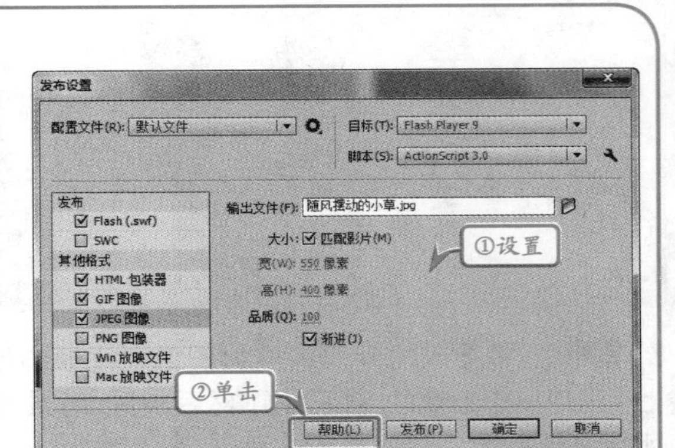

在JPEG选项卡中可以通过以下3个选项，来设置发布的JPEG文件。

- 大小　输入导出的位图图像的宽度和高度值（以像素为单位），或者启用【匹配影片】复选框使JPEG图像和舞台大小相同并保持原始图像的高宽比。
- 品质　拖动滑块或输入一个值，可控制JPEG文件的压缩量。图像品质越低则文件越小，反之亦然。
- 渐进　在Web浏览器中增量显示渐进式JEPG图像，从而可在低速网络连接上以较快的速度显示加载的图像。类似于GIF和PNG图像中的交错选项。

Q&A

问题2：如何将Flash影片发布为PNG格式的文件?

解答：PNG是唯一支持透明度（Alpha通道）的跨平台位图格式，它也是Adobe Fireworks的默认文件格式。

在【发布设置】对话框的【格式】选项卡中，启用【PNG图像】复选框，来设置PNG图像属性。

打开PNG选项卡，可以设置PNG格式文件的大小、位深度和选项等属性。设置完成后，单击【发布】按钮即可。

【过滤器选项】用于选择PNG格式文件的过滤方式。为了使图形压缩效果更好，在压缩之前通常对图像进行过滤。

- 无　表示不进行过滤。
- SUB　传递每个字节和前一像素相应字节的值之间的差。
- UP　传递每个字节和它上面相邻像素的相应字节的值之间的差。
- Average　使用两个相邻像素（左侧像素和上方像素）的平均值来预测该像素的值。
- Paeth　计算三个相邻像素（左侧、上方、左上方）的简单线性函数，然后选择最接近计算值的相邻像素作为颜色的预测值。
- Adaptive　分析图像中的颜色，并为所选PNG文件创建一个唯一的颜色表。

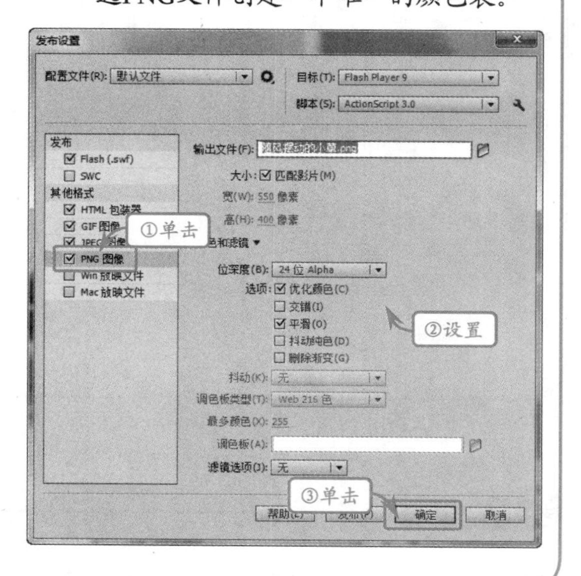

问题3：在发布影片时，如何定义Flash动画的ActionScript程序版本?

解答：打开【发布设置】对话框，在Flash选项卡的【脚本】下拉列表中可以选择Flash动画的ActionScript版本。

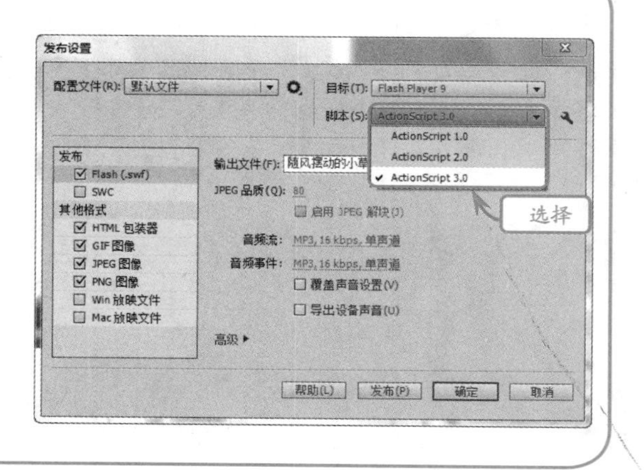

问题4：如何防止发布的Flash动画文件被他人从网上下载到Flash程序中进行编辑？

解答：发布Flash动画之前，在【发布设置】对话框中【发布】选项组的【Flash（.swf）】中启用【防止导入】复选框，并在下面的密码文本框中输入密码。

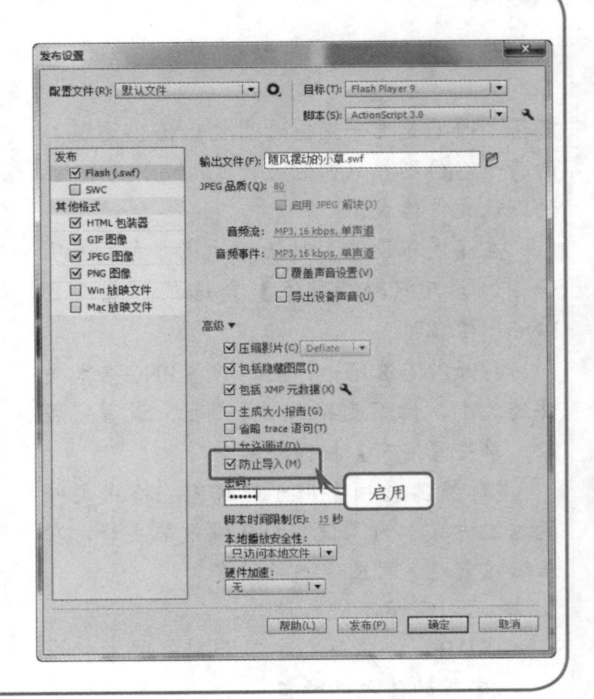

Q&A

问题5：如何将HTML网页文档中的Flash动画设置为透明，且位于文档的右下角？

解答：打开【发布设置】对话框，在【HTML包装器】复选框的【窗口模式】下拉列表中选择"透明无窗口"选项。然后，设置【水平对齐】为"右对齐"；【垂直对齐】为"底部"。

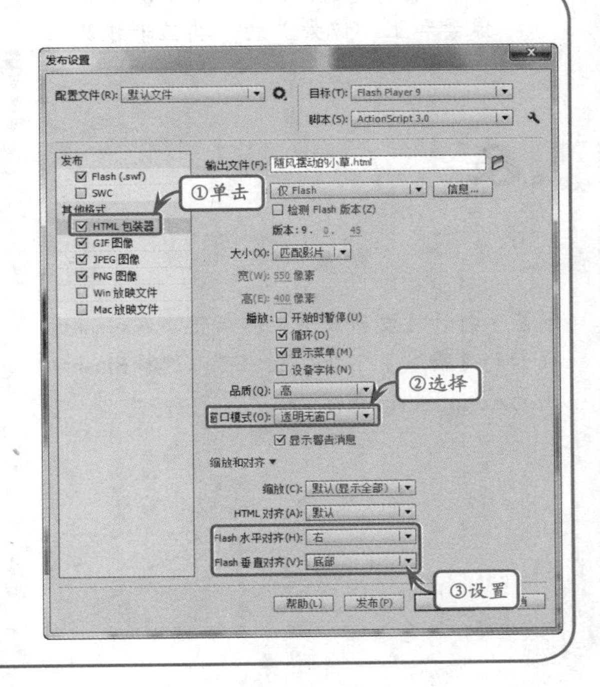

14.8 高手训练营

版本：Flash CS6

1．导出图像

执行【文件】|【导出】|【导出图像】命令，在【导出图像】对话框中，可以将当前帧内容或当前所选图像导出为一种静止图像格式，也可以导出为单帧的swf格式动画。

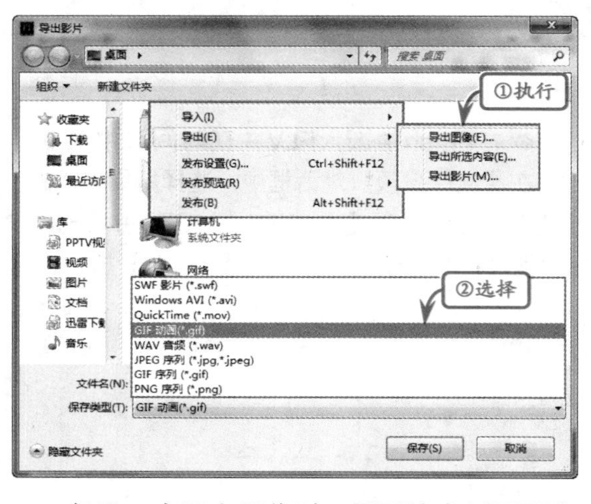

但是，在导出图像时，需要注意以下两点内容。

在将Flash图像导出为矢量图形文件（Adobe Illustrator格式）时，可以保留其矢量信息，并能够在其他基于矢量的绘画程序中编辑这些文件。

将Flash图像保存为位图GIF、JPEG、BMP文件时，图像会丢失其矢量信息，仅以像素信息保存。用户可以在图像编辑器（例如Adobe Photoshop）中编辑导出为位图的Flash图像，但不能再在基于矢量的绘画程序中对其编辑。

2．导出影片

执行【导出影片】命令，可以将影片中的声音导出为WAV文件，还可以将Flash影片导出为静止图像格式，以及为影片中的每一帧都创建一个带有编号的图像文件夹。

执行【文件】|【导出】|【导出影片】命令，在【导出影片】对话框中输入影片的名称，并在【保存类型】下拉列表中选择要保存的文件类型即可。

提示

根据所选保存类型的不同，会弹出相应的参数设置对话框，在对话框中设置关于此格式的一些参数，这是导出电影的关键所在。

3．导入视频文件

在Flash中，用户可以通过向导将外部的FLV或F4V视频文件导入到文档中，使动画文档可以播放视频文件。

执行【文件】|【导入】|【导入视频】命令，在打开的【导入视频】对话框中提供了部署视频的方式，以决定创建视频内容和将它与Flash集成的方式。

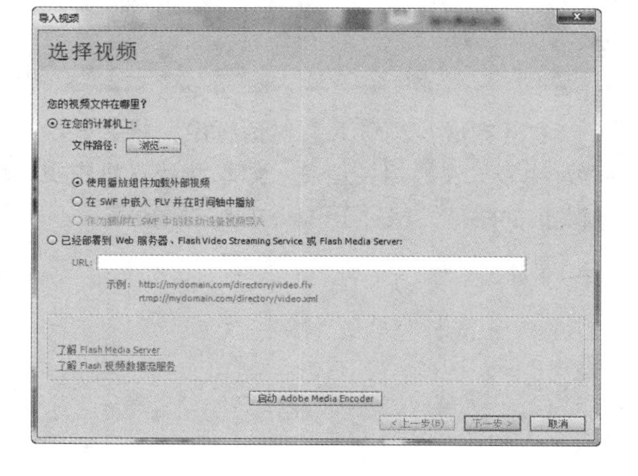

● 使用回放组件加载外部视频

在【选择视频】对话框中，单击【浏览】按钮，在弹出的对话框中选择FLV视频文件。然后，使用默认地【使用播放组件加载外部视频】选项，并单击【下一步】按钮。

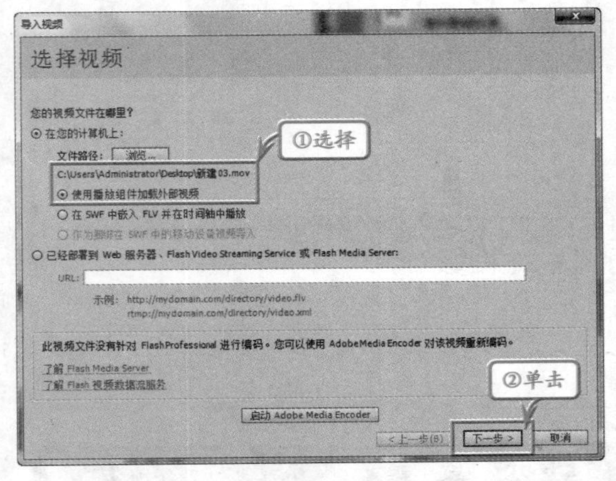

在【外观】对话框中，用户可以从【外观】下拉列表中选择所需的播放控制器外观。然后，单击其右侧的【颜色】按钮，可以更改该播放控制器的外观颜色。

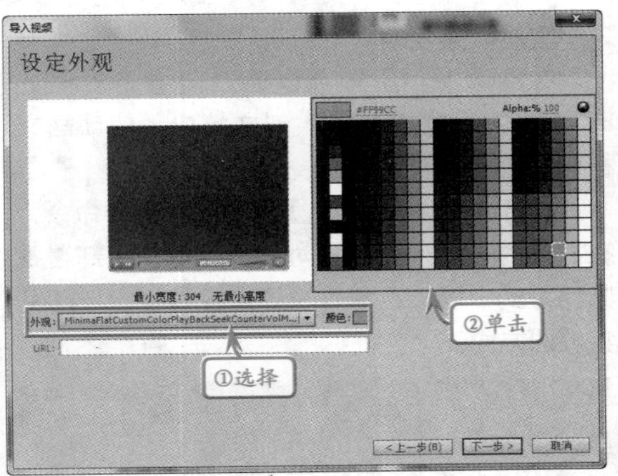

在【完成视频导入】对话框中，将会显示导入视频文件的相关信息，如本地计算机中视频文件的路径、相对于Flash文档的路径等。

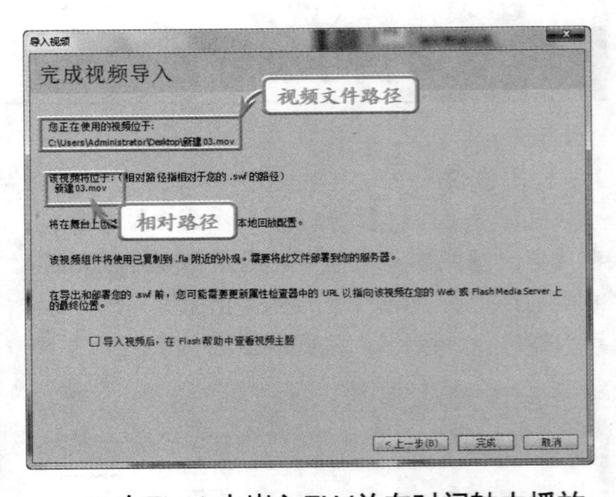

● 在Flash中嵌入FLV并在时间轴中播放

在【选择视频】对话框中，选择所要导入的视频文件后，启用【在SWF中插入FLV并在时间轴中播放】单选按钮，并单击【下一步】按钮。

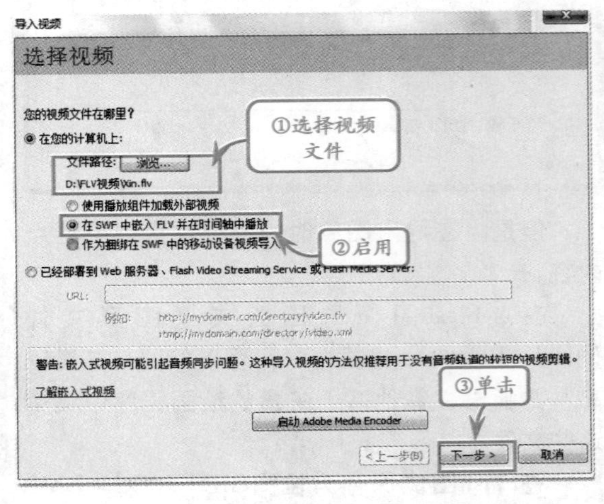

在【嵌入】对话框中，可以选择用于将视频嵌入到Flash文档的元件类型，以及是否放置在舞台等选项。

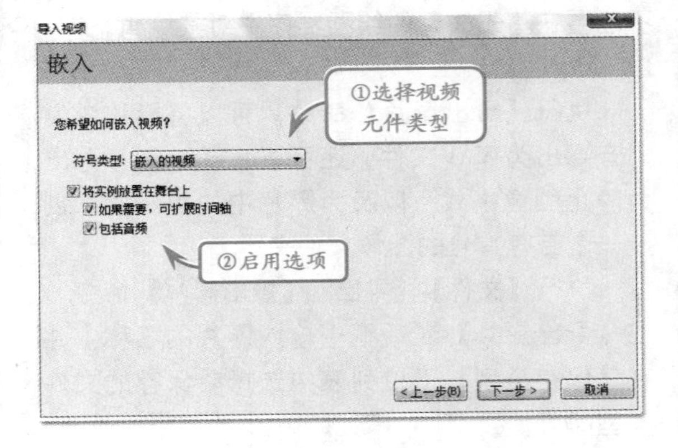

提示

默认情况下，Flash将导入的视频放在舞台上。如果仅要导入到库中，可以取消【将实例放置在舞台上】复选框。

在【符号类型】下拉列表中，可选择的元件类型介绍如下。

元件类型	说明
嵌入的视频	如果要在时间轴上线性播放视频剪辑，那么就将该视频导入到时间轴。
影片剪辑	将视频置于影片剪辑实例中，这样可以使用户获得对内容的最大控制。
图形	将视频剪辑嵌入为图形元件时，用户无法使用 ActionScript 与该视频进行交互。

在【完成视频导入】对话框中，将会显示导入的视频文件在本地计算机中的路径等相关信息。单击【完成】按钮，即可将该视频文件嵌入到Flash文档中。

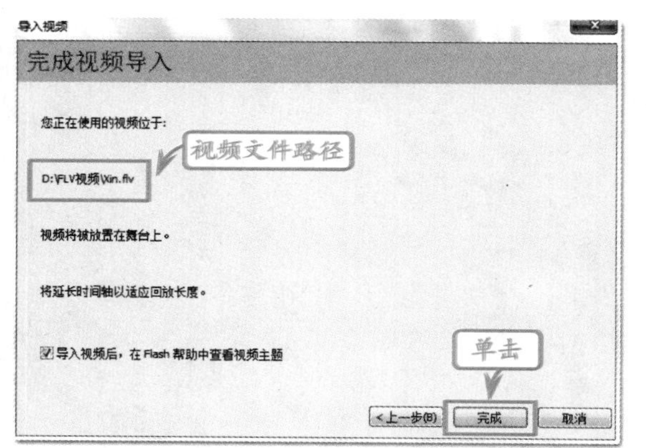

4．设置【导入视频】对话框

在该对话框中，3个视频导入选项的具体说明如下。

使用播放组件加载外部视频

导入视频并创建FLVPlayback组件的实例以控制视频回放。

在SWF中嵌入FLV并在时间轴中播放

将FLV嵌入到Flash文档中。这样在导入视频后，该视频将放置于时间轴中，且可以看到时间轴帧所表示的各个视频帧的位置。

作为捆绑在SWF中的移动设备视频导入

与在Flash文档中嵌入视频类似，将视频绑定到Flash Lite文档中以部署到移动设备。